数控机床安装调试与维护保养技术

严 峻 编著

机械工业出版社

本书按照数控机床装配与调试工作过程，结合数控机床安装、调试与维修保养的有关要求，以数控机床的调试与装配生产为案例，阐述数控机床安装调试与维护保养技术。内容包括：机械部件的装配、调整要点；电气控制元器件的选择、性能测试与装接；CNC 控制单元的电气连接与调试；进给驱动系统和主轴驱动系统的安装、调试；机床现场安装与验收；以及数控机床整机调试技术。并以目前我国常用的几类数控系统为例，着重讲述数控系统的连接、调整、参数的设置、保存与恢复、数控机床的维护和保养等几个方面内容。本书具有理论与实践相统一，并且重在实践的特点。

本书适合于企业数控机床维修人员使用，也可供从事数控机床技术研究的工程技术人员、生产管理人员、数控机床的使用者及职业技术院校的学生使用。

图书在版编目（CIP）数据

数控机床安装调试与维护保养技术/严峻编著. —北京：机械工业出版社，2010.2（2023.7 重印）
 ISBN 978-7-111-29583-9

Ⅰ. 数… Ⅱ. 严… Ⅲ. ①数控机床—安装②数控机床—调试③数控机床—维修 Ⅳ. TG659

中国版本图书馆 CIP 数据核字（2010）第 012713 号

机械工业出版社（北京市百万庄大街 22 号　邮政编码 100037）
策划编辑：周国萍　责任编辑：王治东　版式设计：霍永明
责任校对：陈立辉　封面设计：陈　沛　责任印制：李　昂
北京捷迅佳彩印刷有限公司印刷
2023 年 7 月第 1 版第 10 次印刷
184mm×260mm・21.75 印张・540 千字
标准书号：ISBN 978-7-111-29583-9
定价：42.00 元

凡购本书，如有缺页、倒页、脱页，由本社发行部调换

电话服务　　　　　　　　　　　网络服务
服务咨询热线：010-88379833　　机 工 官 网：www.cmpbook.com
读者购书热线：010-88379649　　机 工 官 博：weibo.com/cmp1952
　　　　　　　　　　　　　　　　教育服务网：www.cmpedu.com
封面无防伪标均为盗版　　　　金　书　网：www.golden-book.com

前　言

数控技术已经用它所显示的效益和巨大潜力，引起整个制造业的普遍重视。它的广泛使用给制造业的生产方式、产品结构、产业结构带来了深刻的变化，是制造业实现自动化、柔性化、集成化生产的基础。

数控系统是一种综合性的控制系统，涉及自动化的各个领域。随着计算机技术、控制技术、电动机技术和电力电子技术的发展，代表数控机床技术水平的数控系统和伺服系统也得到了很大的发展。要维护好这些设备，使其正常服务于工业生产，充分发挥数控机床的经济效益，企业需要一批既具有较高专业理论水平又具有较高实践动手能力的安装、调试和维修人员。目前接受过专业培训，能自主解决现场常见问题，并可以与专家进行沟通的一线技术人员还十分缺乏。

本书着眼于行业应用较多、较广、较普遍的数控机床和系统，力求接近工业应用实际情况，注重内容的实用性；并广泛收集近期数控系统的相关资料，以及数控机床调试的相关经验；同时结合我国的国家标准、行业标准、行业中常用的国外标准，重点阐述了典型数控系统、数控机床电气控制系统、数控机床安装与调试、数控设备的维护与保养。

本书内容重点突出，强调理论知识与实践的结合，突出国家及行业标准的应用，文字简练，图文并茂。本书编著者结合近年来一体化教学的实践，对数控调试维护人员应了解和掌握的知识进行了合理的分类与编排，实践范围全面、内容典型，有很强的可操作性。为便于教师教学，可通过QQ：296447532获得免费电子教案。

本书在编写过程中，参考了数控技术方面的诸多论著、教材和数控机床调试手册，编著者对参考文献中各书的作者深表谢意。由于编著者水平有限，书中难免存在错误，恳请同行及读者批评指正。

编著者

目 录

前言
第1章 数控机床概论 ………… 1
1.1 数控机床产生的历史背景及其现状 ……………………… 1
1.1.1 数控机床产生的历史背景 …… 1
1.1.2 数控机床的现状 ………… 2
1.2 数控机床的发展状况 …………… 3
1.2.1 数控机床的发展趋势 ……… 3
1.2.2 数控机床各部件的发展趋势 … 6
1.2.3 体系结构的发展方向 ……… 7
1.2.4 智能化新一代PCNC数控系统 …………………………… 8
1.3 中国数控机床的发展 …………… 8
1.3.1 中国数控机床的现状 ……… 8
1.3.2 中国发展数控机床存在的主要问题 …………………………… 9
1.3.3 中国数控系统的技术水平 … 9
1.4 数控机床的适用范围和特点 …… 10
1.4.1 数控机床的适用范围 ……… 10
1.4.2 数控机床的特点 ………… 11
1.5 数控系统设计开发规范和标准 … 12
1.5.1 数控系统设计开发规范 …… 12
1.5.2 数控系统标准 …………… 12
1.6 数控功能的基本术语 …………… 13
1.6.1 数控系统术语 …………… 13
1.6.2 数控机床术语 …………… 14
1.7 数控系统的技术性能指标 ……… 15
1.7.1 数控系统的性能 ………… 15
1.7.2 系统的高分辨率 ………… 15
1.7.3 控制功能 ………………… 15
1.7.4 伺服驱动系统的性能 ……… 15
1.7.5 数控系统内PLC功能 ……… 16
1.7.6 系统的通信接口功能 ……… 16
1.7.7 数控系统的开放性 ……… 16
1.7.8 数控系统的可靠性与故障自诊断 …………………………… 16

第2章 数控机床机械结构的装配与调试 ……………………………… 17
2.1 机床本体装配与调试 …………… 17
2.1.1 床身安装 ………………… 17
2.1.2 导轨安装与校正 ………… 19
2.2 数控机床的主传动系统和主轴部件的结构与调整 ………………… 20
2.2.1 数控机床主传动系统的参数 … 20
2.2.2 对数控机床主传动系统的要求 …………………………… 21
2.2.3 主传动系统的配置 ……… 21
2.2.4 主轴部件 ………………… 25
2.2.5 主轴的准停 ……………… 28
2.3 主轴的拆卸与调整 ……………… 31
2.3.1 数控车床主轴部件的结构与调整 …………………………… 32
2.3.2 加工中心主轴部件的结构与调整 …………………………… 33
2.3.3 数控铣床主轴部件的结构与调整 …………………………… 38
2.4 主轴部件的调整与维护 ………… 39
2.4.1 主轴润滑 ………………… 39
2.4.2 防泄漏 …………………… 39
2.4.3 刀具夹紧装置的清洁 …… 41
2.4.4 主轴滚动轴承的预紧 …… 41
2.5 数控机床进给传动部件的调整 … 43
2.5.1 对进给运动系统的要求 … 43
2.5.2 电动机与丝杠间的连接 … 43
2.5.3 传动间隙补偿机构的调整 … 44
2.5.4 滚珠丝杠螺母副的间隙消除 … 46
2.5.5 滚珠丝杠的支承 ………… 49
2.5.6 制动装置 ………………… 49

2.5.7 滚珠丝杠副的保护及润滑 …… 50	3.3.2 多微处理器系统结构 …… 90
2.6 数控机床导轨类型与调整 …… 50	3.4 CNC 系统软件结构及控制 …… 92
2.6.1 导轨的基本类型 …… 50	3.4.1 计算机数字控制系统的软硬件界面 …… 92
2.6.2 塑料滑动导轨 …… 51	
2.6.3 静压导轨 …… 51	3.4.2 CNC 系统的软件结构及控制 …… 93
2.6.4 滚动导轨 …… 53	3.5 CNC 系统常用外设及接口 …… 97
2.6.5 滚动导轨的预紧 …… 54	3.5.1 数控机床输入/输出（I/O）接口 …… 97
2.6.6 导轨副的调整 …… 55	
2.6.7 导轨的润滑 …… 56	3.5.2 异步串行通信接口 …… 99
2.7 数控机床回转工作台的结构与调试 …… 57	3.5.3 网络通信接口 …… 101
	3.6 可编程序控制器在数控机床中的应用与调试 …… 102
2.7.1 数控回转工作台 …… 57	
2.7.2 分度工作台 …… 59	3.6.1 可编程序控制器系统的组成与分类 …… 103
2.7.3 数控工作台的拆装与调试 …… 60	
2.8 数控机床自动换刀装置的调试与维护 …… 61	3.6.2 PLC 的接口 …… 105
	3.6.3 PLC 的几种控制功能 …… 107
2.8.1 回转刀架换刀 …… 61	3.6.4 可编程序控制器对继电器控制系统的仿真 …… 107
2.8.2 更换主轴换刀 …… 63	
2.8.3 更换主轴箱换刀 …… 63	3.6.5 可编程序控制器 I/O 延迟响应 …… 109
2.8.4 带刀库的自动换刀系统 …… 64	
2.8.5 刀库 …… 65	3.6.6 PLC 的数据处理功能 …… 112
2.8.6 刀库及换刀机械手的维护 …… 71	3.6.7 数控机床中 PLC 的程序编制步骤 …… 113
2.9 数控机床液压、气动系统的调试与维护 …… 71	
	3.6.8 PLC 在数控机床上的调试 …… 114
2.9.1 液压传动系统 …… 71	3.7 数控系统的调试技术 …… 121
2.9.2 液压系统的维护与调整 …… 72	3.7.1 分辨率的计算 …… 121
2.9.3 气动系统 …… 74	3.7.2 输入机床参数的顺序 …… 122
2.9.4 气动系统的维护与调整 …… 78	3.7.3 各坐标轴的控制调整 …… 122
第 3 章 数控系统的结构与调试 …… 80	3.7.4 各坐标轴软极限的调整 …… 122
3.1 数控系统的组成及工作过程 …… 80	3.7.5 偏置值和最大进给率的调整 …… 122
3.1.1 数控系统各部分组成 …… 80	3.7.6 输入机床参数 …… 123
3.1.2 数控系统的特点 …… 82	3.7.7 设置 M 功能代码 …… 123
3.1.3 计算机数控系统的工作过程 …… 82	3.7.8 各直线坐标轴滚珠丝杠的误差补偿 …… 124
3.2 计算机数字控制系统的数据信息 …… 84	
3.2.1 数控机床的控制信息 …… 84	3.7.9 机床各坐标轴参考点及机床零点的设定 …… 124
3.2.2 数控机床的接口信息 …… 85	
3.2.3 CNC 装置的数据转换信息 …… 86	3.7.10 进给保持的应用 …… 125
3.3 CNC 装置的硬件结构 …… 87	**第 4 章 数控机床电气控制系统的连接与调试** …… 126
3.3.1 单微处理器结构 …… 87	

4.1 数控机床的电气控制系统 ………… 126
　4.1.1 电气控制系统的构成形式 …… 126
　4.1.2 电气系统连接的基本过程 …… 128
　4.1.3 数控系统电源的连接 ………… 130
4.2 数控机床电器部件的安装与连接 … 132
　4.2.1 基本单元连接 ………………… 132
　4.2.2 总体连接 ……………………… 133
　4.2.3 伺服/主轴放大器连接 ………… 134
　4.2.4 急停的连接 …………………… 135
　4.2.5 电动机制动器的连接 ………… 136
　4.2.6 电源的连接 …………………… 137
　4.2.7 电气接线的关键技术 ………… 138
4.3 电气系统的通电与调试 …………… 142
　4.3.1 电气系统的通电检查 ………… 142
　4.3.2 电气系统的调试 ……………… 143
4.4 机床电气手册的识别 ……………… 146
　4.4.1 电气手册的识读 ……………… 146
　4.4.2 查找回路的方法 ……………… 147
4.5 数控机床电气系统与PLC的关联
　　控制 ………………………………… 155
　4.5.1 数控机床PLC的控制对象 …… 155
　4.5.2 PLC和NC的关系 …………… 157
　4.5.3 PLC在数控机床中的作用 …… 157
　4.5.4 PLC和外围电路的关系 ……… 159

第5章 典型数控系统的硬件构成与连接 …………………………… 167

5.1 SIEMENS数控系统的硬件组成与
　　连接 ………………………………… 167
　5.1.1 SINUMERIK 840D数控系统的
　　　　组成 …………………………… 167
　5.1.2 SINUMERIK 840D数控系统的
　　　　连接 …………………………… 169
　5.1.3 SINUMERIK 802C数控系统的
　　　　组成 …………………………… 176
　5.1.4 SINUMERIK 802C数控系统的
　　　　连接 …………………………… 180
5.2 FANUC数控系统的硬件构成与
　　连接 ………………………………… 188
　5.2.1 FANUC 0i数控系统的组成 …… 188

　5.2.2 FANUC 0i数控系统的连接 …… 190

第6章 典型数控系统的调试与参数调整 …………………………… 204

6.1 FANUC 0i系统调试 ……………… 204
　6.1.1 调试前的检查 ………………… 204
　6.1.2 系统参数设定 ………………… 205
　6.1.3 FANUC 0i Mate-MB基本
　　　　参数 …………………………… 210
　6.1.4 伺服系统设定与调试 ………… 212
　6.1.5 主轴参数设置与调整 ………… 214
　6.1.6 刀具参数设置 ………………… 215
　6.1.7 PMC梯形图的调试 …………… 215
　6.1.8 伺服参数的优化 ……………… 217
　6.1.9 螺距误差补偿与反向间隙
　　　　补偿 …………………………… 219
6.2 通电试车 …………………………… 220
　6.2.1 各控制回路的调试 …………… 220
　6.2.2 资料整理和数据备份 ………… 221
　6.2.3 使用外接PC进行数据的备份与
　　　　恢复 …………………………… 222
6.3 SINUMERIK 802C系统的调试 …… 224
　6.3.1 通电和系统引导 ……………… 224
　6.3.2 PLC调试 ……………………… 225
　6.3.3 初始化调试 …………………… 226
　6.3.4 主轴调试 ……………………… 228
　6.3.5 调试完成后的工作 …………… 230
6.4 SINUMERIK 802CBL系统参数的设置
　　和调整 ……………………………… 231
　6.4.1 SINUMERIK 802CBL系统
　　　　口令 …………………………… 231
　6.4.2 系统数据的显示和修改 ……… 232
　6.4.3 参数设置 ……………………… 233
6.5 SINUMERIK 802CBL系统数据备份与
　　传输 ………………………………… 235
　6.5.1 系统的数据保护 ……………… 235
　6.5.2 SINUMERIK 802CBL数据
　　　　保存 …………………………… 236
6.6 SINUMERIK 840D系统的调试 …… 238
　6.6.1 开机准备 ……………………… 238

6.6.2 开机和起动 …………………… 239
6.6.3 NC 和 PLC 总清 ……………… 242
6.6.4 PLC 软件系统的安装与调试 … 242
6.6.5 机床数据 MD（Machine Data）的调试 …………………………… 248
6.6.6 MMC 软件的安装 …………… 251
6.7 SINUMERIK 840D 的数据备份 …… 252
6.7.1 数据备份的方法 ……………… 252
6.7.2 系列备份 ……………………… 252
6.7.3 分区备份 ……………………… 254
6.8 数据的恢复 …………………………… 254
6.8.1 MMC100.2 的操作步骤 ……… 255
6.8.2 MMC103 的操作步骤 ………… 255
6.9 螺距误差补偿 ………………………… 255
6.9.1 螺距误差补偿的方法 ………… 256
6.9.2 螺距误差补偿的操作步骤 …… 256

第7章 数控机床的整机安装、调试与验收 …………………………… 257

7.1 数控机床的安装 …………………… 257
7.1.1 数控机床安装前的技术准备 … 257
7.1.2 机床的安装连接 ……………… 260
7.1.3 数控机床的抗干扰 …………… 263
7.2 数控机床调试前的检查工作 ……… 268
7.2.1 机床内部部件的紧固和外部连接电缆检查 …………………… 268
7.2.2 机床数控系统性能的全面检查和确认 ………………………… 268
7.2.3 机床机械部分与辅助系统的检查 …………………………… 271
7.2.4 接通电源后的检查 …………… 272
7.3 CNC 系统的功能检查和调试 ……… 274
7.3.1 CRT 显示内容检查和功能调试 …………………………… 274
7.3.2 数控机床 CNC 系统通电后的硬件检查和调试 ………………… 280
7.3.3 数字伺服系统的检查和调试 … 282
7.3.4 交流主轴驱动系统的检查和调试 …………………………… 283
7.4 数控机床的空运行功能检验与调试 ………………………………… 285
7.4.1 数控机床空运行与功能检验的一般要求 …………………… 285
7.4.2 数控卧式车床空运行及功能检验 …………………………… 287
7.4.3 数控车床的整机调试与负荷试验 …………………………… 289
7.4.4 加工中心的空运行及功能检验 …………………………… 292
7.4.5 卧式加工中心的整机调试与负荷试验 ………………………… 298
7.5 数控机床的检测验收 ……………… 300
7.5.1 机床外观检查 ………………… 301
7.5.2 几何精度检验 ………………… 301
7.5.3 定位精度检验 ………………… 303
7.5.4 切削精度检验 ………………… 305
7.5.5 机床性能及 NC 功能试验 …… 307

第8章 数控机床的维护与保养 309

8.1 数控机床的维护管理 ……………… 309
8.1.1 数控设备维护管理的基本要求 …………………………… 309
8.1.2 数控设备维护管理的主要内容 …………………………… 309
8.1.3 对维修人员的素质要求 ……… 310
8.1.4 数控设备维护管理常用的仪器、仪表、工具及功能测试 ……… 311
8.1.5 机床标准实施细则 …………… 314
8.1.6 数控机床运行使用中的注意事项 …………………………… 315
8.1.7 机械部件及辅助装置的维护 … 316
8.1.8 位置检测元件的维护 ………… 318
8.1.9 数控系统日常维护 …………… 319
8.1.10 不定期与定期点检 …………… 320
8.1.11 日常点检 ……………………… 324
8.1.12 月检查要点 …………………… 325
8.1.13 半年检查要点 ………………… 325
8.1.14 数控机床的可视化管理 …… 326
8.2 数控机床强电控制系统的维护与保养 ………………………………… 327

8.2.1 普通继电接触器控制系统的维护与保养 …… 327
8.2.2 PLC 的维护与保养 …… 328
8.2.3 预防性维护的主要内容 …… 328
8.3 数控机床的安全操作规程 …… 330
　8.3.1 数控车床及车削加工中心的安全操作规程 …… 330
　8.3.2 数控铣床及加工中心的安全操作规程 …… 331
　8.3.3 特种加工机床的安全操作规程 …… 332
8.4 数控机床的保养 …… 332
　8.4.1 数控机床一级保养的内容和要求 …… 333
　8.4.2 数控机床二级保养的内容和要求 …… 334
　8.4.3 数控机床三级保养的内容和要求 …… 337

参考文献 …… 340

第 1 章　数控机床概论

1.1　数控机床产生的历史背景及其现状

1.1.1　数控机床产生的历史背景

从工业化革命以来，人们实现机械加工自动化的手段有：自动机床、组合机床和专用自动生产线。这些设备的使用大大提高了机械加工自动化的程度，提高了劳动生产率，促进了制造业的发展。但它也存在固有的缺点：初始投资大，准备周期长，柔性差。随着市场竞争的日趋激烈，产品更新换代加快，大批量产品越来越少，小批量产品生产的比重越来越大，迫切需要一种精度高、柔性好的加工设备来满足上述需求。而电子技术和计算机技术的飞速发展则为 NC 机床的进步提供了坚实的技术基础，数控技术正是在这种背景下诞生和发展起来的。它的产生给自动化技术带来了新的概念，推动了加工自动化技术的发展。

数控机床是新型自动化机床，它是具有广泛的通用性和很高自动化的全新型机床，是用数字代码形式的信息来控制机床按给定的动作顺序进行加工的自动化机床。

采用数字控制技术进行机械加工的思想最早来源于 20 世纪 40 年代，数控机床最早产生于美国。

1947 年，为精确制作直升机叶片的样板，美国帕森斯（PARSONS）公司设想并利用全数字计算机对叶片轮廓的加工路径进行了数据处理，使得加工精度达到 0.0381mm，这是最早地将数字控制技术运用到机械加工中的实例。

1949 年，美国空军为了能在短时间内制造出经常变更设计的火箭零件，委托帕森斯公司并通过该公司与麻省理工学院伺服机构研究所协作，开始了数控机床的研制工作。经过三年的研制，于 1952 年研制成功了世界上第一台数控铣床，当时所用的电子元件是电子管。

从 1952 年至今，数控机床按数控系统的发展经历了五代。

第一代：1955 年，数控系统以电子管组成，体积大，功耗大。

第二代：1959 年，数控系统以晶体管组成，广泛采用印制电路板。

第三代：1965 年，数控系统采用小规模集成电路作为硬件，其特点是体积小，功耗低，可靠性进一步提高。

以上三代数控系统，由于其数控功能均由硬件实现，故历史上又称其为"硬件数控"。

第四代：1970 年，数控系统采用小型计算机取代专用计算机，其部分功能由软件实现，它具有价格低、可靠性高和功能多等特点。

第五代：1974 年，数控系统以微处理器为核心，不仅价格进一步降低，而且体积进一步缩小，使实现真正意义上的机电一体化成为可能。这一代又可分为六个发展阶段。

1974 年：系统以位片微处理器为核心，有字符显示、自诊断功能。

1979 年：系统采用 CRT 显示、VLIC（大规模和超大规模集成电路）、大容量磁泡存储器、可编程接口和遥控接口等。

1981 年：具有人机对话、动态图形显示、实时精度补偿功能。

1986 年：数字伺服控制诞生，大惯量的交直流电动机进入实用阶段。

1988 年：采用高性能 32 位机为主机的主从结构系统。

1994 年：基于 PC 的数控系统诞生，使数控系统的研发进入了开放性、柔性化的新时代，新型数控系统的开发周期日益缩短。它是数控技术发展的又一个里程碑。

综上所述，由于微电子技术和计算机技术的不断发展，数控机床的数控系统也随着不断更新，发展非常迅速，几乎 5 年左右时间就更新换代一次。

而我国关于数控机床的研究有以下几个发展阶段：

1958 年：开始起步。

20 世纪 50 年代 ~ 60 年代：处于研发阶段。

20 世纪 60 年代 ~ 70 年代：研制了晶体管式数控系统。

20 世纪 80 年代：引进设备，进行技术吸收更新。

20 世纪 80 年代 ~ 90 年代（七五）：数控大发展的阶段。

20 世纪 90 年代：我国有自主产权的中高档数控设备产生。高校和研究所加入，推出了基于 PC 的 CNC 系统。

进入 21 世纪中国数控机床其重点是以提高系统的可靠性、实用化为前提，以易于联网和集成为目标；注意加强单元技术的开拓、完善；CNC 单机向高精度、高速度和高柔性方向发展；数控机床及其构成柔性制造系统能方便地与 CAD、CAM、CAPP、MTS 联结，向信息集成方向发展；网络系统向开放、集成和智能化方向发展。

1.1.2 数控机床的现状

近年来，世界上许多数控系统生产厂家利用微型计算机（Person Computer）丰富的软、硬件资源开发开放式体系结构的新一代数控系统。其硬件、软件和总线规范都是对外开放的，由于有充足的软、硬件资源可以利用，不仅使数控系统制造商和用户的系统集成得到有力的支持，而且也为针对用户的二次开发带来极大的方便，促进了数控系统多档次、多品种的开发和广泛应用，既可通过升级或剪裁制成各种档次的数控系统，又可以通过扩展构成不同类型数控机床的数控系统，大大缩短了开发生产周期，并可随 CPU 升级而升级。随着人工智能在计算机领域的渗透和发展，数控系统引入了自适应控制、模糊系统和神经网络的控制机理，不但具有自动编程、前馈控制、模糊控制、学习控制、自适应控制、工艺参数自动生成、三维刀具补偿、运动参数动态补偿、温差刚性变形补偿等功能，而且人机界面极为友好，故障诊断专家系统使自诊断和故障监控功能更趋完善。

当前，随着制造业对一次装夹、多种工序加工的复合化要求的提高，国外已经出现了加工中心与车削中心复合机床，加工中心与激光加工复合机床，集车、磨、铣、钻、铰、滚齿等工序于一身的车磨复合机床，集平磨、内圈磨、外圈磨于一身的磨削中心，集各种机床及测量机于一身的虚拟轴机床，五轴联动激光切割机等。

1.2 数控机床的发展状况

1.2.1 数控机床的发展趋势

数控机床随着科技,特别是微电子、计算机技术的进步而不断发展。美、德、日三国是在数控机床科研、设计、制造和使用上技术最先进、经验最多的国家,因其社会条件不同而各有特点。

美国政府重视机床工业,美国国防部等部门不断提出机床的发展方向、科研任务,并提供充足的经费,且网罗世界人才,特别讲究"效率"和"创新",注重基础科研。因而在机床技术上不断创新,如1952年研制出世界上第一台数控机床、1958年研制出加工中心、20世纪70年代初研制成FMS(柔性制造系统)、1987年首创开放式数控系统等。由于美国首先结合汽车、轴承生产需求,充分发展了大批量生产自动化所需的自动线,而且电子、计算机技术在世界上领先。因此,其数控机床的主机设计、制造及数控系统基础扎实,且一贯重视科研和创新,故其高性能数控机床技术在世界上也一直领先。

当今美国不仅生产宇航等行业使用的高性能数控机床,也为中小企业生产廉价实用的数控机床(如Haas、Fadal公司等)。其存在的教训是,偏重于基础科研,忽视应用技术,且在20世纪80年代政府一度放松了引导,致使数控机床产量增加缓慢,于1982年被后进的日本超过,并大量进口。从20世纪90年代起,美国政府纠正过去偏向,数控机床在技术上转向实用,产量又逐渐上升。

德国政府一贯重视机床工业的重要战略地位,在多方面大力扶植。特别讲究"实际"与"实效",坚持"以人为本",师徒相传,不断提高人员素质。在发展大批量生产自动化的基础上,于1956年研制出第一台数控机床后,一直坚持实事求是,讲求科学精神,不断稳步前进。

德国特别注重科学试验,理论与实际相结合,基础科研与应用技术科研并重。企业与大学科研部门紧密合作,对用户产品、加工工艺、机床布局结构、数控机床的共性和特性问题进行深入的研究,在质量上精益求精。德国数控机床的质量及性能良好、先进实用、货真价实,出口遍及世界,尤其是大型、重型、精密数控机床。德国特别重视数控机床主机及配套件的先进实用,其机、电、液、气、光、刀具、测量、数控系统和各种功能部件,在质量、性能上居世界前列。如西门子公司的数控系统和Heidenhain公司的精密光栅均世界闻名,各地竞相采用。

日本政府对机床工业的发展异常重视,通过规划、法规(如"机振法"、"机电法"、"机信法"等)引导发展。在重视人才及机床元部件配套上学习德国,在质量管理及数控机床技术上学习美国,甚至青出于蓝而胜于蓝。

日本也和美、德两国相似,充分发展大批量生产自动化,继而全力发展中小批量柔性生产自动化的数控机床。自1958年研制出第一台数控机床后,1978年产量(7342台)超过美国(5688台),至今产量、出口量一直居世界首位(2001年产量46604台,出口27409台,占59%)。在战略上,一开始就生产量大而面广的中档数控机床,大量出口,占去世界广大市场。

日本在20世纪80年代开始进一步加强科研，向高性能数控机床发展。在策略上，首先通过学习美国全面质量管理（TQC）变为职工自觉群体活动，保证产品质量，进而加速发展电子、计算机技术，进入世界前列，为发展机电一体化的数控机床开道。日本在发展数控机床的过程中，狠抓关键，突出发展数控系统。

日本FANUC公司战略正确，仿、创结合，针对性地发展市场所需的各种低、中、高档数控系统，在技术上领先，在产量上居世界第一。该公司现有职工3674人，科研人员超过600人，月产能力7000套，销售额在世界市场上占50%，在国内约占70%，对加速日本和世界数控机床的发展起到了重大促进作用。

当前，世界数控技术及其装备发展趋势主要体现在以下几个方面。

1. 高速、高效、高精度、高可靠性

要提高加工效率，必须首先提高切削和进给速度，同时，还要缩短加工时间。要确保加工质量，必须提高机床部件运动轨迹的精度，而可靠性则是上述目标的基本保证。为此，必须要有高性能的数控装置作保证。

（1）高速、高效

机床向高速化方向发展，可充分发挥现代刀具材料的性能，不但可大幅度提高加工效率、降低加工成本，而且还可提高零件的表面加工质量和精度。超高速加工技术对制造业实现高效、优质、低成本生产有广泛的适用性。

新一代数控机床（含加工中心）只有通过高速化大幅度缩短切削工时才可能进一步提高其生产率。超高速加工特别是超高速铣削与新一代高速数控机床，特别是高速加工中心的开发应用紧密相关。20世纪90年代以来，欧洲、美国、日本争相开发应用新一代高速数控机床，加快机床高速化发展步伐。高速主轴单元（电主轴，转速15000~100000r/min）、高速且高加/减速度的进给运动部件（快移速度60~120m/min，切削进给速度高达60m/min）、高性能数控和伺服系统以及数控工具系统都出现了新的突破，达到了新的技术水平。随着超高速切削机理、超硬耐磨长寿命刀具材料和磨料磨具，大功率高速电主轴、高加/减速度直线电动机驱动进给部件以及高性能控制系统（含监控系统）和防护装置等一系列技术领域中关键技术的解决，应不失时机地开发应用新一代高速数控机床。

依靠快速、准确的数字量传递技术对高性能的机床执行部件进行高精密度、高响应速度的实时处理，由于采用了新型刀具，车削和铣削的切削速度已达到5000~8000m/min以上；主轴转数在30000r/min（有的高达10万r/min）以上；工作台的移动速度（进给速度）在分辨率为$1\mu m$时为100m/min（有的到200m/min）以上，在分辨率为$0.1\mu m$时，为24m/min以上；自动换刀速度在1s以内；小线段插补进给速度达到12m/min。根据高效率、大批量生产的需求和电子驱动技术的飞速发展，高速直线电动机的推广应用，开发出一批高速、高效、高速响应的数控机床以满足汽车、农机等行业的需求。还由于新产品更新换代周期加快，模具、航空、军事等工业的加工零件不但复杂而且品种增多，也需要高效的数控机床实现优质、低成本的生产。

（2）高精度

从精密加工发展到超精密加工（特高精度加工）是世界各工业强国致力发展的方向。其精度从微米级到亚微米级，乃至纳米级（<10nm），其应用范围日趋广泛。超精密加工主要包括超精密切削（车、铣）、超精密磨削、超精密研磨抛光以及超精密特种加工（激光

束、电子束和离子束加工及微细电火花加工、微细电解加工和各种复合加工等)。随着现代科学技术的发展，对超精密加工技术不断提出了新的要求。新材料及新零件的出现，更高精度要求的提出等都需要超精密加工工艺，发展新型超精密加工机床，完善现代超精密加工技术，以适应现代科技的发展。

当前，机械加工高精度的要求如下：普通的加工精度提高了一倍，达到 $5\mu m$；精密加工精度提高了两个数量级，超精密加工精度进入纳米级（$0.001\mu m$），主轴回转精度要求达到 $0.01 \sim 0.05\mu m$，加工圆度为 $0.1\mu m$，加工表面粗糙度 $R_a = 0.003\mu m$ 等。

精密化是为了适应高新技术发展的需要，也是为了提高普通机电产品的性能、质量和可靠性，减少其装配时的工作量，从而提高装配效率的需要。随着高新技术的发展和对机电产品性能与质量要求的提高，机床用户对机床加工精度的要求也越来越高。为了满足用户的需要，近十多年来，普通级数控机床的加工精度已由 $\pm 10\mu m$ 提高到 $\pm 5\mu m$，精密级加工中心的加工精度则从 $\pm(3 \sim 5)\mu m$ 提高到 $\pm(1 \sim 1.5)\mu m$。

(3) 高可靠性

高可靠性是指数控系统的可靠性要高于被控设备的可靠性一个数量级以上，但也不是可靠性越高越好，仍然是适度可靠，因为是商品，受性能价格比的约束。对于每天工作两班的无人工厂而言，如果要求在 16h 内连续正常工作，无故障率 $P(t) = 99\%$ 以上，则数控机床的 MTBF (Mean Time Between Failures，当产品的寿命服从指数分布时，其故障率的倒数就叫做平均故障间隔时间) 就必须大于 3000h。MTBF 大于 3000h，对于由不同数量的数控机床构成的无人化工厂差别就大多了，只对一台数控机床而言，如主机与数控系统的失效率之比为 10:1 (数控的可靠性比主机高一个数量级)，则此时数控系统的 MTBF 就要大于 33333.3h，而其中的数控装置、主轴及驱动等的 MTBF 就必须大于 10 万 h。

当前国外数控装置的 MTBF 值已达 6000h 以上，驱动装置达 30000h 以上。

2. 模块化、智能化、柔性化和集成化

(1) 模块化

为了适应数控机床多品种、小批量的特点，机床结构模块化，数控功能专门化，机床性能价格比显著提高并加快优化。个性化是近几年来特别明显的发展趋势。

(2) 智能化

智能化的内容包括在数控系统中的各个方面。

为追求加工效率和加工质量方面的智能化，如自适应控制、工艺参数自动生成等。

为提高驱动性能及使用连接方便方面的智能化，如前馈控制、电动机参数的自适应运算、自动识别负载、自动选定模型、自整定等。

简化编程、简化操作方面的智能化，如智能化的自动编程、智能化的人机界面等。

智能诊断、智能监控方面的内容，方便系统的诊断及维修等。

(3) 柔性化和集成化

数控机床向柔性自动化系统发展的趋势是：从点 (数控单机、加工中心和数控复合加工机床)、线 (柔性制造单元 (FMC)、柔性制造系统 (FMS)、柔性制造生产线 (FML)、专用机床或数控专用机床组成的柔性制造 (FML)) 向面 (工段车间独立制造岛、自动化工厂 (FA))、体 (计算机集成制造 (CIMS)、分布式网络集成制造系统) 的方向发展，另一方面向注重应用性和经济性方向发展。柔性自动化技术是制造业适应动态市场需求及产品迅速更新的主要手段，是各国制造业发展的主流趋势，是先进制造领域的基础技术。其重点是以提高系统的可靠性、实用化为前提，以易于联网和集成为目标；注重加强单元技术的开拓、完善；CNC 单机向高精度、高速度和高柔性方向发展；数控机床及其构成柔性制造系统能方便地与计算机辅助设计（CAD）、计算机辅助制造（CAM）、机床自动编程的编辑程序（CAMP）、信息系统（MIS）连接，向信息集成方向发展；网络系统向开放、集成和智能化方向发展。

3. 开放性

为适应数控进线、联网、普及型个性化、多品种、小批量、柔性化及数控迅速发展的要求，最重要的发展趋势是体系结构的开放性，设计生产开放式的数控系统，如美国、欧共体及日本发展开放式数控的计划等。

4. 出现新一代数控加工工艺与装备

为适应制造自动化的发展，向 FMC、FMS 和 CIMS 提供基础设备，要求数字控制制造系统不仅能完成通常的加工功能，而且还要具备自动测量、自动上下料、自动换刀、自动更换主轴头（有时带坐标变换）、自动误差补偿、自动诊断、进线和联网等功能，广泛地应用机器人、物流系统。围绕数控技术、制造过程技术在快速成型、并联机构机床、机器人化机床、多功能机床等整机方面和高速电主轴、直线电动机、软件补偿精度等单元技术方面先后有所突破，并联杆系结构的新型数控机床实用化。这种虚拟轴数控机床用软件的复杂性代替传统机床机构的复杂性，开拓了数控机床发展的新领域。

以计算机辅助管理和工程数据库、互联网等为主体的制造信息支持技术和智能化决策系统对机械加工中海量信息进行存储和实时处理。应用数字化网络技术使机械加工整个系统趋于资源合理支配并高效地应用。

由于采用了神经网络控制技术、模糊控制技术、数字化网络技术，机械加工向虚拟制造的方向发展。

1.2.2 数控机床各部件的发展趋势

1. 数控系统的发展趋势

从 1952 年美国麻省理工学院研制出第一台试验性数控系统，到现在已走过了 54 年的历程。数控系统由当初的电子管式起步，经历了以下几个发展阶段：分立式晶体管式→小规模集成电路式→大规模集成电路式→小型计算机式→超大规模集成电路→微机式的数控系统。到 20 世纪 80 年代，总体发展趋势是：数控装置由 NC 向 CNC 发展；广泛采用 32 位 CPU 组成多微处理器系统；提高系统的集成度，缩小体积，采用模块化结构，便于裁剪、扩展和功能升级，满足不同类型数控机床的需要；驱动装置向交流、数字化方向发展；CNC 装置向人工智能化方向发展；采用新型的自动编程系统，增强通信功能；数控系统可靠性不断提高。数控机床技术不断发展，功能越来越完善，使用越来越方便，可靠性越来越高，性能价格比也越来越高。国外数控系统技术发展的总体发展趋势如下。

（1）新一代数控系统采用开放式体系结构

进入 20 世纪 90 年代以来，由于计算机技术的飞速发展，推动数控机床技术更快地更新换代。世界上许多数控系统生产厂家利用 PC 丰富的软、硬件资源开发开放式体系结构的新一代数控系统。开放式体系结构使数控系统有更好的通用性、柔性、适应性、扩展性，并向智能化、网络化方向大大发展。近几年,许多国家纷纷研究开发这种系统,如美国科学制造中心(NCMS)与空军共同领导的"下一代工作站/机床控制器体系结构"NGC、欧盟的"自动化系统中开放式体系结构"OSACA、日本的 OSEC 计划等。开发研究成果已得到应用,如 Cincinnati-Milacron 公司从 1995 年开始在其生产的加工中心、数控铣床、数控车床等产品中采用了开放式体系结构的 A2100 系统。开放式体系结构可以大量采用通用微机的先进技术,如多媒体技术,实现声控自动编程、图形扫描自动编程等。数控系统继续向高集成度方向发展,每个芯片上可以集成更多个晶体管,使系统体积更小,更加小型化、微型化,可靠性大大提高。利用多 CPU 的优势实现故障自动排除,增强通信功能,提高进线、联网能力。

(2) 新一代数控系统控制性能大大提高

数控系统在控制性能上向智能化发展。随着人工智能在计算机领域的渗透和发展,数控系统引入了自适应控制、模糊系统和神经网络的控制机理,不但具有自动编程、前馈控制、模糊控制、学习控制、自适应控制、工艺参数自动生成、三维刀具补偿、运动参数动态补偿等功能,而且人机界面极为友好,并具有故障诊断专家系统,使自诊断和故障监控功能更趋完善。伺服系统智能化的主轴交流驱动和智能化进给伺服装置,能自动识别负载并自动优化调整参数。直线电动机驱动系统已实用化。

新一代数控系统技术水平大大提高,促进了数控机床性能向高精度、高速度、高柔性化方向发展,使柔性自动化加工技术水平不断提高。

2. 数控分度头的发展趋势

当前国产数控机床发展迅猛,向高速、高效、高精、柔性化、环保方面发展,与之相应的机床附件也应随之发展。数控分度头未来的发展趋势是:在规格上向两头延伸,既开发小规格也开发大规格的分度头,同时注意相关技术的开发;在性能方面将向进一步提高刹紧力矩、主轴转速及可靠性方面发展;要求采用新材料;产品要价格低、操作方便。

3. 数控转台的发展趋势

随着我国制造业的发展,加工中心的需求也在增加,特别是四轴、五轴的加工中心。估计近几年要求配备数控转台的加工中心将会越来越多。

数控转台的发展趋势是:在规格上向两头延伸,既开发小型转台,也开发大型转台以适应市场需求;在性能上将研制以钢为材料的蜗轮,大幅度提高工作台转速和转台的承载力;在形式上继续研制两轴和多轴并联的数控转台。

4. 数控刀架的发展趋势

今后国产数控车床将向中高档发展,中档采用普及型数控刀架配套,高档采用动力型数控刀架配套,兼有液压刀架、伺服刀架、立式刀架等品种,预计近年来对数控刀架需求量将大大增加。数控刀架的发展趋势是:随着数控车床的发展,数控刀架开始向快速换刀、电液组合驱动和伺服驱动方向发展。

1.2.3 体系结构的发展方向

1. 集成化

采用高度集成化的 CPU、RISC 芯片和大规模可编程集成电路 FPGA、EPLD、CPLD 以及专用集成电路 ASIC 芯片,可提高数控系统的集成度和软、硬件运行速度。应用 FPD 平板显示技术，可提高显示器性能。平板显示器具有科技含量高、重量轻、体积小、功耗低、便于携带等优点，可实现超大尺寸显示，成为和CRT抗衡的新兴显示技术，是21世纪显示技术的主流。应用先进封装和互联技术，将半导体和表面安装技术融为一体。通过提高集成电路密度、减少互联长度和数量来降低产品价格，改进性能，减小组件尺寸，提高系统的可靠性。

2. 模块化

硬件模块化易于实现数控系统的集成化和标准化。根据不同的功能需求，将基本模块，如CPU、存储器、位置伺服、PLC、输入/输出接口、通信等模块，制作成为标准的系列化产品，通过积木方式进行功能裁剪和模块数量的增减，构成不同档次的数控系统。

3. 网络化

数控机床联网可进行远程控制和无人化操作。通过机床联网，可在任何一台机床上对其他机床进行编程、设定、操作、运行，不同机床的画面可同时显示在每一台机床的屏幕上。

4. 通用型开放式闭环控制模式

采用通用计算机组成总线式、模块化、开放式、嵌入式体系结构，便于裁剪、扩展和升级，可组成不同档次、不同类型、不同集成程度的数控系统。闭环控制模式是针对传统的数控系统仅有的专用型单机封闭式开环控制模式提出的。由于制造过程是一个具有多变量控制和加工工艺综合作用的复杂过程，包含诸如加工尺寸、形状、振动、噪声、温度和热变形等各种变化因素。因此，要实现加工过程的多目标优化，必须采用多变量的闭环控制，在实时加工过程中动态调整加工过程变量。加工过程中采用开放式通用型实时动态全闭环控制模式，易于将计算机实时智能技术、网络技术、多媒体技术、CAD/CAM、伺服控制、自适应控制、动态数据管理及动态刀具补偿、动态仿真等高新技术融于一体，构成严密的制造过程闭环控制体系，从而实现集成化、智能化、网络化。

1.2.4 智能化新一代PCNC数控系统

当前开发研究适应于复杂制造过程的、具有闭环控制体系结构的、智能化新一代PCNC数控系统已成为可能。

智能化新一代PCNC数控系统将计算机智能技术、网络技术、CAD/CAM、伺服控制、自适应控制、动态数据管理及动态刀具补偿、动态仿真等高新技术融于一体，形成严密的制造过程闭环控制体系。

智能化现代数控机床将引进自适应控制技术，根据切削条件的变化，自动调节工作参数，使加工过程中能保持最佳工作状态，从而得到较高的加工精度和较好的表面粗糙度，同时也能提高刀具的使用寿命和设备的生产效率。具有自诊断、自修复功能，在整个工作状态中，系统随时对CNC系统本身以及与其相连的各种设备进行自诊断、检查。一旦出现故障，立即采用停机等措施，并进行故障报警，提示发生故障的部位、原因等。还可自动使故障模块脱机，而接通备用模块，以确保无人化工作环境的要求。

1.3 中国数控机床的发展

1.3.1 中国数控机床的现状

目前，中国机床工业厂多人众。2005年，精密机床制造厂约358家（约20.6万人），成型机床制造厂 191 家（约 6.5 万人），共计 549 家（约 27.1 万人）。其中，生产数控精密机床的工厂约 150 家，生产数控成型机床的工厂约 30 家，共计约 180 家，占厂家总数的 1/3。2006 年，精密机床产量 19.2 万台，其中，数控精切机床 17521 台，约占 9%。

总的来说：数控机床产量不断增长，2006 年为 1996 年的 3.6 倍；进口量增长较快，达 29 倍，出口量有所增加，但数目较小，为 4.8 倍；数控机床消费量增加较快，达 7.9 倍。但是，产量仍满足不了社会发展的需求。

从金额上看，2005 年数控机床进口 17679 台，计 14.1 亿美元，出口 2509 台，计 0.44 亿美元，进口额为出口额的 32 倍。

1.3.2 中国发展数控机床存在的主要问题

中国于 1958 年研制出第一台数控机床，发展过程大致可分为两大阶段。1958 年～1979 年间为第一阶段，1980 年至今为第二阶段。第一阶段中对数控机床特点、发展条件缺乏认识，在人员素质差、基础薄弱、配套件不过关的情况下，一哄而上又一哄而下，曾三起三落，终因表现欠佳，无法用于生产而停顿。主要存在的问题是盲目性大，缺乏实事求是的科学精神。在第二阶段从日本、德国、美国、西班牙先后引进数控系统技术，从日本、美国、德国、意大利、英国、法国、瑞士、匈牙利、奥地利、韩国等引进数控机床先进技术和合作、合资生产，解决了可靠性、稳定性问题，数控机床开始正式生产和使用，并逐步向前发展。

在 20 余年间，数控机床的设计和制造技术有较大提高，主要表现在三个方面：培训了一批设计、制造、使用和维护人才；通过合作生产先进数控机床，使设计、制造、使用水平大大提高，缩小了与世界先进技术的差距；通过利用国外先进元部件、数控系统配套，开始能自行设计及制造高速、高性能、五面或五轴联动加工的数控机床，供应国内市场的需求，但对关键技术的试验、消化、掌握及创新却较差。

至今许多重要功能部件、自动化刀具、数控系统仍依靠国外技术支撑，不能独立发展，基本上处于从仿制走向自行开发阶段，与日本数控机床的水平差距很大。存在的主要问题包括：缺乏像日本"机电法"、"机信法"那样的指引；严重缺乏各方面的专家人才和熟练技术工人；缺少深入系统的科研工作；元部件和数控系统不配套；企业和专业间缺乏合作，基本上孤军作战，虽然厂多人众，但形成不了合力。

当今世界工业国家数控机床的拥有量反映了这个国家的经济能力和国防实力。目前中国是全世界机床拥有量最多的国家（近 300 万台），但机床数控化率仅达到 1.9% 左右，这与西方工业国家一般能达到 20% 的差距太大。日本拥有不到 80 万台的机床却有近 10 倍于中国的制造能力。数控化率低，已有数控机床利用率、开动率低，这是发展中国 21 世纪制造业必须首先解决的最主要问题。

1.3.3 中国数控系统的技术水平

目前，中国数控系统正处在由研究开发阶段向推广应用阶段过渡的关键时期，也是由封闭型向开放型过渡的时期。从生产规模上看，已有航天数控集团、华中数控系统有限公司等可实现批量生产的产业化基地。

中国数控系统在技术上已趋于成熟，在重大关键技术上（包括核心技术）已达到国际先进水平。目前，已新开发数控系统80多种。自"七五"以来，国家一直把数控系统的发展作为重中之重来支持，现已开发出具有中国版权的数控系统，掌握了国外一直对中国封锁的一些关键技术。例如，曾长期困扰中国，并受到西方国家封锁的多坐标联动技术已不再是难题，0.1μm当量的超精密数控系统、数控仿型系统、非圆齿轮加工系统、高速进给数控系统、实时多任务操作系统都已研制成功。尤其是基于PC机的开放式智能化数控系统，可实施多轴控制，具备联网进线等功能，既可作为独立产品，又是一代开放式的开发平台，为机床厂及软件开发商二次开发创造了条件。特别重要的是，中国数控系统的可靠性已有很大提高，MTBF值可以在15000h以上；同时大部分数控机床配套产品已能在国内生产，自我配套率超过60%。这些成功为中国数控系统的自行开发和生产奠定了基础。

1.4 数控机床的适用范围和特点

1.4.1 数控机床的适用范围

现代大工业生产中已广泛采用刚性自动化装置，如汽车工业中大量采用的组合机床自动线。这类专用的自动机床自动生产线及自动车间等所谓"刚性制造系统"适用于大批量零件的生产，其生产效率高，经济效益好。但是，这种"刚性制造系统"很难改变已定的加工对象，适应产品变化的范围小。

数控机床是一种可编程的通用加工设备，但是因设备投资费用较高，还不能用数控机床完全替代其他类型的设备。因此，数控机床的选用有其一定的适用范围。数控机床最适宜加工结构比较复杂、精度要求高的零件以及产品更新频繁、生产周期要求短的多品种、小批量零件。

图1-1a可大致表示数控机床的适用范围。从图1-1a可看出，通用机床多适用于零件结构不太复杂、生产批量较小的场合；专用机床适用于生产批量很大的零件；数控机床对于形状复杂的零件尽管批量小也同样适用。随着数控机床的普及，数控机床的适用范围也愈来愈广，对一些形状不太复杂而重复工作量很大的零件，如印制电路板的钻孔加工等，由于数控机床生产率高，也已大量使用。因而，数控机床的适用范围已扩展到图1-1a阴影所示的范围。

图1-1b表示当采用通用机床、专用机床及数控机床加工时，零件生产批量和零件总加工费用之间的关系。据有关资料统计，当生产批量在100件以下，用数控机床加工具有一定复杂程度的零件时，加工费用最低，能获得较高的经济效益。

由此可见，数控机床最适宜加工以下类型的零件：

① 生产批量小的零件（100件以下）。

② 需要进行多次改型设计

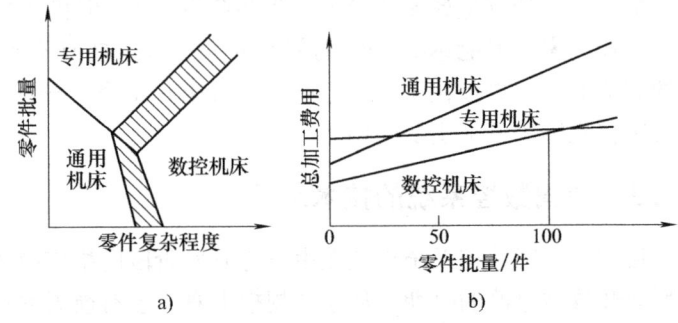

图1-1 数控机床的适用范围及零件批量和总加工费用的关系
a）适用范围 b）零件批量和总加工费用的关系

的零件。

③ 加工精度要求高、结构形状复杂的零件，如箱体类、曲线、曲面类零件。

④ 需要精确复制和尺寸一致性要求高的零件。

⑤ 价值昂贵的零件，这种零件虽然生产量不大，但是如果加工中因出现差错而报废，将产生巨大的经济损失。

1.4.2 数控机床的特点

数控机床与通用机床和专用机床相比，它具有以下主要特点：

① 提高零件加工精度，稳定产品质量。数控机床的脉冲当量普遍可达 0.001mm，传动系统和机床结构都具有很高的刚度和热稳定性，工件加工精度高。进给系统采用消除间隙措施，并对反向间隙与丝杠螺距误差等由数控系统实现自动补偿，从而保证了高精度的加工。特别是因为数控机床加工完全是自动进行的，这就消除了操作者人为产生的误差，使同一批工件的尺寸一致性好，加工质量十分稳定。

② 能完成普通机床难以完成或根本不能完成的复杂零件加工。例如，采用两轴联动或两轴以上联动的数控机床，可加工母线为曲线的旋转体曲面零件、凸轮零件和各种复杂空间曲面类零件。

③ 生产率高。数控机床具有良好的结构刚性，可进行大切削用量的强力切削，从而有效地节省了机动时间。有的还具有自动变速、自动换刀、自动交换工件和其他辅助操作自动化等功能，使辅助时间大大缩短，而且无需工序间的检测和测量。因此，数控机床的生产效率比一般普通机床高得多。对壳体零件采用加工中心进行加工，利用转台自动换位、自动换刀，可以实现在一次装夹的情况下几乎完成零件的全部加工，既减少了装夹误差，又节约了工序之间的运输、测量、装夹等辅助时间。与普通机床相比，采用数控机床可提高生产率 2~3 倍，尤其对某些复杂零件的加工，如果采用带有自动换刀装置的数控加工中心，可实现在一次装夹下进行多工序的连续加工，生产率可提高十几倍甚至几十倍。

④ 对产品改型设计的适应性强。当被加工零件改型设计后，在数控机床上只需要重新编写新零件的加工程序，更换一条新的穿孔纸带，或者用手动输入新零件的程序，就能实现对改型设计后零件的加工。因此，数控机床可以很快地从加工一种零件转换为加工另一种改型设计后的零件，这就为单件、小批量新试制产品的加工、产品结构的频繁更新提供了极大的方便。

⑤ 有利于制造技术向综合自动化方向发展。数控机床是机械加工自动化的基本设备，是新一代生产技术柔性制造单元（Flexible Manufacturing Cell，FMC）、柔性制造系统（Flexible Manufacturing System，FMS）、计算机集成制造系统（Computer Integrated Manufacturing System，CIMS）的基本工作单元。以数控机床为基础建立起来的 FMC、FMS、CIMS 等综合自动化系统使机械制造的集成化、智能化和自动化得以实现，这是由于数控机床控制系统采用数字信息与标准化代码输入，并具有通信接口，容易实现数控机床之间的数据通信，最适宜计算机之间的连接，组成工业控制网络，实现自动化生产过程的计算、管理和控制。

⑥ 减轻工人劳动强度，改善劳动条件。数控机床对工件的加工是自动进行的，其加工过程不需要人的干预，加工完毕后自动停车，这就使工人的劳动条件大为改善。

⑦ 经济效益好。数控机床虽然设备昂贵，加工时分摊到每个工件上的设备折旧费较高，但在单件、小批量生产情况下，使用数控机床加工可节省画线工时，减少调整、加工和检验

时间，节省直接生产费用和工艺装备费用。数控机床的加工精度稳定，减少了废品率，使生产成本进一步下降。此外，数控机床可实现一机多用，节省厂房面积和建厂投资。因此，使用数控机床可获得良好的经济效益。

1.5　数控系统设计开发规范和标准

1.5.1　数控系统设计开发规范

根据当前数控技术的发展趋势，开放式数控系统有更好的通用性、柔性、适应性、扩展性。美国、欧盟和日本等国纷纷实施战略发展计划，并进行开放式体系结构数控系统规范（OMAC、OSACA、OSEC）的研究和制定。世界3个最大的经济体在短期内进行了几乎相同的科学计划和规范的制定，预示了数控技术的一个新的变革时期的来临。中国在2000年也开始进行CNC数控系统的规范框架的研究和制定。

1.5.2　数控系统标准

1. 数控系统的标准

数控系统标准是制造业信息化发展的一种趋势。数控技术诞生后50年间的信息交换都是基于ISO 6983标准，即采用G、M代码描述如何加工，其本质特征是面向加工过程。显然，它已越来越不能满足现代数控技术高速发展的需要。为此，国际上正在研究和制定一种新的CNC系统标准ISO 14649（STEP-NC），其目的是提供一种不依赖于具体系统的中性机制，能够描述产品整个生命周期内的统一数据模型，从而实现整个制造过程，乃至各个工业领域产品信息的标准化。

STEP-NC的出现是数控技术领域的一次革命，对于数控技术的发展乃至整个制造业，将产生深远的影响。首先，STEP-NC提出一种崭新的制造理念，传统的制造理念中，NC加工程序都集中在单个计算机上。而在新标准下，NC程序可以分散在互联网上，这正是数控技术开放式、网络化发展的方向。其次，STEP-NC数控系统还可大大减少加工图样（约75%）、加工程序编制时间（约35%）和加工时间（约50%）。

欧美国家非常重视STEP-NC的研究，欧洲曾经发起过STEP-NC的IMS计划（1999年1月1日~2001年12月31日）。参加这项计划的有来自欧洲和日本的20个CAD/CAM/CAPP/CNC用户、厂商和学术机构。美国的STEP Tools公司是全球范围内制造业数据交换软件的开发者，它已经开发了用做数控机床加工信息交换的超级模型（Super Model），其目标是用统一的规范描述所有加工过程。目前这种新的数据交换格式已经配备在SIEMENS、FIDIA以及欧洲OSACA-NC数控系统的原型样机上进行了验证。

在数控系统和数控机床的发展过程中，为统一其基本参量，各类数控标准也在不断发展和完善。1963年，美国的全国航空和宇宙航行局首先制定了NASA938标准。随后国际标准化组织（ISO）1968年提出ISOR 841数控标准。1971年日本制定了JISB 6310—1971《数控机床的坐标和运动的符号》标准。世界各国随后逐步制定了各种标准。中国于1982年实施了GB/T 3168—1982《数控机床操作指示形象化符号》、JB/T 3050—1982《数字控制机床编码字符》、JB/T 3051—1982《数字控制机床坐标和运动方向的命名》、JB/T 3112—1982《数字控制机床自动编程输入语言》；1983年实施了JB/T 3208—1983《数字控制机床穿孔带程序段格式中的准备功能G和辅助功能M的代码》；1987年实施了GB/T 8129—1987《机床数字控制术语》等标准。这些标准与同类国际标准基本上都是一致的，目的是要把数控的各种术语、符号、代码、语言、格式等都用标准统一起来。

上述标准对数控机床的操作者而言，最常用的是与数控加工程序编制相关的自动编程语言和编程代码标准。

2. 数控程序编制的国际标准和国家标准

数控加工程序中所用的各种代码，如坐标尺寸值、坐标系命名、数控准备功能指令、辅助动作指令、主运动和进给速度指令、刀具指令以及程序和程序段格式等方面都已制定了一系列的国际标准，中国也参照相关国际标准制定了相应的国家标准，这样极大地方便了数控系统的研制、数控机床的设计、使用和推广。但是在编程的许多细节上，各国厂家生产的数控机床并不完全相同，因此编程时还应按照具体机床的编程手册中的有关规定来进行，这样所编出的程序才能为机床的数控系统所接受。

数控机床的零件加工程序，以前广泛采用数控穿孔纸带作为加工程序信息输入介质，常用的标准纸带有五单位和八单位两种，数控机床多用八单位纸带。现在纸带已不用，但纸带上表示信息的八单位二进制代码标准仍然使用。数控代码（编码）标准有EIA（美国电子工业协会）制定的EIA RS-244和ISO制定的ISO-RS840两种标准，读者可以在较早的数控技术书籍中查到。国际上大都采用ISO代码，由于EIA代码发展较早，已有的数控机床中有一些是应用EIA代码的，现在中国规定新产品一律采用ISO代码。也有一些机床，具有两套译码功能，既可采用ISO代码也可采用EIA代码。

目前由于计算机技术的飞速发展及其在数控技术中的应用，绝大多数数控系统采用通用计算机编码，并提供与通用微型计算机完全相同的文件格式，保存、传送数控加工程序，因此纸带被现代化的信息介质所取代。

常用的数控标准有以下几方面：
① 数控的名词术语。
② 数控机床的坐标轴和运动方向。
③ 数控机床的字符编码（ISO代码、EIA代码）。
④ 数控编程的程序段格式。
⑤ 准备功能（G代码）和辅助功能（M代码）。
⑥ 进给功能、主轴功能和刀具功能。

中国制定了许多数控标准，与国际上使用的ISO代码数控标准基本一致。

1.6 数控功能的基本术语

1.6.1 数控系统术语

① 代码（Code）：计算机能够识别的，用符号形式表示的数据和程序。
② 命令脉冲（Command Pulse）：数控装置给数控机床传递的运动命令的脉冲群，每个脉冲与机床的单位移动量相对应。

③ 指令（Instruction）：规定操作及其运算点的数值或地址的语句。

④ 命令（Command）：使运动或功能开始操作的控制信号。

⑤ 手动数据输入（Manual Data Input）：用手工把加工程序的信息送入数控装置的一种方法。

⑥ 格式（Format）：信息规定安排形式。

⑦ 地址（Address）：（用于数控时）位于字头的字符或字符组，用以识别其后的数据。

⑧ 最小命令增量（Least Command Increment）：由数控装置给予数控机床操作部分的命令所含有的最小位移量。

⑨ 绝对值方式（Absolute Dimension System）：在某一个坐标中，以原点为基准，表示位置坐标值的一种方式。

⑩ 增量方式（Incremental Dimension System）：在某一坐标中，用由前一个位置点起的坐标值增量来表示位置的一种方式。

⑪ 自动加（减）速（Automatic Acceleration or Deceleration）：使机床在变速时不产生冲击而自动地进行平滑加速（减速）的一种功能。

⑫ 固定循环（Fixed Cycle，Caromed Cycle）：这是预先给定的一系列操作命令，用来控制机床坐标轴的位移，或使主轴运转，从而完成各项加工，如镗削、钻削、攻螺纹等。

⑬ 进给量（Feed Rate）：刀具相对于工件的进给速度称为进给量，单位为 mm/min 或 mm/r。在控制带上，其指定数字紧接在字符 F（进给功能）后面。

⑭ 进给量数（Feed Rate Number）：进给功能的表示方法之一，表示进给量的代码化的数，用跟在地址符 F 后面的数字表示。

$$FRN = 常数 \times \frac{进给量（mm/min）}{进给量所在程序的位移距离（mm）}$$

设进给量 =110mm/min，位移距离为 20mm，常数为 100，则 FRN =550。

⑮ 暂停（Dwell）：程序上规定的一种延时，它的持续时间是可变的，但无周期性（或顺序性），也不形成闭锁（或保持）。通常用它来保证完成切削操作。

⑯ 保持（Hold）：相对于由程序规定的停留时间的暂停而言，保持则是只要操作者不进行解除时，就一直停留在某一种状态。

⑰ 准备功能（Preparatory Function）：建立机床或控制系统工作方式的一种命令。用地址 G 和它后面的数字来指定控制动作方式的功能。

⑱ 辅助功能（Miscellaneous Function）：控制机床或系统开关动作功能的命令，它是以地址 M 和后面的数字来指定的。

1.6.2 数控机床术语

① 机床基准点（Machine Datum）：给机床部件设定的零位。

② 机床原点（Machine Home）：当机床所有部件都处于原始位置时，机床坐标系的一种状态。

③ 机床参考位置（Machine Tool Reference Position）：给机床各个轴预设的位置，便于采用增量控制系统时，用来设定初始位置。

④ 机床零件位、系统原点（Machine Zero，System Basic Origin）：即机床坐标的原点。

⑤ 复位（Reset）：使装置复原到预定的初始位置上，但不一定是初始位置。

⑥ 零点偏移（Zero Offset，Reference Offset，Zero Shift）：这是数控系统的一种特性。允许把数控测量系统的原点，在相对机床基准点的规定范围内移动，而永久原点的位置被存储在数控系统中。

⑦ 反向间隙（Back Lash）：相互作用的零件之间，由于松动和偏差所产生的偏移。

⑧ 刀具偏置（Tool Offset）：这是按规定的部分或全部程序作用于机床轴的相对位移，受控制的位移方向，仅由偏置值的正、负号来确定。

⑨ 精度（Precision）：对检测结果与真值接近程度的度量。

⑩ 定位精度（Position Accuracy）：实际位置与指令位置的一致程度，不一致表现为误差。被控制机床坐标的误差，也包括驱动此坐标的控制系统的误差。对指定坐标用带符号的数字表示。

⑪ 重复精度（Repeatability）：在相同条件下，操作方法不变，进行规定次操作，所得到的连续结果的一致程度，它可用概率为95%的、规定次测量的误差范围表示。

1.7 数控系统的技术性能指标

1.7.1 数控系统的性能

数控系统很大程度上取决于系统所采用的CPU，数控系统的CPU从20世纪70年代的频率为5MHz的8位机，发展到当前的14GHz的32位机、64位机、精简指令集（RISC）芯片的数控系统。CPU芯片性能不断改进提高，为采用个人微机作为数控系统平台的开放式数控系统，提供了很高的速度和丰富的软、硬件资源。

1.7.2 系统的高分辨率

现代数控系统能实现高精度、超精密加工，系统分辨率通常都在0.001mm，速度可达到100000~240000mm/min。超精密加工时，分辨率为0.1μm（甚至0.01μm），速度为240000mm/min。

1.7.3 控制功能

数控系统的控制轴数和同时控制的轴（联动轴）数是数控系统功能的重要指标。FANUC15可控制2~15根轴，SINUMERIK 840D最高可控制31根轴，还具有多主轴控制功能。插补功能除了直线、圆弧插补外，许多数控系统增加了螺旋线插补、极坐标面插补、圆柱面插补、抛物线插补、指数函数插补、渐开线插补、样条插补、假想轴插补以及曲面直接插补等功能。

1.7.4 伺服驱动系统的性能

目前绝大多数数控系统都采用了对位置环、速度环、电流环全部进行数字控制的交流伺服系统；而且许多公司都开发了具有前馈控制、非线性控制、摩擦转矩补偿以及数字伺服自动调整等新功能的高性能伺服系统。

1.7.5 数控系统内 PLC 功能

新型数控系统的 PLC 都有单独的 CPU，除了逻辑控制外，还具有轴控制功能；基本指令执行时间是 0.2μs/步以上，梯形图语言程序容量可达 16000 步以上，输入点/输出点数为 768/512，可扩展。PLC 的软件除用梯形图（Ladder Diagram）语言编写之外，还可用 Pascal、C 等语言编写。

1.7.6 系统的通信接口功能

早期的数控系统仅有 RS-232C 接口，以后又有了 DNC、RS-422、RS-485 等高速远距离传输接口。FANUC15、SINUMERIK 840D 等系统还具有 MAP 接口板、可连接到 MAP3.0 的局域网络（LAN）上，以适应 FMS 或 CIMS 的需要。

1.7.7 数控系统的开放性

目前，以个人微机为平台的开放式数控系统有了很大的发展，数控系统生产厂家都在进行开放式数控系统的研究。SIEMENS 公司的 CNC 系统具有开放式原始设备制造商（Original Equipment Manufacturer，OEM）程序，FANUC 等公司的 CNC 系统引入了"用户特定宏程序"。此外，各公司都推出了人机通信功能（Man Machine Communication，MMC）或叫做人机控制功能（Man Machine Controller）。MMC 由高性能的硬件和软件组成，有很强的图形处理和数据处理功能。它采用了在微机上广为流行的"并行（Concurrent）DOS"操作系统（OS），并可支持多任务并行处理，使用的开发语言有汇编、BASIC 语言、C 语言以及 FORTRAN 语言等。另外，MMC 还提供数控系统的子程序，使得机床厂家和用户能够开发自身专用的软件，自动生成 NC 数据，通过高速窗口传送到 CNC 系统。也可以利用 MMC 和 PLC 在高速窗口上的机床操作方法和排序方法，加上最适合于该 CNC 机床的新功能，而且还可同时并行处理有关 MMC 与 CNC 软件的功能。由此，CNC 系统变成了含有丰富的机床厂（或用户）专利（或诀窍）特征的个性化系统。理想的开放系统为数控软件、硬件，均可选择、可重组、可添加，这就要求具有统一的软、硬件规范化标准。目前，美国、欧洲、日本的几大开放式数控系统计划正在执行中，已有样机产品。

1.7.8 数控系统的可靠性与故障自诊断

数控系统的可靠性是一个非常重要的指标，一般都以平均无故障时间（MTBF）来衡量，国外有的系统达到 10000h，而国内自主开发的数控系统仅能达到 3000～5000h。数控系统还应尽量缩短修复时间，即维修性能要好，有自诊断功能，良好的检测方法，快速确定故障的部位，达到及时更换模块的效果。一般数控系统都具有软件、硬件的故障自诊断程序，系统自诊断软件可由纸带、磁介质、EPROM 的形式提供。有些数控系统还对 PLC 有单独的诊断线路和诊断软件，通过 CRT 可显示 PLC 标志、定时器、计数器内容、输入信号及输出信号等，这样有助于快速确定故障部位。也有的数控系统具有远程诊断服务功能，用户可通过远距离诊断接口和联网功能与远程维修服务中心联系取得支持，以解决故障中的疑难问题。

第 2 章 数控机床机械结构的装配与调试

2.1 机床本体装配与调试

2.1.1 床身安装

数控机床的床身与立柱的安装经历了从直接刮研、灌胶到螺纹灌胶三个安装工艺过程。直接刮研工艺由于工作量大、生产效率低，已被淘汰。灌胶工艺是运用于高精度数控机床床身和立柱装配，在传统的安装刮研工艺和现代的粘接技术的基础上发展起来的一门新工艺技术。螺纹灌胶工艺是在灌胶工艺的基础上发展起来的，和灌胶工艺相比，它将床身与立柱间灌胶改为在四个支承螺钉的螺纹及支承钢球面上灌胶。螺纹和钢球接触面的设计必须满足立柱的工作强度要求。螺纹灌胶工艺比灌胶工艺更经济，已在一些技术实力较强的数控机床厂总装中采用。

在精密机床床身和立柱的安装过程中，为避免过度频繁的调整起吊而破坏连接精度，灌胶工艺需要先将这两个连接件支撑起来，并把它们调整到规定的位置精度，然后再向两连接件之间的缝隙灌注粘接剂。同时，采取措施确保粘接剂凝固后，二者的位置精度不变，如图 2-1 所示。

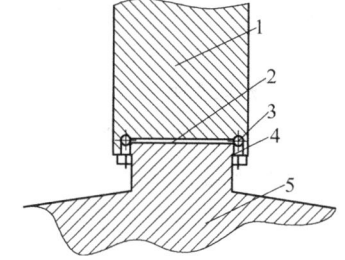

图 2-1 床身与立柱装配示意图
1—立柱 2—注胶层 3—钢球
4—螺钉 5—床身

灌胶工艺的流程如图 2-2 所示。

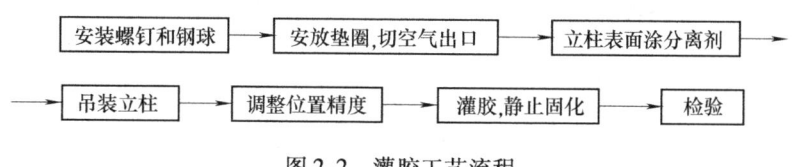

图 2-2 灌胶工艺流程

首先，在床身的安装面四周均布四个螺纹连接强度足以支撑起立柱重量的螺钉，用这四个螺钉顶起四只钢球，然后用调整工具将钢球调整到距离床身一定的高度。钢球顶起的高度既要能够方便地调整立柱导轨与床身工作台的位置精度，又不能让两个连接面之间的间隙过大。间隙过大时会增加注胶量，影响成本，且太厚的注胶层会影响粘接强度。

之后，随即在安装位置四周装上垫圈，以保证灌注粘接剂时不溢漏，并在床身注胶口前沿切出空气出口供排出空气。注胶孔一般设置在立柱的后面，在距离底部约 20mm 左右钻一垂直通孔至立柱底面，距离立柱后面 20mm 左右即可。

在吊装立柱之前，先在立柱安装表面涂上分离剂，使立柱和粘接剂分离。然后吊装立柱，将它支撑在钢球上，并反复调整压在钢球下的四个螺钉，调整立柱导轨与床身上工作台台面的垂直精度误差到合格的范围之内。立柱导轨与床身上工作台台面之间的垂直度约在

0.02mm。至此，灌胶前的准备工作就绪。

灌胶时，可以选用SKC等环氧胶进行灌注。环氧胶的优点是强度很高，可以粘接，耐温和化学性能好。缺点是固化慢，需严格按比例与稀释剂混合。胶粘剂的种类和稀释剂的稀释比例对粘接强度有一定影响，间隙大小对粘接强度也有影响。胶粘剂的最终内应力随胶层的增加而增大，间隙大小以 1.5~2mm 为宜。将灌注胶与稀释剂严格按照规定的比例、速度和时间混合搅拌均匀，然后立即压入注胶口。灌胶要保证两接合面的胶层充分饱满，以灌胶口前方的空气切口有胶液溢出为宜。之后，让设备保持原位静止，使粘接胶充分室温固化，以达到规定的参数。

最后，将所有连接螺钉按规定转矩拧紧，并校验立柱导轨与工作台台面的垂直度误差。

下面以立式数控铣床安装为例，介绍床身与立柱的安装、调试过程。

1. 底座定位

在底座定位前，先将轨道研磨面用除油剂清除干净，检查研磨面是否有敲击伤痕或裂痕，完成地脚螺纹孔攻丝。将水平仪放置于底座研磨面中央，再在稳定状况下调整底座四角的螺栓，使 X-Y 轴水平仪气泡位于中央位置，锁紧地脚螺栓，完成底座定位，如图 2-3 所示。

2. 鞍座装配

清洁鞍座轨道研磨面和底座接触面，并确认没有敲伤和裂痕。清出鞍座螺纹孔内铁屑，再将鞍座固定在底座上。将延伸臂固定在底座上，并将千分表吸附在延伸臂上测量鞍座研磨面四个点是否与底座平行，如图 2-4 所示。

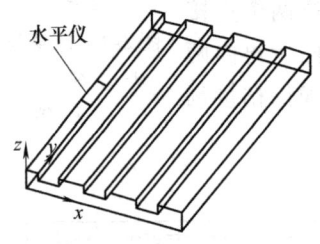
图 2-3　底座定位

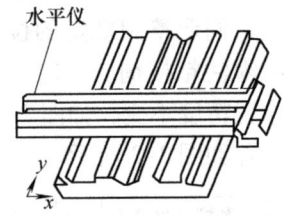
图 2-4　鞍座装配

测量鞍座研磨面的高低差，再用刮刀把鞍座底部耐磨片高点铲除。每次铲刮完后必须擦拭干净，防止铁屑吸附在铲刮面上。在铲刮时，用红丹磨合耐磨片部位并检查接触点是否均匀。当铲刮完毕后把嵌条固定在鞍座左右方，将鞍座移动至底座中间部位，并作水平调整一次。将鞍座来回移动，测试嵌条与底座研磨面接触是否良好，同时将千分表吸附在延伸臂上测量鞍座行走是否平行。

在固定嵌条时应注意左右区分，并做好记号加以区别。鞍座底部耐磨片上不能沾有铁屑，以防止破坏研磨面。当精度调试完成后，耐磨片与嵌条加润滑剂润滑。

3. 立柱与主轴头的结合

清洁立柱轨道研磨面和与主轴头相接触面，并确认是否有敲伤、裂痕。清出工作台螺纹孔内铁屑，并将立柱与主轴头固定。将主轴、增压缸固定在主轴头上，再将夹具装夹在主轴上。

将延伸臂固定在立柱上，并将千分表吸附在延伸臂上测量夹具 X（上下）与 Y（左右）

方向的精度,再用刮刀把主轴头耐磨片高点铲除。注意每次铲刮完后必须擦拭干净,防止铁屑吸附在铲刮面上。

调试完毕后将嵌条座、左右嵌条和平嵌条一起固定,将鞍座来回移动,测试嵌条是否与底座研磨面接触良好,如图 2-5 所示。

4. 立柱与底座的结合

清洁立柱与底座结合面以保证测量精度。将配重块固定在立柱上后,完成立柱与底座的结合。通过前后移动工作台,并调整 X、Y 水平气泡至水平仪中央来完成运动公称直角度测量,同时测量工作台平面度和 T 形槽的直线度。

将千分表固定在主轴头上,直角尺直立放置于工作台上,用行车将配重块作上下移动,测量立柱前、后、左、右倾斜度,再用刮刀把底座高点铲除,直至达到设计要求,如图 2-6 所示。

2.1.2 导轨安装与校正

数控机床导轨包括与床身零件一体的滑动导轨和线性导轨两种。滑动导轨装配前应仔细校正,以保证机床的运动精度。

1. 滑动导轨的校正

先将螺母座与床身用细油石清除干净,将螺母座固定在床身上。检具放入螺母座,并用扭力扳手将螺栓拧紧至参考扭力值。将直压尺固定到导轨面上作为测量基准,千分表固定在压板上并一同放置在直压尺上,如图 2-7 所示。

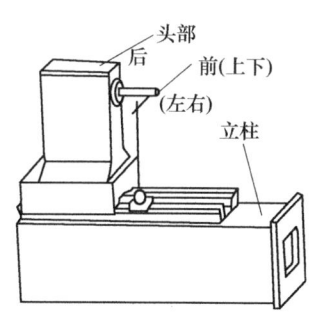 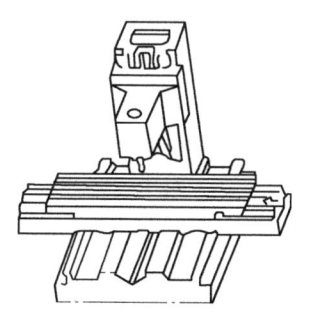 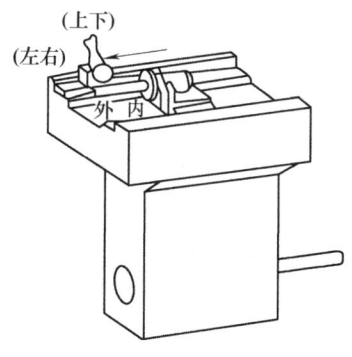

图 2-5　立柱与主轴头的结合　　图 2-6　立柱与底座的结合　　图 2-7　滑动导轨的校正

左右移动检具并将千分表调整至归零,在检验螺母座检具与滑轨高低是否相同时,先测量螺母座与检具高低差,再用刮刀把螺母座高点铲除。每次铲刮完毕必须用细油石磨边,直到调整至最佳状况。铲刮的同时用红丹磨合铲刮部位,并检查铲刮接触点是否均匀。

校正导轨时直压尺基准面与螺母基准面必须清洁干净并靠紧。用千分表测量时,推动力大小必须一致。

2. 线性导轨的装配

在装配前先用除油剂将线性导轨的床身安装面、基准面螺纹孔清洗干净。床身安装面在加工或运输时产生的撞击痕迹必须用细油石清除毛边。

将线性导轨轻放在床身上,左右轻摇以确认安装面是否平直。在将装配螺栓插入线性导轨装配孔时,先确认螺栓和装配孔是否吻合,当孔与螺栓不吻合时不要强行锁紧,以免破坏线性导轨与床身。先不锁紧螺栓,并将导轨左、右、前、后轻轻移动数次。如果能够移动,表示螺栓与床身孔中心已对正;如果无法轻易移动,则表示床身装配孔的加工精度有问题或螺栓装配不当,并用工具将螺栓与圆键、T形螺栓一起固定住,再把直压尺放在线性导轨中央位置,并前后调整直压尺使之与线性导轨前后平行。再将千分表固定在导轨滑块上,移动滑块并将其校正到与直压尺平行。将滑块移动到线性导轨的每个螺栓孔中心进行校正,直至导轨与直压尺完全平行。使用扭力扳手,在线性导轨制造厂商指定的扭紧力矩下,拧紧固定装配螺栓。

螺栓孔防尘盖放置在线性导轨螺栓孔中,用塑料锤轻敲防尘盖,将其打入螺栓孔中,并保持防尘盖上面与线性滑轨螺纹孔平行,既不要凸起造成脱落,也不要凹陷造成铁屑堆积。

3. 床身导轨纵向直线度的调整

大型数控机床,如数控龙门铣床、落地式镗铣床、重型数控转子车床等,其床身较长,大多由数段组成,其床身导轨在垂直平面内直线度的调整,一般都按机床精度检验标准规定调成中凸曲线。把导轨人为地调成中凸形状,其实质是一种预载,用预载产生的预应力抵抗工作台、工件的重力及切削加工产生的垂直切削分力,使工作台或刀架拖板在切削过程中处于水平状态,进而保证工件加工面的平直度。

2.2 数控机床的主传动系统和主轴部件的结构与调整

2.2.1 数控机床主传动系统的参数

1. 主传动功率

$$P = P_C/\eta$$

式中　P——主传动功率(kW);
　　　η——主运动传动链的总效率,一般取 $\eta = 0.70 \sim 0.85$;
　　　P_C——切削功率(kW)。

而切削功率 P_C

$$P_C = \frac{F_Z v}{60000} = \frac{Mn}{655000}$$

式中　F_Z——主切削力的切向分力(N);
　　　v——切削速度(m/min);
　　　M——切削转矩(N·cm);
　　　n——主轴转速度(r/min)。

由于加工情况多变,切削用量变化范围较大,对传动系统中的消耗功率不容易准确掌握,不容易确定准确的功率,通常用类比测试和计算等几种方法互比后确定。但如果传动功率定得过大,将使传动件的尺寸粗大而造成浪费,电动机常在低负荷下工作,功率因素低,浪费能源;传动功率定得过小,将限制机床的切削加工能力,进而降低生产率。

2. 主运动调速范围

主轴转速 n

$$n = \frac{1000v}{\pi d}$$

式中　　n——主转转速（r/min）；
　　　　v——切削速度（m/min）；
　　　　d——工件和刀具直径（mm）。

主轴的最高转速与最低转速之比称为调速范围 R_n

$$R_n = \frac{n_{max}}{n_{min}} = \frac{v_{max} d_{max}}{v_{min} d_{min}}$$

一般也用计算与调查类比相结合的方法确定。

2.2.2　对数控机床主传动系统的要求

数控机床主轴系统是数控机床的主运动传动系统。数控机床主轴运动是机床成形运动之一，它的精度决定了零件的加工精度。数控机床是具有高效率的机床，因此它的主轴系统必须满足如下要求：

① 具有更大的调速范围并实现无级调速。数控机床为了保证加工时能选用合理的切削用量，从而获得更高的生产率、加工精度和表面质量，必须要求能在较大的调速范围内实现无级调速。一般要求主轴具备 1：(100 ~ 1000) 的恒转矩调速范围和 1：10 的恒功率调速范围。

② 具有较高的精度与刚度，传递平稳，噪声低。数控机床加工精度的提高，与主轴系统具有较高的精度密切相关。为此，要提高传动件的制造精度与刚度，就要对齿轮齿面高频感应加热淬火，以增加耐磨性；最后一级采用斜齿轮传动，使传动平稳；采用精度高的轴承及合理的支撑跨距等，以提高主轴组件的刚性。

③ 良好的抗振性和热稳定性。数控机床加工时，可能由于断续切削、加工余量不均匀、运动部件不平衡以及切削过程中的自振等原因引起冲击力的干扰，从而使主轴产生振动，进而影响加工精度和表面粗糙度，严重时甚至可能破坏刀具和主轴系统中的零件，使其无法工作。主轴系统发热使其中的零部件产生热变形，降低传动效率，破坏零部件之间的相对位置精度和运动精度，造成加工误差。为此，主轴组件要有较高的固有频率，实现动平衡，保持合适的配合间隙并进行循环润滑等。

④ 在车削中心上，要求主轴具有 C 轴控制功能。为了使车削中心具有螺纹车削功能，要求主轴与进给驱动实行同步控制，即主轴具有旋转进给轴（C 轴）的控制功能。

⑤ 在加工中心上，要求主轴具有高精度的准停功能。在加工中心上自动换刀时，主轴须停止在一个固定不变的方位上，以保证换刀位置的准确以及某些加工工艺的需要，即要求主轴具有高精度的准停功能。

⑥ 具有恒线速度切削控制功能。利用车床和磨床进行工件端面加工时，为了保证端面加工时粗糙度的一致性，要求刀具切削的线速度为恒定值。随着刀具的径向进给，切削直径会逐渐减小，应不断提高主轴转速，并维持线速度为常数。

此外，为了获得更高的运动精度，要求主运动传动链尽可能短。同时，由于数控机床特别是加工中心通常配备有多把刀具，要求能够实现主轴上刀具的快速及自动更换。

2.2.3　主传动系统的配置

为了适应数控机床加工范围广、工艺适应性强、加工精度和自动化程度高等特点，数控机床的主传动系统变速方式主要有无级变速、分段无级变速和内置电动机变速三种方式。无级变速的调速电动机有电枢控制式直流调速电动机和交流调频电动机，在中小型数控机床中，交流调频电动机已占优势，有取代直流调速电动机之势。随着新型调速电动机的日趋完善，齿轮分级变速传动在逐渐减少。采用调速电动机无级变速，不仅大大简化了机械结构，而且可以方便地实现范围很宽的无级变速，还可以按照控制指令连续地进行变速，实现恒线速切削，进一步提高机床的工作性能。

采用调速电动机的主传动变速系统，通常有以下配置方式（图2-8）：

1. 主轴电动机直接驱动

如图2-8a所示，电动轴与主轴用联轴器同轴连接，大大简化主轴箱和主轴结构，有效地提高了主轴部件的刚度。但主轴输出转矩小，电动机发热对主轴精度影响较大。近年来采用的交流伺服电动机功率可以很大，而且其输出功率与消耗的功率又保持同步，效率很高。

2. 电动机经同步齿形带传动主轴

如图2-8b所示，电动机将其运动经同步齿形带以定比传动传递给主轴。由于输出转矩较小，这种传动方式主要用于小型数控机床低转矩特性要求的主轴，可以减小传动中的振动和噪声。

3. 电动机经齿轮变速传动主轴

如图2-8c所示，主轴电动机经二级齿轮变速，使主轴获得低速和高速两种转速系统，使之成为分段无级变速。这种现置方法在大中型数控机床中采用较多，通过齿轮传动降速后，输出转矩可以增大，以满足主轴低速时输出转矩特性的要求。一部分小型数控机床也采用这种传动方式，以获得强力切削时所需要的转矩，滑移齿轮的移位大都采用液压或电磁离合器两种方式来实现。

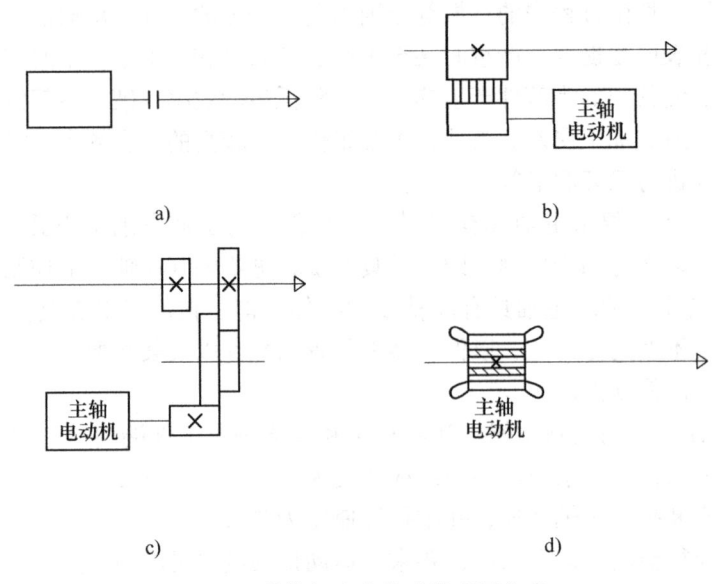

图2-8 数控机床主传动的配置方式
a) 主轴电动机直接驱动 b) 电动机经同步齿形带传动主轴
c) 电动机经齿轮变速传动主轴 d) 电主轴

① 液压变速机构是通过液压缸、活塞杆带动拨叉推动滑移齿轮移动来实现变速，双联

滑移齿轮用一个液压缸，而三联滑移齿轮必须使用两个液压缸（差动液压缸）实现三位移动。

图 2-9 所示为某分级变速箱液压变速机构。滑移齿轮的拨叉与变速液压缸的活塞杆相连接，三个液压缸都是差动液压缸，用 Y 形三位四通电磁阀来控制液压缸的通油。当液压缸左腔进油右腔回油、右腔进油左腔回油、左右两腔同时进油时，可使滑移齿轮块获得右、左、中三个位置，这样就可以获得所需要的齿轮啮合状态。在自动选速时，为了使齿轮顺利啮合而不发生顶齿现象，应使传动链在低速下运行。

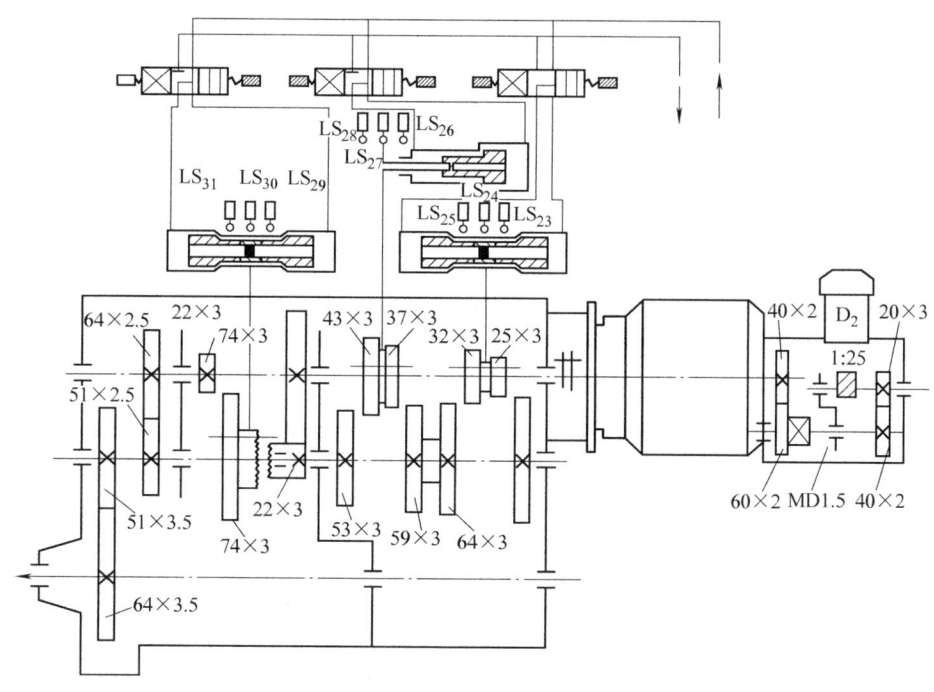

图 2-9　某分级变速箱液压变速机构

② 电磁离合器是靠磁力吸引，从而增加摩擦片间的摩擦力或使铁心镶入齿内，用来传递力矩。无集电环摩擦片式电磁离合器如图 2-10 所示。

线圈绕组 8 与铁心 9 是固定不动的，因此不用集电环向里送电，连接件 2 与套筒 3 是输入输出端，即通电后，2 与 3 连在一起运动。断电后，2 与 3 各自旋转，不再连在一起。套筒 3 的内孔与外圆上均有花键，而且与挡环 6 用螺钉 11 连接在一起，成为一体。在套筒 3 的外圆花键上挂有内摩擦片 5。当然，内摩擦片 5 的内孔上带有花键孔。

连接件 2 的外圆周边上有六条直槽与外摩擦片 4 上的六个外圆周上的花键相配合。

通电时，衔铁 10 被吸引向右移，把内、外摩擦片压在挡环 6 上，内、外摩擦片被夹紧。所以只能一起旋转。

断电时，外摩擦片 4 上的弹性爪使衔铁 10 迅速回到原来的位置。内、外摩擦片之间无夹紧力，所以松开，各自运动。

啮合式电磁离合器如图 2-11 所示，它是在摩擦面上做了一定的齿形来提高传递的转矩。

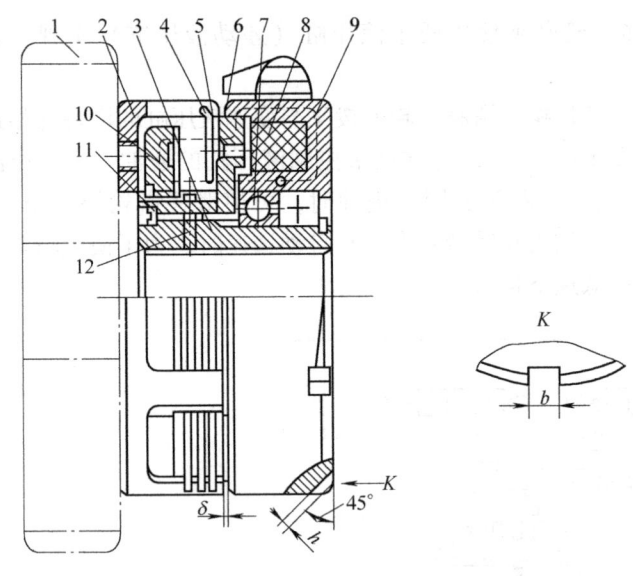 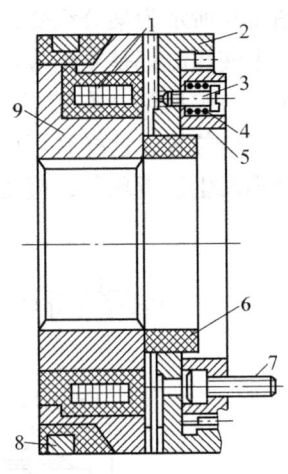

图 2-10 无集电环摩擦片式电磁离合器
1—传动齿轮 2—连接件 3—套筒 4—外摩擦片
5—内摩擦片 6—挡环 7—滚动轴承 8—线圈绕组
9—铁心 10—衔铁 11—螺钉 12—油孔

图 2-11 啮合式电磁离合器
1—线圈 2—衔铁 3—螺钉 4—弹簧
5—定位环 6—隔离环 7—连接螺钉
8—旋转集电环 9—磁轭

线圈 1 通电,带有端面齿的衔铁 2 通过渐开线花键与定位环 5 相连,定位环 5 再通过连接螺钉 7 与传动件相连。这时,与连接螺钉相连接的传动件通过定位环和衔铁与线圈同时旋转,线圈磁轭的内孔通过花键与另一轴同时旋转。这样,就把两个部件连在一起旋转。为了防止磁力线受到传动轴的影响,所以加了一个隔离环,防止削弱磁的吸引力。当断电后,衔铁被松开,与连接螺钉 7 相连的传动件也就不再与另一传动件连在一起旋转了。

衔铁是采用渐开线的花键,可在轴向上移动,但衔铁与定位环 5 相连是保证同轴度。这种离合器必须在低速吸合,应在 1～2r/min 的转速下变速。

4. 电主轴

如图 2-8d 所示,将调速电动机与主轴合成一体(电动机转子轴即为机床主轴),这种主轴传动方式是由电动机直接带动主轴旋转,即直接驱动方式,是近年来新出现的一种结构。其优点是主轴部件结构更紧凑,刚度高,重量轻,惯量小,可提高调速电动机起动、停止的响应特性;其缺点是电动机发热引起热变形问题。它是由调速电动机直接驱动主轴传动,如图 2-12 所示。它大大简化了主轴箱体与主轴的结构,有效地提高了主轴部件的刚度,但主轴输出的转矩小,电动机发热对主轴的精度影响较大。

近年来还出现了一种新式的内装电动机主轴,即主轴与电动机转子合为一体。其优点是主轴组件结构紧凑、重量和惯量小,可提高起动、停止的响应特性,并利于控制振动和噪声;缺点是电动机运转产生的热量易使主轴产生热变形。因此,温度控制和

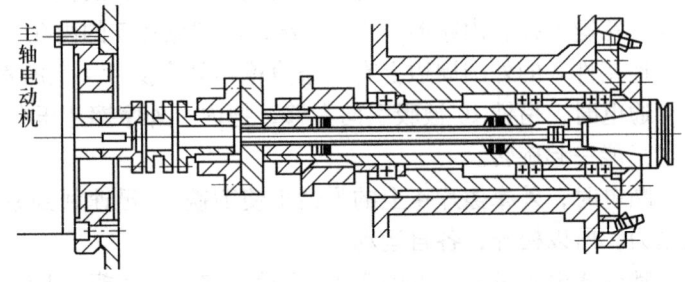

图 2-12 直接驱动式

冷却是使用内装电动机主轴的关键问题。图 2-13 所示为日本研制的立式加工中心主轴组件,其内装电动机主轴最高转速可达 180 000r/min。

2.2.4 主轴部件

数控机床的主轴部件,既要满足精加工时精度较高的要求,又要具备粗加工时高效切削的能力,因此在旋转精度、刚度、抗振性和热变形等方面,都有很高的要求。

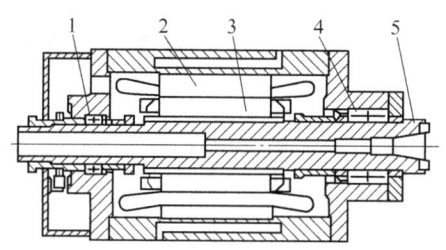

图 2-13 日本研制的立式加工中心主轴组件
1—后轴承 2—定子 3—转子
4—前轴承 5—主轴

1. 主轴

① 主轴的主要尺寸参数包括主轴直径、内孔直径、悬伸长度和支承跨距。评价和考虑主轴的主要尺寸参数的依据是主轴刚度、结构工艺性和主轴组件的工艺适用范围。

② 主轴轴端结构主轴的轴端用于安装夹具和刀具。要求夹具和刀具在轴端定位精度高、定位刚度好、装卸方便,同时使主轴的悬伸长度短。数控车床的主轴端部结构,一般采用短圆锥法兰盘式。短锥法兰结构有很高的定心精度,主轴的悬伸长度短,大大提高了主轴的刚度。

为了尽可能减少主轴部件温升引起的热变形对机床工作精度的影响,通常用润滑油的循环系统把主轴部件的热量带走,使主轴部件与箱体保持恒定的温度。在某些数控镗铣床上采用专门的制冷装置,能比较理想地实现温度控制。某些数控机床主轴采用高级油脂,用封闭方式润滑,每加一次油脂可以使用 7~8 年,为了使润滑油面和油脂不致混合,通常采用迷宫式密封。

③ 主轴的材料和热处理主轴材料的选择主要根据刚度、载荷特点、耐磨性和热处理变形大小等因素确定。主轴材料常采用的有:45、38CrMoAlA、GCr15 和 9Mn2V,需经渗氮和感应淬火。

④ 主轴主要精度指标前支承轴颈的同轴度公差约 $5\mu m$ 左右;轴承轴颈需按轴承内孔"实际尺寸"配磨,且需保证配合过盈 $1~5\mu m$;锥孔与轴承轴颈的同轴度公差为 $3~5\mu m$,与锥面的接触面积不小于 80%,且大端接触较好。如装 NN3000K 型调心圆柱滚子轴承的 1:12 锥面,与轴承内圈接触面积不小于 85%。

2. 主轴轴承

主轴轴承是主轴组件的重要组成部分,它的类型、结构、配置、精度、安装、调整、润滑和冷却都直接影响主轴组件的工作性能。在这里仅介绍在数控机床上主轴轴承用的滚动轴承。

滚动轴承摩擦阻力小,可以预紧,润滑维护简单,能在一定的转速范围和载荷变动范围下稳定地工作。滚动轴承由专业化工厂生产,选购维修方便。但滚动轴承的噪声大,滚动体数目有限,刚度是变化的,抗振性略差,并且对转速有很大的限制。

数控机床主轴轴承常用的滚动轴承(图 2-14)如下。

① 双列圆柱滚子轴承内孔为 1:12 的锥孔,与主轴的锥形轴颈相配合。轴向移动内圈,可把内圈胀大,以消除径向间隙或预紧。这种轴承只能承受径向载荷,多用于载荷较大、刚度要求较高、中等转速的地方。

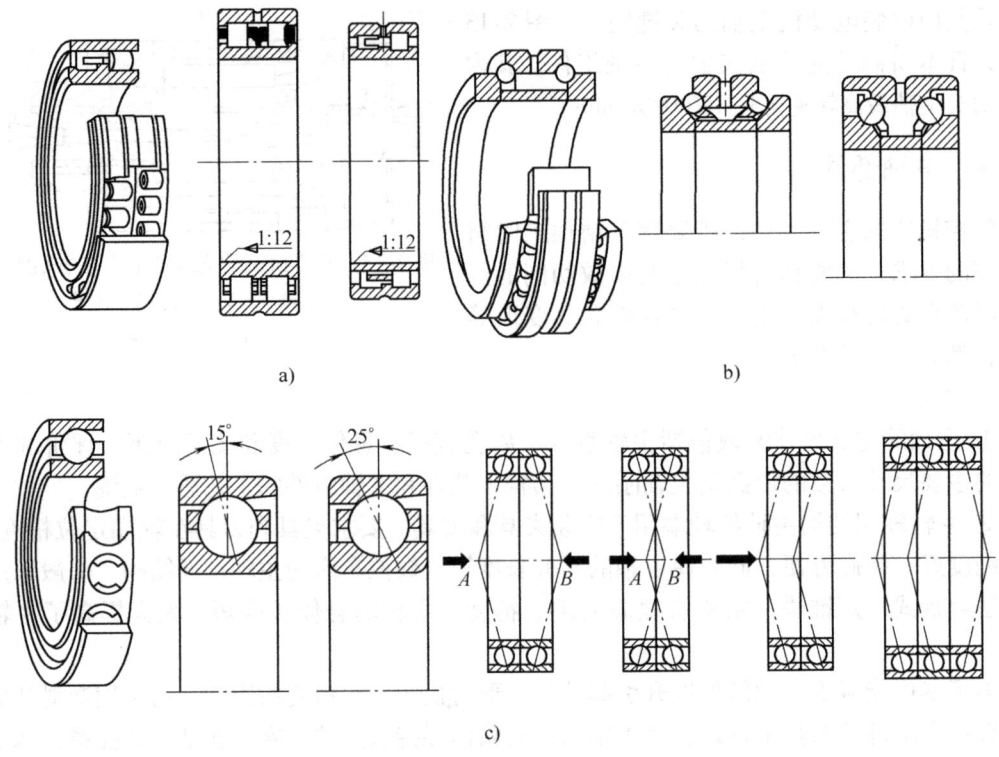

图 2-14 常用的滚动轴承

② 双向推力角接触球轴承 这种轴承与双列圆柱滚子轴承相配套,用于承受轴向载荷。

③ 角接触球轴承 这种轴承既可以承受径向载荷,又可承受轴向载荷。角接触球轴承多用于高速主轴,但这种球轴承为点接触,刚度较低。为了提高刚度和承载能力,常用多联组配的办法。

3. 主轴轴承配置方式

① 前支承采用双列短圆柱滚子轴承和60°角接触双列向心推力球轴承组合,后支承采用向心推力球轴承,如图 2-15a 所示。此配置形式使主轴的综合刚度大幅度提高,可以满足强力切削的要求,因此普遍应用于各类数控机床的主轴。

② 前支承采用高精度双列向心推力轴承,如图 2-15b 所示。向心推力球轴承具有良好的高速性能,主轴最高转速可达 4000r/min,但它的承载能力小,因而适用于高速、轻载和精密的数控机床的主轴。

③ 双列和单列圆锥滚子轴承,如图 2-15c 所示。这种轴承能承受较大的径向和轴向力,能承受重载荷,尤其能承受较强的动载荷,安装与调整性能好。但这种配置方式限制了主轴最高转速和精度,因此只适用于中等精度、低速与重载的数控机床主轴。

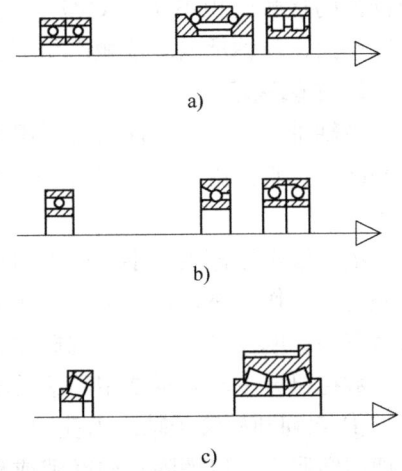

图 2-15 数控机床主轴轴承配置方式

4. MJ-50 型数控车床主轴部件

以 MJ-50 型数控车床（图 2-16）为例，了解数控机床的主轴部件的概貌。

① 主轴箱。交流主轴电动机通过带轮把运动传递给主轴，主轴有前后两个支承，前支承由一圆锥孔双列圆柱滚子轴承和一对角接触球轴承组（一个大口向外朝向主轴前端，另一大口向里朝向主轴后端），主轴的后支承为圆锥孔双列圆柱滚子轴承。主轴的支承形式为前端定位，主轴受热膨胀向后伸长。前、后支承所用圆柱滚子轴承的支承刚性好，允许极限转速高。前支承中的角接触球轴承能承受较大的轴向载荷，且允许的极限转速高。主轴所采用的支承结构适宜高速、大载荷的需要，主轴的运动经过同步带带动脉冲编码器。

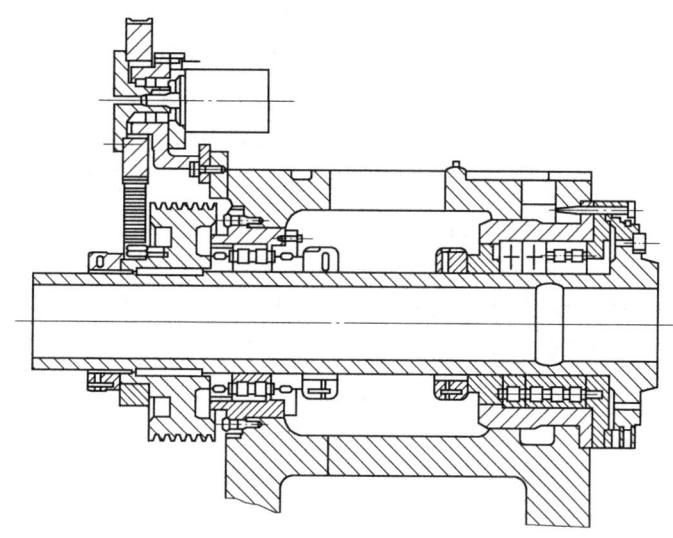

图 2-16　MJ-50 型数控车床主轴箱结构简图

② 主轴编码器。与主轴同步，主轴编码器检测主轴的运动信号，实现主轴调速的数字反馈和必要的进给控制（例如车削螺纹）。

图 2-17 为光电脉冲发生器的原理图。

在漏光盘上，沿圆周刻有两圈条纹，外圈为圆周等分线条，例如 1024 条，作为发送脉冲用，内圈仅 1 条。在光栅上，刻有透光条纹 A、B、C。A 与 B 之间的距离应保

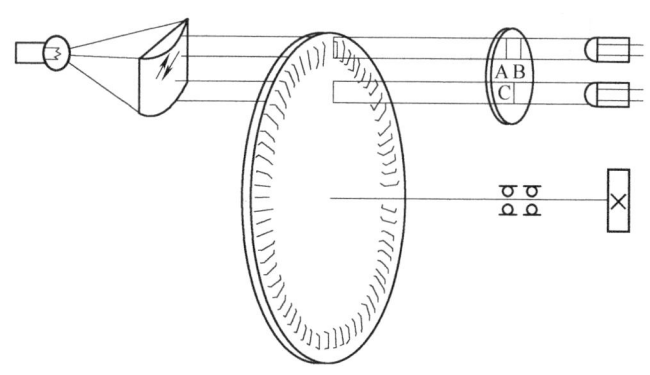

图 2-17　光电脉冲发生器原理

证当条纹 A 与漏光盘上任一条纹重合时，条纹 B 应与漏光盘上另一条纹的重合度错位 1/4 周期。在光栅的每一条纹的后面均安置光敏三极管一只，构成一条输出通道。

灯泡发出的散射光线经过聚光后成为平行光线，当漏光盘与主轴同步旋转时，由于漏光盘上的条纹与光栅上的条纹出现重合和错位，使光敏管受到光线亮、暗的变化信号，引起光敏管内电流的大小发生变化，变化的信号电流经整流放大电路后输出矩形脉冲。由于条纹 A 与漏光盘条纹重合时，条纹 B 与另一条纹错位 1/4 周期，因此，A、B 两通道输出的波形相位也相差 1/4 周期。

脉冲发生器中漏光盘内圈的一条刻线与光栅上条纹 C 重合时输出的脉冲为同步（起步，又称零位）脉冲。利用同步脉冲，数控车床可实现加工控制，也可作为主轴准停装置的准停信号。数控车床车削螺纹时，利用同步脉冲作为车刀的进刀点和退刀点的控制信号，以保

证车削螺纹不会乱扣。

③ 卡盘 数控车床工件夹紧装置可采用三爪自定心卡盘、四爪单动卡盘或弹簧夹头。

为了减少数控车床装夹工件的辅助时间,广泛采用液压或气动动力自动定心卡盘。

由于要在数控车床主轴两端安装结构笨重的动力卡盘和夹紧液压缸,主轴刚度必须进一步提高,并设计合理的连接端以改善动力卡盘与主轴前端部的连接刚度。如图 2-18a 所示,液压卡盘固定安装在主轴前端,回转液压缸与接套用螺钉连接,接套通过螺钉与主轴后端面连接,使回转液压缸随主轴一起转动,卡盘的夹紧与松开,由回转液压缸通过一根空心的拉杆驱动。拉杆后端与液压缸的活塞用螺纹连接,连接套两端的螺纹分别与拉杆驱动。拉杆后端与液压缸的活塞用螺纹连接,连接套两端的螺纹分别与拉杆和滑套连接。图 2-18b 为卡盘内楔形机构示意图,当液压缸内的压力油推动活塞和拉杆向卡盘方向移动时,滑套向右移动,由于滑套上楔形槽的作用,使得卡爪座带着卡爪沿径向向外移动,则卡盘松开。反之,液压缸内的压力油推动活塞和拉杆向主轴后端移动时,通过楔形机构,使卡盘夹紧工件。

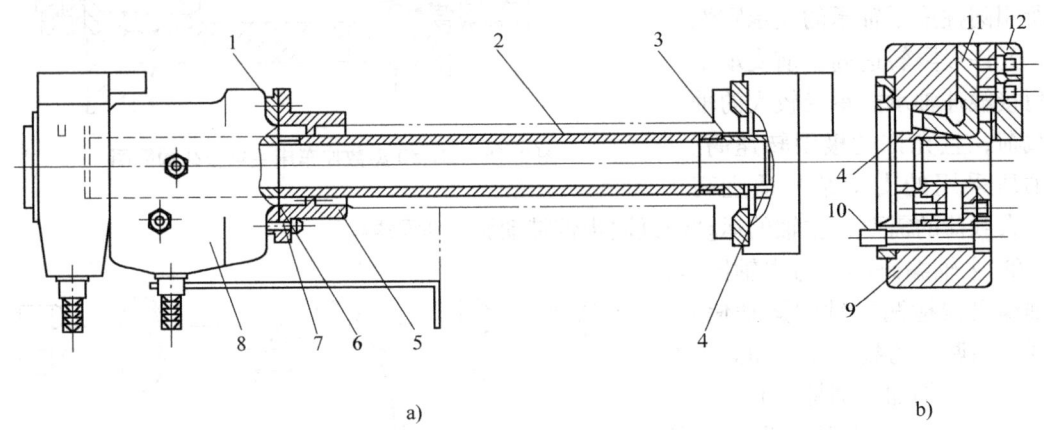

图 2-18 液压驱动动力自动定心卡盘
1—回转液压缸 2—拉杆 3—连接套 4—滑套 5—接套 6—活塞
7、10—螺钉 8—箱体 9—卡盘体 11—卡爪座 12—卡爪

2.2.5 主轴的准停

主轴准停功能又称为主轴定位功能,即当主轴停止时,控制其停于固定位置,这是自动换刀所必需的功能。在自动换刀的镗铣加工中心上,切削的转矩通常是通过刀杆的端面键来传递的,这就要求主轴具有准确定位于圆周上特定角度的功能。主轴准停换刀如图 2-19 所示。当加工阶梯孔或精镗孔后退刀时,为防止刀具与小阶梯孔碰撞或拉毛已精加工的孔表面,必须先让刀,再退刀。因此,刀具就必须具有定位功能。主轴准停阶梯孔或精镗孔如图 2-20 所示。

主轴准停功能分为机械准停和电气准停。

1. 机械准停控制

图 2-21 为典型的 V 形槽轮定位盘机械准停原理示意图。带有 V 形槽的定位盘与主轴端面保持一定的关系,以确定定位位置。当准停指令到来时,首先使主轴减速至某一可以设定的低速转动,当无触点开关有效信号被检测到后,立即使主轴电动机停转并断开主轴传动链,

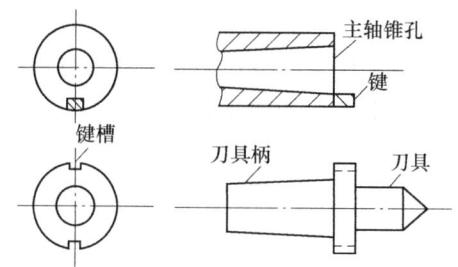

图 2-19　主轴准停换刀示意图

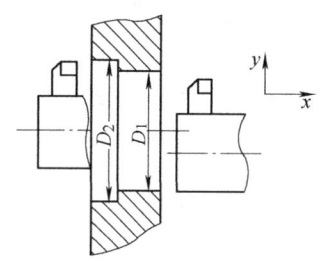

图 2-20　主轴准停阶梯孔或精镗孔示意图

此时主轴电动机与主轴传动件依惯性继续空转，同时准停液压缸定位销伸出并压向定位盘。当定位盘 V 形槽与定位销正对时，由于液压缸的压力，定位销插入 V 形槽中，准停到 LS_2 信号有效，表明准停动作完成。这里 LS_1 为准停释放信号。采用这种准停方式，必须有一定的逻辑互锁，即 LS_2 有效时才能进行下面诸如换刀等动作，而只有当 LS_1 有效时才能起动主轴电动机正常运转。上述准停功能通常可由数控系统所配的可编程序控制器完成。

机械准停还有其他方式，如端面螺旋凸轮准停等，但基本原理是一样的。

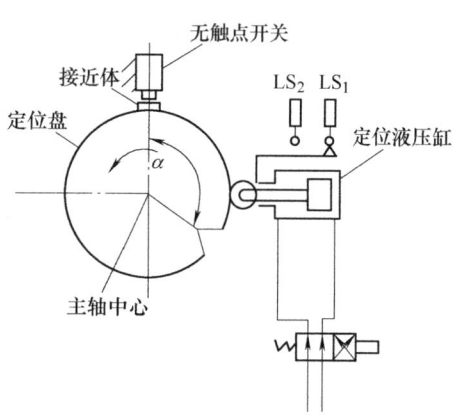

图 2-21　典型的 V 形槽轮定位盘机械准停原理示意图

2. 电气准停控制

目前国内外中高档数控系统均采用电气准停控制。采用电气准停控制有以下优点：

① 简化机械结构。与机械准停相比，电气准停只需在这种旋转部件和固定部件上安装传感器即可。

② 缩短准停时间。准停时间包括在换刀时间内，而换刀时间是加工中心的一项重要指标。若采用电气准停，即使主轴在高速转动时，也能快速定位于准停位置。

③ 可靠性增加。由于无需复杂的机械、开关和液压缸等装置，也没有机械准停所形成的机械冲击，因此准停控制的寿命与可靠性大大增加。

④ 性能价格比提高。由于简化了机械结构和强电控制逻辑，因此这部分的成本大大降低。但电气准停常作为选择功能，这是因为订购电气准停附件需另加费用。但总体来看，其性价比比机械准停大大提高。

目前电气准停通常有以下三种方式。

（1）磁传感器主轴准停控制

磁传感器主轴准停控制由主轴驱动自身完成。主轴驱动完成准停后会向数控装置回答完成信号 ORE，然后数控系统再进行下面的工作。其基本结构如图 2-22 所示。

当主轴转动或停止时，一旦接收到数控装置发来的准停开关信号，主轴立即加速或减速至某一准停速度（可在主轴驱动装置中设定）。主轴到达准停速度且准停位置到达时（即磁发体与磁传感器对准），主轴立即减速至某一爬行速度（可在主轴驱动装置中设定）。然后当磁传感器信号出现时，主轴驱动立即进入磁传感器作为反馈元件的位置闭环控制，目标位置为准停位置。准停完成后，主轴驱动装置输出准停完成信号给数控装置，从而可进行自动换刀（ATC）或其他动作。磁发体与磁传感器在主轴上的位置如图2-23所示。

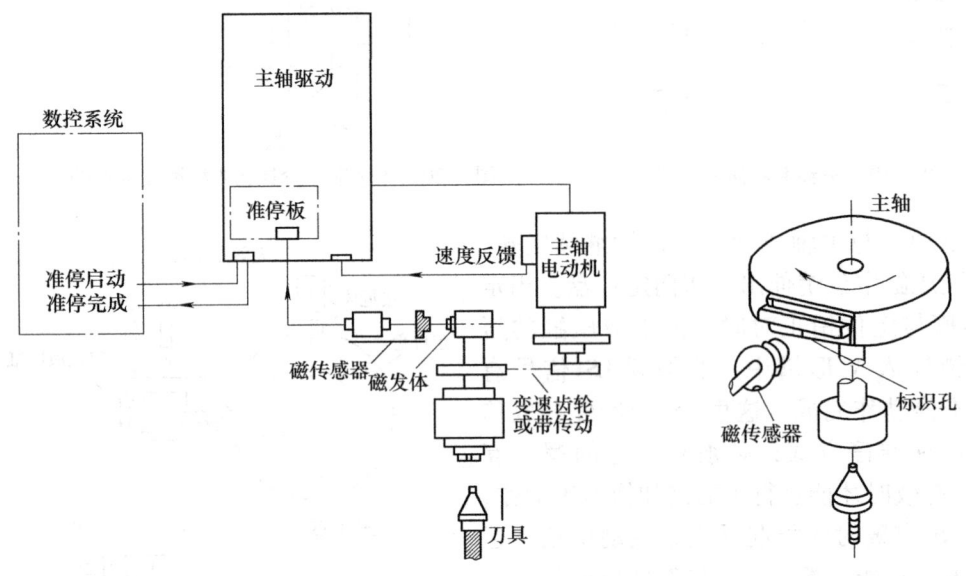

图2-22 主轴的准停装置　　　　图2-23 磁传感器在主轴上的位置

(2) 编码器主轴准停控制

图2-24为编码器主轴准停控制原理图。可采用主轴电动机内部安装的编码器信号（来自于主轴驱动装置），也可以在主轴上直接安装另外一个编码器。采用前一种方式要注意传动链对主轴准停精度的影响。主轴驱动装置内部可自动转换，使主轴驱动处于速度控制或位置控制状态。准停角度可由外部开关量（12位）设定，这一点与磁准停不同，磁准停的角度无法随意设定，要想调整准停位置，只有调整磁发体与磁传感器的相对位置。其步骤与传感器类似。

无论采用何种准停方案（特别是对磁传感器准停方式），当需在主轴上安装元件时应注意动平衡问题，因为数控机床精度很高，转速也很高，所以对动平衡要求严格。一般对中速以上的主轴来说，有一点不平衡还不至于有太大的问题。但对高速主轴来说，这一不平衡量会引起主轴振动。为适应主轴高速化的需要，国外

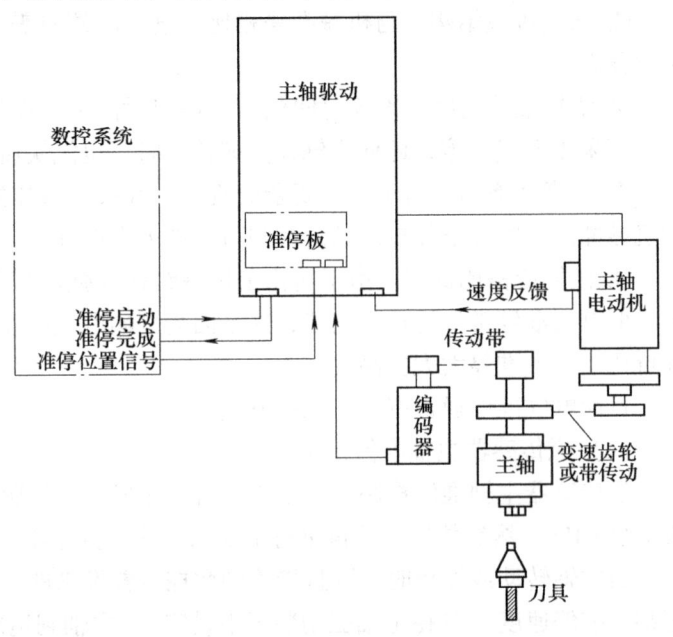

图2-24 编码器主轴准停控制原理图

已开发出整环式磁传感器主轴准停装置,由于磁发体是整环,因此其动平衡好。

(3) 数控系统主轴准停控制

这种准停控制方式是由数控系统完成的,采用这种控制方式时需注意以下问题:

① 数控系统需具有主轴闭环控制功能。通常为避免冲击,主轴驱动都具有软起动功能,但这对主轴位置闭环控制会产生不良影响。此时,若位置增益过低,则准停精度和刚度(克服外界扰动的能力)不能满足要求;若过高,则会产生严重的定位振荡现象。因此必须使主轴进入伺服状态,此时其特性与进给伺服系统相近,才可进行位置控制。

② 当采用电动机轴端编码器信号反馈给数控装置时,主轴传动链精度可能对主轴精度产生影响。数控系统控制主轴准停的原理与进给位置控制的原理非常相似,如图2-25 所示。

当采用数控系统控制主轴准停时,角度指定由数控系统内部设定,因此准停角度的设定更加方便。其工作原理是:数控系统执行准停指令 M19 或 M19 S××时,首先将 M19 送至可编程序控制器,可编程序控制器经译码送出控制信号使主轴驱动进入伺服状态,同时数控系统控制主轴电动机降速并寻找零位脉冲C,然后进入位置闭环控制状态。如执行 M19,无 S 指令,则主轴定位于相对于零位脉冲 C 的某一缺省位置(可由数控系统设定);如执行 M19 S××,则主轴定位于指令位置,也就是相对零位脉冲 S×× 的角度位置。

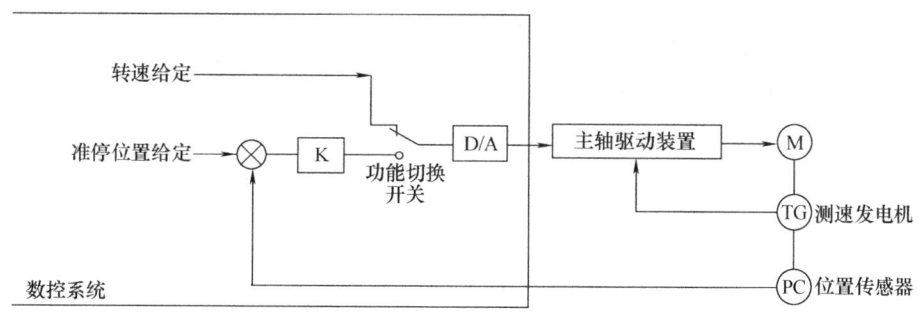

图 2-25 数控系统主轴准停控制原理图

例　M03　S1000　　//主轴以 1000r/min 正转
　　M19　　　　　　//主轴准停于缺省位置
　　M19　S100　　　//主轴准停转至 100°处
　　S1000　　　　　//主轴再次以 1000r/min 正转
　　M19　S200　　　//主轴准停至 200°处

2.3 主轴的拆卸与调整

数控机床的拆卸、装配与调整是数控机床维修的重要环节。选择合理、规范的拆卸和装配方法,能避免被拆卸件的损坏,并有效地保持机床原有精度。数控机床的调整,则主要是在零件之间,通过选择适宜的配合关系和调整方法,使机床具有正常的工作性能与合理的工作精度。机床各部件的调整,必须在拆卸、维修一开始就考虑这一问题,它是在维修及装配过程中进行的,不能等到各零部件装配完毕后才着手进行。

2.3.1 数控车床主轴部件的结构与调整

1. CK7815型数控车床主轴部件结构

图 2-26 所示是 CK7815 型数控车床主轴部件结构图，该主轴工作转速范围为 15 ~ 5000r/min。主轴 6 前端采用三个角接触球轴承 9，通过前支承套 11 支承，由螺母 8 预紧。后端采用圆柱滚子轴承 12 支承，径向间隙由螺母 15 和螺母 4 调整。螺母 5 和螺母 7 分别用来锁紧螺母 4 和螺母 8，防止螺母 4 和 8 的回松。带轮 14 直接安装在主轴 6 上（不卸荷）。同步带轮 13 安装在主轴 6 后端支承与带轮之间，通过同步带和安装在主轴脉冲发生器 1 轴上的另一同步带轮，带动主轴脉冲发生器 1 和主轴同步运动。在主轴前端，安装有液压卡盘或其他夹具。

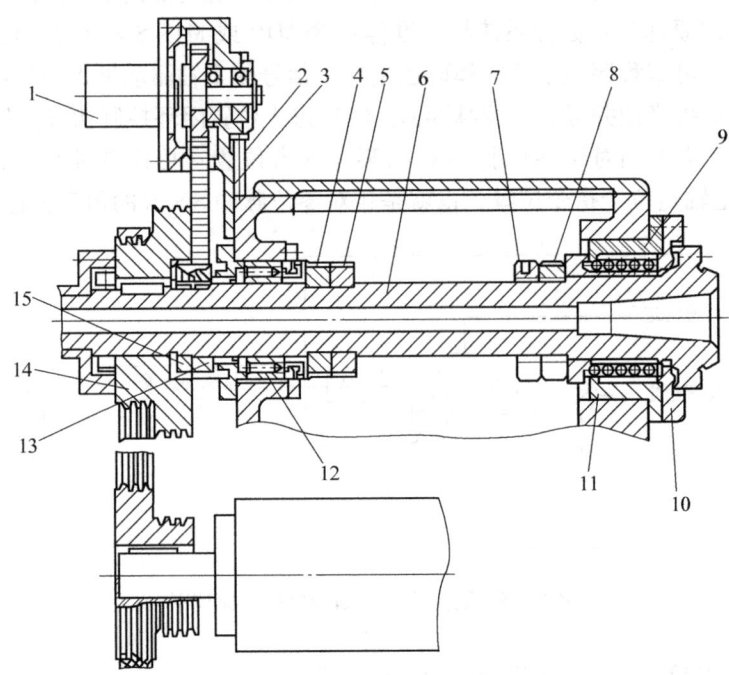

图 2-26　CK7815 型数控车床主轴部件结构图
1—主轴脉冲发生器　2—螺钉　3—支架丝钉　4、5、7、8、15—螺母　6—主轴
9—角接触球轴承　10—前端盖　11—前支承套　12—圆柱滚子轴承
13—脉冲发生器同步带轮　14—带轮

2. 主轴部件的拆卸与调整

主轴部件在维修时，需要在拆卸口拆卸前做好工作场地清理、清洁工作和拆卸工具及资料的准备工作，然后进行拆卸操作。拆卸操作顺序大致如下：

① 切断总电源及主轴脉冲发生器电器线路。总电源切断后，应拆下保险装置，防止他人误合闸而引起事故。

② 切断液压卡盘（图 2-26 中未画出）油路，排放掉主轴部件及相关各部润滑油。油路切断后，应放尽管内余油，避免油溢出污染工作环境，管口应包扎，防止灰尘及杂物侵入。

③ 拆下液压卡盘（图 2-26 中未画出）及主轴后端液压缸等部件，排尽油管中余油并扎

管口。

④ 拆下电动机传动带及主轴后端带轮 14 和键。
⑤ 拆下主轴后端螺母 15。
⑥ 松开螺钉 2，拆下支架 3L 的螺钉，拆去主轴脉冲发生器（含支架、同步带）。
⑦ 拆下同步带轮 13 和后端油封件。
⑧ 拆下主轴后支承处轴向定位盘螺钉。
⑨ 拆下主轴前支承套螺钉。
⑩ 拆下（向前端方向）主轴部件。
⑪ 拆下圆柱滚子轴承 12 和轴向定位盘及油封。
⑫ 拆下螺母 4 和螺母 5。
⑬ 拆下螺母 7 和螺母 8 以及前油封。
⑭ 拆下主轴 6 和前端盖 10。主轴拆下后要轻放，不得碰伤各部螺纹及圆柱表面。
⑮ 拆下角接触球轴承 9 和前支承套 11。

以上各部件、零件拆卸后，应清洗及防锈处理，并妥善存放保管。

3. 主轴部件装配及调整

装配前，各零件、部件应严格清洗，需要预先加涂油的部位应加涂油。装配设备、装配工具以及装配方法，应根据装配要求及配合部位的性质选取。操作者必须注意，不正确或不规范的装配方法将影响装配精度和装配质量，甚至损坏被装配件。

对 CK7815 数控车床主轴部件的装配过程，可大体依据拆卸顺序逆向操作，这里就不再叙述。主轴部件装配时的调整，应注意以下几个部位的操作：

① 前端三个角接触球轴承，应注意前面两个大口向外，朝向主轴前端，后一个大口向里（与前面两个相反方向）。预紧螺母 8 的预紧量应适当（查阅制造厂家说明书），预紧后一定要注意用螺母 7 锁紧，防止回松。

② 后端圆柱滚子轴承的径向间隙由螺母 15 和螺母 4 调整。调整后通过螺母 5 锁紧，防止回松。

③ 为保证主轴脉冲发生器与主轴转动的同步精度，同步带的张紧力应合理。调整时，先略松开支架 3 上的螺钉，然后调整螺钉 2，使之张紧同步带。同步带张紧后，再旋紧支架 3 上的紧固螺钉。

④ 液压卡盘装配调整时，应充分清洗卡盘内锥面和主轴前端外短锥面，保证卡盘与主轴短锥面的良好接触。卡盘与主轴连接螺钉旋紧时应对角均匀施力，以保证卡盘的工作定心精度。

⑤ 液压卡盘驱动液压缸（图 2-26 中未画出）安装时，应调整好卡盘拉杆长度，保证驱动液压缸有足够的、合理的夹紧行程储备量。

2.3.2 加工中心主轴部件的结构与调整

1. 主轴部件结构

图 2-27 所示为 THK6380 加工中心主轴部件结构图，其结构如下。

（1）刀具自动夹紧装置

刀具自动夹紧装置中的刀夹 1 内孔用来安装刀具，刀夹 1 的夹紧与松开动作由弹簧夹头

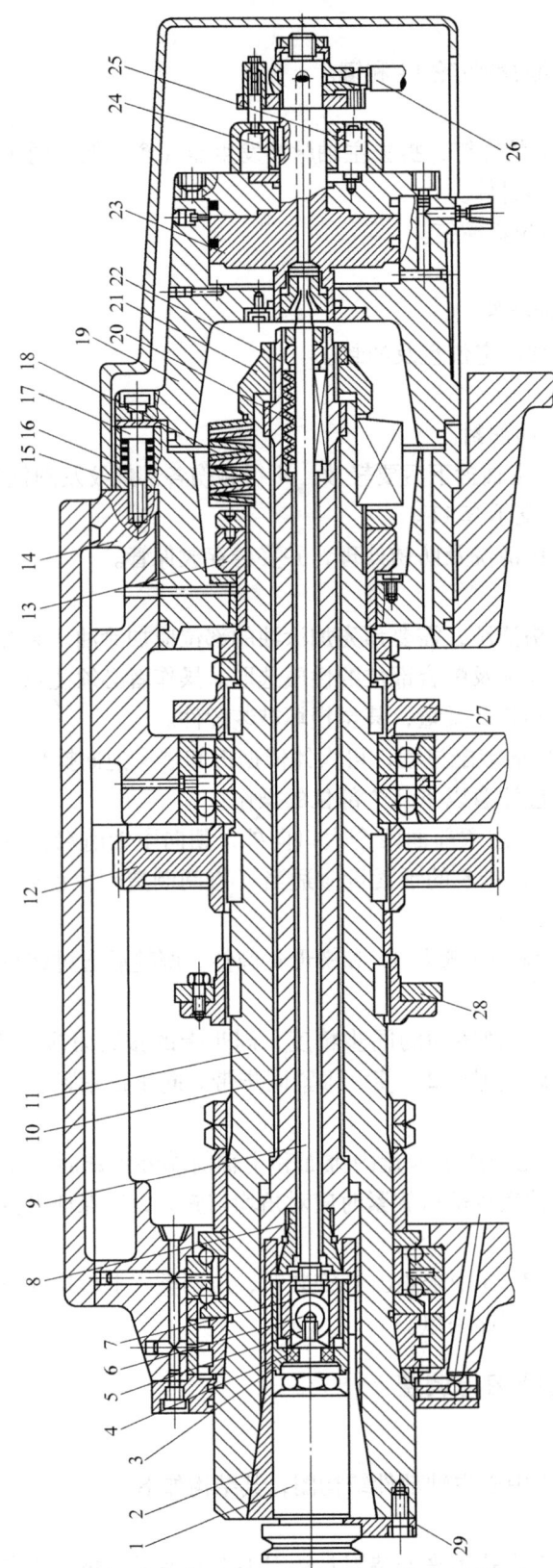

图 2-27 THK6380 加工中心主轴部件结构图

1—刀夹 2—弹簧夹头 3—套筒 4—钢球 5—定位螺钉 6—定位小轴 7—定位套筒 8—锁紧件 9—拉杆 10—拉套 11—主轴 12—齿轮 13—圆螺母 14—主轴箱 15—连接座 16—连接弹簧 17—螺钉 18、20—碟形弹簧 19—液压缸支架 21—套筒 22—垫圈 23—活塞 24、25—继电器 26—压缩空气 管接头 27、28—凸轮 29—定位块

2 和轴向拉紧机构控制。弹簧夹头 2 与拉套 10 螺纹连接，拉套 10 左端螺纹部分开有轴向槽，其内孔为锥孔，锁紧件 8 旋入拉套 10 左端内螺纹孔内，在锁紧件 8 外锥体作用下，使拉套 10 开有轴向槽的螺纹部分与弹簧夹头 2 上的螺纹连接撑死而紧住。主轴 11 后端有碟形弹簧 18，在弹簧力作用下，拉套 10 向右拉紧弹簧夹头 2，将刀夹 1 紧紧夹住。为使刀夹 1 在主轴孔内准确定位，固定在主轴 11 上的小轴 6 上有一定位螺钉 5，其端面即是刀夹 1 的轴向定位面。装在拉杆 9 右端的碟形弹簧 20 使拉杆 9 经常承受向右的弹簧力作用，固定在拉杆 9 左端的定位套筒 7 内的钢球 4 就将刀夹 1 右端轴颈夹持并向右拉动，直至刀夹 1 右端面紧靠在定位螺钉 5 的定位端面上。

可以看出，刀夹 1 被夹持的动力主要决定于碟形弹簧 18 的弹力，刀夹 1 轴向定位的拉紧力主要决定于碟形弹簧 20 的弹力。刀夹 1 的松开是由主轴后端的液压缸提供动力。当液压缸右腔进入压力油时，液压缸中的活塞 23 向左移动，液压缸活塞 23 的左端面首先推动拉杆左移，同时碟形弹簧 20 被压缩，拉杆 9 左端的定位套筒 7 左移（此时固定在主轴 11 上的定位小轴 6 因主轴不动而不移动）。由于定位套筒 7 左移，使钢球 4 进入套筒 3（套筒 3 也不移动）的大直径部分，使得刀夹 1 由拉紧状态变成放松状态，而且当拔取刀夹 1 时，钢球 4 能径向退让开。当活塞 23 继续左移时，使左端面外圈与拉套 10 右端面接触，且活塞 23 再向前移动压缩碟形弹簧 18 并推动拉套 10 向左移，从而使与拉套 10 相连的弹簧夹头 2 同时向左移动而松开，刀夹 1 即不再受夹紧力并可从主轴中取出。

加工中心具有存储刀具的刀库，刀具和刀夹组合好后按给定的位置存入刀库。当加工程序间需要更换刀具时，根据程序指令，由机械手将已不再受夹紧力的刀具连同刀夹从主轴中取出，放回刀库中给定位置，然后再将下一加工程序所需要的刀具连同刀夹从刀库中取出并插入主轴中的弹簧夹头内。

当机械手将新更换的刀具连同刀夹插入主轴中的弹簧夹头 2 内后，刀夹 1 的尾部顶在定位螺钉 5 端面上，这时发出夹紧信号，主轴后端液压缸左腔进入压力油，液压缸活塞 23 向右移动复位，此时在碟形弹簧 18 和 20 弹簧力作用下，刀夹 1 被弹簧夹头 2 夹紧和拉紧。松开刀夹 1 时，为使主轴轴承免受来自液压缸活塞的推力，在结构上采用了卸荷措施，即将液压缸支架 19 与主轴箱 14 间采用浮动连接方式，液压缸支架 19 是用螺钉与连接座 15 固定连接的，而连接座 15 则是用螺钉 17 通过弹簧 16 压紧在主轴箱 14 后端面上的。当液压缸右腔通压力油而活塞 23 左移时，液压缸的右端面也同时承受液压作用力，此时整个液压缸支架 19 及连接座 15 压缩弹簧 16 而向右移动，使连接座 15 的右端面与主轴上的螺母 13 压紧，这样在松开刀夹 1 时，液压作用力直接由连接座 15 及液压缸支架 19 承受。因此，主轴不承受液压推力作用。

（2）清洁装置

当机械手将使用过的刀具连同刀夹取出后，主轴后端的液压缸活塞中心孔通入压缩空气，经垫圈 22 的径向孔进入主轴前端弹簧夹头 2 内，将夹头内的脏物或铁屑吹掉，以保证弹簧夹头与刀夹接触面的清洁。

（3）主轴准停装置

图 2-28 是主轴准停装置原理图。由图 2-27 可以看到，主轴 11 前端装有定位块 29，刀夹 1 插入时，其上的缺口必须与定位块 29 对准，使定位块正好与刀夹 1 的缺口相接合，切削加工时传递转矩。当机械手将刀具连同刀夹 1 抓取时，刀夹 1 的缺口位置就在机械手中确

定,这就要求主轴11上的定位块29每次必须停止在一个相对固定的位置上,才能顺利地实现刀具的安装。图2-27中的件27和28即是供主轴准停用的凸轮。该机床主轴准停装置工作原理如图2-28所示。

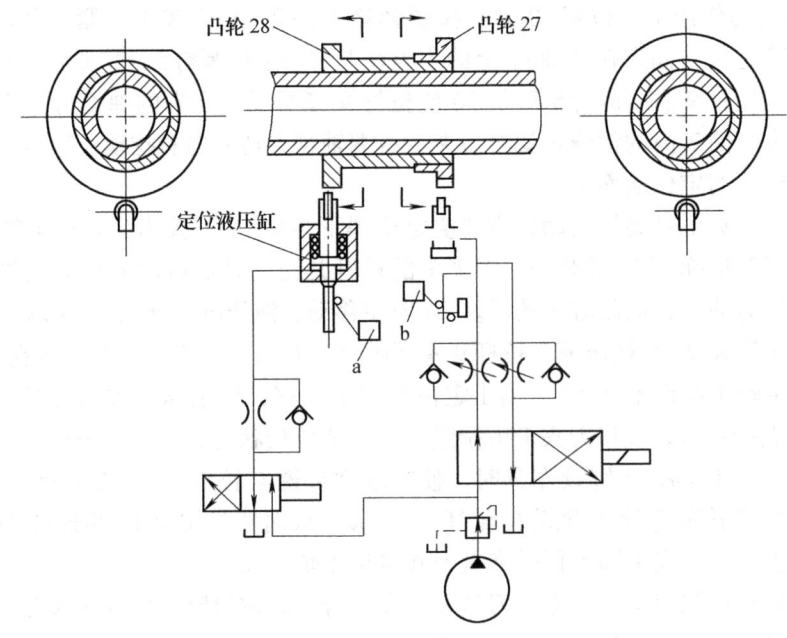

图2-28 主轴准停装置原理图

机床数控系统发出准停指令时,电器系统自动调整主轴至最低转速,约0.2~0.6s后定位凸轮28的定位器液压缸与压力油接通,活塞压缩弹簧并使滚子与定位凸轮28的外圆接触。当主轴旋转使滚子落入定位凸轮28的直线部分时,由于活塞杆的移动,与其相连的挡块使微动开关a动作。通过控制回路的作用,一方面使主轴传动的各电磁离合器都脱开而使主轴以惯性慢慢转动,并且断开定位凸轮27的定位器液压缸的压力油,在弹簧力作用下,活塞杆带动滚子退回;另一方面,隔0.2~0.5s后,定位凸轮27的定位器液压缸下腔接通压力油,活塞杆带着滚子移动,使滚子与定位凸轮27的外圆接触。当主轴以惯性转动,使滚子落入定位凸轮27上的V形槽内时,即将主轴定位,同时微动开关b动作,发出主轴准停完毕信号。当刀具连同刀夹装入主轴并使主轴重新转动时,先发出信号控制换向阀使凸轮27的油路变换,将定位器滚子从定位凸轮27的V形槽中退出,同时使微动开关动作,发出主轴准停定位器释放信号。

2. THK6380加工中心主轴部件的拆卸与调整

(1) 主轴部件的拆卸

在切断总电源和做好拆卸前的准备工作后,可按如下顺序进行拆卸工作:

① 拆下主轴前端压盖螺钉,卸下压盖。

② 拆下主轴后端防护罩壳。

③ 拆卸与主轴部件相连的油、气管路,排放尽余油,包扎好管口,以防尘屑进入管内。

④ 拆下液压缸支架19上的螺钉,取出液压缸支架19及隔圈,并包扎好管口。

⑤ 拆卸套筒21前,先测量好碟形弹簧18的安装高度,做好记录供装配时参照。拆下

右端圆螺母，分别取出套筒 21、垫圈 22 和碟形弹簧 18。

⑥ 拆下锁紧螺母和圆螺母 13，再拆下连接座 15 的螺钉 17，取出弹簧 16 和连接座 15。在拆卸螺钉 17 前，测出弹簧 16 的压缩量或螺钉 17 头部端面到连接座 15 端面距离尺寸，做好记录供装配时参照；另外还应保持每个螺钉 17 和其组合的弹簧 16 原组合不变，装配时原配组装到原安装位置上。

⑦ 抽出主轴上右端（图 2-27 螺母 13 前）的轴向定位套（也可拆下主轴箱盖后进行）。

⑧ 拆下主轴箱盖及凸轮 27 右边两圆螺母，做好凸轮 27 上 V 形槽与主轴在圆周上相对位置记号，拆下凸轮 27，取出平键。

⑨ 拆下前支承调整用圆螺母，同时做好凸轮 28 的相对安装位置记号。

⑩ 将主轴向左拉动移位（最好使用专用拆卸工具），一边拉动主轴移位，一边用敲击方法拆凸轮 28，传动齿轮 12 及背对背安装的角接触球轴承。在主轴向左移位过程中，应注意防止支承轴脱离定位面时主轴自重产生忽然倾斜造成主轴表面碰伤和弯曲变形。在主轴支承即将脱离定位面前，应采取加装浮动支承等方法来保证安全拆卸。

⑪ 当齿轮 12 与其平键处于脱离状态后，取出平键，然后向右拆卸凸轮 28 组件，同时将主轴 11 及部分剩下零件向左从主轴箱抽出，然后将主轴 11 妥善安放待进一步拆卸，再从主轴箱体中取出凸轮 28 组件及齿轮 12。

⑫ 拆卸前支承主件。

⑬ 测出垫圈 22 右边锁紧圆螺母端面到拉杆 9 或拉套 10 右端面的安装距离尺寸，并做好记录供装配时参考。然后依次拆下锁紧螺母的紧定螺钉，拆下两个圆螺母。

⑭ 拆下定位小轴上的定位螺钉 5。

⑮ 拆下定位小轴 6。

⑯ 将主轴内刀具夹紧装置从主轴孔（前锥孔内）抽出。

⑰ 分解刀具自动夹紧装置。

⑱ 将分解出来的主轴 11、拉杆 9、拉套 10 等细长零件清洗，涂油保护后垂直挂放，防止弯曲变形。然后再分别分解和清洗其余各零件，并妥善存放保管。

以上介绍的主轴部件拆卸顺序，并非固定的唯一顺序，有些顺序是可以变换或同时进行的，操作时应根据具体情况安排拆卸顺序。

(2) 主轴部件的装配及调整

装配前应做好准备工作，各零部件应严格清洗，需预先加涂油的部位应加涂油。装配设备、工具及装配方法根据装配要求和配合性质选取。对于装配顺序，大体可依据前述拆卸顺序逆向操作即可。对于主轴部件的调整，重点要注意以下几个部位：

① 主轴前端轴承安装方向和预紧量调整。

② 凸轮 28 的相对安装位置。

③ 凸轮 27 上 V 形槽与主轴在圆周上的相对位置。

④ 弹簧 16 的压缩量。

⑤ 碟形弹簧的安装高度。

⑥ 主轴重要表面的防护。

⑦ 注意夹紧行程储备量的调整。

2.3.3 数控铣床主轴部件的结构与调整

1. 主轴部件结构

图 2-29 是 NT-J320A 型数控铣床主轴部件结构图。该机床主轴可作轴向运动,主轴的轴向运动坐标为数控装置中的 Z 轴,轴向运动由直流伺服电动机 16,经同步齿形带轮 13、15,同步带 14,带动丝杠 17 转动,通过丝杠螺母 7 和螺母支承 10,使主轴套筒 6 带动主轴 5 作轴向运动,同时也带动脉冲编码器 12 发出反馈脉冲信号进行控制。

主轴为实心轴,上端为花键,通过花键套 11 与变速箱连接,带动主轴旋转。主轴前端采用两个特轻系列角接触球轴承 1 支承,两个轴承背靠背安装,通过轴承内圈隔套 2,外圈隔套 3 和主轴台阶与主轴轴向定位,用圆螺母 4 预紧,消除轴承轴向间隙和径向间隙。后端采用深沟球轴承,与前端组成一个相对于套筒的双支点单固式支承。主轴前端锥孔为 7:24 锥度,用于刀柄定位。主轴前端端面键,用于传递铣削转矩。快换夹头 18 用于快速松、夹紧刀具。

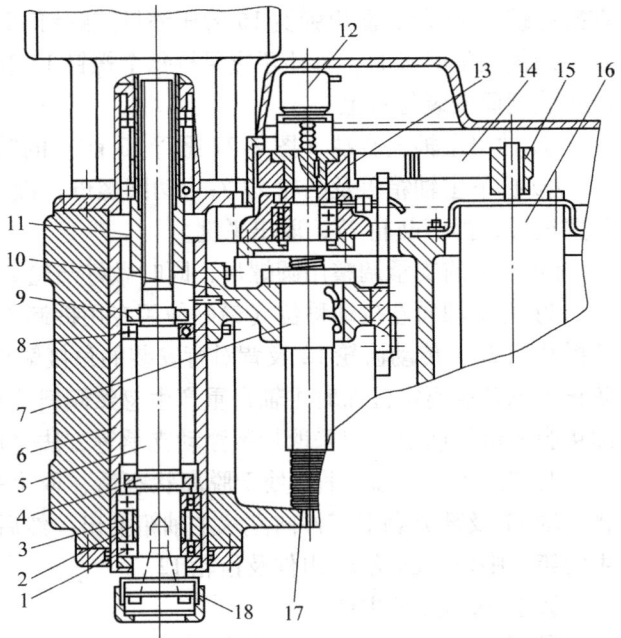

图 2-29 NT-J320A 型数控铣床主轴部件结构图
1—角接触球轴承 2、3—轴承隔套 4、9—圆螺母 5—主轴
6—主轴套筒 7—丝杠螺母 8—深沟球轴承 10—螺母支承
11—花键套 12—脉冲编码器 13、15—同步齿形带轮
14—同步带 16—伺服电动机 17—丝杠 18—快换夹头

2. 主轴部件的拆卸与调整

(1) 主轴部件的拆卸

主轴部件维修拆卸前的准备工作与前述数控车床主轴部件拆卸准备工作相同。在准备就绪后,即可进行如下顺序的拆卸工作:

① 切断总电源及脉冲编码器 12 以及主轴电动机等电器的线路。

② 拆下电动机法兰盘连接螺钉。

③ 拆下主轴电动机及花键套 11 等部件(根据具体情况,也可不拆此部分)。

④ 拆下罩壳螺钉,卸掉上罩壳。

⑤ 拆下丝杠座螺钉。

⑥ 拆下螺母支承 10 与主轴套筒 6 的连接螺钉。

⑦ 向左移动丝杠螺母 7 和螺母支承 10 等部件,卸下同步带 14 和螺母支承 10 处与主轴套筒连接的定位锁。

⑧ 卸下主轴部件口。

⑨ 拆下主轴部件前端法兰和油封。

⑩ 拆下主轴套筒。

⑪ 拆下圆螺母 4 和 9。

⑫ 拆下轴承 1 和 8 以及轴承隔套 2 和 3。
⑬ 卸下快换夹头 18。
拆卸后的零件、部件应进行清洗和防锈处理,并妥善保管存放。

(2) 主轴部件的装配及调整

装配前的准备工作与前述车床相同。装配设备、工具及装配方法根据装配要求和装配部位配合性质选取。

装配顺序可大体按拆卸顺序逆向操作,机床主轴部件装配调整时应注意以下几点:
① 为保证主轴工作精度,调整时应注意调整好圆螺母 4 的预紧量。
② 前后轴承应保证有足够的润滑油。
③ 螺母支承 10 与主轴套筒的连接螺钉要充分旋紧。
④ 为保证脉冲编码器与主轴的同步精度,调整时同步带 14 应保证合理的张紧量。

2.4 主轴部件的调整与维护

数控机床主轴部件是影响机床加工精度的主要部件,它的回转精度影响工件的加工精度;它的功率大小和回转速度影响加工效率;它的自动变速、准停和换刀等影响机床的自动化程度。因此,要求主轴部件具有与本机床工作性能相适应的高回转精度、刚度、抗振性、耐磨性和低的温升。在结构上,必须很好地解决刀具和工件的装夹、轴承的配置、轴承间隙调整和润滑密封等问题。

主轴的结构根据数控机床的规格、精度采用不同的主轴轴承。一般中、小规格的数控机床的主轴部件多采用成组高精度滚动轴承;重型数控机床采用液体静压轴承,高精度数控机床采用气体静压轴承;转速达 20000r/min 的主轴采用磁力轴承或氮化硅材料的陶瓷滚珠轴承。

2.4.1 主轴润滑

为了保证主轴有良好的润滑,减少摩擦发热,同时又能把主轴组件的热量带走,通常采用循环式润滑系统。用液压泵供油强力润滑,在油箱中使用油温控制器控制油液温度。现在许多数控机床的主轴采用高级锂基润滑脂封闭方式润滑,每加一次油脂可以使用 7~10 年,简化了结构,降低了成本且维护保养简单,但是需要防止润滑油和油脂混合,通常采用迷宫式密封方式。为了适应主轴转速向更高速化发展的需要,新的润滑冷却方式相继开发出来。这些新的润滑冷却方式不单要减少轴承温升,还要减少轴承内外圈的温差,以保证主轴热变形小。

① 油气润滑方式。这种润滑方式近似于油雾润滑方式,所不同的是,油气润滑是定时定量的把油雾送进轴承空隙中,这样既实现了油雾润滑,又不至于油雾太多而污染周围空气;油雾润滑则是连续供给油雾。

② 喷注润滑方式。它用较大流量的恒温油(每个轴承 3~4L/min)喷注到主轴轴承,以达到润滑冷却的目的。需要特别指出的是,较大流量的油,不是自然回流,而是用排油泵强制排油。同时,采用专用高精度大容量恒温油箱,油温变动控制在 ±0.5℃。

2.4.2 防泄漏

在密封件中,被密封的介质往往是以穿漏、渗透或扩散的形式越界泄漏到密封连接处的彼侧。造成泄漏的基本原因是流体从密封面上的间隙中溢出，或是由于密封部件内外两侧密封介质的压力差或浓度差，致使流体向压力或浓度低的一侧流动。图 2-30 为卧式加工中心主轴前支承的密封结构。卧式加工中心主轴前支承处采用的是双层小间隙密封装置。主轴前端车出两组锯齿形护油槽，在法兰盘 4 和 5 上开沟槽及泄漏孔，当喷入轴承 2 内的油液流出后被法兰盘 4 内壁挡住，并经过其下部的泄油孔 9 和套筒 3 上的回油斜孔 8 流回油箱，少量油液沿着主轴 6 流出时，主轴护油槽在离心力的作用下被甩至法兰盘 4 的沟槽内，经过回油斜孔 8 重新流回油箱，达到了润滑介质防泄漏的目的。

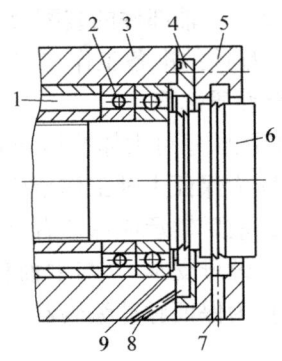

当外部切削液、切屑及灰尘等沿主轴 6 与法兰盘 5 之间的间隙进入时，经法兰盘 5 的沟槽由泄漏孔 7 排出。少量的切削液、切屑及灰尘进入前锯齿沟槽，在主轴 6 高速旋转的离心力作用下仍被甩至法兰盘 5 的沟槽内，然后由泄油孔 9 排出，从而达到了主轴端部密封的目的。

图 2-30 主轴前支承的密封结构
1—进油口 2—轴承 3—套筒
4、5—法兰盘 6—主轴
7—泄漏孔 8—回油斜孔 9—泄油孔

要使间隙密封结构能在一定的压力和温度范围内具有良好的密封防泄漏性能，必须保证法兰盘 4 和 5 与主轴及轴承端面的配合间隙符合如下条件：

① 法兰盘 4 与主轴 6 的配合间隙应控制在 0.1~0.2mm（单边）范围内。如果间隙偏大，则泄漏量将按照间隙的 3 次方扩大；若间隙过小，由于加工及安装的误差，容易与主轴局部接触使主轴局部升温并产生噪声。

② 法兰盘 4 内端与轴承端面的间隙应控制在 0.15~0.3mm 之间。小间隙可使压力油直接被挡住并沿法兰盘 4 内端面下部的泄油孔 9 经回油斜孔 8 流回油箱。

③ 法兰盘 5 与主轴的配合间隙应控制在 0.15~0.25mm（单边）范围内。间隙太大，进入主轴 6 内的切削液及杂物会显著增多，间隙太小，则容易与主轴接触。法兰盘 5 沟槽深度应大于 10mm（单边），泄漏孔 7 应大于 ϕ6mm，并位于主轴下端靠近沟槽内壁处。

④ 法兰盘 4 的沟槽深度应大于 12mm（单边），主轴上的锯齿尖而深；一般在 5~7mm 范围内，以确保具有足够的甩油空间。法兰盘 4 处的主轴锯齿向后倾斜，法兰盘 5 处的主轴锯齿向前倾斜。

⑤ 法兰盘 4 上的沟槽与主轴 6 上的护油槽对齐，以保证被主轴甩至法兰盘沟槽内腔的油液能可靠地流回油箱。

⑥ 套筒前端的回油斜孔 8 及法兰盘 4 的泄油孔 9 流量为进油孔 1 的 2~3 倍，以保证压力油能顺利地流回油箱。

主轴的密封有接触式和非接触式密封，图 2-31 是几种非接触密封的形式。

图中 2-31a 是利用轴承盖与轴的间隙密封，轴承盖的孔内开槽是为了提高密封效果，这种密封用在工作环境比较清洁的油脂润滑处；图中 2-31b 是在螺母的外圆上开锯齿形环槽，当油向外流时，靠主轴转动的离心力把油沿斜面甩到端盖 1 的空腔内，油液流回箱内；图中 2-31c 是迷宫式密封结构，在切屑多、灰尘大的工作环境下可获得可靠的密封效果，这种结构适用油脂或油液润滑的密封。非接触式的油液密封时，为了防漏，重要的是保证回油能尽快排掉，要保证回油孔的畅通。

接触式密封主要有油毡圈和耐油橡胶密封圈密封，如图 2-32 所示。

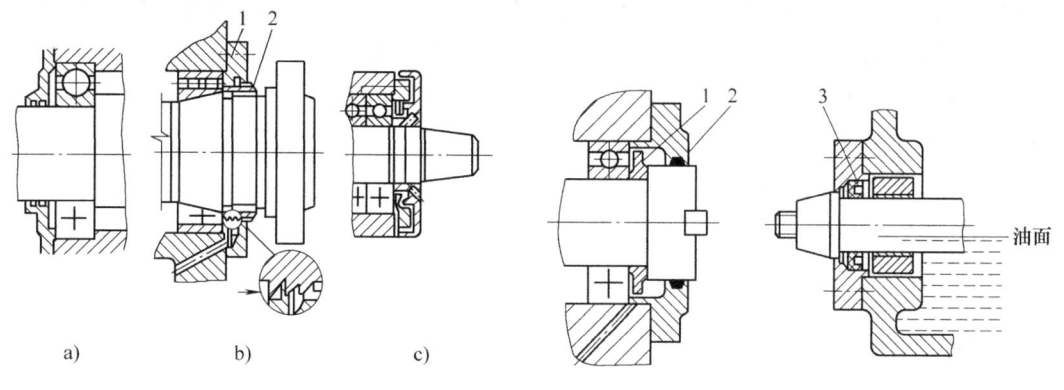

图 2-31　非接触式密封
1—端盖　2—螺母

图 2-32　接触式密封
1—甩油环　2—油毡圈　3—耐油橡胶密封圈

2.4.3　刀具夹紧装置的清洁

在自动换刀机床的刀具自动夹紧装置中，刀具自动夹紧装置的刀杆常用 7∶24 的大锥度锥柄，既利于定心，也为松刀带来方便，如图 2-33 所示。用碟形弹簧通过拉杆及夹头拉住刀柄的尾部，使刀具锥柄和主轴锥孔紧密配合，夹紧力达 10000N 以上。松刀时，通过液压缸活塞推动拉杆来压缩碟形弹簧，使夹头张开，夹头与刀柄上的拉钉脱离，刀具即可拔出，进行新、旧刀具的交换。新刀装入后，液压缸活塞后移，新刀具又被碟形弹簧拉紧。在活塞推动拉杆松开刀柄的过程中，压缩空气由喷气头经过活塞中心孔和拉杆中的孔吹出，将锥孔清理干净，防止主轴锥孔中掉入切屑和灰尘，把主轴锥孔表面和刀杆的锥柄划伤，同时保证刀具的正确位置。主轴锥孔的清洁十分重要。

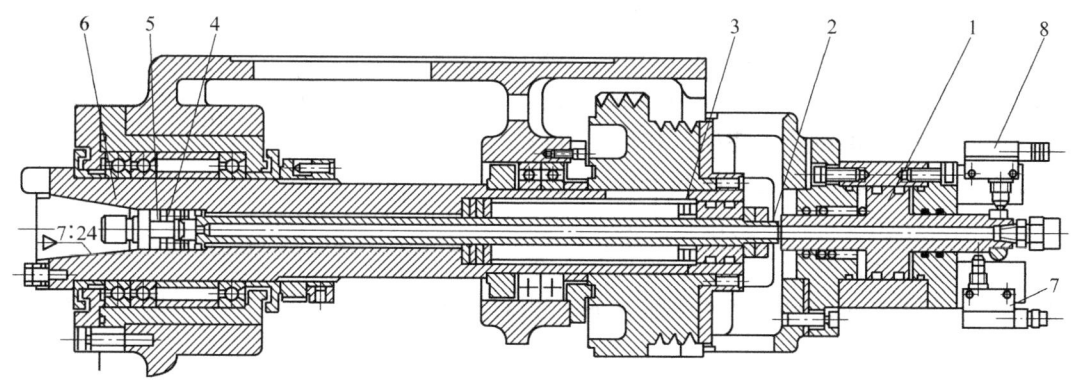

图 2-33　立式加工心主轴部件
1—活塞　2—拉杆　3—碟形弹簧　4—钢球　5—标准拉钉　6—主轴　7、8—行程开关

2.4.4　主轴滚动轴承的预紧

所谓轴承预紧，就是使轴承滚道预先承受一定的载荷，不仅能消除间隙，而且还使滚动体与滚道之间发生一定的变形，从而使接触面积增大，轴承受力时变形减少，抵抗变形的能力增大。因此，对主轴滚动轴承进行预紧和合理选择预紧量，可以提高主轴部件的旋转精

度、刚度和抗振性，机床主轴部件在装配时要对轴承进行预紧。使用一段时间以后，间隙或过盈有了变化，还得重新调整，所以要求预紧结构便于进行调整。滚动轴承间隙的调整或预紧，通常是使轴承内、外圈相对轴向移动来实现的。常用的方法有以下几种：

① 轴承内圈移动如图2-34所示，这种方法适用于锥孔双列圆柱滚子轴承。用螺母通过套筒推动内圈在锥形轴颈上做轴向移动，使内圈变形胀大，在滚道上产生过盈，从而达到预紧的目的。图2-34a的结构简单，但预紧量不易控制，常用于轻载机床主轴部件；图2-34b用右端螺母限制内圈的移动量，易于控制预紧量；图2-34c在主轴凸缘上均布数个螺钉以调整内圈的移动量，调整方便，但是用

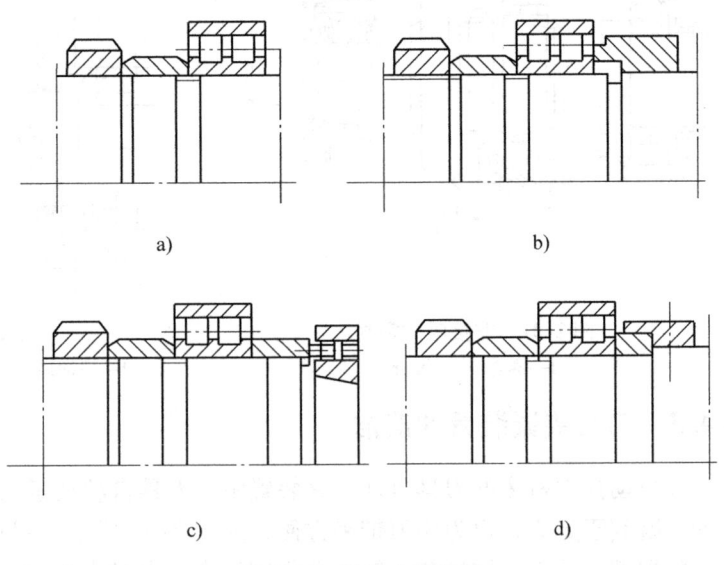

图2-34 轴承内圈移动

几个螺钉调整，易使垫圈歪斜；图2-34d将紧靠轴承右端的垫圈做成两个半环，可以径向取出，修磨其厚度可控制预紧量的大小，调整精度较高，调整螺母一般采用细牙螺纹，便于微量调整，而且在调好后要能锁紧防松。

② 修磨座圈或隔套如图2-35a所示，轴承外圈宽边相对（背对背）安装，这时修磨轴承内圈的内侧；图2-35b所示为外圈窄边相对（面对面）安装，这时修磨轴承外圈的窄边。在安装时按图示的相对关系装配，并用螺母或法兰盖将两个轴承轴向压拢，使两个修磨过的端面贴紧，这样在两个轴承的滚道之间产生预紧。另一种方法是将两个厚度不同的隔套放在

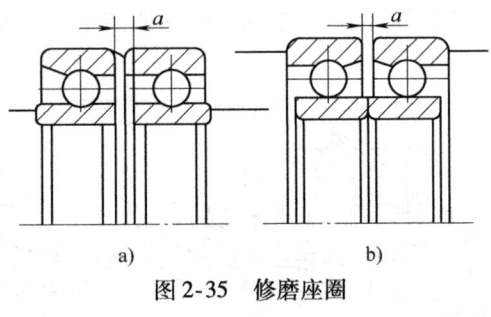

图2-35 修磨座圈

两轴承内、外圈之间，同样将两个轴承轴向相对压紧，使滚道之间产生预紧，如图2-36所示。

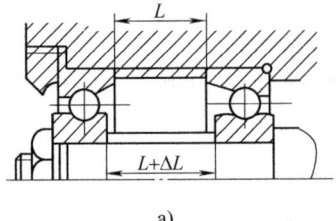

a)

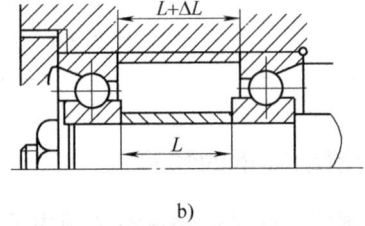

b)

图2-36 隔套的应用

2.5 数控机床进给传动部件的调整

数控机床的进给传动系统的任务是实现执行机构（刀架、工作台等）的运动。大部分数控机床的进给系统是由伺服电动机经过联轴器与滚珠丝杠直接相连，然后由滚珠丝杠螺母副驱动工作台运动，其机械结构比较简单。

数控机床进给系统中的机械传动装置和器件具有高寿命、高刚度、无间隙、高灵敏度和低摩擦阻力等特点。

2.5.1 对进给运动系统的要求

数控机床的进给运动是数字控制的直接对象，不论是点位控制还是轮廓控制，工件的最后坐标精度和轮廓精度都受进给运动的传动精度、灵敏度和稳定性的影响。为此，数控机床的进给系统应充分注意减小摩擦力，提高传动精度和刚度，消除传动间隙以及减小运动件的惯量等。

（1）减小摩擦阻力

为了提高数控机床进给系统的快速响应性能和运动精度，必须减小运动件的摩擦阻力和动、静摩擦力之差。为此，在数控机床进给系统中，普遍采用滚珠丝杠螺母副、静压丝杠螺母副、滚动导轨、静压导轨和塑料导轨。在减小摩擦力的同时，还必须考虑传动部件要有适当的阻尼，以保证系统的稳定性。

（2）提高传动精度和刚度

进给传动系统的传动精度和刚度，从机械结构方面主要取决于传动间隙以及丝杠螺母副、蜗杆蜗轮副（圆周进给时）及其支承结构的精度和刚度。传动间隙主要来自传动齿轮副、蜗轮副、丝杠螺母副及其支承部件之间，应施加预紧力或采取消除间隙的措施。缩短传动链和在传动链中设置减速齿轮，也可提高传动精度。加大丝杠直径，以及对丝杠螺母副、支承部件、丝杠本身施加预紧力，是提高传动刚度的有效措施。刚度不足还会导致工作台（或拖板）产生爬行和振动。

（3）减小运动惯量

运动部件的惯量对伺服机构的起动和制动特性都有影响，尤其是处于高速运转的零部件，其惯量的影响更大。因此，在满足部件强度和刚度的前提下，尽可能减小运动部件的质量，减小旋转零件的直径和重量，以减小运动部件的惯量。

2.5.2 电动机与丝杠间的连接

数控机床进给驱动对位置精度、快速响应特性、调速范围等有较高的要求。电动机与丝杠间的连接主要有三种形式，如图 2-37 所示。

（1）带有齿轮传动的进给运动

如图 2-37a 所示，采用齿轮传动副达到一定的降速比要求，由于齿轮制造中存在误差及一定的降速比要求，由于齿轮制造中存在误差及一定的齿侧间隙，对传动正常工作必要的齿侧间隙会造成进给系统的反向失动量，也会影响系统的稳定性。因此，齿轮传动副常采用消隙措施来尽量减小齿轮侧隙，但此措施结构较复杂。

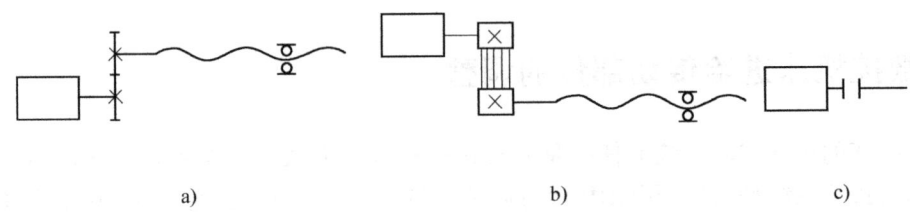

图 2-37 电动机与丝杠的连接形式

(2) 经同步带传动的进给运动

如图 2-37b 所示,这种连接形式的机械结构较简单。同步带传动综合了带传动和链传动的优点,可以避免齿轮传动时引起的振动和噪声,但只适于低转矩特性要求的场合。安装时中心距要求严格,且带与带轮的制造工艺复杂。

(3) 电动机通过联轴器直接与丝杠连接

如图 2-37c 所示,电动机轴和丝杠之间采用锥环无键连接或高精度十字联轴器连接,从而使进给传动系统具有较高的传动精度和传动刚度,并大大简化了机械结构,在加工中心和精度较高的数控机床的进给运动中得到普遍采用。

2.5.3 传动间隙补偿机构的调整

(1) 齿隙补偿机构

数控机床中的减速齿轮副,除要求有很高的运动精度及工作平稳性以外,还必须尽可能消除配对齿轮之间的传动间隙,否则在进给系统每一次反向之后就会使运动滞后于指令信号,这将对加工精度产生很大的影响。

图 2-38 所示为圆柱齿轮间隙的几种调整结构。图 2-38a 为偏心套间隙调整结构。将偏心套转过一定角度,可调整两齿轮的中心距,从而得以消除齿侧间隙。图 2-38b 是带有锥度的齿轮间隙调整结构。两个相互啮合的齿轮都制成带有小锥度,使齿厚沿轴线方向稍有变化,通过修磨垫片 3 的厚度,调整两齿轮的轴向相对位置,即可消除齿侧间隙。图 2-38c 为斜齿圆柱齿轮轴向垫片间隙调整结构。与宽齿轮同时啮合的两个薄片齿轮,用键与轴相连接,彼此不能相对转动,两个薄片齿轮的轮齿是拼装在一起进行加工的,加工时在它们之间垫入一定厚度的垫片。装配时,将厚度比加工时所用垫片稍大或稍小的垫片垫入两薄片齿轮之间,并用螺母拧紧,于是两薄片齿轮的螺旋齿产生错位,分别与宽齿轮的左、右齿侧贴紧,从而消除了它们之间的齿侧间隙。显然,这种调整结构,无论正转或反转,都只有一个薄片齿轮承受载荷。

上述三种齿侧间隙的调整方法,结构比较简单,传动刚性好,但调整之后间隙不能自动补偿,且必须严格控制齿轮的齿厚和齿距公差,否则将影响传动的灵活性。

图 2-39 所示为双齿轮拉簧侧间隙的自动补偿结构。相互啮合的一对齿轮中的一个做成两个薄片齿轮,并套装在一起,彼此可做相对运动。两个齿轮的端面上,分别装有螺纹凸耳,拉簧一端钩在凸耳上,另一端在螺钉上。在拉簧的拉力作用下,两薄片齿轮的轮齿相互错位,分别贴紧在与之啮合的齿轮左、右齿廓面上,消除了它们之间的齿侧间隙,拉簧的拉力大小,可用螺母调整。这种齿侧间隙的自动补偿方法结构稍复杂,传动刚度差,能传递的转矩小。

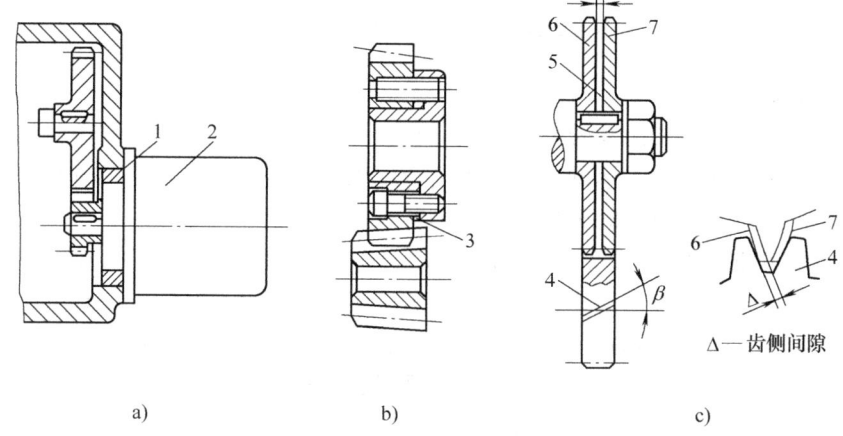

图 2-38 圆柱齿轮齿侧间隙的调整结构
1—偏心套　2—伺服电动机　3、5—垫片　4—宽齿轮　6、7—薄片齿轮

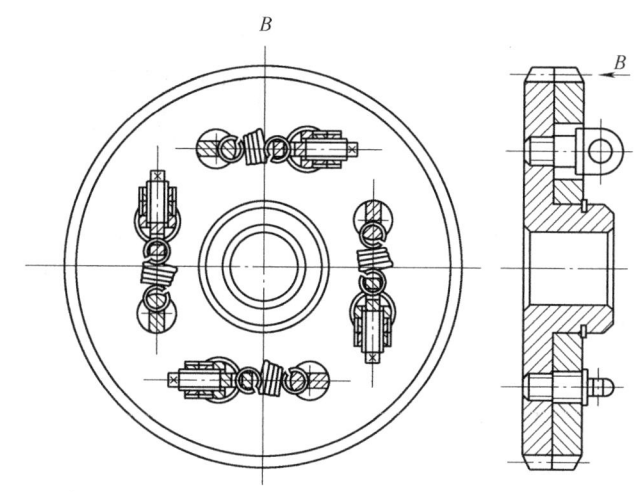

图 2-39 双齿轮拉簧侧间隙的自动补偿结构

（2）键连接间隙补偿机构

图 2-40 所示为消除键连接间隙的两种方法。图 2-40a 为双键连接结构，用紧定螺钉顶紧以消除键的连接间隙。图 2-40b 为楔形销键连接结构，用螺母拉紧楔形销以消除键的连接间隙。

图 2-41 所示为一种可获得无间隙传动的无键连接结构。一对相互配研、接触良好的弹性锥形胀套，当拧紧螺钉，通过圆环将它们压紧时，内锥形胀套的内孔缩小，外锥形胀套的外圆胀大，依靠摩擦力将传动件和轴连接在一起。锥形胀套的对数，根据所需要传递的转矩大小，可以是一对或几对。

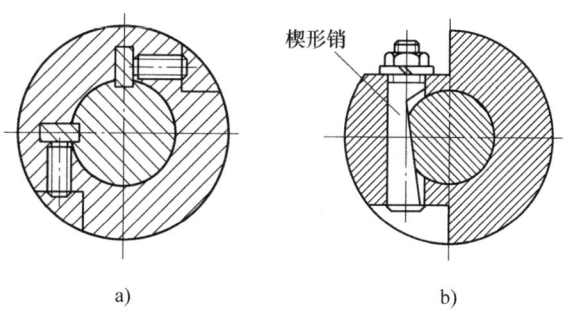

图 2-40 键连接间隙的消除方法

2.5.4 滚珠丝杠螺母副的间隙消除

（1）滚珠丝杠螺母机构

在数控机床上，将回转运动转换成直线运动，一般都采用滚珠丝杠螺母机构，因为它具有摩擦阻力小、传动效率高、运动灵敏、无爬行现象的优点，以及具有可进行预紧以实现无间隙运动、传动刚度好、反向时无空程死区等特点。

滚珠丝杠螺母机构的工作原理可见图 2-42。在丝杠和螺母上各加工有圆弧形螺旋槽，将它们套装起来便形成螺旋形滚道，在滚道内装满滚珠。当丝杠相对于螺母旋转时，丝杠的旋转面经滚珠推动螺母轴向移动，同时滚珠沿螺旋形滚道滚动，使丝杠和螺母之间的滑动摩擦转变为滚珠与丝杠、螺母之间的滚动摩擦。螺母旋转槽的两端用回珠管连接起来，使滚珠能够从一端回到另一端，构成一个闭合的循环回路。

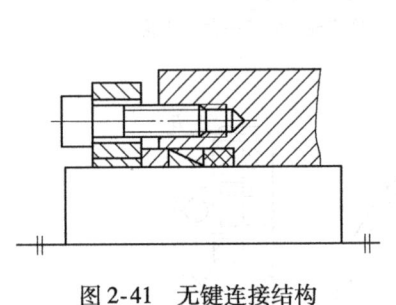 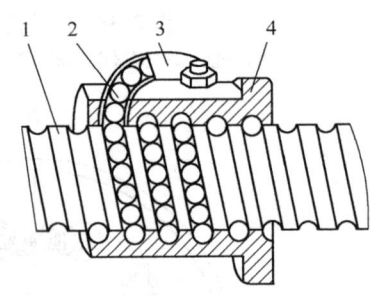

图 2-41　无键连接结构　　　　图 2-42　滚珠丝杠螺母机构

1—丝杠　2—滚珠　3—回珠管　4—螺母

由于滚珠丝杠具有传动效率高、运动平稳、寿命长以及可通过预紧以消除间隙及提高系统刚度等特点，除了大型数控机床因移动距离大而采用齿条或蜗轮外，各类中小型数控机床的直线运动进给系统都普遍采用滚珠丝杠。

（2）滚珠的循环方式

① 外循环滚珠在循环过程结束后，通过螺母外表面上的螺旋槽或插管返回丝杠螺母间重新进入循环。图 2-43a 所示为常用的一种循环方式，它在螺母外圆上装有螺旋形的插管，其两端插入滚珠螺母工作始、末两端的孔中，以引导滚珠通过插管形成多圈循环链，如图 2-43b 所示。这种循环方式结构简单、工艺性好、承载能力较强，但径向尺寸较大，目前应用较为广泛，也可用于重载传动系统中。

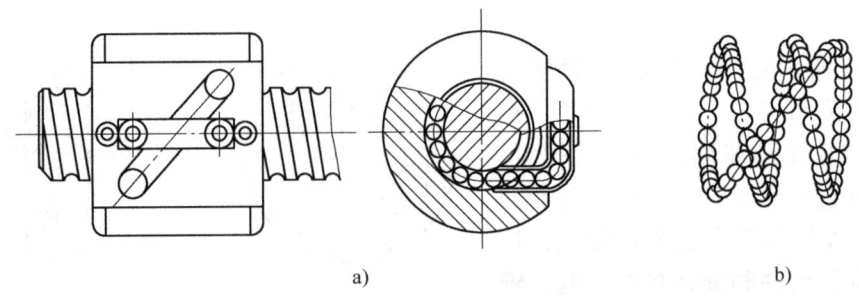

a)　　　　　　　　　　　　　b)

图 2-43　滚珠的外循环结构

② 内循环靠螺母上安装的反向器接通相邻滚道，使滚珠成单圈环，如图 2-44 所示，反向器的数目与滚珠圈数相等。这种循环方式的结构紧凑、刚性好、滚珠流通性好、摩擦损失小，但制造困难，适用于高灵敏度、高精度的进给系统，不宜用于重载传动。

（3）轴向间隙的消除

轴向间隙通常是指丝杠和螺母无相对转动时，丝杠螺母之间的最大轴向窜动。除了结构本身的游隙外，在施加轴向载荷之后，还包括了弹性变形所造成的窜动。

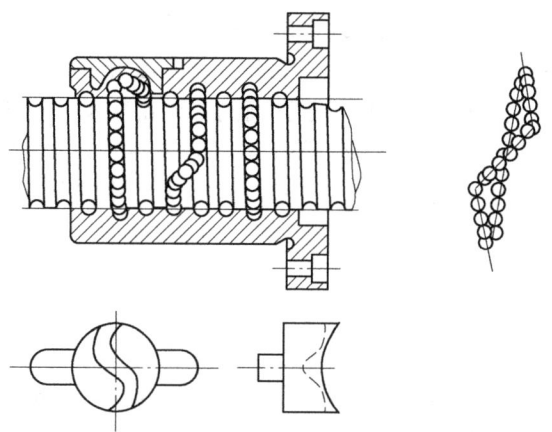

图 2-44　滚珠的内循环结构

滚珠丝杠副通过预紧方法消除间隙时应考虑：预加载荷能够有效地减少弹性变形所带来的轴向移位，但过大的预加载荷将增加摩擦阻力，降低传动效率，并使寿命大为缩短。因此，一般要经过几次调整才能保证机床在最大轴向载荷下，既消除了间隙，又能灵活运转。

为了保证滚珠丝杠反向传动精度和轴向刚度，必须消除滚珠丝杠螺母副轴向间隙。消除间隙的方法常采用双螺母结构，利用两个螺母的相对轴向位移，使两上滚珠螺母中的滚珠分别贴紧在螺旋滚道的两个相反侧面上。用这种方法预紧消除轴向间隙时，应注意预紧力不宜过大，预紧力过大会使空载力矩增加，从而降低传动效率，缩短使用寿命。

1）双螺母消隙。常用的双螺母丝杠消除间隙方法有：

① 垫片调隙式。如图 2-45 所示，其结构是通过调整垫片厚度使左右两螺母产生轴向位移，从而两螺母分别与丝杠螺纹滚道的左右侧接触，达到消除间隙和产生预紧力的作用。这种方法结构简单、刚性好，但调整不便，滚道有磨损时不能随时消除间隙和进行预紧。

② 螺纹调整式。如图 2-46 所示，螺母 1 的端有凸缘，螺母 7 外端制有螺纹，调整时只要旋动圆螺母 6，即可消除轴向间隙并可达到产生预紧力的目的。

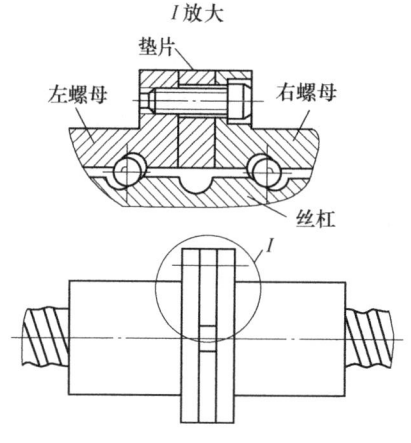

图 2-45　垫片调隙式

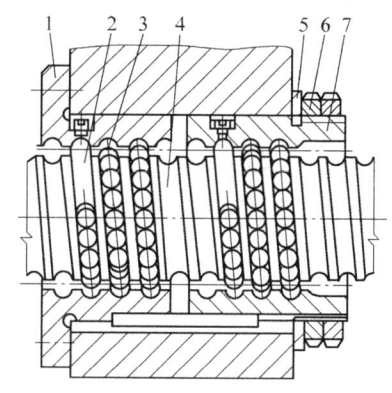

图 2-46　螺纹调整式的滚珠丝杠螺母副
1、7—螺母　2—反向器　3—钢球
4—丝杠　5—垫圈　6—圆螺母

③ 齿差调隙式。如图 2-47 所示，在两个螺母的凸缘上各制有圆柱外齿轮，分别与固紧在套筒两端的内齿圈相啮合，其齿数分别为 Z_1 和 Z_2，并相差一个齿。调整时，先取下内齿圈，让两个螺母相对于套筒同方向都转动一个齿，然后再插入内齿圈，则两个螺母便产生相对角位移，其轴向位移量 $S = (1/Z_1 - 1/Z_2) \times P$（$P$ 为丝杠螺距）。这种调整方法能精确调整预紧量，调整方便、可靠，但结构尺寸较大，多用于高精度的传动。

例如当 $Z_1 = 99$，$Z_2 = 100$，$P = 10\text{mm}$，两齿轮沿同方向各转过一个齿时，$S = \dfrac{10}{9900}\text{mm} \approx 1\mu\text{m}$，即两个螺母间产生 $1\mu\text{m}$ 的位移。

2）单螺母消隙。

① 单螺母变位导程预加负荷。如图 2-48 所示，它是在滚珠螺母体内的两列循环珠链之间，使内螺母滚道在轴向产生一个 ΔL_0 的导程突变量，从而使两列滚珠在轴向错位实现预紧。这种调隙方法结构简单，但负荷量须预先设定且不能改变。

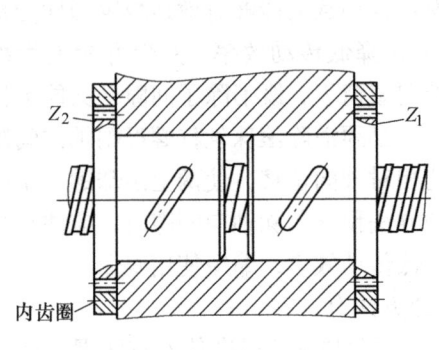

图 2-47 齿差调隙式

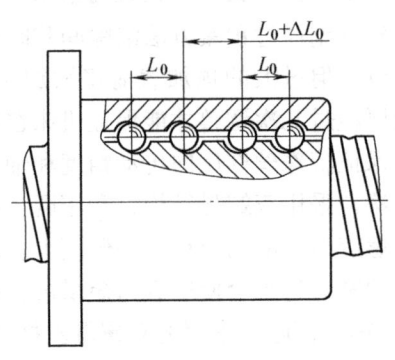

图 2-48 单螺母变螺距式

② 单螺母螺钉预紧。如图 2-49 所示，螺母的专业生产工作完成精磨之后，沿径向开一薄槽，通过内六角调整螺钉实现间隙的调整和预紧。该专利技术成功地解决了开槽后滚珠在螺母中良好的通过性。单螺母结构不仅具有很好的性能价格比，而且间隙的调整和预紧极为方便。

3）滚珠丝杠螺母副的预紧力。滚珠丝杠螺母副为保证传动精度及刚度，除消除传动间隙外，还要求预紧。预紧力计算公式为

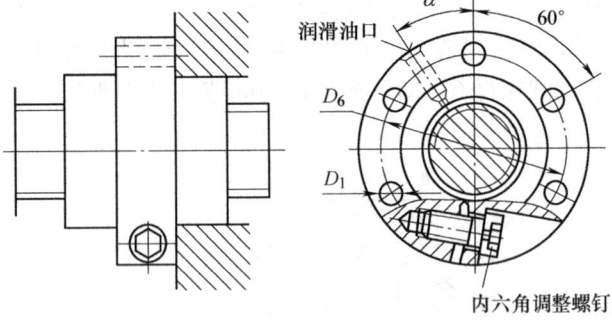

图 2-49 能消除间隙的单螺母结构

$$F_V = \frac{1}{3} F_{\max}$$

式中 $F_{\max}$——轴向最大工作载荷。

前述各例消除滚珠丝杠螺母副轴向间隙的方法，都能对螺母副进行预紧。调整时只要注意预紧力大小 $F_V = \dfrac{1}{3} F_{\max}$ 即可。

2.5.5 滚珠丝杠的支承

数控机床的进给系统要获得较高的传动刚度,除了加强滚珠丝杠螺母本身的刚度外,滚珠丝杠的正确安装及其支承的结构刚度也是不可忽视的因素。螺母座、丝杠端部的轴承及其支承加工的不精确性和它们在受力后的过量变形,都会给进给系统的传动刚度带来影响。因此,螺母座的孔与螺母之间必须保持良好的配合,并应保证孔对端面的垂直度,螺母座应增加适当的肋板,并加大螺母座和机床结合部件的面积,以提高螺母座的局部刚度和接触刚度。滚珠丝杠的不正确及支承结构的刚度不足,会使滚珠丝杠的寿命大大下降。因此,要注意轴承的选用和组合,尤其是轴向刚度要求较高,为了提高支承的轴向刚度,选择适当的滚动轴承及其支承方式是十分重要的。常用的支承方式有下列几种(图2-50):

① 一端装推力轴承(固定-自由式)(图2-50a)。其承载能力小,轴向刚度低,仅适用于短丝杠,如用于数控机床的调整环节或升降台式数控机床的垂直坐标中。

② 一端装推力轴承,另一端装深沟球轴承(固定-支承式)(图2-50b)。当滚珠丝杠较长时,为了减小丝杠热变形的影响,推力轴承的安装位置应远离热源。

③ 两端装推力轴承(图2-50c)。将推力轴承装在滚珠丝杠的两端,并施加预紧拉力,有助于提高传动刚度。但这种安装方式对热伸长较为敏感。

④ 两端装双重推力轴承及深沟球轴承(固定-固定式)(图2-50d)。为了提高刚度,丝杠两端采用双重支承,如推力轴承和深沟球轴承,并施加预紧力,这种结构形式,可使丝杠的热变形能转化为推力轴承的预紧力。

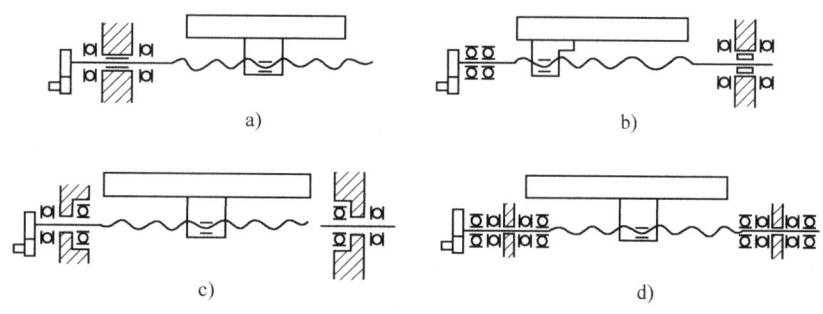

图2-50 滚珠丝杠支承结构

2.5.6 制动装置

由于滚珠丝杠副的传动效率高,无自锁作用,故必须装有制动装置(特别是滚珠丝杠处于垂直传动时)为防止因自重下降,故必须装有制动装置。

图2-51所示为数控卧式铣镗床主轴箱进给丝杠的制动装置示意图。当机床工作时,电磁铁线圈通电吸住弹簧,打开摩擦离合器。步进电动机接受控制系统的指令脉冲后,通过液压转矩放大器及减速齿轮,带动滚珠丝杠转动,主轴箱立向(垂直)移动。当步进电动机停止转动时,电磁铁线圈亦同时断电,在弹簧作用下摩擦离合器压紧,使得滚珠丝杠不能自由转动,主轴箱就不会因自重而下沉了。目前,直流、交流伺服电动机有的本身带有制动功能,超越离合器也可用作滚珠丝杠的制动。

2.5.7 滚珠丝杠副的保护及润滑

滚珠丝杠副可用润滑来提高耐磨性及传动效率。润滑剂分为润滑油及润滑脂两大类：润滑油用机油、90~180号透平油或140号主轴油；润滑脂可采用锂基油脂。润滑脂加在螺纹滚道和安装螺母的壳体空间内，而润滑油通过壳体上的油孔注入螺母空间内。

如果在滚道上落入脏物，或使用肮脏的润滑油，不仅会妨碍滚珠的正常运转，而且使磨损急剧增加。

通常采用毛毡圈对螺母副进行密封，毛毡圈的厚度为螺距的2~3倍，而且内孔做成螺纹的形状，使之紧密地包住丝杠，并装入螺母或套筒两端的槽孔内，也还有用耐油橡胶或尼龙材料密封圈的。由于密封圈和丝杠直接接触，因此防尘效果较好，但也增加了滚珠丝杠螺母副的摩擦力矩。为了避免这种摩擦阻力矩，可以采用由较硬塑料制成的非接触式迷宫密封圈，内孔做成与丝杠滚道相反的形状，并有一定的间隙。

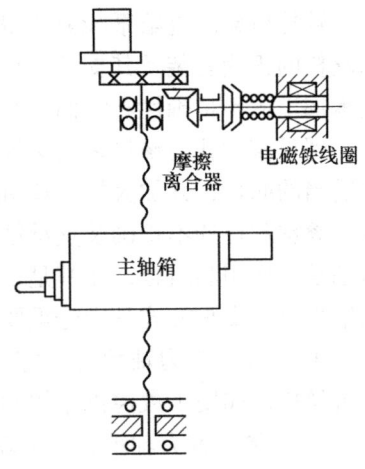

图 2-51 制动装置示意图

对于暴露在外面的丝杠，一般采用螺旋钢带、伸缩套筒以及折叠式塑料或人造革等形式的防护罩，以防止尘埃或磨料粘附到丝杠表面。除与导轨的防护罩相似外，这几种防护罩一端连接在滚珠螺母的端面，另一端固定在滚珠丝杠的支承座上。钢带缠卷式丝杠防护装置，其原理如图 2-52 所示。防护装置和螺母一起固定在拖板上，整个装置由支承滚子 1、张紧轮 2 和钢带 3 等零件组成，钢带的两端分别固定在丝杠的外圆表面。

防护装置中的钢带绕过支承滚子，并靠弹簧和张紧轮将钢带张紧。当丝杠旋转时，工作台（或拖板）相对丝杠做轴向移动，丝杠一端的钢带按丝杠的螺距被放开，而另一端则以同样的螺距将钢带缠卷在丝杠上。由于钢带的宽度正好等于丝杠的螺距，因此螺纹槽被严密地封住。还因为钢带的正反面始终不接触，钢带外表面粘附的脏物就不会被带到内表面去，使内表面保持清洁。这是其他防护装置很难做到的。

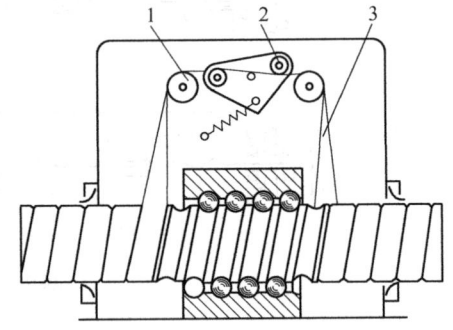

图 2-52 钢带缠卷式丝杠防护装置原理图
1—支承滚子 2—张紧轮 3—钢带

2.6 数控机床导轨类型与调整

2.6.1 导轨的基本类型

导轨按运动轨迹可分为直线运动导轨和圆运动导轨。按工作性质可分为主运动导轨、进给运动导轨和调整导轨。按受力情况可分为开式导轨和闭式导轨。

按摩擦性质可分为：

1) 滑动导轨。两导轨工作面的摩擦性质为滑动摩擦，其中有滑动导轨、液体动压导轨和液体静压导轨。

① 液体静压导轨。两导轨面间有一层静压油膜，其摩擦性质属于纯液体摩擦，多用于进给运动导轨。

② 液体动压导轨。当导轨面之间相对滑动速度达到一定值时，液体的动压效应使导轨面间形成压力油膜，把导轨面隔开。这种导轨属于纯液体摩擦，多用于主运动导轨。

③ 混合摩擦导轨。这种导轨在导轨面间有一定的动压效应，但相对滑动速度还不足以形成完全的压力油楔，导轨面大部分仍处于直接接触，介于液体摩擦和干摩擦（边界摩擦）之间的状态。大部分进给运动属于此类型。

2) 滚动导轨。这种导轨两导轨面之间为滚动摩擦，导轨面间采用滚珠、滚柱或滚针等滚动体，它在进给运动中用得较多。

滑动导轨具有结构简单、制造方便、接触刚度大的优点。但传统滑动导轨摩擦阻力大，磨损快，动、静摩擦系统差别大，低速时易产生爬行现象。除简易型数控机床外，在其他数控机床上已不采用。常用的塑料导轨有聚四氟乙烯导轨软带和环氧型耐磨导轨软涂层两类。

2.6.2 塑料滑动导轨

（1）聚四氟乙烯（PTEE）导轨软带（又称贴塑导轨）

这种导轨软带材质是以聚四氟乙烯为基体，加入表铜粉、二硫化钼和石墨等填充剂混合烧结，并做成软带状。国外生产的 Turcite-B、Pulon 导轨软带，国产 TSF 导轨软带及配套用 DJ 胶粘剂。

这种导轨软带特点：摩擦性能好，静、动摩擦系数差别很小，而且都很低（比普通铸铁导轨的低一个数量级）；耐磨性能好，填充剂的青铜、二硫化铝、石墨有自润滑作用；质地较软，即便嵌入金属碎屑、灰尘等，也不致损伤导轨副接触面，延长导轨副使用寿命；减振性好，塑料有很好的阻尼性能，减振消声好；工艺性好，可降低被粘贴塑料软带的金属导轨基体的硬度、表面质量的要求。此外，还有化学稳定性好，维修方便，经济性好等优点。

图 2-53 所示聚四氟乙烯导轨软带粘接情况。

（2）环氧型耐磨导轨软涂层

环氧型耐磨导轨软涂层（又称涂塑导轨或注塑导轨）是以环氧树脂和二硫化钼为基体，加入增塑剂，混合成液状或膏状为一组分，和固化剂为另一组分的双组分塑料涂层。国外生产的有 SKC3、Moglice 钻石牌、国产的 HNT 等导轨涂层。

这种导轨涂层的特点：良好的可加工性；良好的摩擦特性和耐磨性；抗压强度比聚四氟乙烯导轨软带高；涂层使用工艺简单。

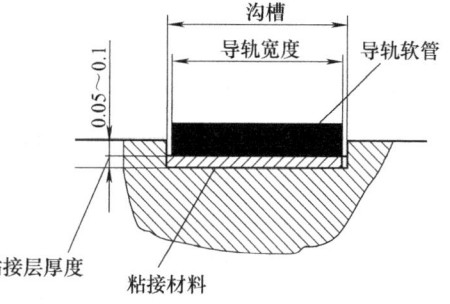

图 2-53 聚四氟乙烯导轨软带的粘接

2.6.3 静压导轨

液体静压导轨是指在两个相对运动的导轨面之间通入具有一定压力的润滑油以后，使动导轨微微抬起，在导轨面间充满润滑油可形成的油膜，保证导轨面间在液体摩擦状态下工作。工作过程中，导轨面上油腔的油压随外加载荷的变化自动调节。静压导轨与其他形式的导轨相比，其工作寿命长，摩擦系数极低（约为0.0005），速度变化和载荷变化对液体膜的刚性影响小，有很强的吸振性，导轨运行平稳，无爬行。这种导轨在高精度、高效率的大型、重型数控机床上应用越来越多。

(1) 静压导轨的结构

静压导轨按结构形式可分为开式和闭式两大类。按供油方式可分为恒压供油和恒流供油。

图 2-54 所示为开式静压导轨，不能限制工作台从导轨分离，载荷总是指向导轨，不能承受相反方向的载荷，并且不易达到很高的刚性。这种静压导轨用于运动速度比较低的重型机床。图 2-55 所示为闭式静压导轨，导轨设置在机座的几个面上，能够限制工作台从导轨上分离。虽然闭式导轨承受指向导轨载荷的能力小于开式导轨，但闭式静压导轨具有较高的刚性，并能够承受反向载荷。因此，闭式静压导轨常用于要求承受倾覆力矩的场合。

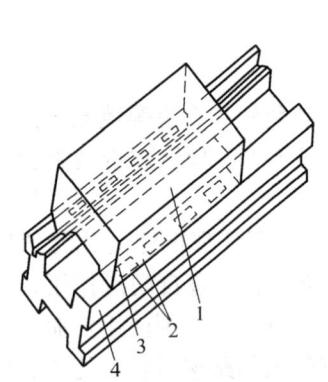

图 2-54 开式静压导轨
1—工作台 2—油封面
3—油腔 4—导轨座

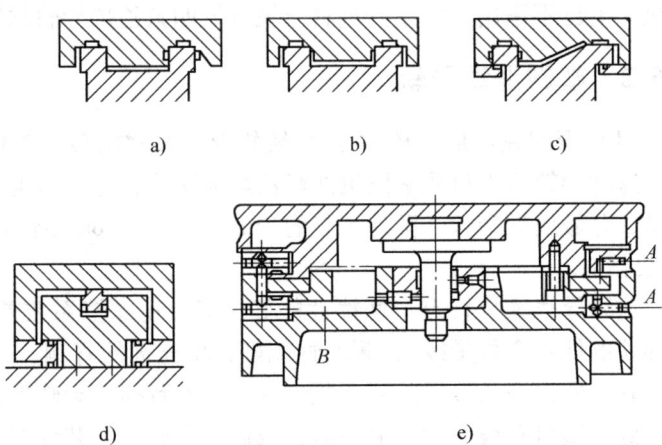

图 2-55 闭式静压导轨
a) 在床身一条导轨两侧 b) 在床身两导轨内侧
c) 在床身两条导轨上下和一条导轨两侧 d) 在床身呈三个方向分布
e) 回转运动闭式结构（A—进油；B—出油）

(2) 静压导轨的油腔

静压导轨上开有矩形油腔或槽形油腔，油腔面积骨和油压力是承受载荷的支承力。因此，油腔的分布、面积、位置都应该按照载荷来设计。

(3) 静压导轨的间隙和节流形式

静压导轨的间隙代表了润滑油膜的厚度，间隙越大，流量越大，则刚性减小，且导轨容易出现漂移。导轨的间隙小，流量也小，刚性增大。但是导轨间隙受到导轨几何精度、零部件刚性以及最小节流器最小尺寸的限制，所以导轨间隙不能取得太小。

对于中小型机床和机械设备，空载时的导轨间隙一般取 0.01~0.025mm。

对于大型机床和机械设备，空载时的导轨间隙一般取 0.03~0.08mm。

液体静压导轨节流形式可有：定压式供油和定量式供油两种。定量式供油系统是每个支承面上的油腔用单独定量液压泵直接供油，无需再串节流器，刚性好，但系统可能要好几个定量液压泵。而液体静压导轨常用一个液压泵供许多支承面的油腔,并在每个油腔前串接节流器的定压式供油系统。节流器有毛细管节流器,如图 2-56 所示,单面薄膜反馈节流器如图 2-57 所示。薄膜反馈节流器多用于载荷不均匀、偏载引起的倾覆力矩较大、载荷变化范围大的大型机床和机械设备。

单面薄膜反馈节流器多用于开式静压导轨,而闭式静压导轨多应用于双面薄膜反馈节流器。

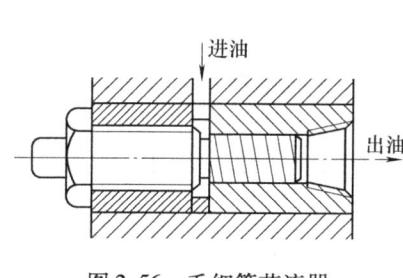

图 2-56 毛细管节流器

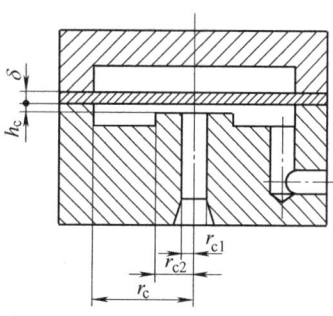

图 2-57 单面薄膜反馈节流器

2.6.4 滚动导轨

滚动导轨的优点是摩擦系数小于 0.005,动摩擦系数很接近,不会产生爬行现象,可以使用油脂润滑。数控机床导轨的行程一般较长,因此滚动体必须循环。常用的有滚动导轨块和直线导轨副。

(1) 滚动导轨块

滚动导轨块用滚子做滚动体,承载能力和刚度都比较高,但摩擦系数比滚珠滚动略大。由标准导轨块构成的滚动导轨具有效率好、灵敏性好、寿命长、润滑简单及装拆方便等优点。滚动导轨块结构见图 2-58。目前应用较多的滚动导轨块有 HJGK 型和 6192 型两种系列,由专业工厂生产。

支承导轨一般采用镶钢导轨,表面淬硬至 58HRC 以上,淬硬深度不小于 2mm,表面粗糙度 R_a 不超过 0.63μm。为使导轨块受力均匀,动导轨安装滚动导轨块的基面与支承导轨面的平行度应控制在 0.02/1000 以内。为避免导轨块在运动中的侧向偏移和打滑,滚子轴线的倾斜度应控制在 0.02/300 以内。为了保证导轨块工作时的载荷均匀,要求滚动块的高度具有等高一致性。为了保证滚动导轨块所需的运动精度、承载能力和刚度,也可以进行预紧。

由于滚动导轨块只承受一个方向的载荷,对于开式导轨则需装 8 个滚动导轨块,竖直方向 4 个(两条导轨,每条两个),水平方向 4 个。如果用闭式导轨,则还需在两条压板上各装两个,共需 12 个滚动导轨块。

(2) 直线滚动导轨副

直线滚动导轨副包括导轨条和滑块两部分组成。导轨条通常为两根,装在支撑件上,如图 2-59 所示。每根导轨上有 2 个滑块,固守在移动件动导轨体上。

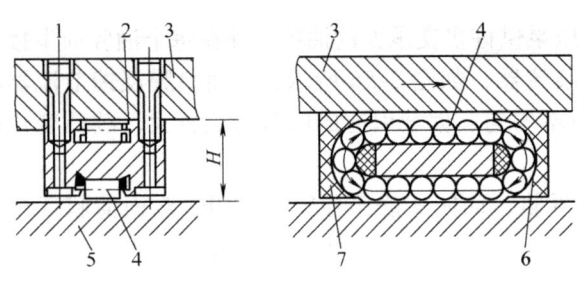
图 2-58 滚动导轨块结构图
1—固定螺钉 2—导轨块 3—动导轨体
4—滚动体 5—支承导轨 6、7—带反面挡槽板

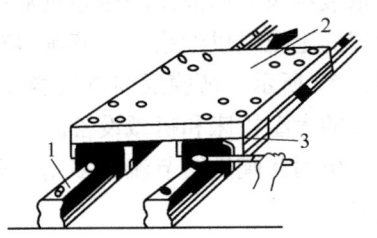
图 2-59 直线滚动导轨副的配置
1—导轨条 2—动导轨体 3—滑块

直线滚动导轨副的工作原理见图 2-60,滑块中装有 4 组滚珠,在导轨条的滑块的直线滚道内滚动。

当滚珠滚到滑块的端点,就经合成树脂制造的端面挡板和滑块中的回珠孔回去另一端,经另一端面挡块再进入循环。四组滚珠各有自己的回珠孔,分别处于滑块的四角,四组滚珠和滚道相当于四个直线运动角接触球轴承。接触角为 45°时,四个方向具有相同的承载能力。由于滚道的曲率半径略大于滚珠半径,在载荷作用下接触区为椭圆,接触面积随载荷的大小而变化。

目前的中小型数控机床上广泛采用这种导轨。

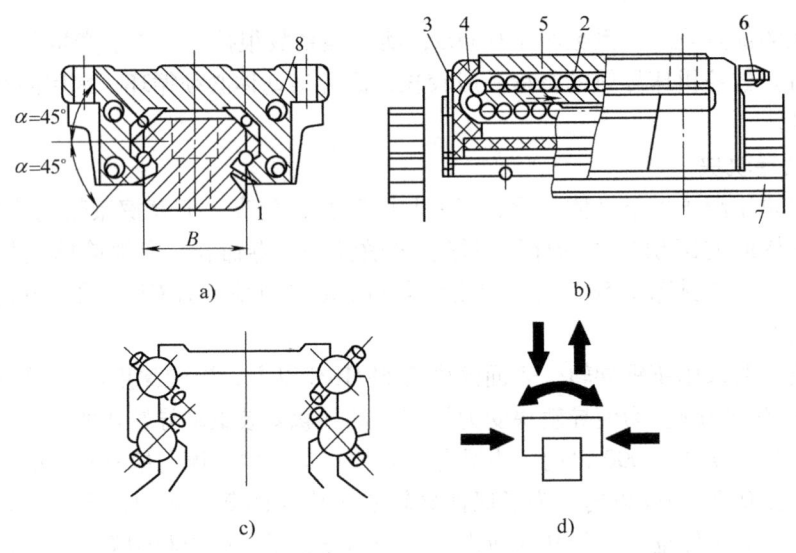

图 2-60 直线滚动导轨副
1—滚珠 2—回珠孔 3、8—密封点 4—端面挡板 5—滑块 6—油嘴 7—导轨条

2.6.5 滚动导轨的预紧

为了提高滚动导轨的刚度,应对滚动导轨预紧。预紧可提高接触刚度和消除间隙。在立式滚动导轨上预紧可防止滚动体脱落和歪斜。图 2-61 列举了四种滚动导轨的结构。常见的预紧方法有两种:

① 采用过盈配合。预加载荷大于外载荷,预紧力产生过盈量为 $2\sim3\mu m$,过大会使牵引

力增加。若运动部件较重,其重力可起预加载荷作用,若刚度满足要求,可不施预加载荷。

② 调整法。通过调整螺钉、斜块或偏心轮进行预紧。如图 2-61b、c、d 是采用调整法预紧滚动导轨的方法。

导轨副是数控机床的重要执行部件,主要有滚动导轨、塑料导轨、静压导轨等。影响机床正常运行和加工质量的主要环节有:① 间隙调整装置,滚动导轨副的顶紧环节;② 润滑系统(包括润滑剂的种类、质量要求及润滑方式等的合理选择);③ 导轨副的防护装置,目的是为防止切屑、磨粒或切削液散落在导轨面上而引起磨损、擦伤和锈蚀等。这三个环节中任一环节出现异常,都会影响机床执行机构的正常运行。

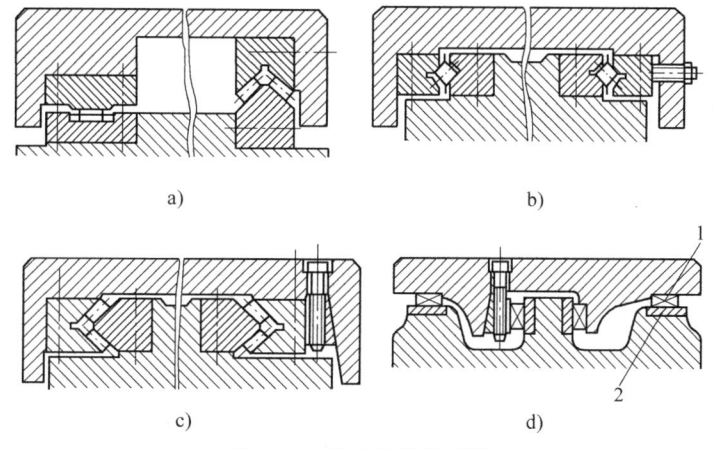

图 2-61 滚动导轨的预紧
a) 滚柱或滚针导轨自由支承 b) 滚柱或滚针导轨预加载
c) 交叉式滚柱导轨 d) 循环式滚动导轨块
1—循环式直线滚动块 2—淬火钢导轨

2.6.6 导轨副的调整

导轨副维护很重要的一项工作是保证导轨面之间具有合理的间隙。间隙过小,则摩擦阻力大,导轨磨损加剧;间隙过大,则运动失去准确性和平稳性,失去导向精度。间隙调整的方法有三种:

① 压板调整间隙。矩形导轨上常用的压板装置形式有:修复刮研式、镶条式、垫片式,如图 2-62 所示。压板用螺钉固定在动导轨上,常用钳工配合刮研及选用调整垫片、平镶条等机构,使导轨面与支承面之间的间隙均匀,达到规定的接触点数。图 2-62a 所示的压板结构,如间隙过大,应修磨或刮研 B 面;间隙过小或压板与导轨压得太紧,则可刮研或修磨 A 面。

② 镶条调整间隙。常用的镶条有两种,即等厚度镶条和斜镶条。等厚度镶条如图 2-63a 所示,它是一种全长厚度相等、横截面为平行四边形(用于燕尾形导轨)或矩形的平镶条,通过侧面的螺钉调节和螺母锁紧,以

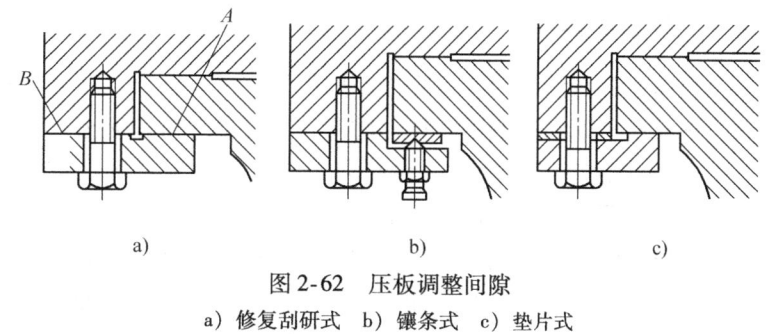

图 2-62 压板调整间隙
a) 修复刮研式 b) 镶条式 c) 垫片式

其横向位移来调整间隙。由于压紧力作用点因素的影响,在螺钉的着力点有挠曲。斜镶条如图 2-63b 所示,它是一种全长厚度变化的斜镶条及三种用于斜镶条的调节螺钉,以其斜镶条的纵向位移来调整间隙。斜镶条在全长上支承,其斜度为 1:40 或 1:100,由于楔形的增压

作用会产生过大的横向压力，因此调整时应细心。

③ 压板镶条调整间隙。压板镶条如图 2-64 所示，T 形压板用螺钉固定在运动部件上，运动部件内侧和 T 形压板之间放置斜镶条。镶条不是在纵向有斜度，而是在高度方面做成倾斜。调整时，借助压板上几个推拉螺钉，使镶条上下移动，从而调整间隙。三角形导轨的上滑动面能自动补偿，下滑动面的间隙调整和矩形导轨的下压板调整底面间隙的方法相同。圆形导轨的间隙不能调整。

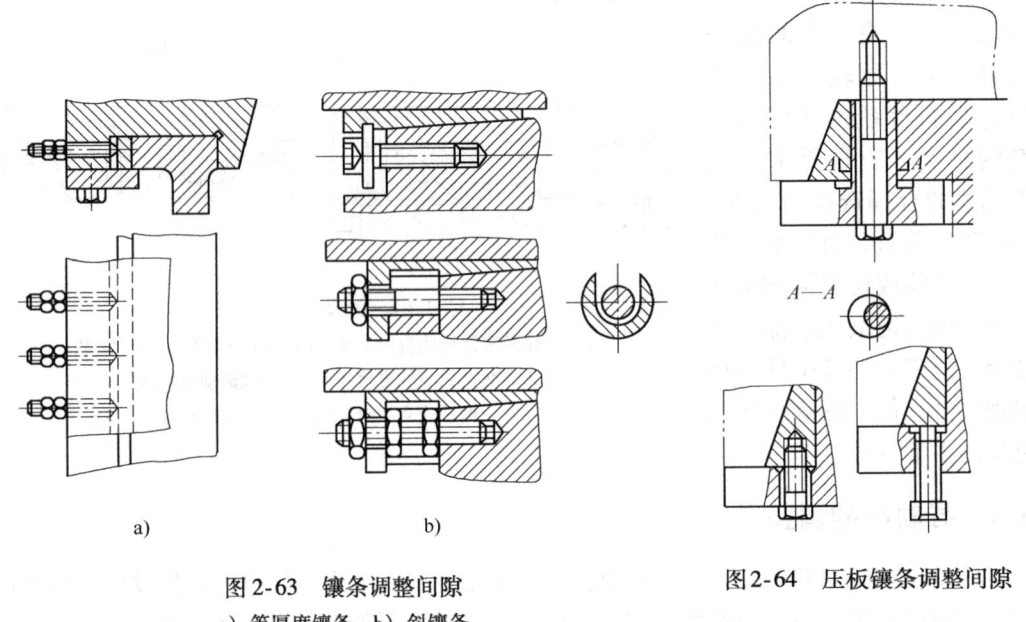

图 2-63　镶条调整间隙
a) 等厚度镶条　b) 斜镶条

图 2-64　压板镶条调整间隙

滚动导轨块的调整实例：

图 2-65 是楔铁调整机构，楔铁 1 固定不动，标准导轨 2 固定在楔铁 4 上，可随楔铁 4 移动，扭动调整螺钉 5、7 可使楔铁 4 相对楔铁 1 运动，因而可调整滚动导轨块对支承导轨压力的大小。

2.6.7　导轨的润滑

导轨面上进行润滑后，可降低摩擦系数，减少磨损，并且可防止导轨面锈蚀。导轨常用的润滑剂有润滑油和润滑脂两种，前者用于滑动导轨，而滚动导轨两种都可以用。

① 润滑方法。导轨最简单的润滑方式是人工定期加油或用油杯供油。这种方法简单、成本低，但不可靠，一般用于调节辅助导轨及运动速度低、工作不频繁的滚动导轨。

运动速度较高的导轨大都采用润滑泵，以压力油强制润滑。这样不但可连续或间歇供油给导轨进行润滑，而且可利用油的流动冲洗和冷却导轨表面。为实现强制润滑，必须备有专门的供油系统。图 2-66 为某加工中心导轨的润滑系统。

② 对润滑油的要求。在工作温度变化时，润滑油粘度变化要小，要有良好的润滑性能和足够的油膜刚度，油中杂质尽量少且不侵蚀机件。常用的全损耗系用油有 L-AN10、L-AN15、L-AN32、L-AN42、L-AN68，精密机床导轨油 L-HG68，汽轮机油 L-TSA32、L-TS46 等。

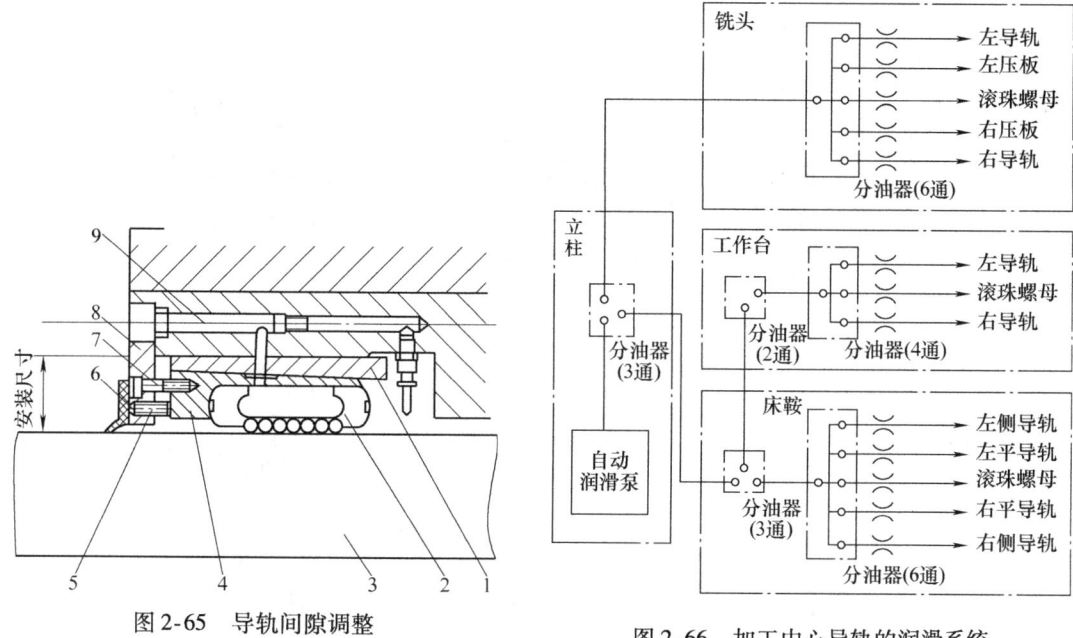

图 2-65　导轨间隙调整
1、4—楔铁　2—标准导轨　3—支承导轨
5、7—调整螺钉　6—刮板　8—楔铁调整板　9—润滑油路

图 2-66　加工中心导轨的润滑系统

2.7　数控机床回转工作台的结构与调试

数控机床的圆周进给由回转工作台完成，称之为数控机床的等四轴。回转工作台可以与 X、Y、Z 三个坐标轴联动，从而加工出各种球、圆弧曲线等。回转工作台可以实现精确的自动分度，扩大了数控机床可加工零件的范围。回转工作台对于自动换刀的多工序的加工中心是必备的部件。

2.7.1　数控回转工作台

数控回转工作台的主要功能有两个：一是实现工作台的进给分度运动，即在非切削时，装有工件的工作台在整个圆周（360°范围内）进行分度旋转；二是实现工作台圆周方向的进给运动，即在进行切削时与 X、Y、Z 三个坐标轴进行联动，加工复杂的空间曲面。

图 2-67 给出了 JCS-013 型自动换刀数控卧式镗铣床的数控回转工作台，该数控回转台由传动系统、间隙消除装置及蜗轮夹紧装置等组成。

当数控工作台接到数控系统的指令后，首先把蜗轮 10 松开，然后起动电液脉冲马达 1，按指令脉冲来确定工作台的回转方向、回转速度及回转角度大小等参数。工作台的运动由电液脉冲马达 1 驱动，经齿轮 2 和 4 带动蜗杆 9，通过蜗轮 10 使工作台回转。为了尽量消除传动间隙和反向间隙，齿轮 2 和齿轮 4 相啮合的侧隙是靠调整偏心环 3 来消除的。齿轮 4 与蜗杆 9 是靠楔形拉紧圆柱销 5（A—A 剖面）来连接的，这种连接方式能消除轴与套的配合间隙。为了消除蜗杆副的传动间隙，采用了双螺距渐厚蜗杆，通过移动蜗杆的轴向位置来调整间隙。这种蜗杆的左、右两侧面具有不同的螺距，因此蜗杆齿厚从一端向另一端逐渐增厚。

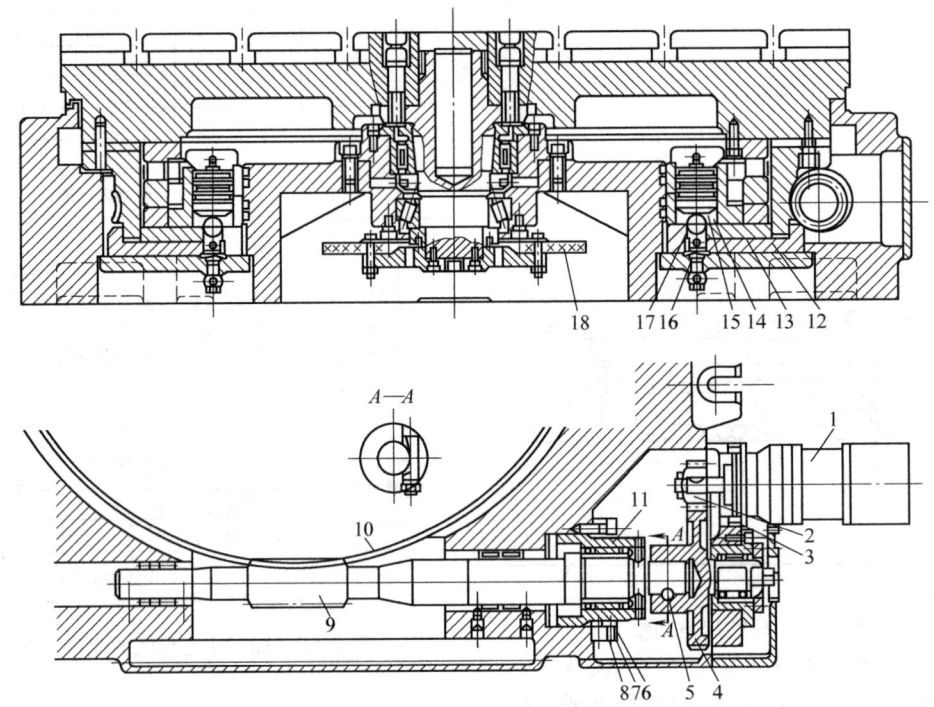

图 2-67　数控回转工作台
1—电液脉冲马达　2、4—齿轮　3—偏心环　5—楔形拉紧圆柱销　6—压块　7—螺母
8—锁紧螺钉　9—蜗杆　10—蜗轮　11—调整套　12、13—夹紧瓦　14—夹紧液压缸
15—活塞　16—弹簧　17—钢球　18—光栅

但由于同一侧的螺距是相同的，所以仍然保持着正常的啮合。调整时，先松开螺母 7 上的锁紧螺钉 8，使压块 6 与调整套 11 松开，同时将楔形拉紧圆柱销 5 松开，然后转动调整套 11，带动蜗杆 9 做轴向移动。根据设计要求，蜗杆有 10mm 的轴向移动调整量，这时蜗杆副的侧隙可调整 0.2mm。调整后，锁紧调整套 11 和楔形拉紧圆柱销 5。蜗杆的左、右两端都由双列滚针轴承支承，左端为自由端，可以伸长以消除温度变化的影响；右端装有双列推力轴承，能轴向定位。

当工作台静止时必须处于锁紧状态。工作台面用沿其圆周方向分布的八个夹紧液压缸进行夹紧。当工作台不回转时，夹紧液压缸 14 的上腔进压力油，使活塞 15 向下运动，通过钢球 17、夹紧瓦 13 及 12 将蜗轮 10 夹紧；当工作台需要回转时，数控系统发出指令，使夹紧液压缸 14 上腔的油流回油箱。在弹簧 16 的作用下，钢球 17 抬起，夹紧瓦 12 及 13 松开蜗轮 10，然后由电液脉冲马达 1 通过传动装置，使蜗轮和回转工作台按照控制系统的指令作回转运动。

数控回转工作台设有零点，当它作返回零点运动时，首先由安装在蜗轮上的撞块碰撞限位开关，使工作台减速，再通过感应块和无触点开关，使工作台准确地停在零点位置上。

该数控工作台可作任意角度的回转和分度，由光栅 18 进行读数控制。光栅 18 在圆周上有 21600 条刻线，通过 6 倍频电路，使刻度分辨能力为 10″，因此工作台的分度精度可达 ±10″。

2.7.2 分度工作台

分度工作台只能完成分度运动,而不能实现圆周进给运动。由于结构上的原因,通常分度工作台的分度运动只限于完成规定的角度(如45°、60°或90°等),即在需要分度时,按照数控系统的指令将工作台及其工件回转规定的角度,以改变工件相对于主轴的位置,完成工件各个表面的加工。

分度工作台按其定位机构的不同分为定位销式和鼠齿盘式两类。前者的定位分度主要靠工作台的定位销和定位孔来实现,分度的角度取决于定位孔在圆周上分布的数量。鼠齿盘式分度工作台是利用一对上、下啮合的齿盘,通过上、下齿盘的相对旋转来实现工作台的分度,分度的角度范围依据齿盘的齿数而定。

图2-68所示为THK6380型自动换刀数控卧式镗铣床的定位销式分度工作台。这种工作台的定位分度主要靠定位销和定位孔来实现。分度工作台1嵌在长方工作台10之中。在不单独使用分度工作台时,两个工作台可以作为一个整体使用。

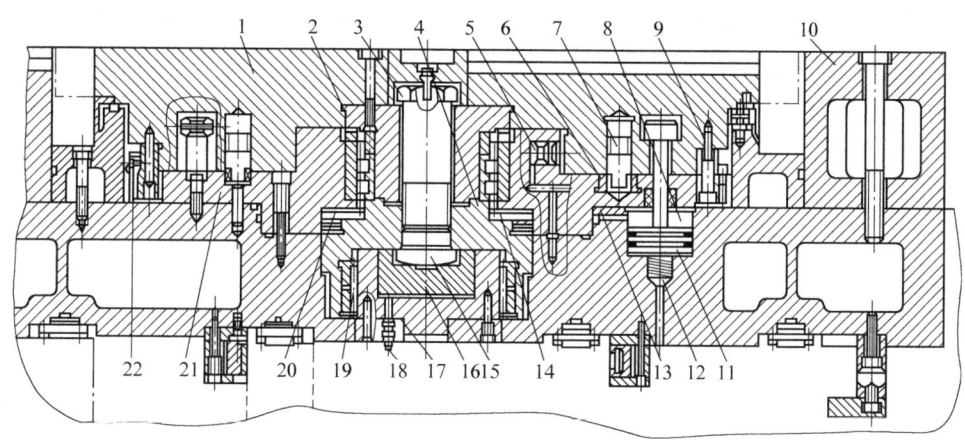

图2-68 定位销式分度工作台的结构
1—分度工作台 2—锥套 3—螺钉 4—支座 5—消隙液压缸 6—定位孔衬套 7—定位销
8—锁紧液压缸 9—齿轮 10—长方工作台 11—锁紧液压缸活塞 12—弹簧 13—油槽 14、19、20—轴承
15—螺栓 16—活塞 17—中央液压缸 18—油管 21—底座 22—挡块

在分度工作台1的底部均匀分布着八个圆柱定位销7,在底座21上有一个定位孔衬套6及供定位销移动的环形槽,其中只有一个定位销7进入定位孔衬套6中,其他7个定位销则都在环形槽中。因为定位销之间的分布角度为45°,故只能实现45°等分的分度运动。

定位销式分度工作台作分度运动时,其工作过程分为三个步骤。

(1) 松开锁紧机构并拔出定位销

分度时,机床的数控系统发出指令,由电器控制的液压缸使六个均布的锁紧液压缸8(图中只示出一个)中的压力油经环形油槽13流回油箱,活塞11被弹簧12顶起,工作台1处于松开状态。同时,消隙液压缸5也卸荷,液压缸中的压力油经回油路流回油箱。油管18中的压力油进入中央液压缸17,使活塞16上升,并通过螺栓15、支座4把推力轴承20向上抬起15mm,顶在底座21上。分度工作台1用四个螺钉与锥套2相连,而锥套2用六角头螺钉3固定在支座4上,所以当支座4上移时,通过锥套2使工作台1抬高15mm,固在工作台面上的定位销7从定位孔衬套6中拔出。

(2) 工作台回转分度

当工作台抬起之后发出信号,使液压马达驱动减速齿轮(图中未示出),带动固定在工作台1下面的大齿轮9转动,进行分度运动。

分度工作台的回转速度由液压马达和液压系统中的单向节流阀来调节,分度初作快速转动,在将要到达规定位置前减速,减速信号由固定在大齿轮9上的挡块22(共八个周向均布)碰撞限位开关发出。挡块碰撞第一个限位开关时,发出信号使工作台降速,碰撞第二个限位开关时,分度工作台停止转动。此时,相应的定位销7正好对准定位孔衬套6。

(3) 工作台下降并锁紧

分度完毕后,数控系统发出信号使中央液压缸17卸荷,油液经油管18流回油箱,分度工作台1靠自重下降,定位销7插入定位孔衬套6中。定位完毕后消隙液压缸5通压力油,活塞顶向工作台1,以消除径向间隙。经油槽13来的压力油进入锁紧液压缸8的上腔,推动活塞11下降,通过活塞11上的T形头将工作台锁紧。至此分度工作进行完毕。

分度工作台1的回转部分支承在加长型双列圆柱滚子轴承14和滚针轴承19上,轴承14的内孔带有1∶12的锥度,用来调整径向间隙。轴承内环固定在锥套2和支座4之间,并可带着滚柱在加长的外环内作15mm的轴向移动。轴承19装在支座4内,能随支座4作上升或下降移动,并作为另一端的回转支承。支座4内还装有端面滚柱轴承20,使分度工作台回转很平稳。

定位销式分度工作台的定位精度取决于定位销和定位孔的精度,最高可达±5″。定位销和定位孔衬套的制造和装配精度要求都很高,硬度的要求也很高,而且耐磨性要好。

2.7.3 数控工作台的拆装与调试

数控工作台是数控设备中的重要附件之一。它的主要功能是将两个数控工作台组装在一起后,构成X-Y数控工作台,实现两个坐标的定位和联动,如图2-69所示。数控工作台是由底座、导轨、滚珠丝杠螺母副、电动机座、丝杠支承机构、拖板、行程开关、防护罩等部件组成的。数控工作台的装配完成后,要求运动平稳、轻松,拖板运行到不同位置时,空载推动力一致,拖板移动的直线度、拖板平面与移动方向的平行度、拖板平面与底座底面的平行度都必须符合规定的技术指标。拆装要认真进行,排列好拆下的每一个零件并进行登记,装配时按与拆卸相反的顺序进行,并对数控工作台进行认真的检测,使其装配精度和运动精度符合要求。

(1) 工具准备

数控工作台一台;百分表及磁力表架一套;检测平尺(300mm)一

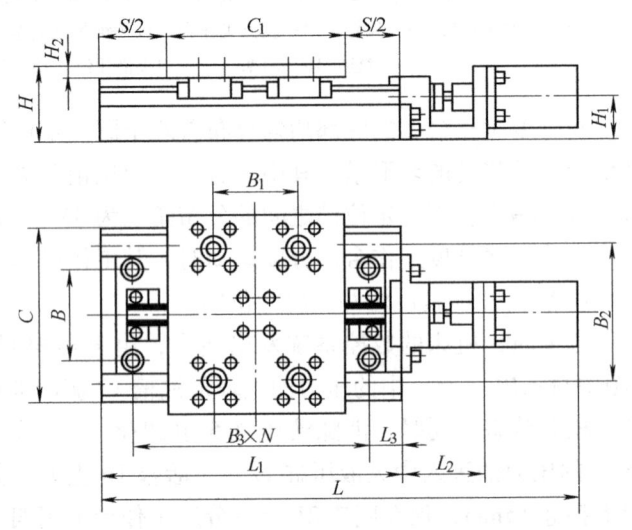

图2-69 数控工作台

把；活动扳手两把；木柄起子两把；内六角扳手一套。

（2）步骤

① 拆下工作台与导轨滑块、螺母支座的定位销钉和连接螺钉，取下工作台（拖板）。

② 检查工作台上导轨滑块的接触面、螺母支座的接触面与工作台面的平行度，并作记录。

③ 检查导轨与滚珠丝杠的平行度并作记录。

④ 卸下滚珠丝杠支架与底座连接的定位销和螺钉，取下滚珠丝杠螺母副，松开联轴器，卸下驱动电动机。

⑤ 检查底座上滚珠丝杠支架的接触面与导轨的平行度。

⑥ 卸下滚动导轨与底座连接的定位销钉和螺钉，取下滚动导轨。

⑦ 检查底座上滚动导轨的安装面的平面度以及安装面和导向面的直线度，并作记录。

⑧ 清洗已经拆卸的各个部件，准备进行组装。

⑨ 在底座上安装滚动导轨并检查安装精度，应达到拆卸前的精度值。

⑩ 将滚珠丝杠组件安装在底座上，并检查丝杠与导轨的平行度，应达到拆卸前的精度值。然后安装驱动电动机，紧固联轴器。

⑪ 将工作台安装在导轨滑块上，再将丝杠螺母座连接到工作台上。

⑫ 安装完毕后，检查几何精度。

在装配过程中，必须认真检查拖板平面与底座底面的平行度、拖板移动的直线度、拖板平面与运动方向的平行度及滚珠丝杠与导轨的平行度等指标，并与装配前的测量精度进行比较。若装配后精度误差超过了允许范围，应重新进行调整。

由此可见，在诊断、修理数控设备这类较复杂的设备时，要做到以下几点：

① 要事先搜集、消化有关资料，做好充分的准备。在此基础上，制定好拆卸、检修步骤及注意事项。

② 严格按照有关资料（图纸、说明书等）的规定要求去做，注意资料中的数据。用数据说话往往是指导设备维修的重要依据，如旋紧螺钉所用的转矩是以技术数据为依据的，因此资料的保管和整理是很重要的。

2.8 数控机床自动换刀装置的调试与维护

数控机床为了能在工件一次装夹中完成多种甚至所有加工工序，以缩短辅助时间和减少多次安装工件所引起的误差，必须带自动换刀装置。

在自动换刀数控机床上，对自动换刀装置的基本要求是：换刀时间短，刀具重复定位精度高，有足够的刀具存储量，刀库占地面积小及安全可靠等。

2.8.1 回转刀架换刀

回转刀架换刀是一种最简单的自动换刀装置，常用于数控车床。根据加工对象的不同，它可以设计成四方刀架和六角刀架等多种形式。回转刀架上分别安装着四把、六把或更多的刀具，并按数控装置的指令换刀。

回转刀架在结构上必须具有良好的强度和刚度，以承受粗加工时的切削抗力。由于车削加工精度在很大程度上取决于刀尖位置,对于数控车床来说,加工过程中刀具位置不进行人工调整,因此更有必要选择可靠的定位方案和合理的定位结构,以保证回转刀架在每次转位之后,具有尽可能高的重复定位精度(一般为 0.001~0.005mm)。回转刀架按其工作原理分为若干类型,如图 2-70 所示。

图 2-70a 所示为螺母升降转位原理,电动机经弹簧安全离合器至蜗轮副带动螺母旋转,螺母举起刀架使上齿盘与下齿盘分离,随即带动刀架旋转到位,然后给系统发信号,螺母反转锁紧。此机构零件多,但性能可靠,精度也好。相对成本偏高,加工难度大。

图 2-70b 所示为利用十字槽轮来转位及锁紧刀架(还要加定位销),销钉每转一周,刀架便转 1/4 转(也可设计成六工位等)。此机构体积大,零件多,目前应用不多。

图 2-70c 所示为凸台棘爪式刀架,蜗轮带凸台相对于另一凸台转动,使其上、下端齿盘分离,继续旋转,则棘轮机构推动刀架转 9 个工位,然后利用一个接触开关或霍尔元件发出电动机的反转信号,重新锁紧刀架。但是,其对要求高的重复定位精度不易做到。

图 2-70d 所示为电磁式刀架,它利用一个有 10kN 左右拉紧力的线圈使刀架定位锁紧,要有继电保护装置。

图 2-70e 所示为液压式刀架,它利用摆动液压缸来控制刀架转位。摆动缸芯带动拨爪,拨爪带动刀架转位。还有一个向下拉紧的小液压缸,也产生 10kN 以上的拉紧力。这种刀架

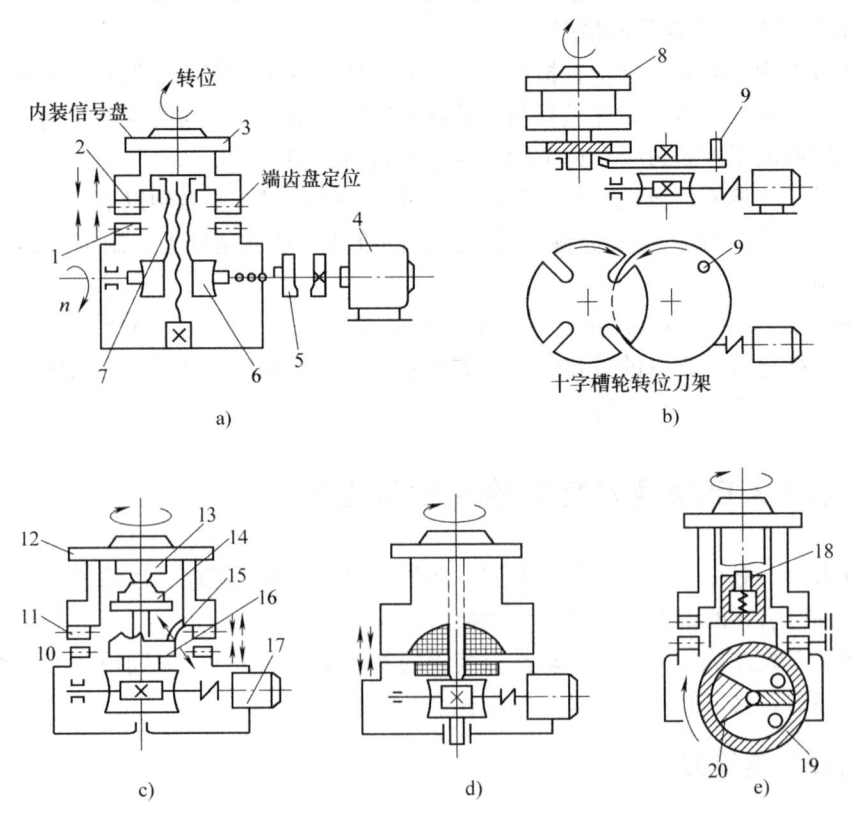

图 2-70 回转刀架类型及原理

1、10—下齿盘 2、11—上齿盘 3、8、12—刀架 4、17—电动机
5—弹簧安全离合器 6—蜗轮副 7—螺母 9—销钉 13、14—凸轮
15—棘爪 16—棘轮 18—拨爪 19—液压缸 20—摆动阀芯

的特点是转位可靠,拉力紧可以再加大,但其缺点是液压件难制造,还需多一套液压系统,有液压油泄漏及发热问题。

一般情况下,回转刀架的换刀动作包括刀架抬起、刀架转位及刀架压紧等。

2.8.2 更换主轴换刀

更换主轴换刀是带有旋转刀具的数控机床的一种比较简单的换刀方式,如图2-71所示。

主轴头有卧式和立式两种,通常用转塔的转位来更换主轴头,以实现自动换刀。在转塔的各个主轴上,预先安装有各工序所需要的旋转刀具,当发出换刀指令时,各主轴头依次地转到加工位置,并接通主运动,使相应的主轴带动刀具旋转,而其他处于不加工位置上的主轴都与主运动脱开。

转塔头每次转位包括下列动作:
① 脱开主传动。
② 转塔头脱开。
③ 转塔头转位。
④ 转塔头定位压紧。
⑤ 主轴传动接通。

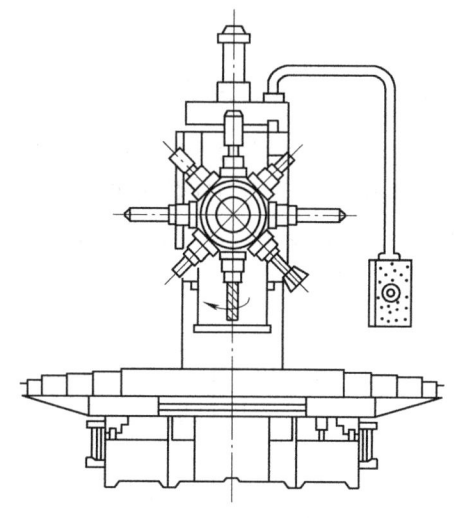

图2-71 更换主轴换刀

更换主轴换刀,省去了自动松夹、卸刀、装刀以及刀具搬运等一系列的操作,从而缩短了换刀时间,并提高了换刀的可靠性。但是由于空间位置的限制,使主轴部件结构尺寸不能太大,因而影响了主轴系统的刚性。为了保证主轴的刚性,必须限制主轴的数目。转塔主轴头通常适用于工序较少、精度要求不太高的机床,例如数控钻、铣床等。

2.8.3 更换主轴箱换刀

有的数控机床像组合机床一样,采用多主轴的主轴箱,利用更换主轴箱达到换刀的目的,如图2-72所示。主轴箱库吊挂着备用主轴箱。主轴箱两端的导轨上,装有同步运动的小车,它们在主轴箱库与机床动力头之间运送主轴箱。

根据加工要求,先选好所需的主轴箱,待两小车运行至该主轴箱处时,将它推到小车上,两只小车同时运动到机床动力头两侧的更换位置。

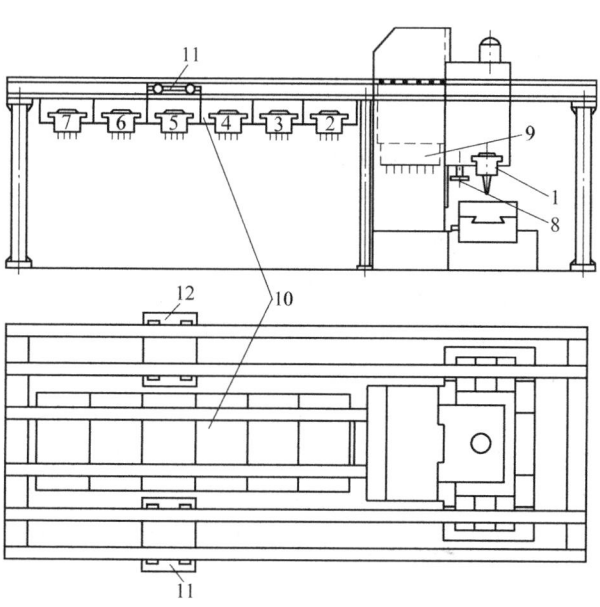

图2-72 自动更换主轴箱
1—工作主轴箱 2、3、4、5、6、7—备用主轴箱 8—机械手
9—刀库 10—主轴箱库 11、12—小车

当上一道工序完成后，动力头带着刚工作主轴箱上升到更换位置，夹紧机构将这只主轴箱松开，定位销从定位孔中拔出，推杆机构将这只主轴箱推到小车上。同时，又将小车上的待用主轴箱推到机床动力头上，并进行定位夹紧。与此同时，两小车返回主轴箱库，停在下次待换的主轴箱旁。推杆机构将下次待换主轴箱推到小车上，并把用过的主轴箱从小车上推入主轴箱库的空位，也可通过机械手在刀库和主轴箱之间进行刀具交换。对于加工箱体类零件，这种换刀形式可以提高生产率。

2.8.4 带刀库的自动换刀系统

图 2-73 所示为刀库装与机床为整体式数控机床的外观图。

图 2-74 所示为刀库装与机床为分体式数控机床的外观图。此时，刀库容量大，刀具可以较重，常常要附加运输装置来完成刀库与主轴之间刀具的运输。

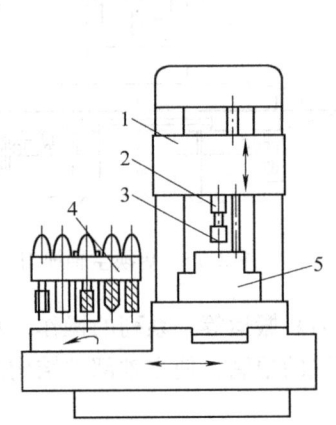

图 2-73 刀库与机床为整体式数控机床
1—主轴箱 2—主轴 3—刀具
4—刀库 5—工件

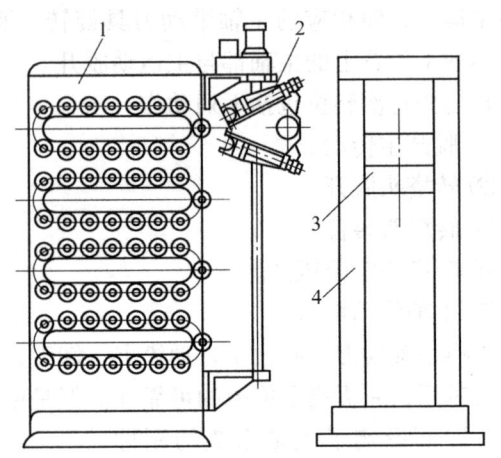

图 2-74 刀库与机床为分体式数控机床
1—刀库 2—机械手 3—主轴箱 4—立柱

带刀库的换刀装置由刀库、选刀机构、刀具自动装卸机械及刀具交换机构（机械手）等四部分组成，应用广泛。

刀库—机械手自动换刀系统，整个换刀过程比较复杂。首先要把加工过程中要用的全部刀具分别装在标准的刀柄上，在机床外进行尺寸预调整后，插入刀库中，换刀时根据选刀指令在刀库上选刀，由刀具交换装置从刀库和主轴上取出刀具，进行刀具交换。然后将新刀具装入主轴，将用过的刀放回刀库。

这种换刀装置和转塔主轴头相比，由于机床主轴箱内只有一根主轴，在结构上可以增加主轴的刚性，有利于精密加工和重切削加工。刀库中刀具可根据工艺要求和机床的结构布局而定，数目可较多，以实现复杂零件的多工序加工，从而提高了机床的适应性和加工效率。此外，刀库可布置在远离加工区的地方，从而排除了它与工件相互干扰的可能性。

采用这种自动换刀系统，需要增加刀具的自动夹紧、放松机构、刀库运动及定位机构，常常需有清洁刀柄及刀孔、刀座的装置，因而结构较复杂。其换刀过程动作多、换刀时间长，同时影响换刀工作可靠性的因素较多。

为了缩短换刀时间，可采用带刀库的双主轴或多主轴换刀系统，如图 2-75 所示。当水平方向的主轴在加工位置时，待更换刀具的主轴处于换刀位置，由刀具交换装置预先换刀，待本工序加工完毕后，转塔头回转并交换主轴（即换刀）。这种换刀方式，换刀时间大部分和机加工时间重合，只需转塔头转位的时间，所以换刀时间短。转塔头上的主轴数目较少，有利于提高主轴的结构刚度，刀库上刀具的数目也可增加，对多工序加工有利，但这种换刀方式难保证精镗加工所需要的主轴精度。因此，这种换刀方式主要用于钻床，也可以用于铣镗类和数控组合机床。

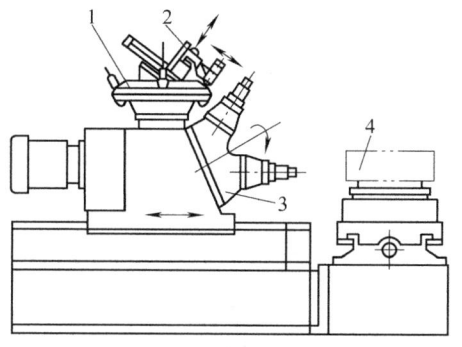

图 2-75 带刀库的双主轴结构
1—刀库 2—机械手 3—转塔头 4—工件

2.8.5 刀库

1. 刀库的功能

刀库是用来储存加工刀具及辅助工具的地方。其容量、布局以及具体结构，对数控机床有很大影响。

2. 刀库和形式

（1）直线刀库

如图 2-76a 所示，刀具在刀库中是直线排列，其结构简单，刀库容量小，一般可容纳 8~12 把刀具，故较少使用。此形式多见于自动换刀数控车床，在数控钻床上也采用过。

（2）圆盘刀座

如图 2-76b~g 所示，圆盘刀座的形式存刀具少则 6~8 把，多则 50~60 把。图 2-76b 刀具径向布局，占较大空间，一般置于机床立柱上端，其换刀时间较短，使整个换刀装置较简单。

图 2-76c 刀具轴向布局，常置于主轴侧面。刀库轴心线可垂直放置，也可水平放置，使用较多。

图 2-76d 刀具与刀库轴心线成一定角度呈伞状布置，多斜放于立柱上端，刀库容量不宜过大。

为进一步扩大存刀量，有多圈分布刀具的圆盘刀库（图 2-76e）、多层圆盘刀库（图 2-76f)和多排圆盘刀库（图 2-76g）。

（3）链式刀库

如图 2-76h、i 所示，链式刀库是较常用的形式。刀座固定在环形链节上，有单排链和折叠回绕链。链式刀库结构紧凑，刀库容量大，链环的形状可根据机床的布局制成各种式样。同时，可将换刀位突出，以便于换刀。一般当刀具数量在 30~120 把时，多采用链式刀库。

（4）其他刀库

格子箱式刀库（图 2-76j、k），占地面积小，结构紧凑，但选刀和取刀动作复杂，在单机加工中心上较少使用，而在 FMS（柔性制造系统）的集中供刀系统中采用。

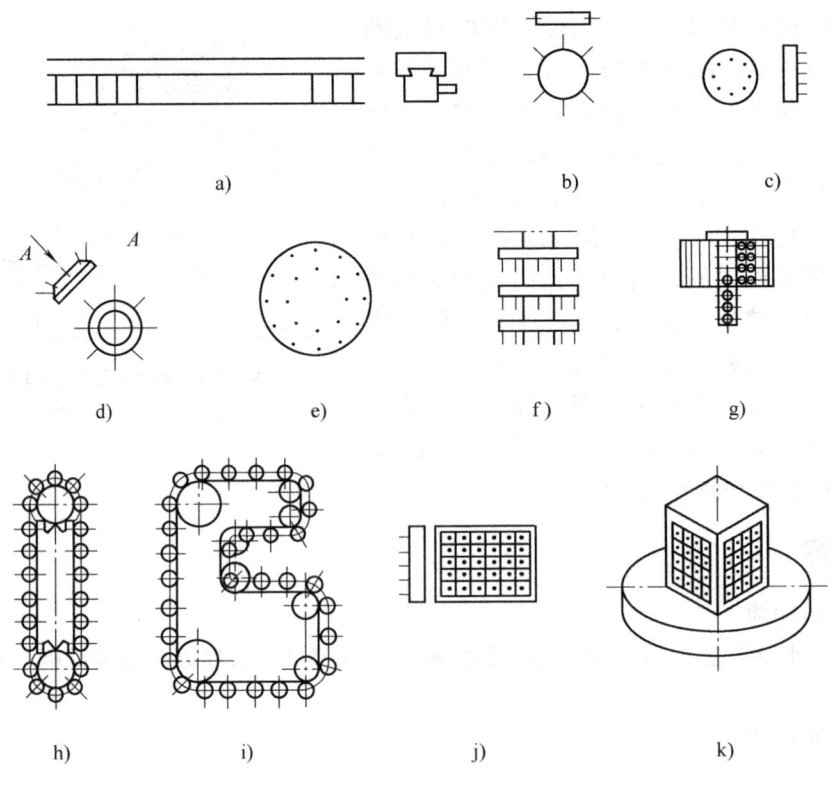

图 2-76 刀库的各种形式

3. 刀库的容量

刀库的容量首先要考虑加工工艺的需要,从使用角度出发,一般取 10~40 把刀,刀库的利用率高,结构也比较紧凑。

4. 刀具的选择方式

数控机床采用的是标准化、系列化刀具,并主要针对刀柄和刀头两部分规定标准、系列,以使刀具在机床上迅速地定位夹紧。

1) 顺序选择。将刀具按加工工序的顺序,依次放入刀库的每一个刀座内。每次换刀时,刀库顺序转动一个刀座的位置,并取出所需要的刀具,已经使用过的刀具可以放回到原来的刀座内,也可以按顺序放入下一个刀座内。采用这种方式,不需要刀具识别装置,而且驱动控制也比较简单,工作可靠,可以直接由刀库的分度机械来实现。但由于刀库中刀具在不同工序中不能重复使用,必须增加刀具的数量和刀库的容量,降低了刀具和刀库的利用率。人工装刀操作必须十分谨慎。

2) 任意选择。根据程序指令的要求选择可需要的刀具,这时必须有刀具识别装置。刀具在刀库中不必按照工件的加工顺序排列,可任意存放,每把刀具(或刀座)都编上代码。自动换刀时,刀库旋转,每把刀具(或刀座)都经过"刀具识别装置"接受识别。当某把刀具的代码与数控指令的代码相符合时,该刀具就被选中,并将刀具送到换刀位置,等待机械手来抓取。

任意选择刀具法的优点是刀库中刀具的排列顺序与工件加工顺序无关,相同的刀具可以重复使用。因此,刀具数量比较少,刀库也相应地较小。

任意选择刀具法必须对刀具编码,以便识别。编码方式主要有以下三种:

① 刀具编码方式。采用特殊的刀柄结构进行编码,刀柄后端的拉杆上套装着等间隔的编码环,由锁紧螺母固定。编码环直径有大小直径两种,分别表示二进制的"1"和"0"。通过这两个圆环的不同排列,可以得到一系列代码。例如:由六个直径不同的圆环便可组成能区别 63 种刀具的编码。通常全部为 0 的代码不许使用,以避免与刀座中没有刀具的状况混淆。

② 刀座编码方式。对刀座编码,刀具编号,并将刀具放到与其号码相符的刀座中。换刀时刀库旋转,使每个刀座位依次经过识刀器,找到刀座,刀库便停止旋转。这时刀柄上没有了编码环,使刀柄简化。

③ 编码附件方式。这种方式有编码钥匙、编码卡片、编码杆和编码盘等,其中应用最多的是编码钥匙。先给刀具都附上一把表示该刀具号的编码钥匙,当把各刀具存放到刀库的刀座中时,将编码钥匙插进刀座旁边的钥匙孔中,这样就把钥匙的号码转记到刀座中,给刀座编上了号码。

5. 刀具识别装置

(1) 接触式刀具识别装置

如图 2-77 所示,刀具识别装置上伸出几个触针与刀柄上的编码环接触,而每个触针与一个继电器相连,使继电器通电或继电,读出数码"1"或"0"。与所需刀具的编码一致时,由控制装置发出信号,使刀库停转,等待换刀。

接触式刀具识别装置结构简单,但由于触针有磨损,寿命短,可靠性差,且难于快速选刀。

(2) 非接触式刀具识别装置

没有机械直接接触,无磨损、无噪声、寿命长、反应快,适应于高速、换刀频繁的场合。常用的识别法有磁性和光电两种。

① 磁性识别法(图 2-78)。利用磁性材料和非磁性材料的磁感应强弱的不同,通过感应线圈读取代码。其编码环的直径相等,分别由导磁材料(如软钢)和非导磁材料(如黄铜、塑料等)制成,构成"1"、"0"码。在检测线圈的一次线圈中输入交流电压时,能在二次线圈中感应出高低两种电压,就能识别刀具的号码。

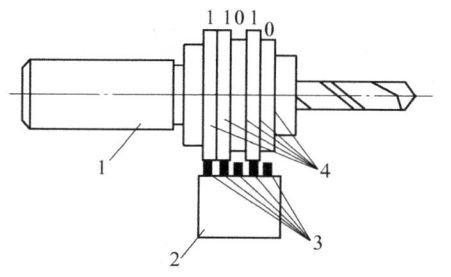

图 2-77 接触式刀具识别装置
1—刀柄 2—刀具识别装置
3—触针 4—编码环

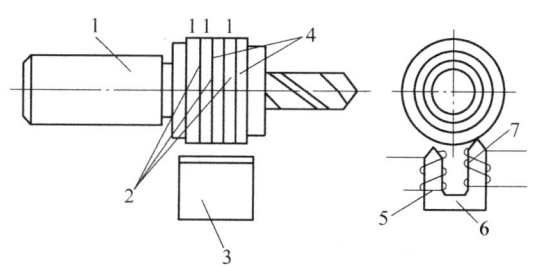

图 2-78 磁性识别原理
1—刀柄 2—导磁材料编码环 3—识别装置
4—非导磁材料编码环 5—一次线圈
6—检测线圈 7—二次线圈

② 光电识别法（图2-79）。利用光导纤维良好的光传感特性，采用多束光导纤维构成阅读法。

用靠近的二束光导纤维来阅读二进制编码的一位时，其中一束将光源投到能反光或不能反光（被涂黑）的金属表面上，另一束光导纤维将反射光送到光电转换元件转换成电信号，以判断正对这两束光导纤维的金属表面有无反射光，从而表明数码"1"或"0"。阅读头端面共用的投光射出面为一矩形框，中间嵌进一排共9个圆形的受光入射面。当阅读头端面正对刀具编码部位，沿箭头方向相对运动时，在同步信号作用下，可将刀具编码读入，并与给定的刀具号进行比较而选刀。

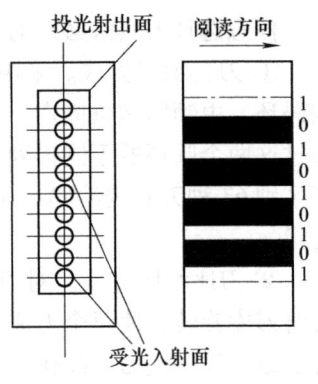

图2-79 光电刀具识别装置

在光导纤维中传播的光信号比在导体中传播的电信号具有更高的抗干扰能力。光导纤维可任意弯曲，这给机械设计、光源及光电转换元件的安装都带来更大的方便。因此，这种识别方法很有发展前途。

6. 刀具交换装置

实现刀库与数控机床主轴之间传递和装卸刀具的装置，称为刀具交换装置。刀具交换装置及它们的具体结构对机床的工作效率和工作可靠性有直接的影响。

（1）无机械手换刀装置

无机械手换刀装置一般采用把刀库放在主轴箱可以运动到的位置或整个刀库（或某一刀位）能移动到主轴箱可以达到的位置，同时，刀库中刀具的存放方向一般与主轴上的装刀方向一致。换刀时，由主轴运动到刀库上的换刀位置，利用主轴直接取走或放回刀具。图2-80是TH5640无机械手换刀装置的换刀过程。

TH5640的自动换刀装置由刀库和自动换刀机构组成。刀库可在导轨上作左右及上下移动，以完成卸刀和装刀动作，左右上下运动分别通过上下运动气缸及左右运动气缸来实现。刀库的选刀是利用电动机经减速带动槽轮机构回转实现的。为确定刀号，在刀库内安装有原位开关和计数开关。换刀时，首先刀库由左右运动气缸驱动在导轨上作水平移动，刀库鼓轮上一空缺刀位插入主轴上刀柄凹槽处，刀位上的夹刀弹簧将刀柄夹紧，

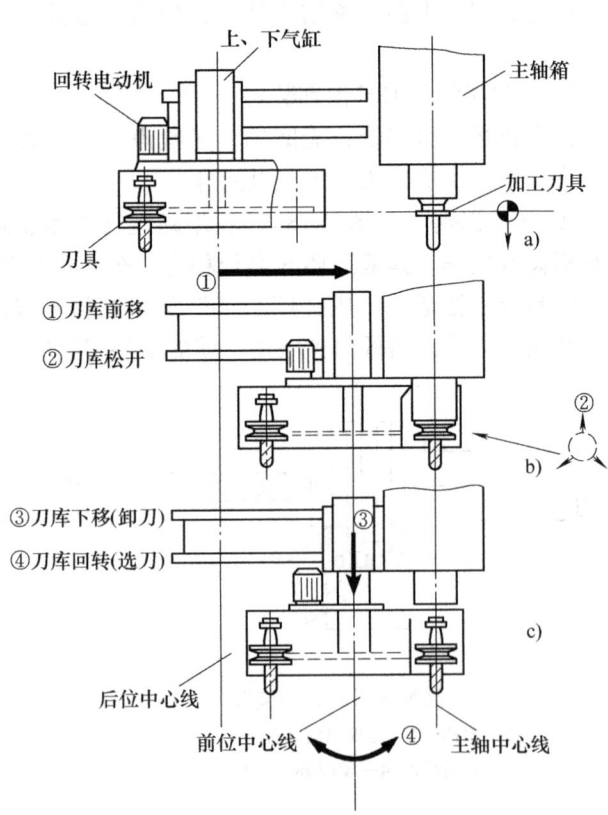

图2-80 TH5640无机械手换刀动作示意图

见图2-80a；然后主轴刀具松开装置工作，刀具松开，见图2-80b；刀库在上下运动气缸的作用下向下运动，完成拔刀过程，见图2-80c；接着刀库回转选刀，当刀位选定后，在上下运动气缸的作用下，刀库向上运动，选中刀具被装入主轴锥孔，主轴内的拉杆将刀具拉紧，完成刀具装夹；左右运动气缸带动刀库沿导轨返回原位，完成一次换刀。无机械手换刀装置的优点是结构简单、成本低，换刀的可靠性较高；缺点是换刀时间长，刀库因结构所限容量不多。这种换刀装置在中、小型加工中心上经常采用。

（2）采用机械手的自动换刀装置

采用机械手的自动换刀装置在加工中心中应用最广泛。

JCS-018立式加工中心的自动换刀过程。上一工序加工完毕后，主轴在"准停"位置由自动换刀装置换刀，其过程如下：

① 机床的刀库位于立柱左侧，刀具在刀库中的安装方向与主轴垂直，如图2-81所示。换刀之前，刀库转动将待换刀具1送到换刀位置之后，把带有刀具1的刀套2向下翻转90°，使得刀具轴线与主轴轴线平行。

② 机械手转75°，如K向视图所示。在机床切削加工时，机械手的手臂与主轴中心到换刀位置的刀具轴线的连线成75°，该位置为机械手的原始位置。机械手换刀的第一个动作是顺时针转75°，两手分别抓住刀库上和主轴上的刀柄。

③ 机械手抓住主轴刀具的刀柄后，刀具的自动夹紧机构松开刀具。

④ 机械手下降，同时拔出两把刀具。

⑤ 机械手带着两把刀具逆时针转180°（从K向观察），使主轴刀具与刀库刀具交换位置。

⑥ 机械手上升，分别把刀具插入主轴锥孔和刀套中。

⑦ 刀具插入主轴锥孔后，刀具的自动夹紧机构夹紧刀具。

⑧ 驱动机械手逆时针转180°的液压缸复位，机械手无动作。

⑨ 机械手反转75°，回到原始位置。

⑩ 刀套带着刀具向上翻转90°，为下一次选刀作准备。

机械手是当主轴上的刀具完成一个工步后，把这一工步的刀具送回刀库，并把下一工步所需要的刀具从刀库中取出来装入主轴继续进行加工的功能部件。对机械手的具体要求是迅速可靠、准确协调。由于不同的加工中心的刀库与主轴的相对位置不同，所以各种加工中心所使用的机械手也不相同。但是从手臂的类型来看，机械手有单臂机械手、双臂机械手等，双臂机械手中最常用的有图2-82中的几种结构，这几种机械手能够完成抓刀→拔刀→回转→插刀→返回等一系列动作。为了防止刀具掉落，各机械手的活动爪都带有自锁功能。由于双臂回转机械手的动作比较简单，而且能够同时抓取和装卸机床主轴及刀库中的刀具，因此换刀

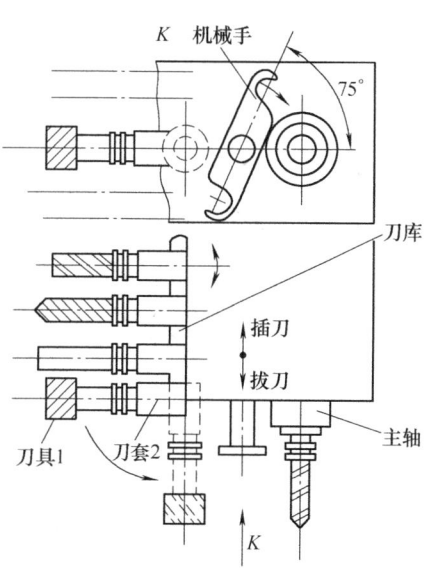

图2-81 机械手自动换刀过程示意图

间大为缩短。

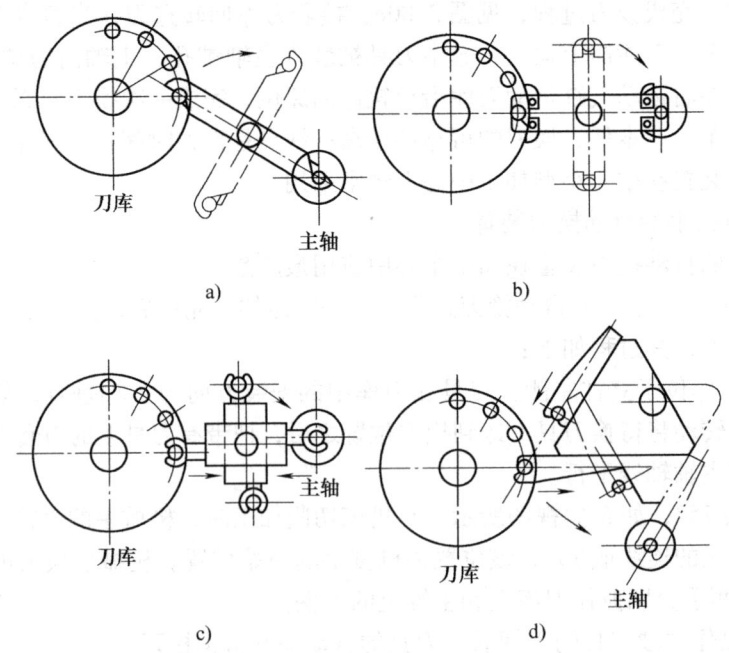

图 2-82 双臂机械手常用结构
a) 钩手 b) 抱手 c) 伸缩手 d) 插手

机械手的形式很多，图 2-83 所示为机械手的各种形式。

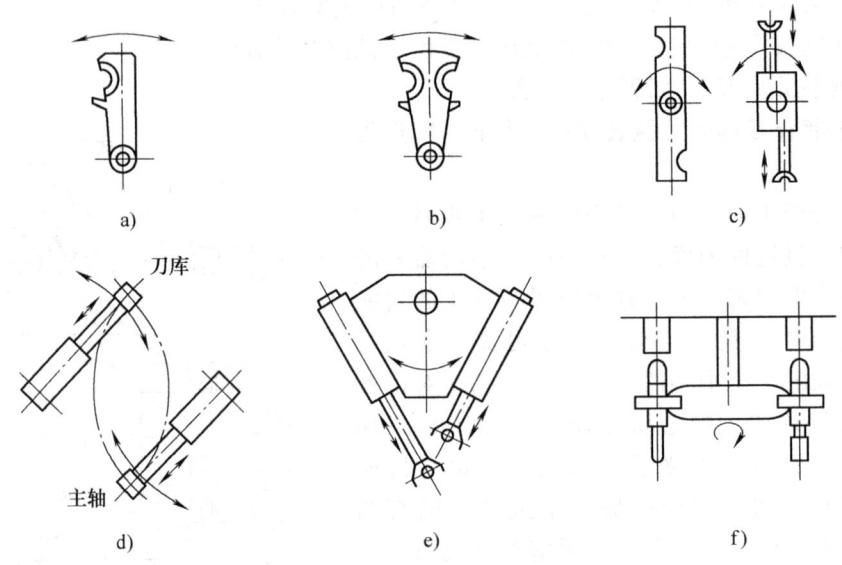

图 2-83 机械手的各种形式
a) 单臂单爪回转式 b) 单臂双爪回转式 c) 双臂回转式
d) 双机械手式 e) 双臂交叉式 f) 双臂端面夹紧式

2.8.6 刀库及换刀机械手的维护

在刀库与换刀机械手的维护中，应注意以下几点内容：

① 不能把超重、超长的刀具装入刀库，防止在机械手换刀时掉刀或刀具与工件、夹具等发生碰撞。

② 顺序选刀方式必须注意刀具放置在刀库中的顺序要正确。其他选刀方式也要注意所换刀具是否与所需刀具一致，防止换错刀具导致事故发生。

③ 用手动方式往刀库上装刀时，要确保装到位、装牢靠，并检查刀座上的锁紧是否可靠。

④ 经常检查刀库的回零位置是否正确，检查机床主轴回换刀点位置是否到位，并及时调整，否则不能完成换刀动作。

⑤ 要注意保持刀具刀柄和刀套的清洁。

⑥ 开机时，应先使刀库和机械手空运行，检查各部分工作是否正常，特别是各行程开关和电磁阀能否正常动作。检查机械手液压系统的压力是否正常，刀具在机械手上的锁紧是否可靠，发现不正常时应及时处理。

2.9 数控机床液压、气动系统的调试与维护

2.9.1 液压传动系统

液压传动系统在数控设备的机械控制与系统调整中占有很重要的位置，它所担任的控制、调整任务仅次于电气系统。液压传动系统被广泛应用到主轴的拉刀、主轴箱齿轮的变档和主轴轴承的润滑、自动换刀装置、静压导轨、回转工作台及尾座等结构中。图 2-84 是 MJ-50 数控车床液压系统的原理图。整个系统由卡盘、回转刀盘与尾架套筒三个分系统组

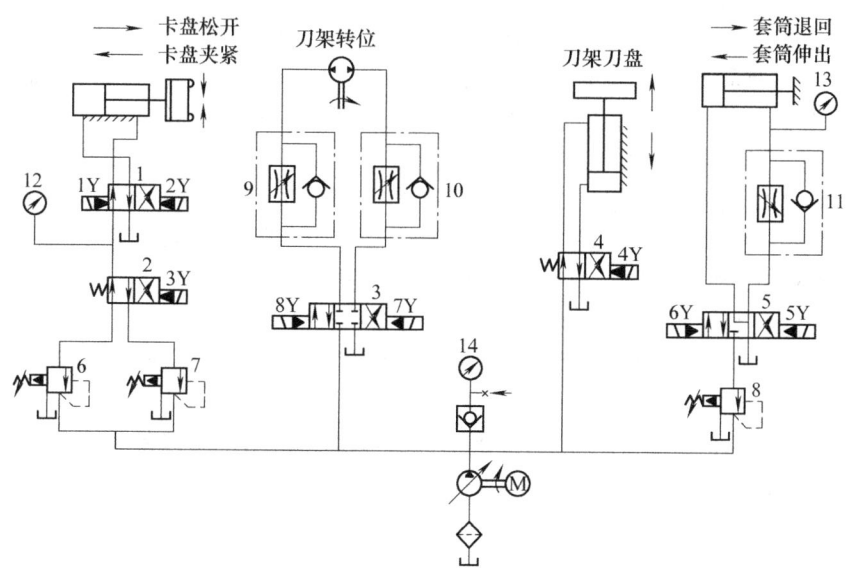

图 2-84　MJ-50 数控车床液压系统的原理图

1、2、3、4、5—换向阀　6、7、8—减压阀　9、10、11—调速阀　12、13、14—压力表

成，以一变量液压泵为动力源，系统的压力调定为4MPa。

1. 卡盘分系统

卡盘分系统的执行元件是一个液压缸，控制油路则由一个有两个电磁铁的二位四通换向阀1、一个电磁铁、二位四通换向阀2、两个减压阀6和7组成。

高压夹紧：3Y失电、1Y得电，换向阀2和1均位于左位。分系统的进油几路：液压泵→减压阀6→换向阀2→换向阀1→液压缸右腔。回油路：液压缸左腔→换向阀1→油箱。这时活塞左移使卡盘夹紧（称正卡或外卡），夹紧力的大小可通过减压阀6调节。由于阀6的调定值高于阀7，所以卡盘处于高压夹紧状态。松夹时，使2Y得电，1Y失电，阀1切换至右位。进油路：液压泵→减压阀6→换向阀2→换向阀1→液压缸左腔。回油路：液压缸右腔→换向阀1→油箱。活塞右移，卡盘松开。

低压夹紧：油路与高压夹紧状态基本相同，唯一不同的是，这时3Y得电而使阀2切换至右位，因而液压泵的供油只能经减压阀7进入分系统，通过调节阀7便能实现低压夹紧状态下的夹紧力。

2. 回转刀盘分系统

回转刀盘分系统有两个执行元件，刀盘的松开与夹紧由液压缸执行，而液压马达则驱动刀盘回转。因此，分系统的控制回路也有两条支路：第一条支路由三位四通换向阀3和两个单向调速阀9和10组成，通过三位四通换向阀3的切换控制液压马达，即控制刀盘正、反转，而两个单向调速阀9和10与变量液压泵，则使液压马达在正、反转时都能通过进油路容积节流调速来调节旋转速度；第二条支路控制刀盘的放松与夹紧，它是通过二位四通换向阀的切换来实现的。

刀盘的完整旋转过程是刀盘松开→刀盘通过左转或右转就近到达指定刀位→刀盘夹紧。因此电磁铁的动作顺序是4Y得电（刀盘松开）→8Y（正转）或7Y（反转）得电（刀盘旋转）→8Y（正转）或7Y（反转）失电（刀盘停止转动）→4Y失电（刀盘夹紧）。

3. 尾架套筒分系统

尾架套筒通过液压缸实现顶出与缩回。控制回路由减压阀8、三位四通换向阀5、单向调速阀11组成。分系统通过调节减压阀8，将系统压力降为尾架套筒顶紧所需的压力。单向调速阀11用于在尾架套筒伸出时实现回油节流调速，控制伸出速度。所以，尾架套筒伸出时，6Y得电，其油路为：系统供油经阀8、阀5左位进入液压缸的无杆腔，而有杆腔的液压油则经阀11的调速阀和阀5回油箱。尾架套筒缩回时，5Y得电，系统供油经阀8、阀5右位、阀11的单向阀进入液压缸的有杆腔，而无杆腔的油则经阀5直接回油箱。

通过上系统的分析，可以看出数控机床液压系统的特点为：

① 数控机床控制的自动化程度要求较高，类似于机床的液压控制，它对动作的顺序要求较严格，并有一定的速度要求。液压系统一般由数控系统的PLC或CNC来控制，所以动作顺序直接用电磁换向阀切换来实现得较多。

② 由于数控机床的主运动已趋于直接用伺服电动机驱动，所以液压系统的执行元件主要承担各种辅助功能，虽其负载变化幅度不是太大，但要求稳定。因此，常采用减压阀来保证支路压力的恒定。

2.9.2 液压系统的维护与调整

（1）排除系统内的空气

在机床和液压管路安装完毕后,向油箱注入清洁的 L-HI32(GB11118)液压油 75L。在首次起动或长期停车以后起动液压泵时,应预先将泵上的调压螺钉松开,然后反复起动液压泵,直至液压泵的空气完全排除,使泵无噪声为止。起动驱动部件时,应使液压缸做多次全行程往复运动并打开液压缸的放气孔,排出空气,直至各部件运动平稳为止。

(2) 系统的压力调整

开动机床后,按系统压力的规定,检查各部分压力,调好后机床才能进行其他工作,各压力数值由压力表读出。不用压力表时,压力表开关转到零位,使压力表处于不工作状态,以保护压力表。

(3) 液压部件的维护

使用机床工作时,每 3 个月清洗一次滤油器,并检查油箱油位,每半年清洗一次油箱。在机床中、大修时检查液压叠加阀组及连接件间各密封圈的磨损情况,并及时更换。

(4) 控制油液污染

保持油液清洁,是确保液压系统正常工作的重要措施。据统计,液压系统的故障有 80% 是由于油液污染引发的,油液污染还加速液压元件的磨损。

(5) 控制液压系统的温度

控制液压系统中油液的温升是减少能源消耗、提高系统效率的一个重要环节。一台机床的液压系统,若油温变化范围大,其后果是:①影响液压泵的吸油能力及容积效率;②系统不正常,压力、速度不稳定,动作不可靠;③液压元件内外泄漏增加;④加速油液的氧化变质。

(6) 控制液压系统泄漏

控制液压系统泄漏极为重要,因为泄漏和吸空是液压系统常见的故障。要控制泄露,首先是提高液压元件中零部件的加工精度、元件的装配质量以及管道系统的安装质量,其次是提高密封件的质量,注意密封件的安装使用与定期更换,最后是加强日常维护。液压系统中管接头漏油是经常发生的。

接头的结构如图 2-85 所示。该管接头由具有 74° 外锥面的接头体 1、带有 66° 内锥孔的螺母 2、扩过口的冷拉纯铜管 3 等组成,具有结构简单、尺寸紧凑、重量轻、使用简便等优点。它适合机床行业的中低压(3.5~16MPa)使用,将扩过口的管子置于接头体 74° 外锥面和螺母 66° 内锥孔之间,旋紧螺母,使管子的喇叭口受压并挤贴于接头体外锥面和螺母内锥孔的间隙中实现密封。在维修液压设备过程中,经常发现因管子喇叭口被磨损使接头处漏油或渗油,这往往是由扩口质量不好或旋紧用力不当引起的。

(7) 降低液压系统振动与噪声

振动影响液压件的性能,使螺钉松动、管接头松脱,从而引起漏油。因此,要防止和排除振动现象。

(8) 严格执行日常点检制度

液压系统故障存在着隐蔽性、可变性和难判断性。因此,应对液压系统的工作状态进行点检,把可能产生的故障现象记录在日点检维修卡上,并将故障排除在萌芽状态,

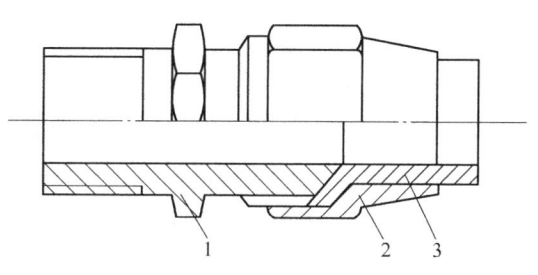

图 2-85 管接头
1—接头体 2—螺母 3—冷拉纯铜管

减少故障的发生。

(9) 严格执行定期紧固、清洗、过滤和更换制度

液压设备在工作过程中,由于冲击振动、磨损和污染等因素,管件会松动,金属件和密封件磨损。因此,必须对液压件及油箱等实行定期清洗和维修,对油液、密封件执行定期更换制度。

2.9.3 气动系统

气动装置的气源容易获得,机床可以不必再单独配置动力源,装置结构简单,工作介质不污染环境,工作速度快和动作频率高,适合于完成频繁起动的辅助工作。其过载时比较安全,不易发生过载损坏机件等事故。

图 2-86 为 H400 型卧式加工中心气压传动系统原理图。该系统主要包括松刀汽缸、双工作台交换、工作台夹紧、鞍座锁紧、鞍座定位、工作台定位面吹气、刀库移动、主轴锥孔吹气等几个动作完成的气压传动支路。

H400 型卧式加工中心气压传动系统要求提供额定压力为 0.7MPa 的压缩空气。压缩空气通过 Φ8mm 的管道连接到气压传动系统调压、过滤、油雾气压传动三联件 ST,经过气压传动三联件 ST 后,得以干燥、洁净并加入适当润滑用油雾,然后提供给后面的执行机构使用,从而保证整个气动系统的稳定安全运行,避免或减少执行部件、控制部件的磨损而使寿命降低。YK1 为压力开关,该元件在气压传动系统达到额定压力时发出电参量开关信号,通知机床气压传动系统正常工作。在该系统中为了减小载荷的变化对系统的工作稳定性的影响,在设计气压传动系统时均采用单向出口节流的方法调节气缸的运行速度。

(1) 松刀气缸支路

松刀气缸是完成刀具的拉紧和松开的执行机构。为保证机床切削加工过程的稳定、安全、可靠,刀具拉紧拉力应大于 12kN,抓刀、松刀动作时间在 2s 以内。换刀时通过气压传动系统对刀柄与主轴间的 7:24 定位锥孔进行清理,使用高速气流清除结合面上的杂物。为达到这些要求,尽可能地使其结构紧凑、重量减轻,并且结构上要求工作缸直径不能大于 150mm,因此采用复合双作用气缸(额定压力 0.5MPa)可达到设计要求。图 2-87 为 H400 型卧式加工中心主轴气压传动结构图。

在无换刀操作指令的状态下,松刀气缸在自动复位控制阀 HF1 的控制下始终处于上位状态,并由感应开关 LS11 检测该位置信号,以保证松刀汽缸活塞杆与拉刀杆脱离,避免主轴旋转时活塞杆与拉刀杆摩擦损坏。主轴对刀具的拉力由碟形弹簧受压产生的弹力提供。当进行自动或手动换刀时,两位四通电磁阀 HF1 线圈 1YA 得电,松刀气缸上腔通入高压气体,活塞向下移动,活塞杆压住拉刀杆克服弹簧弹力向下移动,直到拉刀爪松开刀柄上的拉钉,刀柄与主轴脱离。感应开关 LS12 检测到位信号,通过变送扩展板传送到 CNC 的 PMC,作为对换刀机构进行协调控制的状态信号。DJ1 和 DJ2 是调节气缸压刀和松刀速度的单向节流阀,用于避免气流的冲击和振动的产生。电磁阀 HF2 用来控制主轴和刀柄之间的定位锥面在换刀时的吹气清理气流的开关,主轴锥孔吹气的气体流量大小用节流阀 JL1 调节。

(2) 工作台交换支路

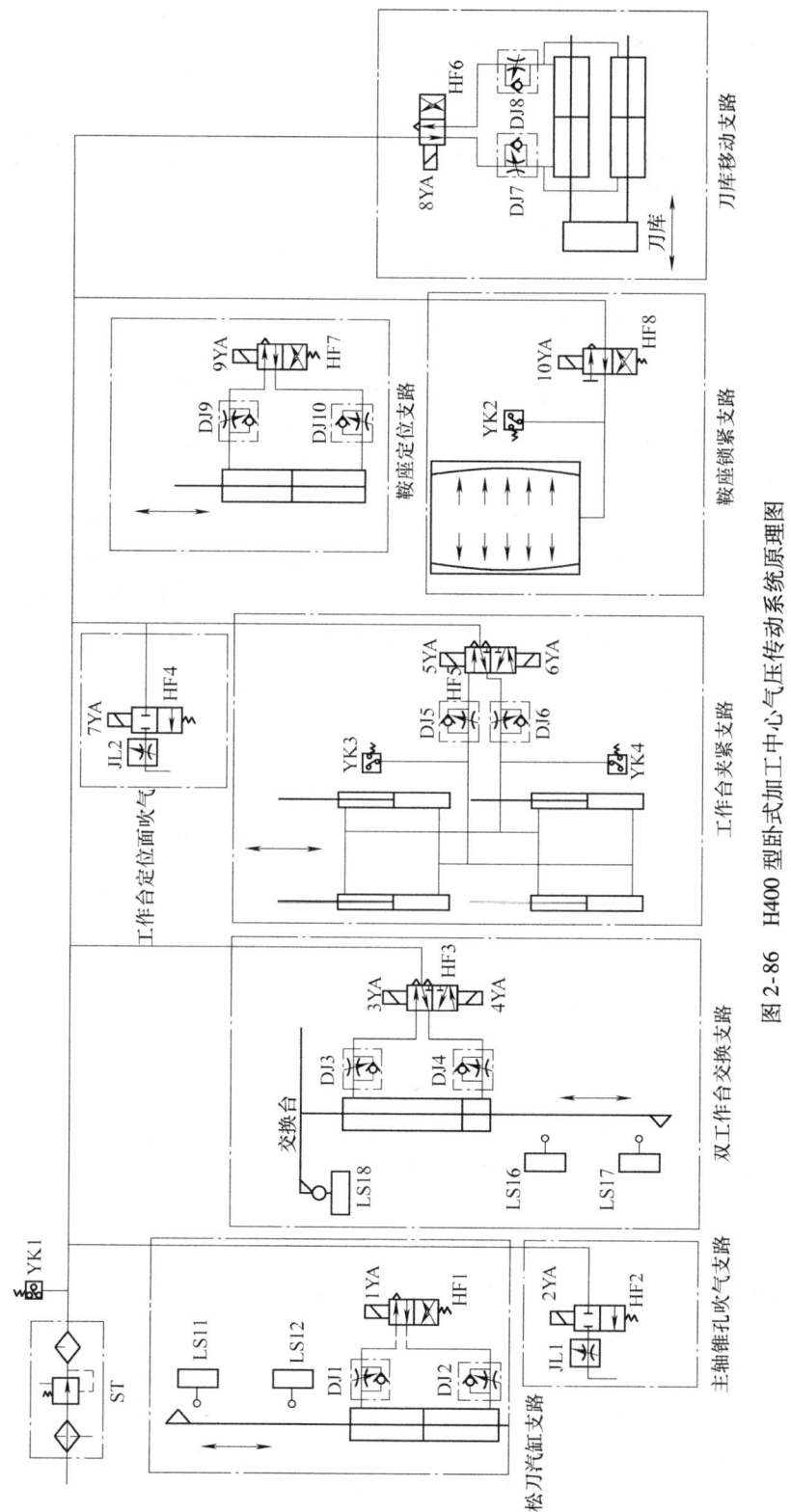

图 2-86 H400 型卧式加工中心气压传动系统原理图

交换台是实现双工作台交换的关键部件。由于 H400 加工中心交换台提升载荷较大（达 12kN），工作过程中冲击较大，设计上升、下降动作时间为 3s，且交换台位置空间较大，故采用大直径气缸（D = 350mm），6mm 内径的气管，才能满足设计载荷和交换时间的要求。机床无工作台交换时，在两位双电控电磁阀 HF3 的控制下交换台托升缸处于下位，感应开关 LS17 有信号，工作台与托叉分离，工作台可以进行自由的运动。当进行自动或手动的双工作台交换时，数控系统通过 PMC 发出信号，使两位双电控电磁阀 HF3 的 3YA 得电，托升缸下腔通入高压气，活塞带动托叉连同工作台一起上升。当达到上下运动的上终点位置时，由接近开关 LS16 检测其位置信号，并通过变送扩展板传送到 CNC 的 PMC，控制交换台回转 180°运动开始动作，接近开关 LS18 检测到回转到位的信号，并通过变送扩展板传送到 CNC 的 PMC，控制 HF3 的 4YA 得电，托升缸上腔通入高压气体，活塞带动托叉连同工作台在重力和托升缸的共同作用下一起下降。当达到上下运动的下终点位置时，由接近开关 L517 检测其位置信号，并通过变送扩展板传送到 CNC 的 PMC，双工作台交换过程结束，机床可以进行下一步的操作。在该支路中采用 DJ3、DJ4 单向节流阀调节交换台上升和下降的速度，以避免较大的载荷冲击及对机械部件的损伤。

(3) 工作台夹紧支路

由于 H400 型卧式加工中心要进行双工作台的交换，为了节约交换时间，保证交换的可靠，因此工作台与鞍座之间必须具有能够快速而可靠的定位、夹紧及迅速脱离的功能。可交换的工作台固定于鞍座上，由四个带定位锥的气缸夹紧，以达到拉力大于 12kN 的可靠工作要求。因受位置结构的限制，该气缸采用了弹簧增力结构，在气缸内径仅为 63mm 的情况下就达到了设计拉力要求。工作台夹紧支路采用两位双电控电磁阀 HF4 进行控制，当双工作台交换将要进行或已经进行完毕时，数控系统通过 PMC 控制电磁阀 HF4，使线圈 5YA 或 6YA 得电，分别控制气缸活塞的上升或下降，通过钢珠拉套机构放松或拉紧工作台上的拉钉，来完成鞍座与工作台之间的放松或夹紧动作。为了避免活塞运动时的冲击，在该支路采用具有得电动作、失电不动作、双线圈同时得电不动作特点的两位双电控电磁阀 HF4 进行控制，可避免在动作进行过程中因突然断电而造成的机械部件冲击损伤。该支路还采用了单向节流阀 DJ5、DJ6 来调节夹紧的速度，以避免较大的冲击载荷。该位置

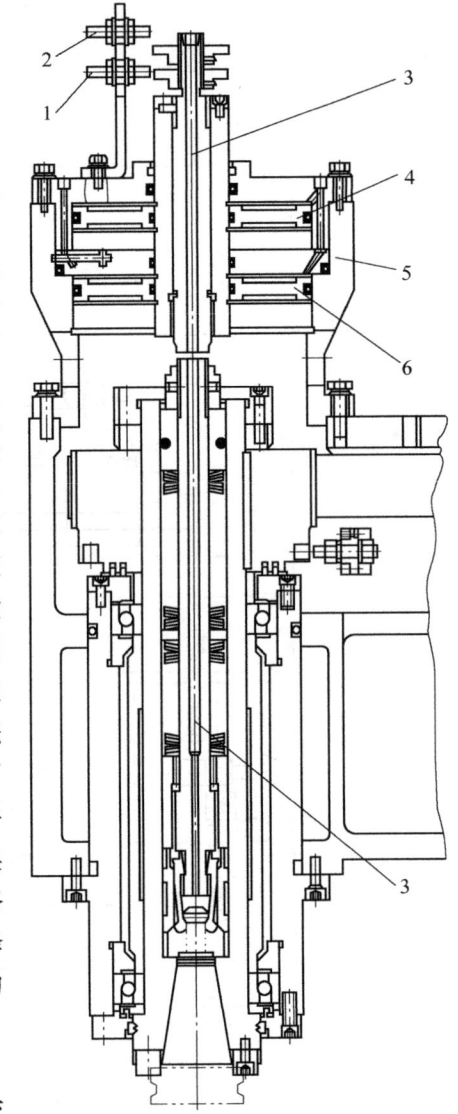

图 2-87 H400 型卧式加工中心主轴气压传动结构图

1、2—感应开关 3—吹气孔
4、6—活塞 5—缸体

由于受结构限制,用感应开关检测放松与拉紧信号较为困难,故采用可调工作点的压力继电器 YK3、YK4 检测压力信号,并以此信号作为气缸到位信号。

(4) 鞍座定位与锁紧支路

H400 型卧式加工中心工作台具有回转分度功能,回转工作台结构如图 2-88 所示。

与工作台连为一体的鞍座采用蜗轮—蜗杆机构使之可以进行回转,鞍座与床鞍之间具有相对回转运动,并分别采用插销和可以变形的薄壁气缸实现床鞍和鞍座之间的定位与锁紧。当数控系统发出鞍座回转指令并做好相应的准备后,两位单电控电磁阀 HF7 得电,定位插销缸活塞向下带动定位销从定位孔中拔出,到达下一运动极限位置后,由感应开关检测到位信号,通知数控系统可以进行鞍座与床鞍的放松。此时两位单电控电磁阀 HF8 得电动作,锁紧薄壁缸中高压气体放出,锁紧活塞弹性变形恢复,使鞍座与床鞍分离。该位置由于受结构限制,检测放松与锁紧信号较困难,故采用可调工作点的压力继电器 YK2 来检测压力信号,并以此信号作为位置检测信号。该信号送入数控系统,控制鞍座进行回转动作,鞍座在电动机、同步带、蜗杆—蜗轮机构的带动下进行回转运动。当到达预定位置时,由感应开关发出到位信号,

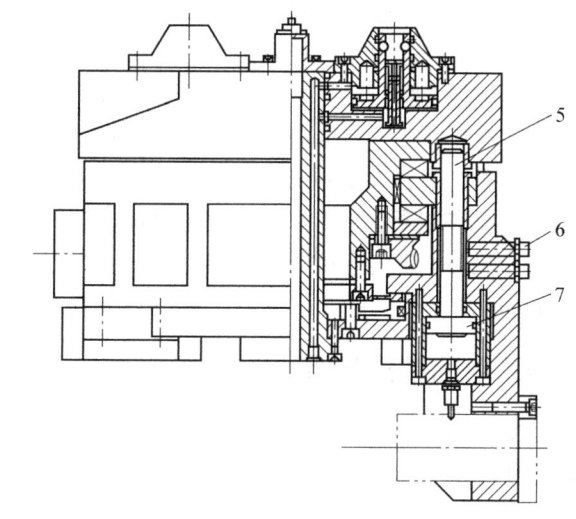

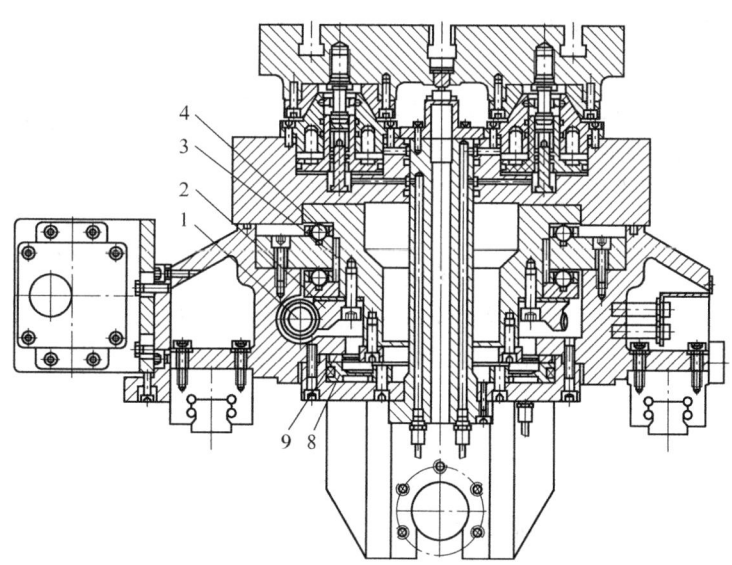

图 2-88 回转工作台结构图
1—蜗杆 2—蜗轮 3—径向支撑 4—轴向支撑 5—插销
6—接近开关 7—活塞 8—薄膜气缸 9—制动盘

停止转动,完成回转运动的初次定位。电磁阀 HF7 断电,插销缸下腔通入高压气,活塞带动插销向上运动,插入定位孔,进行回转运动的精确定位。定位销到位后,感应开关发信通知锁紧缸锁紧,电磁阀 HF8 失电,锁紧缸充入高压气体,锁紧活塞变形,YK2 检测到压力达到预定值后,即是鞍座与床鞍夹紧完成。至此,整个鞍座回转动作完成。另外,在该定位支路中,DJ9、DJ10 是为避免插销冲击损坏而设置的调节上升、下降速度的

单向节流阀。

(5) 刀库移动支路

H400 型卧式加工中心采用盘式刀库，具有 10 个刀位。在加工中心进行自动换刀时，由气缸驱动刀盘前后移动，与主轴的上下左右方向的运动进行配合来实现刀具的装卸，并要求运行过程稳定、无冲击。在换刀时，当主轴到达相应位置后，通过对电磁阀 HF6 得电和失电使刀盘前后移动，到达两端的极限位置，并由位置开关感应到位信号，与主轴运动、刀盘回转运动协调配合完成换刀动作。其中 HF6 断电时，远离主轴的刀库部件原位。DJ7、DJ8 是为避免装刀和卸刀时产生冲击而设置的单向节流阀。

该气压传动系统中，在交换台支路和工作台拉紧支路采用两位双电控电磁阀（HF3、HF4），以避免在动作进行过程中因突然断电而造成的机械部件的冲击损伤。系统中所有的控制阀完全采用板式集装阀连接，这种连接方式结构紧凑，易于控制、维护与检测故障点。为避免气流放出时所产生的噪声，在各支路的放气口均加装了消声器。

2.9.4 气动系统的维护与调整

(1) 保证供给洁净的压缩空气

压缩空气过滤装置如图 2-89 所示。压缩空气中通常都含有水分、油分和粉尘等杂质。水分会使管道、阀和气缸腐蚀；油分会使橡胶、塑料和密封材料变质；粉尘造成阀体动作失灵。选用合适的过滤器，可以清除压缩空气中的杂质。使用过滤器时，应及时排除积存的液体，否则，当积存液体接近挡水板时，气流仍可将积存物卷起。

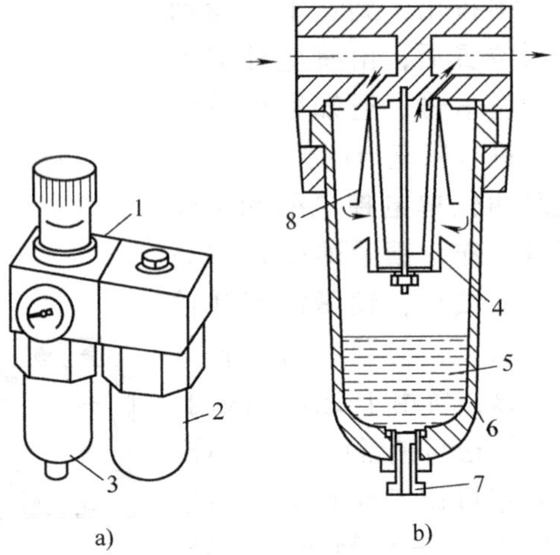

(2) 保证空气中含有适量的润滑油

大多数气动执行元件和控制元件都要求适度的润滑。如果润滑不良，将会发生以下故障：

① 由于摩擦阻力增大而造成气缸推力不足，阀芯动作失灵。

② 由于密封材料的磨损而造成空气泄漏。

③ 由于生锈造成元件的损伤及动作失灵。

图 2-89 压缩空气过滤装置
a) 外形图　b) 空气过滤器结构图
1—调压器　2—油雾器　3—空气过滤器　4—过滤器
5—冷凝物　6—滤杯　7—排放螺栓　8—挡板

润滑的方法一般采用油雾器进行喷雾润滑，油雾器一般安装在过滤器和减压阀之后。油雾器的供油量一般不宜过多，通常每 $10m^3$ 的自由空气供 1mL 的油量（40~50 滴油）。检查润滑是否良好的一个方法是：找一张清洁的白纸放在换向阀的排气口附近，如果阀在工作三到四个循环后，白纸上只有很淡的斑点时，表明润滑是良好的。

(3) 保持气动系统的密封性

漏气不仅增加能量的消耗，也会导致供气压力的下降，甚至造成气动元件工作失常。严重的漏气在气动系统停止运行时，由漏气引起的响声很容易发现；轻微的漏气则利用仪表或用涂抹肥皂水的办法进行检查。

(4) 保证气动元件中运动零件的灵敏性

从空气压缩机排出的压缩空气中,包含有粒度为 0.01~0.08μm 的压缩机油微粒,在排气温度为 120~220℃ 的高温下,这些油粒会快速氧化,氧化后油粒颜色变深,粘性增大,并逐步由液态固化成油泥。这种微米级以下的颗粒,一般过滤器无法滤除。当它们进入到换向阀后,便附着在阀芯上,使阀的灵敏度逐步降低,甚至出现动作失灵。为了清除油泥,保证灵敏度,可在气动系统的过滤器之后安装油雾分离器,将油泥分离出来。此外,定期清洗换向阀也可以保证阀的灵敏度。

(5) 保证气动装置具有合适的工作压力和运动速度

调节工作压力时,压力表应当工作可靠,读数准确。减压阀与节流阀调节好后,必须紧固调压阀盖或锁紧螺母,防止松动。

第3章 数控系统的结构与调试

3.1 数控系统的组成及工作过程

数控系统是数控机床的核心,配备有数控系统的数控机床,可以按照事先编好的加工程序实现机床的运动和动作。整个数控机床的功能强弱主要由这一部分决定。因此,数控系统的发展在很大程度上代表了数控机床的发展方向。

数控系统是一种控制系统,它自动阅读输入载体上的数字值,并将其译码,从而控制机床移动和加工零件。随着数控系统的不断发展,特别是计算机数控系统的应用与发展,数控机床几乎所有的控制功能都能由数控系统来实现。

现代数控系统是采用微处理器或专用微机的数控系统,由事先存放在存储器里的系统程序(软件)来实现逻辑控制,实现部分或全部数控功能,并通过接口与外围设备进行连接,这类数控系统称为计算机数控(Computer Numerical Control)系统,简称 CNC 系统。

将计算机数控系统中大部分硬件安装在一个柜式的装置中,称为计算机数字控制装置,简称 CNC 装置。它是计算机数控系统的核心。

3.1.1 数控系统各部分组成

数控系统一般由输入/输出装置(I/O 装置)、计算机数字控制装置(CNC)、驱动控制装置、机床电气逻辑控制装置、可编程序控制器(PLC)等部分组成。这些装置实现了数控机床的信息输入、运算及控制,伺服系统中的位置控制和 PC 控制等功能。图 3-1 所示为计算机数控系统的基本构成。

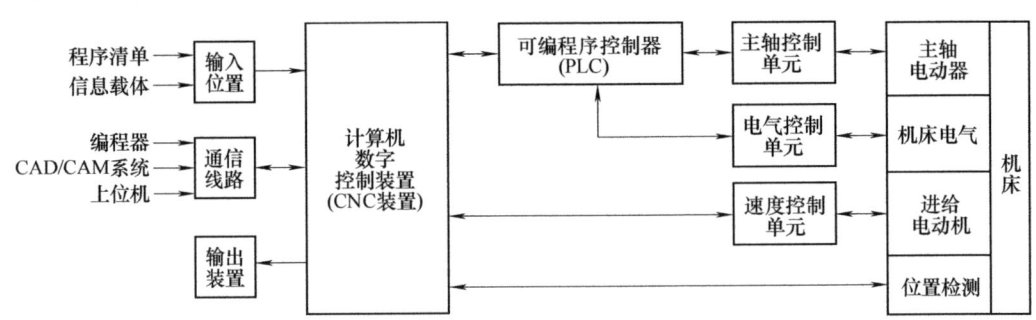

图 3-1 计算机数控系统的基本构成

(1) 输入/输出装置

CNC 机床在进行加工前,必须接受由操作人员输入的零件加工程序,然后才能根据输入的加工程序进行加工控制,从而加工出所需的零件。在加工过程中,操作人员要向机床数控装置输入操作命令,数控装置要为操作人员显示必要的信息,如坐标值、报警信号等。此外，输入的程序有时并非全部正确，还需要编辑、修改和调试。以上工作都是机床数控系统和操作人员进行信息交流的过程，要进行此过程，CNC 系统中就必须具备必要的交互设备，即输入/输出装置。

输入装置将数控加工程序和其他各种控制信息输入数控装置，数控装置可显示输入的内容和数控系统的工作状态等。纸带阅读机、磁盘驱动器、键盘和控制面板、CRT 显示器等都属于 I/O 装置。

（2）数控装置

数控装置是数控系统的核心，CNC 系统由硬件和软件共同完成数控任务，它与数控系统的其他部分通过接口相连。数控系统硬件结构类型的分类方式很多，按 CNC 装置中各印制电路板的插接方式可分为大板式结构和功能模板式结构；按 CNC 装置中微处理器的个数可以分为中微处理器结构和多微处理器结构等。但总的来说，CNC 装置与通用计算机一样，是由中央处理器（CPU）及存储数据与程序的存储器组成。存储器分为系统控制软件程序存储器（ROM）、加工程序存储器（RAM）及工作区存储器（RAM）。ROM 中的系统控制软件程序是由数控系统生产厂家写入，用来完成 CNC 系统的各项功能，数控机床操作者将各自的加工程序存储在 RAM 中，供数控系统用于控制机床加工零件。工作区存储器是系统程序执行过程的活动场所，用于堆栈、参数保存、中间运算结果保存等。中央处理器（CPU）执行系统程序，读取加工程序，经过加工程序段译码、预处理计算，然后根据加工程序段指令，进行实时插补，并通过与各坐标伺服系统的位置、速度反馈情况比较，从而控制机床的各坐标轴的位移。同时将辅助动作指令通过 PLC 发往机床，并接收通过 PLC 返回的机床各部分信息，以决定下一步操作。

数控装置控制机床的动作概括起来主要有：

① 机床主运动，包括主轴的起/停、转向和速度选择。

② 机床的进给运动，如点位、直线、圆弧、循环进给的选择，坐标方向和进给速度的选择等。

③ 刀具的选择和刀具的长度、半径补偿。

④ 其他辅助运动，如工作台的锁紧和松开、工作台的旋转与分度、工件的夹紧与松开、切削液的开/关及空运行等。

⑤ 自诊断及通信功能等。

（3）驱动控制装置

驱动控制装置用以控制各个轴的运动，其中进给轴的位置控制部分常在数控装置中以硬件位置控制模块或软件位置调节器实现，即数控装置接收实际位置反馈信号，将其与插补计算出的命令位置相比较，通过位置调节作为轴位置控制给定量，再输出给伺服驱动系统。

驱动装置将伺服单元的输出变为机械运动，它和伺服单元是数控装置和机床传动部件间的联系环节。它们有的带动工作台，有的带动刀具，通过几个轴的联动，使刀具相对于工件产生各种复杂的机械运动，加工出形状、尺寸与精度符合要求的零件。与伺服单元相对应，驱动装置有步进电动机、直流伺服电动机和交流伺服电动机等。

（4）机床电气逻辑控制装置

机床电气逻辑控制装置接收数控装置发出的数控辅助功能控制的指令，进行机床操作面板及各种机床机电控制/监测机构的逻辑处理和监控，并为数控系统提供机床状态和有关应答信号。在现代数控系统中，机床电气逻辑控制装置已经普遍采用可编程序控制器（PLC），有内装式和外置式两种类型。

（5）可编程序控制器（PLC）

在数控机床上，可编程序控制器主要完成对机床的主轴、刀具和各种开关信号的控制。如对主轴的正、反转，起动和停止，刀具交换，工件夹紧、松开，切削液的开、关和润滑系统的起动等进行顺序控制。

可编程序控制器（PLC）接受各种开关顺序动作信号，如控制开关、行程开关、压力开关和温度开关等输入元件输入的顺序动作信号，对其进行译码后转换成继电器、接触器、电磁阀等输出元件所需要的输出信号，驱动辅助装置完成一系列开关动作，实现对机床的主轴、刀具和各种开关信号的顺序控制。当 PLC 用于控制机床顺序动作时，称为 PMC（Programmable Machine Controller）模块。它在 CNC 装置中接收来自操作面板、机床上的各行程开关，传感器、按钮、强电柜里的继电器以及主轴控制、刀库控制的有关信号，经处理后输出，控制相应器件的运行。

3.1.2 数控系统的特点

（1）可用存储的软件实现控制

现代的 CNC 系统都是把系统软件存储在半导体只读存储器（ROM）或可擦除的只读存储器（EPROM）中，硬盘作为存储器现已成为一个新趋势。使用这样的器件，软件的内容存入后可长期保持不变，提高了 CNC 系统的性能和稳定性。

（2）有存储零件程序和修改零件程序的能力

一般 CNC 系统在存储器中划出一部分空间用以存储零件程序，有的 CNC 系统甚至有专门的区域存储用户编写的子程序。CNC 系统都有编辑功能，程序员可以利用 CNC 系统的显示装置和软件编辑功能来修改零件程序。

（3）有故障诊断功能

CNC 系统有诊断程序。当 CNC 系统出现故障时，能显示出故障信息，使操作和维修人员能了解发生故障的部件，减少停机维修时间。

（4）可用软件取代机床的继电器控制

应用可编程序控制器（PLC），把机床的各种开关控制作为软件控制，由 CNC 系统的计算机来处理，使机床的全部动作都由软件加以控制和监视。

（5）可实现调节控制

CNC 系统把计算机引入机床位置控制回路中，利用计算机的数据处理能力，可实现各种控制策略。

（6）能保证零件按正确的程序进行加工

CNC 系统中的计算机配备有相应的软件，能够保证零件程序在加工前送入 CNC 系统的存储器，经检查正确后才被调用，并且能够监视零件程序在机床上的执行情况，以保证机床服从命令。同时在检测到错误时，可在零件变成废品之前采取措施。

3.1.3 计算机数控系统的工作过程

CNC 系统的工作过程是在计算机硬件的支持下执行软件控制功能的全过程，包括输入、译码处理、刀具补偿与速度处理、插补运算、位置控制、输入/输出处理、显示和诊断。实际上，CNC 系统的工作过程是加工过程中各种信息的加工处理过程。图 3-2 所示为 CNC 系统的信息流程。

(1) 输入、编辑和存储

输入 CNC 系统的零件加工信息主要是零件加工程序、机床控制参数、刀具补偿数据等。输入方式主要有键盘手动（MDI）输入、磁盘输入、串行通信接口输入和连接上级计算机的 DNC 接口输入。

现代 CNC 系统的计算机所具有的内存储器容量都比较大，不但可以把一个工件加工程序

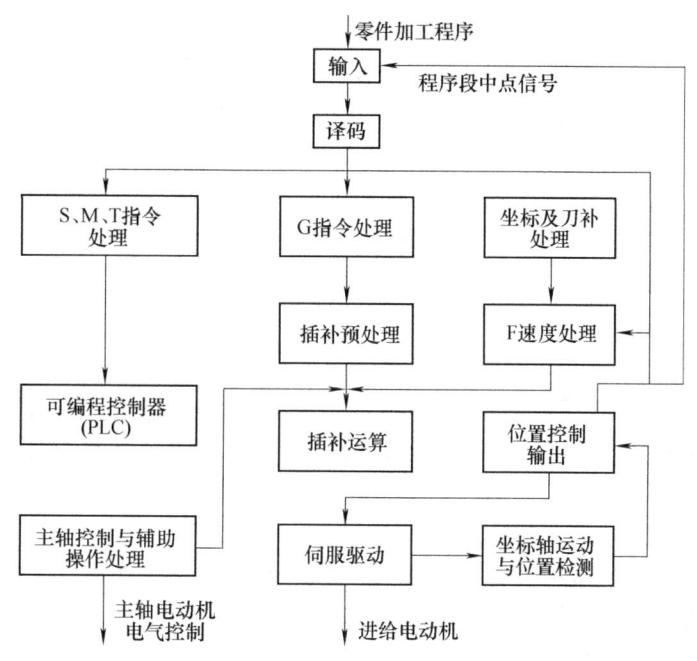

图 3-2 CNC 系统的信息流程

装入内存，还可以在内存中同时保存数个加工程序。有的 CNC 装置还配备有电池保护的存储器，用以保存常用的工件加工程序。在配备有外部存储设备的 CNC 系统中，还具有对磁盘上的程序文件进行存入、调出、查找和删除等管理功能。

根据 CNC 系统的存储容量大小，输入的零件加工程序可一次全部输入到 CNC 系统内的存储器中，加工时再从存储器中将程序调出进行加工。若 CNC 系统的存储容量有限或程序过大，则可采用一边输入一边加工的方式。

此外，数控计算机还能够对存储在内存中的工件加工程序进行编辑和修改。CNC 系统在输入过程中还要对程序进行校验，发现程序错误时发出报警显示。

(2) 译码处理

一个零件加工程序由若干程序段组成，每个程序段中含有零件的轮廓信息（如起点、终点、直线、圆弧等）、进给速度信息（F 指令）和其他辅助信息（M、S、T 指令）。CNC 系统中的译码程序以一个程序段为单位进行译码处理，将上述信息按一定的语法规则译成计算机能够识别的数据形式，并以一定的数据格式存放在指定的内存区域。

(3) 刀具补偿与速度处理

为了编程的方便和减轻编程工作量，通常零件加工程序是以零件轮廓轨迹来编程的。CNC 系统根据刀具尺寸参数进行刀具半径补偿和刀具长度补偿，使零件轮廓轨迹转换成刀具中心轨迹，并进行程序段之间的自动转接和切削判断。

根据零件加工程序中给定的各坐标合成进给速度 F 的指令值，CNC 系统计算出各进给坐标方向的分速度，并进行机床允许最低速度和最高速度的限制判断和自动加减速控制。

(4) 插补运算

插补的任务是在一条已知起点和终点的曲线上进行"数据点的密化"，从而确定各坐标

轴在规定的位移范围内进给运动的规律，获得所要求的轨迹。

CNC 系统根据零件加工程序中给出的直线起点、终点坐标，或圆弧起点、终点坐标，以及圆心坐标或圆弧半径，进行直线插补或圆弧插补。插补程序在每个插补周期内运行一次，按指令进给速度计算出一个微小的直线数据段，一边插补一边加工，经过若干个插补周期后，完成一个程序段的加工。

当一个程序段正在插补加工时，下一个程序段进行输入、译码、刀具补偿和速度处理，以保证在前一个程序段插补结束后，后一个程序段马上开始插补加工，从而使整个零件加工过程连续流畅。

（5）位置控制

位置控制的任务是在每个采样周期内，检测机床运动部件实际位移值，与插补计算出的理论值进行比较，用其差值控制进给电动机。位置控制可由软件来完成，也可由硬件来完成。

（6）输入/输出处理

输入/输出处理是指 CNC 系统与机床之间来往信号（如换刀信号、主轴变速信号、切削液信号等）的输入/输出处理和控制。

（7）显示

CNC 系统通过 CRT 显示器或 TFT 液晶显示器显示加工过程中的静态和动态信息，为操作者提供方便，这些信息主要是：零件程序、坐标系统、补偿参数、刀具位置、机床状态、加工轨迹和报警信息等。

（8）诊断

现代 CNC 系统都具有故障自动诊断系统，在 CNC 起动和运行期间，系统内的自动诊断程序对系统硬件、软件和外围设备进行开机扫描检查和定时中断周期扫描检查，发现故障及时报警显示。在 CNC 系统停机时，可以通过脱机诊断程序进行脱机诊断，还可以采用远程通信方式与远程诊断中心联网，由远程诊断中心的计算机对 CNC 系统进行远程故障诊断、故障定位和故障修复。

3.2　计算机数字控制系统的数据信息

计算机数控系统的数据信息由数控机床的控制信息、数控机床的接口信息和 CNC 装置的数据转换信息三部分组成。以下分别介绍数控机床上数据信息的传递和转换过程。

3.2.1　数控机床的控制信息

数控机床的控制信息分为两类：一类是对坐标轴运动进行的"数字控制"信息，主要是对数控机床进给运动的坐标轴位置进行控制，如工作台前后左右的移动、主轴箱的上下移动和围绕某一直线轴的旋转运动等，对车床的 X 轴和 Z 轴、对铣床的 X 轴、Y 轴和 Z 轴的移动距离，各轴运行的插补、补偿等的控制，这种控制即是用插补计算的理论位置与实际反馈位置相比较，以其差值去实现对进给电动机的控制；另一类是"顺序控制"信息，对数控机床来说，顺序控制是在数控机床运行过程中，以 CNC 内部和机床各行程开关、传感器、按钮、继电器等的开关量信号状态为条件，并按照预先规定的逻辑顺序对诸如主轴的起停、换向，刀具的更换，工件的夹紧、松开，液压、冷却、润滑系统的运行等进行控制。其主要控制的都是开关量信号。

第一类信息由计算机处理，第二类信息由 PLC（或计算机）处理。

3.2.2 数控机床的接口信息

数控机床"接口"是指数控装置与机床及机床电气设备之间的电气连接部分。

（1）接口规范

根据国际标准 ISO 4336—1981（E）《机床数字控制——数控装置和数控机床电气设备之间的接口规范》的规定，接口分为四类，如图 3-3 所示。

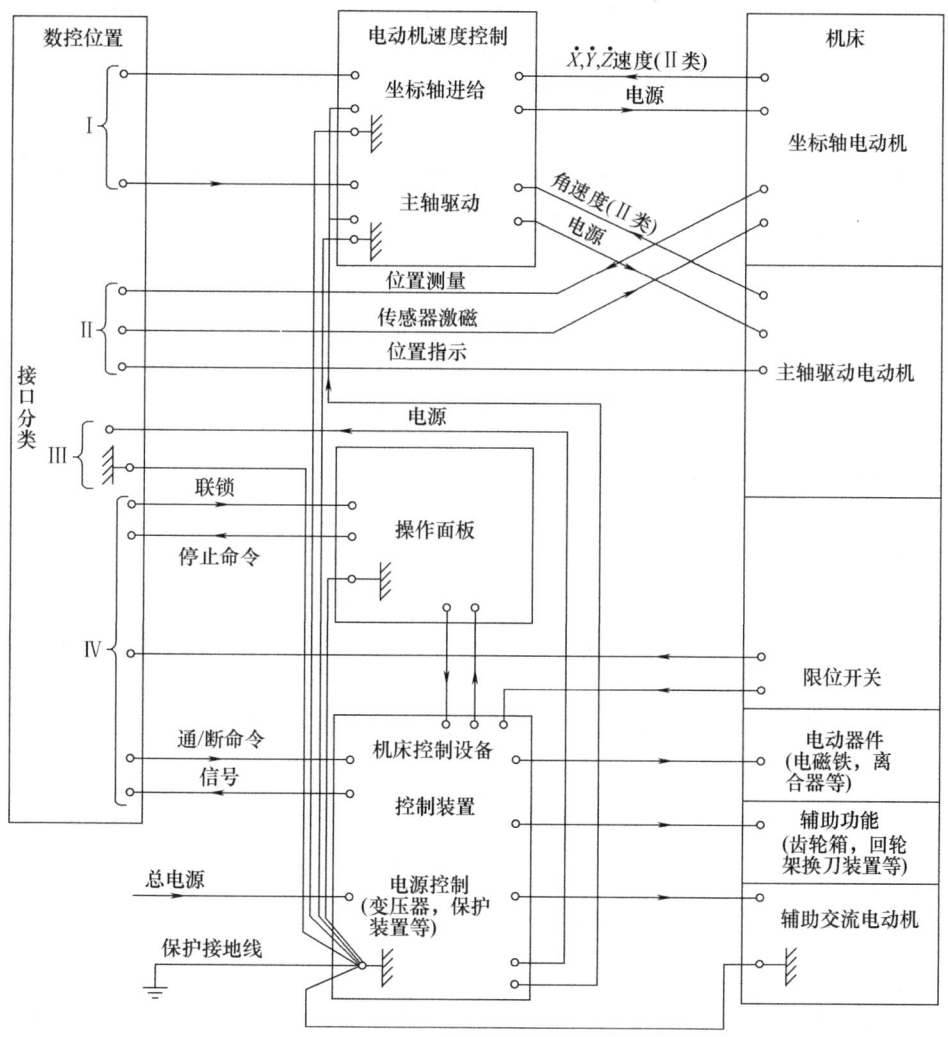

图 3-3 数控装置与数控机床电气设备之间的信息接口

第Ⅰ类 与驱动命令有关的连接电路；
第Ⅱ类 数控装置与测量系统和测量传感器间的连接电路；
第Ⅲ类 电源及保护电路；

第Ⅳ类　通/断信号和代码信号连接电路。

第Ⅰ类和第Ⅱ类接口传送的信息是数控装置与伺服单元、伺服电动机、位置检测和速度检测之间的控制信息及反馈信息，它们属于数字控制及伺服控制。

第Ⅲ类电源及保护电路由数控机床强电线路的电源控制电路构成。强电线路由电源变压器、控制变压器、各种断路器、保护开关、接触器、功率继电器及熔断器等组成，为辅助交流电动机、电磁铁、离合器、电磁阀等功率执行元件供电。强电线路不能与低压下工作的控制电路或弱电线路直接连接，只能通过断路器、热动开关、中间继电器等器件转换成在直流低压下工作的触点的开合动作，才能成为继电器逻辑电路和PLC可接收的电信号。反之亦然。

第Ⅳ类开关信号和代码信号是数控装置与外部传送的输入/输出控制信号。当数控机床不带PLC时，这些信号直接在数控装置和机床间传送。当数控装置带有PLC时，这些信号除极少数的高速信号外，均通过PLC传送。

（2）接口的任务

从CNC装置来看，由机床向CNC传送的信号称为输入信号，由CNC向机床传送的信号称为输出信号。这些主要输入/输出信号的类型有：

① 直流数字输入/输出信号。

② 直流模拟输入/输出信号。

③ 交流输入/输出信号。

直流模拟信号用于控制进给坐标轴和主轴的伺服控制或其他接收、发送模拟量信号，交流信号用于直接控制功率的执行器件。接收或发送模拟信号和交流信号需要专用的接口电路，应用最多的是直流数字输入/输出信号。

接口电路的主要任务是：

① 进行电平转换和功率放大，由于数控装置内的控制信号是TTL电平，要控制的设备或电路不一定是TTL电平，因此要进行电平转换和功率放大。

② 为防止干扰引起的误动作，使用光电隔离器、脉冲变压器或继电器，使CNC和机床之间信号在电气上加以隔离。

③ 采用模拟量传送时，在CNC和机床电气设备之间要接入数/模（D/A）和模/数（A/D）转换电路。

④ 信号在传输过程中，由于衰减、噪声和反射等影响，会发生畸变，为此要根据信号类别及传输线质量，采取一定措施并限制信号的传输距离。

3.2.3　CNC装置的数据转换信息

CNC装置是一种位置控制系统。它是根据输入的数据段插补后，得出理想的运动轨迹，然后输出到数控系统的执行部件，加工出需要的零件。因此，数据处理、轨迹插补和伺服控制成为CNC装置的三个基本组成部分。

当加工零件程序输入CNC系统后，接着的任务就是进行数据处理。数据处理的目的是进行插补运算前的准备工作。它主要包括译码、运动轨迹计算及F值计算这三个部分。译码的作用是将输入的零件程序数据段翻译成数控系统能识别的语言；运动轨迹计算是将工作轮廓轨迹转化为刀具中心的运动轨迹；F值计算（速度计算）主要解决加工运动的速度问题。经过数据处理之后的数据段，由插补计算出理论位置，通过位置控制实现坐标轴的位置伺服。其数据转换流程如图 3-4 所示，图中的每一框中的变量表示进行一次数据转换后的结构。

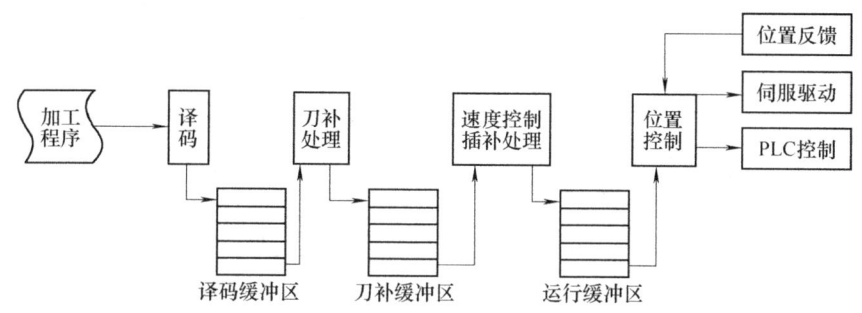

图 3-4 CNC 装置的数据信息转换流程

3.3 CNC 装置的硬件结构

CNC 装置是在硬件的支持下执行软件来进行工作的，其控制功能在相当程度上取决于硬件结构。CNC 装置硬件结构根据控制功能的复杂程度可分别采用单处理器结构和多处理器结构。随着机械制造技术的发展，对数控机床提出了复杂功能、高进给速度和高加工精度的要求，更高层次的自动化 FMS 和 CIMS 系统也对数控机床提出了新的控制要求，因此多微处理器结构得到迅速发展，它反映了当今数控系统的新水平。

根据数控系统的硬件结构可按其应用面分为专用型和通用型两种，其中专用型是指专门为某种数控目的而设计的数控系统。它有两种结构：一种为整体大板结构，特点是主电路做在一块板上；另一种为模块化结构，各模块主要按功能划分，每个模块制成尺寸相同的印制电路板，各板插到带有插槽的母板中。通用型硬件结构则是基于 PC 的数控装置，只需装入不同的软件，便可构成不同类型的 CNC 装置，具有比较大的通用性。

3.3.1 单微处理器结构

目前单微处理器结构的 CNC 装置一般是专用型的，其硬件由系统制造厂家专门设计、制造，不具备通用性。在单微处理器结构中只有一个微处理器，以集中控制、分时处理的方式来完成数控的各个任务。某些 CNC 装置虽然有两个以上的微处理器，但其中只有一个微处理器能够控制系统总线，占有总线资源，而其他微处理器只作为专用控制部件，不能控制系统总线，不能访问主存储器。它们只能作为一智能部件工作，各微处理器组成主从结构，这种 CNC 装置属于单微处理器结构，如图 3-5 所示。

(1) 微处理器和总线

微处理器（简称 CPU）是 CNC 装置的核心，主要由运算器和控制器两部分组成。运算器含算术逻辑运算、寄存器和堆栈等部件，对数据进行算术和逻辑运算。在运算过程中，运算器将运算结果存放到存储器中。通过对运算结果的判断，设置状态寄存器的相应状态（进位、奇偶和溢出等）。控制器从存储器中依次取出组成程序的指令，经过译码，向 CNC 装置各部分按顺序发出执行操作的控制信号，使指令得以执行。同时接收执行部件发回来的

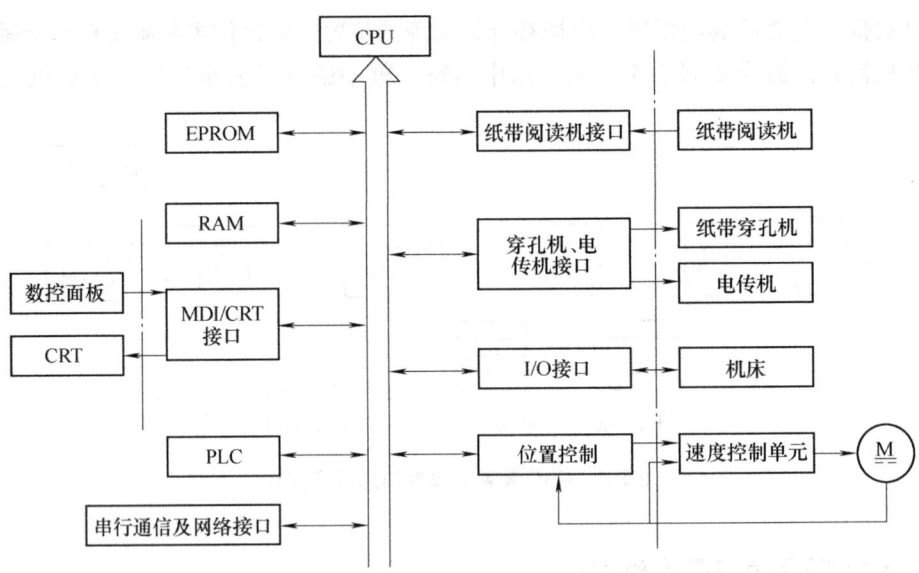

图 3-5 单微处理器结构

反馈信息，控制器根据程序中的指令信息及这些反馈信息，决定下一步命令操作。目前 CNC 装置中常用的有 8 位、16 位和 32 位微处理器有 Intel 公司的 8088，8086，80186，80286，80386，80486，直到目前的 Pentium 系列 CPU 等；Motorola 公司的 6800，68000，68010，68020，68030；Zilog 公司的 Z80，Z8000，Z80000 等。根据实时控制和处理速度的要求，按字长、数据宽度、寻址能力、运算速度及计算机技术发展的最新成果选用相应的微处理器。例如日本 FANUC-15/16 CNC 系统选用 Motorola 公司的 32 位微处理器 68020 作为控制核心（CPU）；英国 CT（Control Technique）公司的 Direct Ax FNC 系列 CNC 系统选用 32 位 RISC 芯片为控制核心（CPU），它具有每秒 25M 次的浮点运算能力和每秒 20M 的指令数据处理能力。

按信号的物理意义，总线可分为数据总线、地址总线、控制总线。数据总线为各部件之间传送数据，数据总线的位数和传送的数据宽度相等，采用双方向线。地址总线传送的是地址信号，与数据总线结合使用，以确定数据总线上传输的数据来源或目的地，采用单方向线。控制总线传输的是管理总线的某些控制信号，如数据传输的读写控制、中断复位及各种确认信号，采用单方向线。

（2）存储器

存储器用于存放数据、参数和程序等。系统控制程序存放在只读存储器 EPROM（Erasable and Programmable Read Only Memory）中，即使系统断电控制程序也不会丢失。程序只能被 CPU 读出，不能随机写入，必要时可用紫外线擦除 EPROM，再重写监控程序。常用的 EPROM 有 2732，2764，27128，27256，27512 等。运算的中间结果存放在随机存储器 RAM（Random Access Memory）中，常用的 RAM 有 62264，62256 等。存放在 RAM 中的数据能随机地进行读写，但如不采取适当的措施，断电后存放信息会丢失。基于 PC 平台的 CNC 系统多采用硬盘、软盘、电子盘等作为程序存放的介质。

（3）I/O（输入/输出）接口

CNC 装置和机床之间的信号，一般不直接连接，而通过输入（Input）和输出（Output）接口（I/O）电路连接。接口电路的主要任务如下：

① 进行必要的电气隔离，防止干扰信号引起误动作。要用光电耦合器或继电器将 CNC 装置和机床之间的信号在电气上加以隔离。I/O 信号经接口电路送至系统寄存器的某一位 CPU 定时读取寄存器，经数据滤波后做相应处理。同时，CPU 定时向输出接口送出相应的控制信号。

② 进行电平转换和功率放大。一般 CNC 装置的信号是 TTL（Transistor-Transistor Logic，晶体管晶体管逻辑）电平，而机床控制的信号通常不是 TTL 电平，并且负载较大，因此要进行必要的信号电平转换和功率放大。

(4) MDI/CRT 接口

MDI 手动数据输入通过数控面板上的键盘操作。当扫描到有键按下时，将数据送入移位寄存器，经数据处理判别该键的属性及其有效性，并进行相关的监控处理。CRT（Cathode Rang Tube）接口在 CNC 软件控制下，在单色或彩色 CRT（或 LCD）上实现字符和图形显示，对数控代码程序、参数、各种补偿数据、坐标位置、故障信息、人机对话编程菜单、零件图形和动态刀具轨迹等进行实时显示。

(5) 位置控制模块

速度控制、位置反馈等单元组成位置环控制模块。传统的伺服单元只到速度环即调速系统，由模拟电压对伺服速度进行控制。而对数控机床的进给坐标，最终要控制的不仅有速度、加速度，更重要的却是位置环。所以位置环的实现成了机床数控系统的重要任务，位置环控制的品质也成了衡量数控系统的一个重要指标。一般的 CNC 系统，例如 Siemens、Fanuc、A-B 等都有专门的位置环控制模块。机床数控系统对位置环的控制要求是无超调、无滞后、抗干扰能力强，对速度环的要求是大惯性、大调速比（一般大于 1∶2000）、特性硬。

(6) 可编程序控制器

可编程序控制器（简称 PLC）替代传统机床强电继电器逻辑控制，利用逻辑运算实现各种开关量的控制。现有的 PLC 多采用内装式，因此也成为 CNC 装置的一个部件。PLC 由 CPU、ROM（Read Only Memory）、RAM 和位操作控制器等组成。PLC 和 CNC 之间通过双端口 RAM，实现相互的通信和信息交换。当 CNC 的 CPU 访问双端口 RAM 即 DPRAM（Double Port Random Access Memory）时，发出请求 HOLD 信号，PLC 的 CPU 收到 HOLD 请求后，发出 HOLDA 信号作为响应，同时悬浮局部总线，此时 CNC 的 CPU 对 DPRAM 进行读写。当 CNC 完成对 DPRAM 操作后，释放对 DPRAM 的使用权，使 HOLD 信号变为低电平。PLC 的 CPU 检测到低电平的 HOLD 信号，HOLDA 也变为低电平时，PLC 的 CPU 重新驱动局部总线，便可以对 DPRAM 进行操作。

一般来说，CNC 装置和 PLC 的数据交换和处理过程如下：

① CNC 装置将要 PLC 处理的数据写到 DPRAM 中。

② PLC 从 DPRAM 中读取数据，并进行相关逻辑检测、逻辑运算和处理。

③ 一方面 PLC 用处理的结果通过输出接口控制机床电气，另一方面将处理的状态通过 DPRAM 反馈给 CNC 装置。

④ CNC 装置根据反馈结果，进行相关处理和显示。

(7) 通信接口

当 CNC 装置用作设备层，和工作层控制器组成分布式数控系统 DNC 或柔性制造系统 FMS 时，还要与上级计算机或直接数字控制器 DNC 进行数字通信。一般地，通信接口多数采用 RS-232C 或 RS-422 的通信协议。

(8) 单微处理器 CNC 的结构特点

① CNC 装置内只有一个微处理器，对存储、插补运算、输入/输出控制、CRT 显示等功能实现集中控制分时处理。

② 微处理器通过总线与存储器、输入/输出控制等接口电路相连，构成 CNC 装置。

③ 结构简单，实现容易。由于只有一个微处理器集中控制，对实时性要求很高的插补运算受微处理器字长、数据宽度、寻址能力和运算速度等因素的限制。为了提高处理速度，增强数控功能，可以增加协处理器，由硬件完成部分插补工作，采用带微处理器的 PLC、CRT 等智能部件，甚至采用多微处理器的结构。

3.3.2 多微处理器系统结构

目前，多微处理器 CNC 装置一般采用两种结构形式，即紧耦合结构和松耦合结构。在前一种结构中，由各微处理器构成处理部件，处理部件之间采取紧耦合方式，有集中的操作系统，共享资源。在后一种结构中，由各微处理器构成功能模块，功能模块之间采取松耦合方式，有多重操作系统，可以有效地实现并行处理。

多微处理器 CNC 装置多采用模块化结构，每个微处理器分管各自的任务，形成特定的功能单元，即功能模块。由于采用模块化结构，可以采取积木方式组成 CNC 装置，因此具有良好的适应性和扩展性，且结构紧凑。由于插件模块更换方便，因此可使故障对系统的影响降到最低限度。与单微处理器 CNC 装置相比，多微处理器 CNC 装置的运算速度有了很大的提高，它适合于多轴控制、高进给速度、高精度、高效率的数控要求。

1. 多微处理器的模块化结构

(1) 功能模块

CNC 装置中有以下六种基本功能模块：

① CNC 管理模块：用于管理和组织整个 CNC 系统的工作，主要包括初始化、中断管理、总线裁决、系统出错识别和处理、系统软硬件诊断等功能。

② CNC 插补模块：主要是完成插补前的预处理，如对零件程序的译码、刀具半径补偿、坐标位移量计算、进给速度处理等，进行插补计算，为各个坐标提供位置给定值。

③ 位置控制模块：用来进行位置给定值与检测器测得的位置实际值的比较，进行自动加减速、回基准点、伺服系统滞后量的监视和漂移补偿，最后得到速度控制的模拟电压，以便驱动进给电动机。

④ 存储器模块：存储器模块为程序和数据的主存储器，或为功能模块间进行数据传送的共享存储器。

⑤ PLC 模块：它对零件程序中的开关功能和机床送来的信号进行逻辑处理，实现机床电气与设备的起、停，刀具交换，主轴转数，转台分度，加工零件和机床运转时间的计数，以及各功能、操作方式间的连锁等。

⑥ 指令、数据的输入/输出及显示模块：这个模块包括零件程序、参数和数据，各种操

作命令的输入/输出及显示所需要的各种接口电路，如纸带阅读机接口、穿孔机接口、电传机接口、打印机接口、键盘、CRT接口、通信接口等。

（2）结构

多微处理器的CNC装置中各模块之间的互联和通信主要采用共享总线和共享存储器两类结构。

① 多微处理器共享总线结构是将各功能模块插在配有总线插座的机箱内，由系统总线把各个模块有效地连接在一起，按照要求交换各种控制指令和数据，实现各种预定的功能。在共享总线的结构中，挂在总线上的功能模块分为带CPU或DMA器件的主模块和不带CPU或DMA器件的从模块（如各种RAM/EPROM模块、I/O模块等），只有主模块才有权控制使用总线，而且某一时刻只能由两个主模块占有总线。在共享总线结构中，必须解决多个主模块同时请求使用总线的竞争问题。为此，必须要有仲裁机构，当多个主模块争用总线时，判别出其优先权的高低。通常采用两种裁决方式：串行裁决方式和并行裁决方式。

在串行总线裁决方式中，由各主模块的链接位置来决定其优先权。某个主模块只有在前面优先权更高的主模块释放总线后才能使用总线，同时通知它后面优先权较低的主模块不得使用总线。在并行总线裁决方式中，通常采用由优先权编码器和译码器等组成的专门逻辑电路来解决各主模块使用总线优先权的判别问题。

在共享总线结构中，多采用公共存储器方式进行各模块之间的信息交换。公共存储器直接挂在系统总线上，各主模块都能访问，可供任意两个主模块交换信息。共享总线结构的原理图如图3-6所示。

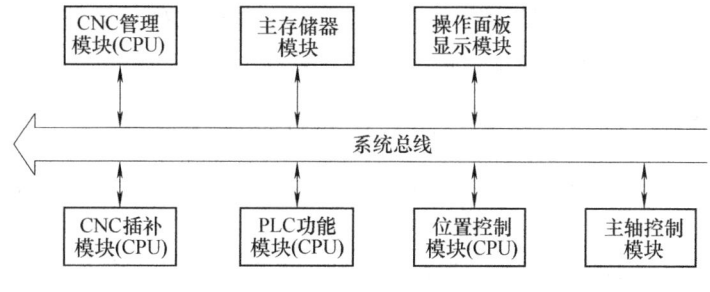

图3-6 多微处理器共享总线结构原理图

共享总线结构系统配置灵活，结构简单，容易实现，无源总线造价低，因此经常被采用。该种结构的缺点是由于各主模块使用总线时会引起"竞争"而使信息传输效率降低，总线一旦出现故障就会影响全局。

② 多微处理器共享存储器结构，是采用多端口存储器来实现各微处理器之间的互联和通信，每个端口都配有一套数据、地址、控制线，以供端口访问，由专门的多端口控制逻辑电路解决访问的冲突问题。图3-7所示为具有四个微处理器的共享存储器结构原理图。当微处理器数量增多时，往往会由于争用共享而造成信息传输的阻塞，降低系统效率，因此这种结构功能扩展比较困难。

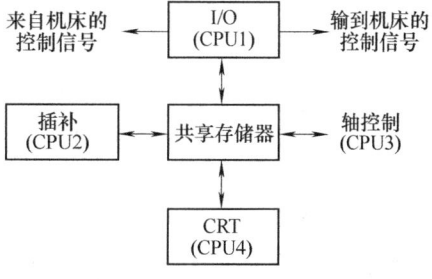

图3-7 多微处理器共享存储器结构框图

2. 多微处理器CNC装置的结构特点

（1）计算处理速度高

多微处理机结构中的每一个微处理器完成系统中指定的一部分功能，独立执行程序，并行运行，比单微处理器提高了计算处理速度。它适用于多轴控制、高进给速度、高精度、高效率的数控要求。由于系统共享资源，性价比也较高。

（2）可靠性高

由于 CNC 装置中每个微处理器分管各自的任务，形成若干模块，插件模块更换方便，可使故障对系统影响减到最小。共享资源省去了重复机构，不但降低造价，而且提高了可靠性。

（3）有良好的适应性和扩展性

多微处理器的 CNC 装置大都采用模块化结构。可将微处理器、存储器、输入/输出控制组成独立微型计算机级的硬件模块，相应的软件也是模块结构，固化在硬件模块中。硬软件模块形成一个特定的功能单元，称为功能模块。功能模块间有明确定义的接口，接口是固定的，成为工厂标准或工业标准，彼此可以进行信息交换。于是可以积木式组成 CNC 装置，使设计简单，并有良好的适应性和扩展性。

（4）硬件易于组织规模生产

一般硬件是通用的，容易配置，只要开发新的软件就可以构成不同的 CNC 装置，便于组织规模生产，保证质量，形成批量。

3.4　CNC 系统软件结构及控制

CNC 软件的结构取决于 CNC 装置中软件和硬件的分工，也取决于软件本身所应完成的工作内容。下面将介绍 CNC 装置中软件结构的特点。

3.4.1　计算机数字控制系统的软硬件界面

CNC 装置由软件和硬件组成，硬件为软件的运行提供了支持环境。同一般计算机系统一样，由于软件和硬件在逻辑上是等价的，所以在 CNC 装置中，由硬件完成的工作原则上也可以由软件来完成。但软件、硬件各有其不同的特点：硬件处理速度较快，但价格贵；软件设计灵活，适应性强，但处理速度较慢。因此在 CNC 系统中，软件、硬件的分配比例通常由其性价比决定。

软件、硬件任务的分配界面随微电子和计算机技术的发展而不断演变。从 1952 年到 1970 年，分立元件、电子管、印制电路板、晶体管、中规模集成电路先后在数控系统中得到应用，构成"硬连接"数控时代。20 世纪 70 年代后，随着 LSI 大规模集成电路、半导体存储器、微处理器的发展，使得可以用软件实现机床的逻辑控制、运动控制，具有较强的灵活性和适应性，进入以软件为主要标志的"软连接"数控时代。随着计算机技术的发展，硬件价格的持续下降，计算机参与了数控系统的工作，构成了计算机数控系统（CNC）。但是，这种参与程度在不同年代和不同产品中并不一样，图 3-8 说明了目前三种典型 CNC 装置的软件、硬件界面关系。

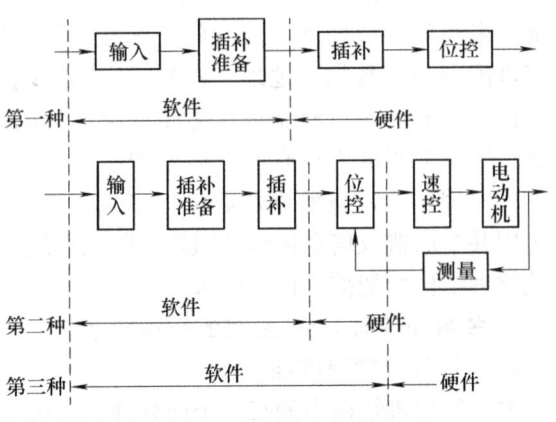

图 3-8　三种典型软硬件界面

3.4.2 CNC 系统的软件结构及控制

CNC 系统是一个专用的实时多任务计算机系统,在它的控制软件中,融汇了当今计算机软件技术中的许多先进技术,其中多任务并行处理、前后台软件结构和中断型软件结构三个特点又最为突出。

(1) CNC 装置的多任务并行处理

CNC 系统软件一般包括管理软件和控制软件两大部分。管理软件包括输入、I/O 处理、显示、诊断等,而系统控制软件包括译码、刀具补偿、速度处理、插补、位置补偿等。在许多情况下,CNC 的管理和控制工作必须同时进行,即所谓的并行处理。例如:加工控制时必须同步显示系统的有关状态,位置控制与 I/O 控制同步处

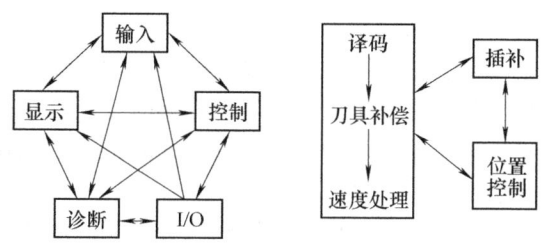

图 3-9 任务并行处理图

理,并始终伴随着故障诊断功能;控制本身的插补、位置控制、预处理之间的并行处理。图 3-9 给出任务并行处理图,图中双向箭头表示两个模块之间有并行处理关系。

(2) 前后台型软件结构

前后台型软件结构适合于采用集中控制的单处理器 CNC 系统,在这种软件结构中,CNC 系统软件由前台程序和后台程序组成。前台程序为实时中断程序,承担了几乎全部的实时功能,这些功能都与机床动作直接相关,如位置控制、插补、辅助功能处理、监控、面板扫描及输出等;后台程序主要用来完成准备工作和管理工作,包括输入、译码、插补准备及管理等,通常称为背景程序。背景程序是一个循环运行程序,在其运行过程中实时中断程序不断插入,前后台程序相互配合完成加工任务。如图 3-10 所示,程序启动后,运行完初始化程序即进入背景程序环,同时开放定时中断,每隔一固定时间间隔(如 10.24ms)发生一次中断,执行一次中断服务程序。就这样,中断程序和背景程序有条不紊地协同工作。

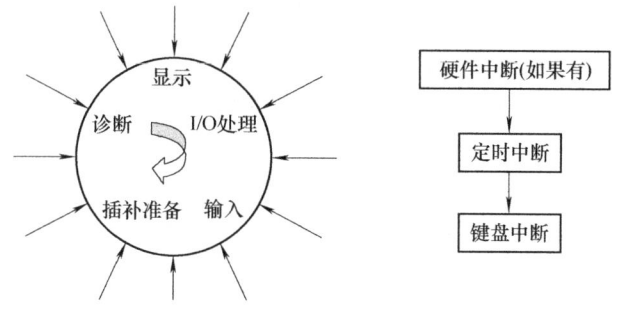

图 3-10 前后台型软件结构

前后台型软件在运行过程中的调度管理功能由背景程序完成,见图 3-11,其中的框图是一个经过简化的程序框图。系统初始化后等待起动按钮的按下。起动按钮按下后,对第一个程序段译码进行预处理,完成轨迹计算和速度计算,得到插补所需要的各种数据,如刀具中心轨迹的起点和终点坐标、刀具中心的位移量、圆弧插补时圆心的各坐标分量等,并将所得到的数据送插补缓冲存储区保存。若有辅助功能代码(M、S、T),则将其送入系统工作寄存器保存。接下来,将插补缓冲存储区的内容送至插补工作存储区,系统工作寄存器中的辅助功能代码送至系统标志单元,以供使用。完成交换后设置标志(数据交换结束标志、

开始插补标志），标志尚未设置之时，尽管定时中断照常发生，但并不执行插补及辅助信息处理等功能，仅执行一些例行的扫描、监控等功能。只有在标志设置之后，实时中断程序才能进行插补、伺服输出、辅助功能处理，同时开始对下一段程序进行译码、预处理。系统必须保证在当前程序插补过程中完成下段程序的译码和预处理，否则将会出现加工中停刀的现象。由上述可见，背景程序是通过设置标志来达到对实时中断程序的管理和控制的。

自设立两个标志，到程序段插补完成这段时间，CNC 系统工作最为繁忙。在这段时间里，中断程序进行本程序段的插补及伺服输出，同时背景程序要完成下一程序段的译码和预处理。亦即在一个插补周期内，实时中断程序占用一部分时间，其余的时间留给背景程序。插补、伺服输出与译码、预处理分时共享（占用）CPU，以完成多任务并行处理，这就是所谓的资源分时共享。

通常，下一程序段的译码预处理时间要比本程序段的插补运行时间短，因此在背景程序中还有一个等待插补完成的循环，在等待过程中不断进行 CRT 显示。本程序段插补加工结束，但整个零件加工未结束，则系统开始新的循环。整个零件加工结束则停机。

定时中断服务程序是系统的核心，除了进行插补和位置控制外，还要完成面板扫描、机床逻辑控制及实时诊断等任务。定时中断服务程序的框图如图 3-12 所示。

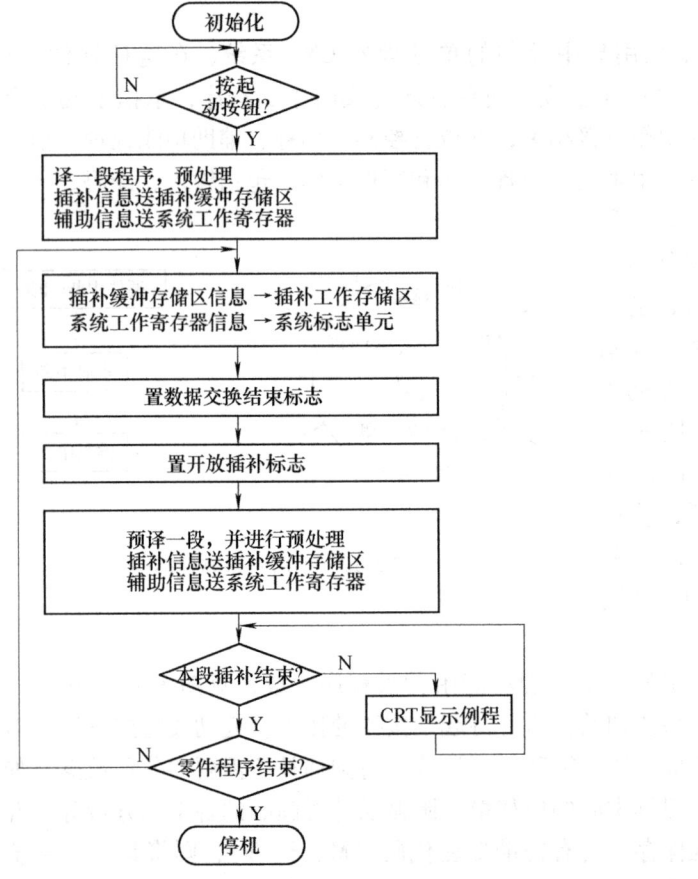

图 3-11 背景程序的调度管理功能

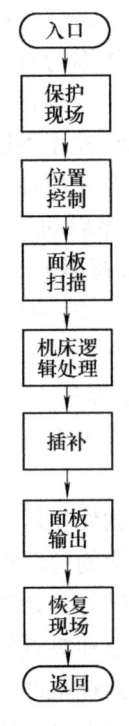

图 3-12 定时中断服务程序框图

在定时中断服务程序中，首先进行位置控制。对前一插补周期中坐标轴的实际位移增量进行采样，再根据前一插补周期插补得到的位置增量（经过齿隙补偿）算出当前的跟随误差，进而得到进给速度指令，驱动电动机运动。接下来对主控制面板和辅助控制面板进行扫描，设置面板控制状态的系统标志。

机床逻辑处理包括调用 PLC 程序执行 M、S、T 辅助功能及机床逻辑状态监控；处理控制面板的输入信息，对诸如起动、停止、改变工作方式、手动操作、进给率调节作出响应；进行各种故障的诊断处理，如超程、超温、熔丝熔断、阅读机出错、急停、辅助功能执行状态等。

当插补条件得到满足时，执行插补程序，算出位置增量，作为下一插补周期的位置增量数据。面板输出指扫描和修正控制面板的显示，为操作者指明系统的当前状态。

图 3-13 是一个 CNC 系统的前后台型软件总体框图。该软件设置三种中断：可屏蔽 10.24ms 实时时钟中断、光电阅读机中断和键盘中断。其中光电阅读机中断优先级最高，10.24ms 定时时钟中断次之，键盘中断最低。10.24ms 中断定时发生，而光电阅读机中断在起动阅读机后发生，键盘中断在键盘方式下发生。

CNC 系统接通电源或复位后，首先运行初始化程序，然后设置有关标志和参数，设置中断向量，开放 10.24ms 定时中断。后台程序启动后，先进行 MCU（机床控制单元）总清，清零件缓冲区、键盘 MDI 缓冲区、暂存区、插补参数区等，并使系统进入初始控制状态。系统设有四种工作方式，即自动、单段、键盘和手动方式，其中自动、单段方式在加工中采用；键盘方式主要处理各种键盘命令，如编辑、输入/输出数据、设定参数等；手动方式主要处理点动、回原点等。按方式选择开关（当 10.24ms 中断程序扫描到面板上方式选择开关状态的变化时）即可进入相应的方式服务程序中，各方式服务程序的出口又返回到方式选择程序。

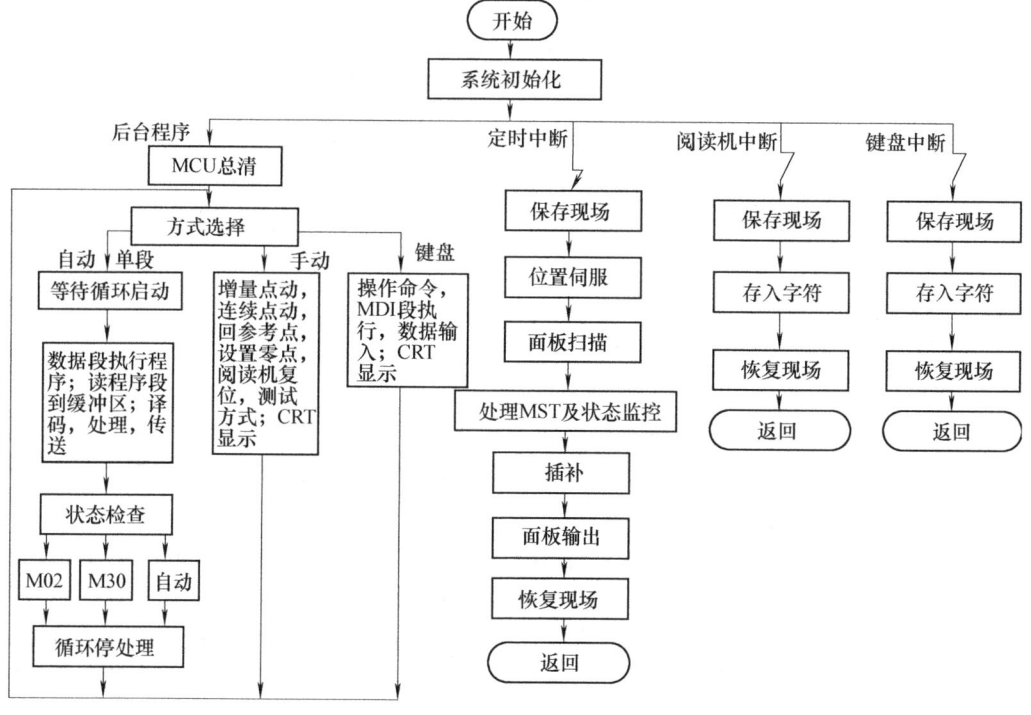

图 3-13　前后台型软件总体框图

(3) 中断型软件结构

中断型软件结构没有前后台之分，除了初始化程序外，根据各控制模块实时的要求不同，把控制程序安排成不同级别的中断服务程序，整个软件是一个大的多重中断系统，系统的管理功能主要通过各级中断服务程序之间的通信来实现。表3-1将控制程序分成为8级中断程序，其中7级中断级别最高，0级中断级别最低。位置控制被安排在级别较高的中断程序中，其原因是刀具运动的实时性要求最高，CNC装置必须提供及时的服务。CRT显示级别最低，在不发生其他中断的情况下才进行显示。

表3-1 数控系统中断型软件结构

中断级别	主要功能	中断源
0	控制CRT显示	硬件
1	译码、刀具中心轨迹计算、显示处理	软件，16ms定时
2	键盘监控、I/O信号处理、穿孔机控制	软件，16ms定时
3	外部操作面板、电传打字机处理	硬件
4	插补计算、重点判别及转段处理	软件，8ms定时
5	阅读机中断	硬件
6	位置控制	4ms硬件时钟
7	测试	硬件

为了进行系统管理，系统采取的中断程序间的通信方式有以下几种：

① 设置软件中断表3-1中第1、2、4级中断设置成软件中断，第6级中断设置成硬件中断，由时钟定时发生，每4ms中断1次。这样每发生两次第6级中断请求发生1次第4级中断（第4级每8ms发生1次）。第6级中断每发生4次，设置1次1级，2级中断请求。这样便将第1级、第2级、第4级、第6级中断联系起来。

② 中断服务程序自身的链接系统第1级中断分为13个口，每一个口对应于口状态字的一位，每一位（每一个口）对应处理一个

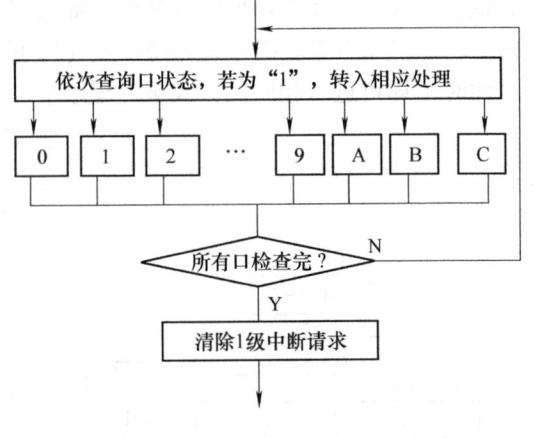

图3-14 第1级中断请求

任务，即第1级中断包括13个子任务。在执行第1级中断各口的处理时，可以设置口状态字的其他位的请求，如图3-14所示。如在8号口的处理程序中，可将3号口置1，这样8号口程序一旦执行完，即刻转入3号口处理。

③ 设置标志标志是各程序之间相互通信的得力工具。例如，第4级中断主要完成插补功能，每8ms中断一次。译码、刀具半径补偿等在第1级中断中进行。在第1级中断服务程序中，进行完译码和刀具半径补偿后即刻设置标志。是否开放插补中断程序取决于该标志的设置。在未设置译码、刀具半径补偿完成标志时，CNC装置跳过插补服务程序而继续往下执行。

(4) 常用的软件设计技术

在加工中，CNC 装置需要做多项工作，甚至要求在同一时间间隔完成两项或两项以上的工作。为此，在 CNC 装置软件设计中，通常采用资源分时共享和资源重叠的流水线处理技术。

对于单微处理器的 CNC 装置，主要采用对 CPU 的分时共享（占用）来解决多任务的并行处理，其关键是如何分配占用 CPU 的时间。一般多采用循环轮流与中断优先相结合的方法来解决各任务对 CPU 的合理占用，亦即采用前后台型的软件结构形式。

流水线处理指在一段时间间隔内处理两个或多个任务，即时间重叠。显然，流水线处理要求同时处理各任务时，所需的时间应相等。但实际上，CNC 装置处理各任务所需的时间是各不相同的。因此采用流水线处理时，取最长的任务处理时间作为流水处理的时间间隔。这样一来，在处理时间较短的任务时，处理完成后需进入等待状态。需要指出的是，这种方法对于多微处理器 CNC 装置才具有意义。

3.5 CNC 系统常用外设及接口

3.5.1 数控机床输入/输出（I/O）接口

数控机床 I/O 接口主要用来接收机床操作面板上的开关、按钮信号以及机床的各种限位开关信号，还用来把各种数控机床工作状态指示灯信号送到机床操作面板，把控制数控机床动作的信号送到强电柜。数控机床 I/O 接口是在 CNC 装置与数控机床及操作面板之间进行信号传递不可缺少的环节，其作用和要求如下：

① 进行必要的电隔离，以防止干扰信号以及高压串入对 CNC 装置的损坏。

② 进行电平转换和功率放大。CNC 装置的信号通常是 TTL 电平信号，而数控机床的控制信号往往不是 TTL 电平信号，而且有的负载比较大。因此，往往需要进行必要的信号电平转换和功率放大。

下面介绍数控机床 I/O 接口中常用的器件及电路。

（1）光电耦合器

光电耦合器是一种用得很广泛的 I/O 接口器件，这是由它的特点所决定的。

① 光电耦合器用光传递信号，因此可以使输入与输出在电气上完全隔离，抗干扰能力强，特别是抗电磁干扰能力强。

② 可用于电位不同的电路间的耦合，即可进行电平转换。

③ 传递信号是单方向的，寄生反馈小，传递信号的频带宽。

④ 响应速度快，易与逻辑电路配合。

⑤ 无触点，耐冲击，寿命长，可靠性高。

数控机床上常用的光电耦合器示于图 3-15 中。图 3-15a 所示为普通的用作信号隔离的光电耦合器。它以发光二极管为输入端，光敏三极管为输出端。这种光电耦合器一般用来传递频率在 100kHz 以下的信号。图 3-15b 所示的光电耦合器，其输出部分采用 PIN 型光敏二极管和高速开关管组合的复合结构，因此具有较高的响应速度。图 3-15c 所示的光电耦合器，输出部分由光敏三极管和放大三极管构成达林顿输出，使其增益得到很大提高，因而可以用来直接驱动中、小功率的负载。图 3-15d 所示的光电耦合器，其输出部分为光控晶闸管

(有单、双向两种形式），常在交流大功率的隔离驱动中使用。

（2）固态继电器（SSR）

固态继电器是由输入电路、隔离部分和输出电路组成的四端组件。施加触发信号则回路呈导通状态，无信号则呈阻断状态。固态继电器不仅实现了控制回路（输入端）与负载回路（输出端）之间的电隔离及信号耦合，而且具有小信号对大功率负载的驱动能力。与电磁继电器相比，由于固态继电器是由固态元件组成的无触点开关器件，因而具有工作可靠、寿命长、

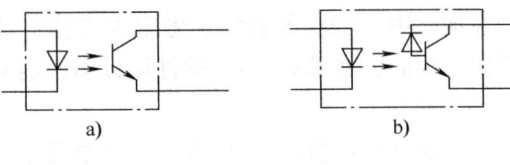
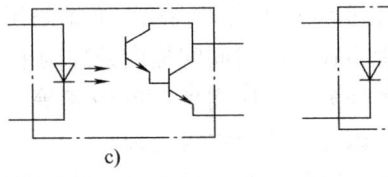

图 3-15　常用的光电耦合器

对外界干扰小、能与逻辑电路兼容、抗干扰能力强、开关速度快、使用方便等特点。

为了能够正确使用固态继电器，应对以下应用特性给予考虑：

① DCSSR 用于控制直流负载，ACSSR 用于控制交流负载。对交流负载的控制有过零和调相之分。

② 固态继电器和其他电子开关一样，具有一定的通导压降和阻断漏电流，其值与产品型号规格有关。

③ 负载短路易造成固态继电器的损坏，对此应特别给予注意。

④ 必须考虑瞬态过电压和断态电压变化率（du/dt）对固态继电器的影响。部分固态继电器产品内部已设置有瞬态抑制网络。必要时可在外部设置适当的瞬态抑制电路。

固态继电器采用逻辑"1"输入驱动，国产的一些固态继电器要求 0.5~20mA 的驱动电流，最小工作电压可为 3V，因此，可以直接由 TTL 电路（如 54/74，54H/74H，54S/74S 等系列）驱动。若采用 CMOS 电路，则需要加缓冲驱动器。

（3）接口驱动电路

微型计算机 I/O 接口的驱动能力有限，不足以驱动数控机床的各类负载，必须对 TTL 等逻辑电路输出的电流或电压进行放大，方可驱动有关负载。驱动电路可以采用分立元件组成。常用的电路有以下几种：

① 功率晶体管驱动电路。晶体管作为开关元件使用时，其输出电流等于输入电流与增益之积。如果采用较低增益的晶体管，要获得大电流输出，则要求前级提供足够大的电流，这时，需要用集电极开路的缓冲器提供所需的驱动电流，如图 3-16a 所示。开关晶体管在饱和导通或截止状态时功耗很小，但在开关过程中，会因同时出现高电压、大电流而使瞬时功耗超过静态功耗几十倍。因此，在使用开关晶体管驱动时，应该保证其电压、电流、静态功耗与瞬时功耗均不超过允许值。

② 达林顿晶体管驱动电路。采用开关晶体管组成驱动电路时，为了获得足够大的驱动电流，常采用多级放大以提高增益。达林顿晶体管具有高输入阻抗和极高增益，因此可以获得比较大的输出电流。如图 3-16b 所示的驱动电路，功率开关驱动管是由两个晶体管直接耦合组成的达林顿晶体管，其增益等于原来两个晶体管增益的乘积。图中的 R_1、R_2 用于稳定电路的工作状态，续流二极管 VD 起保护达林顿晶体管的作用。

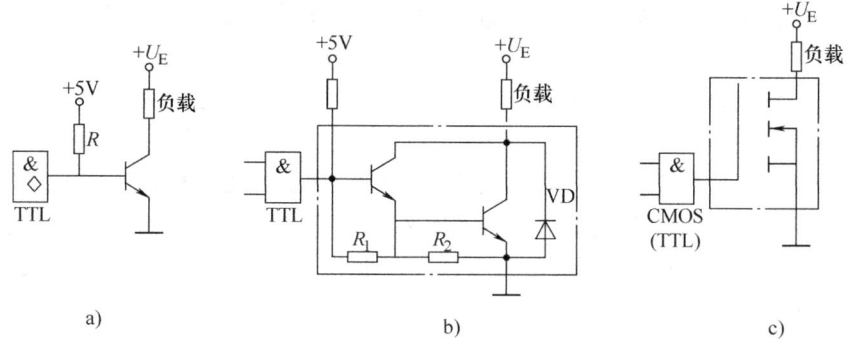

图 3-16 几种接口驱动电路

③ 功率场效应管（VMOS）。早期的功率场效应管采用 V 型槽结构，故简称 VMOS 管。现在已采用先进的 T 型槽结构，简称 TMOS 管，但国内仍沿用 VMOS 管的名称。其特点是：具有很高的输入电阻（$10^8\Omega$ 左右），要求的输入功率非常小，可以直接由 TTL、CMOS、运算放大器等器件驱动；开关速度很快，达 10^{-9}s 级，适合在高速、高频下工作；不会出现二次击穿，有很宽的安全工作区；其源漏电流呈负温度特性，可多管并联工作而无需均流电阻；线性好，增益高，失真很小。因此是一种比较理想的功率器件。功率场效应管驱动电路如图 3-16c 所示，除了采用分立元件组成驱动电路外，目前还广泛采用集成驱动器。与由分立元件组成的驱动器相比，集成驱动器具有体积小、可靠性高等优点。

（4）I/O 接口电路实例

图 3-17 为常用的输入/输出（I/O）电路。光电耦合器起隔离和电平转换作用。如图 3-17a 所示输入电路中，RC 电路用于消除抖动。图 3-17b 为常用输出电路。

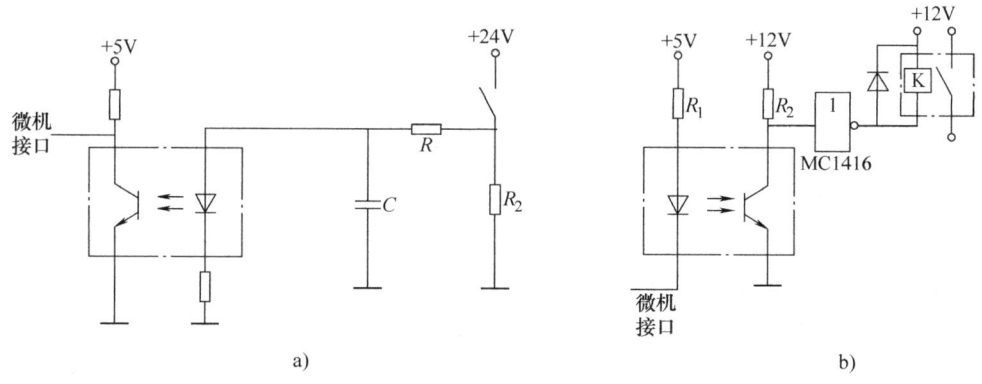

图 3-17 常用输入/输出（I/O）电路

3.5.2 异步串行通信接口

数据在设备间的传送可用串行方式或并行方式。相距较远的设备数据传送采用串行方式。串行接口需要有一定的逻辑，将机内的并行数据转换成串行信号后再传送出去。接收时，也要将收到的串行信号经过缓冲器转换成并行数据，再送至机内处理。常用芯片 8251A、MC6850、MC6852 等可以实现这些功能。

为了保证数据传送的正确和一致，接收和发送双方对数据的传送应确定一致并且互相遵守的约定，它包括定时、控制、格式化和数据表示方法等。这些约定称为通信规则（Procedure）或通信协议（Protocol）。串行传送分为异步协议和同步协议两种。异步传送比较简单，但速度不快。同步协议传送率高，但接口结构复杂，传送大量数据时使用。

异步串行传送在数控机床上应用比较广泛，现在主要的接口标准有 RS-232C/20mA 电流环和 RS-422/RS-449。CNC 装置中 RS-232C 接口如图 3-18 所示，用以连接输入/输出设备（PTR，PP 或 TTY），外部机床控制面板或手控脉冲发生器，传输速率不超过 9600bit/s。使用 RS-232C 接口时要注意如下问题：

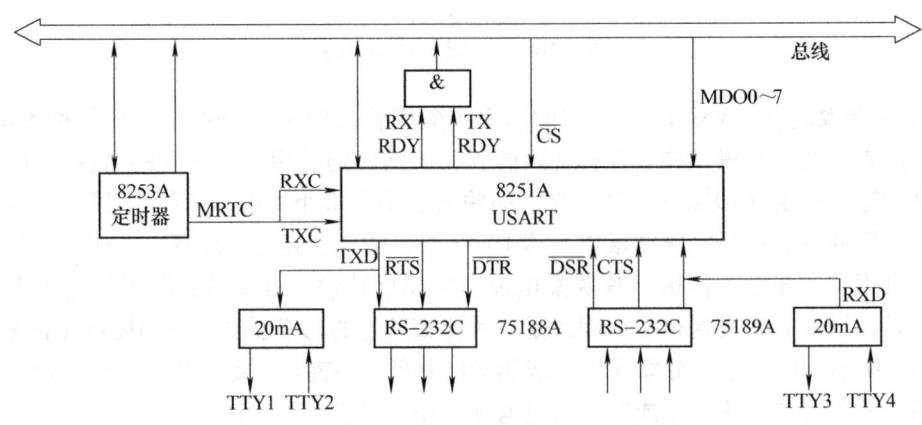

图 3-18　CNC 装置中标准的 RS-232C 接口

① RS-232C 规定了数据终端设备（DTE）和数据通信设备（DCE）之间的信号联系关系，故要区分互相通信的设备是 DTE 还是 DCE。计算机或终端设备为 DTE；自动呼叫设备、调制解调器、中间设备等为 DCE。

② RS-232C 有两个地。一个是机壳地，它直接连到系统屏蔽罩上；另一个是信号地，这个地必须连到一起，它是对所有信号提供一个公共参考点。但信号地不一定与机壳绝缘，因此 RS-232C 长距离传输不可靠。一般一对器件间电缆总长不得超过 30m。

③ RS-232C 规定的电平与 TTL 和 MOS 电路的电平均不相同。RS-232C 规定逻辑"0"为 +3~+15V，逻辑"1"为 -15~-3V。电源通常采用 ±15V 或 ±12V。输出驱动器通常采用 75188 或 MC1488，输入接收器采用 75189 或 MC1489。传输频率不超过 20kHz。

④ CNC 的 20mA 电流环通常与 RS-232C 一起配置，过去它主要用于连接电传打字机和纸带穿孔复校设备。该接口特点是电流控制，以 20mA 电流作为逻辑"1"，零电流为逻辑"0"，在环路中只有一个电源。电流环对共模干扰有抑制作用，并可采用隔离技术消除接地回路引起的干扰，传输距离比 RS-232C 远。

⑤ 目前市场上有波士电子生产的高性能外插 9 针 RS-232C 串行口（带有光电隔离），支持速率最高为 2500kB/s，并将使 RS-232C 的通信线路延长到 1800m。

CNC 的电流环电路如图 3-19 所示，其工作原理如下：

输入信号（TTY3—TTY4）经光电隔离和 75189A 整形后送至 8251A 的接收端 RXD。输出时，由 8251A 的 TXD 端输出经光电隔离 D31 与 TTY1—TTY2 相连。当 TXD 输出为"1"时，光电隔离 D31 断开，使晶体管 T 导通，20mA 电流从 +12V 电源，经 R_8、TTY1 和 TTY2

环路流动，相当逻辑"1"。

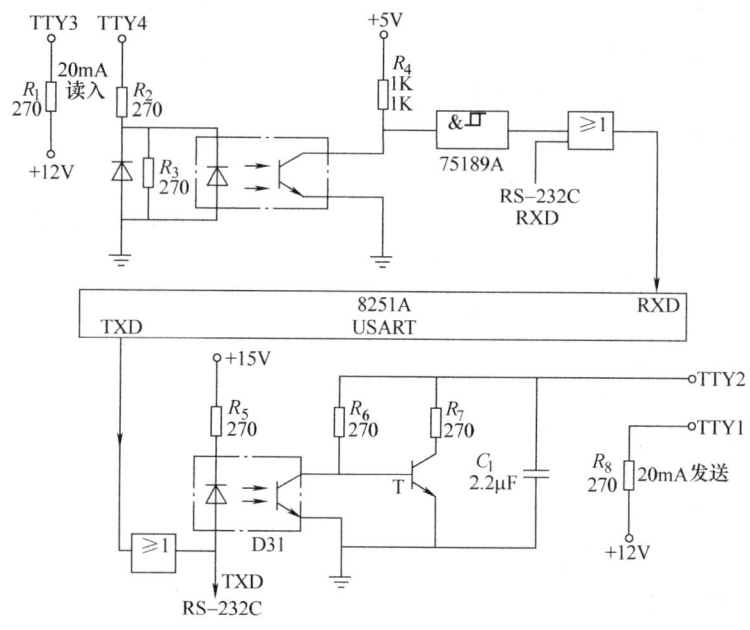

图 3-19 20mA 电流环电路

为了弥补 RS-232C 的不足，提出了新的接口标准 RS-422/RS-449。RS-422 标准规定了双端平衡电气接口模块；RS-449 规定了这种接口的机械连接标准，采用了 37 脚的连接器。与 RS-232C 的 25 脚插座不同，它采用双端（即一个信号的正信号和反信号）驱动器发送信号，用差分接收器接收信号，能抗传送过程的共模干扰，保证更可靠、更快速的数据传送，还允许线路有较大的信号衰减。这样，传送频率比 RS-232C 高得多，传送距离也远得多。

3.5.3 网络通信接口

随着数控技术的不断发展，对网络通信要求越来越高。计算机网络是由通信线路，根据一定的通信协议互联起来的独立自主的计算机的集合。联网中的各设备应能保证高速可靠的传送数据和程序。在这种情况下，一般采取同步串行传送方式，在 CNC 装置中设有专用的微处理器的通信接口，完成网络通信任务。现在网络通信协议都采用以 ISO 开放式互联系统参考模型的七层结构为基础的有关协议，或采用 IEEE802 局部网络有关协议。近年来，MAP（Manufacturing Automation Protocol）制造自动化协议已很快成为应用于工厂自动化的标准工业局部网络的协议。FANUC，Siemens，A-B 等公司表示支持 MAP，在它们生产的 CNC 装置中可以配置 MAP2.1 或 MAP3.0 的网络通信接口。工业局部网络（LAN）有距离限制（几公里），要求较高的传输速率，较低的误码率，可以采用各种传输介质（如电话线、双绞线、同轴电缆和光导纤维等）。

ISO 的开放式互联系统参考模型（OSI/RM）是国际标准组织提出的分层结构的计算机通信协议的模型。这一模型是为了使世界各国不同厂家生产的设备能够互联，它是网络的基础。该通信协议模型有七个层次：

第一层：物理层，功能为相邻节点间传送信息及编码。

第二层：数据链路层，功能为提供相邻节点间帧传送的差错控制。
第三层：网络层，完成节点间数据传送的数据包的路径和由来的选择。
第四层：传输层，提供节点至最终节点间可靠透明的数据传送。
第五层：会议层，功能为数据的管理和同步。
第六层：表示层，功能为格式转换。
第七层：应用层，直接向应用程序提供各种服务。

通信一定在两个系统的对应层次内进行，而且要遵守一系列的规则和约定，这些规则和约定称为协议。OSI/RM 最大优点在于有效地解决了异种机之间的通信问题。不管两个系统之间差异有多大，只要具有下述特点就可以相互通信：

① 它们完成一组同样的通信功能。
② 这些功能分成相同的层次，对等层提供相同的功能。
③ 同等层必须遵守共同的协议。

局部网络标准由 IEEE802 委员会提出建议，并已被 ISO 采用。它只规定了数据链路层和物理层的协议，其数据链路层包括逻辑链路控制（LLC）和介质存取控制（MAC）两个子层。MAC 子层根据采用的 LAN 技术又分为：CSMA/CD 总线（IEEE802.3）、令牌总线（Token Bus IEEE802.4）、令牌环（Token Ring IEEE802.5）。物理层也包括两个子层：介质存取单元（MAU）和传输载体（Carrier）。存取单元分为基带、载带和宽带传输，传输载体有双绞线、同轴电缆、光导纤维等。

西门子公司开发了总线结构的 SINEC H1 工业局部总线，遵守 OSI/RM 协议，可以连接成 FMC 和 FMS。其 MAC 子层遵守 CSMA/CD 总线协议，协议采用自行研制的自动化协议 SINEC AP1.0（Automation Protocol）。

MAP 是美国 GM 公司发起研究和开发的应用于工厂车间环境的通用网络通信标准，目前已成为工厂自动化的通信标准，被许多国家和企业接受。它的特点是：

① 网络为总线结构，采用适用于工业环境的令牌通行网络访问方式。
② 采用了适应工业环境的技术措施，提高了可靠性，如在物理层采用宽带技术及同轴电缆以抗电磁干扰，传输层采用高可靠的传输服务。
③ 具有较完善的而且针对性强的高层协议，以支持工业应用。
④ 具有较完善的体系和互联技术，使网络易于配置和扩展。低层次应用可配最小 MAP（只配数据链路层、物理层及应用层），高层次应用可配备完整的 MAP（包括 7 层协议）。
⑤ 适合 CIM 开发应用。

现在已有部分 CNC 装置采用 MAP2.1 和 MAP3.0 接口板及其配套产品，用于 CNC 系统的网络通信。

3.6 可编程序控制器在数控机床中的应用与调试

可编程序控制器（PLC）在各个领域里得到了愈来愈广泛的应用，在数控机床中同样得到广泛的应用。而要正确地应用 PLC 去完成各种不同的控制任务，首先应了解 PLC 的基本组成和工作原理。目前 PLC 产品种类繁多，不同型号的 PLC 的结构也各不相同，但它们的基本组成和工作原理却大致相同。

3.6.1 可编程序控制器系统的组成与分类

可编程序控制器（Programmable Logic Controller）简称 PLC，国际电工委员会（IEC）对 PLC 所作定义如下：可编程序控制器是一种专为在工业环境下应用而设计的进行数字运算操作的电子系统，主要作用是解决工业设备的逻辑关系与开关量控制。随着技术的进步，PLC 与先进的微机控制技术相结合后，已发展成为一种崭新的工业控制器，其控制功能已远远超出逻辑控制的范畴。

PLC 采用可编程的存储器，用来在其内部存储执行逻辑运算、顺序控制、定时、计数和算术运算等操作的指令，并通过数字式、模拟式的输入和输出，控制各种类型的机械设备和生产过程。

PLC 由中央处理器（CPU）、存储器、输入/输出单元、编程器、电源和外围设备等组成，并且内部通过总线相连，如图 3-20 所示。

PLC 在数控系统中是介于计算机数字控制装置与机床本体之间的中间环节，根据输入的信息，在其内部进行逻辑运算，并完成输入/输出控制功能。用 PLC 程序代替以往的继电器线路实现 M、

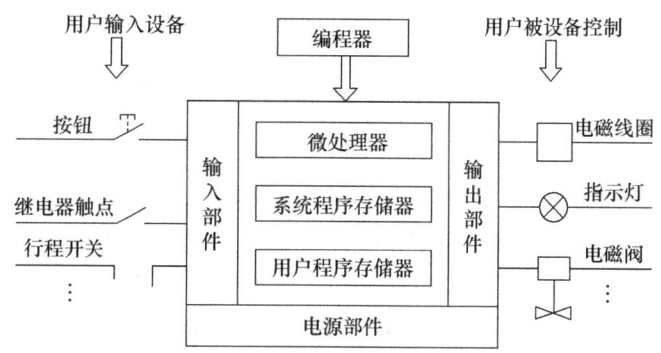

图 3-20　可编程序控制器的基本组成

S、T 功能的控制和译码，即按照预先规定的逻辑顺序对诸如主轴的起停、转向、转数，刀具的更换，工件的夹紧、松开，液压、气动、冷却系统的运行等进行控制。数控机床中所用的 PLC 可分为两类：一类是专为实现数控机床顺序控制而设计制造的内装型 PLC；另一类是独立型 PLC，这类 PLC 的输入/输出技术规范、输入/输出点数、程序存储容量以及运算和控制功能等均能满足数控机床的控制要求。

（1）内装型 PLC

内装型 PLC 从属于数控机床的数控系统，PLC 与计算机数字控制装置之间的信号传送在计算机数字控制装置内部就可以完成，而 PLC 与机床机械部分及其液压、气压、冷却、润滑、排屑等辅助装置，机床操作面板，继电器线路，机床强电线路等部分的信息传送则要通过输入/输出接口来完成。

图 3-21 所示为具有内装型 PLC 的 CNC 系统。

内装型 PLC 实际上是 CNC 装置的一部分，即 CNC 装置具有 PLC 功能，一般是作为一种可选功能提供给用户的。在系统结构上，内装型 PLC 既可以与 CNC 装置共用一个 CPU，也可以单独使用一个 CPU。单独使用一个 CPU 时，PLC 对外有单独配置的输入/输出电路，而不使用 CNC 装置的输入/输出电路。

内装型 PLC 的性能指标（如输入/输出点数、程序最大步数、每步执行时间、程序扫描周期、功能指令数目等）是根据所从属的 CNC 系统的规格、性能、适用机床的类型等确定的，其硬件和软件部分是被作为 CNC 系统的基本功能或附加功能，与 CNC 系统一起统一设

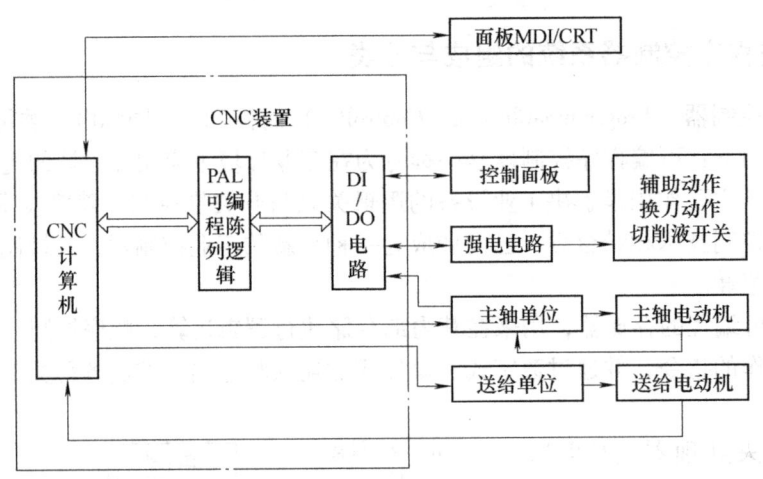

图 3-21 内装型 PLC 的 CNC 系统

计制造的。

内装型 PLC 的特点是：系统硬件和软件整体结构紧凑，PLC 所具有的功能针对性强，技术指标较合理、实用；扩大了 CNC 装置内部直接处理的通信窗口功能，可以使用梯形图的编辑和传送等高级控制功能；造价便宜，提高了 CNC 装置的性价比。

内装型 PLC 适用于单台数控车床等场合。目前，很多数控系统生产厂家的 CNC 装置中都采用了内装型 PLC。

（2）独立型 PLC

独立型 PLC 在 CNC 装置之外，具有完备的硬件和软件，是能独立完成规定控制任务的装置，又称通用型 PLC。图 3-22 所示为独立型 PLC 的 CNC 系统。

数控机床用独立型 PLC，一般采用模块化结构，装在插板式笼箱内。它的 CPU 系统程序、用户程序、输入/输出电路、通信等均设计成独立的模块，具

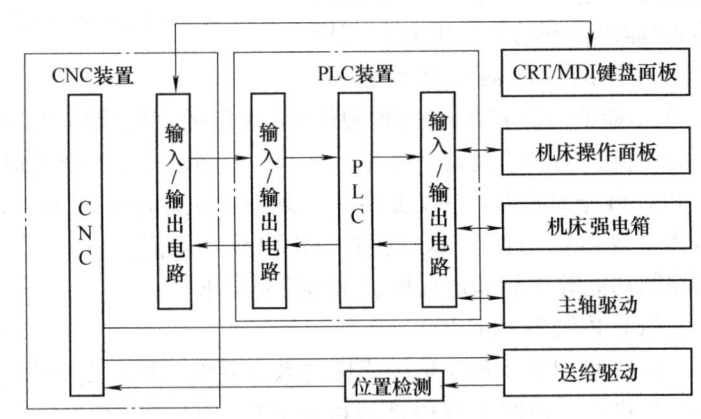

图 3-22 独立型 PLC 的 CNC 系统

有较强的数据处理通信和诊断功能，成为 CNC 与上位计算机联网的重要设备。

独立型 PLC 本身是一个完整的计算机系统，具有 CPU、EPROM、RAM、I/O 接口以及编程器等外围设备通信接口、电源等。独立型 PLC 的 I/O 模块种类齐全，其输入/输出点数可通过增减 I/O 模块灵活配置。

独立型 PLC 与数控系统之间的信息交换可通过 I/O 接口对接方式，也可采用通信方式。I/O 接口对接方式就是将数控系统的输入/输出点通过连线与 PLC 的输入/输出点连接起来，适于数控系统与各种 PLC 的信息交换。但由于每一点的信息传递需要一根信号线，所以这种方式连线多，信息交换量小。

通信方式则可克服上述 I/O 对接的缺点，但采用通信方式的数控系统与 PLC 必须采用同一通信协议。一般来说，数控系统与 PLC 须是同一家公司的产品。采用通信方式时，数控系统与 PLC 的连线少，信息交换量大且非常方便。

独立型 PLC 的特点是：使用灵活，控制功能更强大。

3.6.2 PLC 的接口

PLC 在 CNC 系统中是介于 CNC 装置与机床之间的中间环节。它根据输入的离散信息，在内部进行逻辑运算并完成输出功能。

PLC 梯形图编制的是强电柜控制信号的执行顺序及互锁，主要包括两类接口信息，即硬件电气接口信息和软件寄存器接口信息。

（1）电气接口

① 从信号的流向来看包括输入接口和输出接口。

输入信号：由机床或 CNC 等外部设备向 PLC 传送的信号称为输入信号。

输出信号：由 PLC 向机床或 CNC 等外部设备传送的信号称为输出信号。

② 从信号的幅值特性来看，包括模拟量接口和开关量接口。PLC 常用的电气接口一般有开关量输入接口、开关量输出接口和模拟量输出接口等三种。

（2）寄存器接口

PLC 要实现对各接口的通断和电平状态信息进行识别和处理，必须把它们转换成内部计算机可以识别的变量，这些变量称之为寄存器。

根据不同机型的 PLC，常用的寄存器有以下几种：

① 输入寄存器（X 或 I）。保存各输入接口的状态。

② 输出寄存器（Y 或 O）。保存各输出接口的状态。

③ 辅助寄存器（R 或 M）。辅助寄存器又称中间寄存器，用于保存运算中所需要的中间变量的状态，在 PLC 内起传递信号的作用。

④ 计数器（C）。计数器（COUNTER，简称 C 或 CNT）的符号及应用如图 3-23 所示。

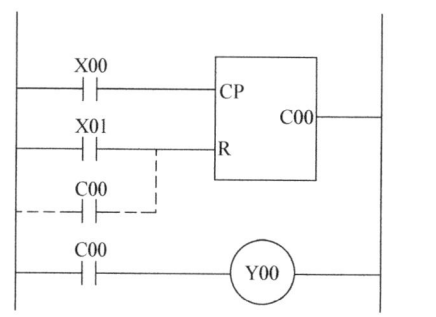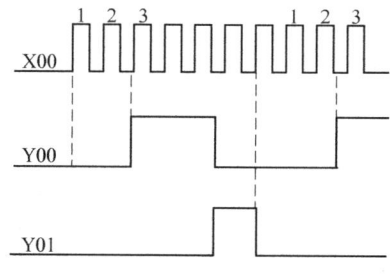

图 3-23　计数器（C）

计数器有一个时钟脉冲端（CP），它接受 PLC 内各种软继电器送入的脉冲信号，在图 3-23 中为输入继电器触点 X00。当 X00 从断开到闭合，每变换一次输入一个脉冲信号，那么，计数器就从当前值减 1。直到计数器当前值为 0 时，计数器线圈通电，它的常开触点闭合、常闭触点断开，这些触点都可以在 PLC 内选择使用。

⑤ 定时器（T）。定时器（TIMER，简称 T）的工作时间即延时时间由程序设定。定时器线圈接受到输入信号后，按数值递减的方式进行。当前数值变为 0 时进行一次输出，即定时器常开触点闭合，如图 3-24 所示。

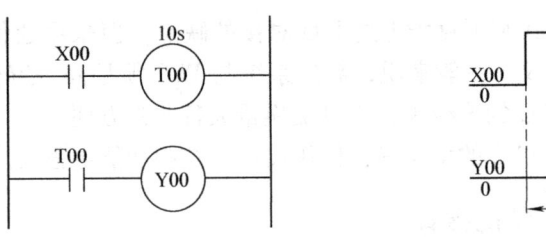

图 3-24 定时器功能图

图 3-24 为定时器功能图，当输入继电器 X00 接受到输入信号后，触点 X00 接通，即为逻辑 1 状态，定时器线圈通电开始计时，经过设定时间（见图 3-24）10s 后，其常开触点 T00 闭合，输出继电器 Y00 线圈通电即为 1 状态。

图 3-25a 为定时器，应用于常开断电延时的梯形图，当输入端有 X00 信号输入时，Y00 通电并经其常开触点自保，因此为常开瞬时触点接通。

当输入信号 X00 消失时，定时器线圈 T00 通电，到达设定时间后，T00 常闭触点断开，Y00 线圈断电。因此构成了常开断电延时触点。

在对某触点即需要通电延时，又需要断电延时，则可采用图 3-25b 由两个定时器组成的电路。此电路相当于常开通电延时闭合、断电延时断开触点。由此可见，利用 PLC 内部继电器组成的延时电路在选型、工艺、改装等各方面都要比普通时间继电器灵活方便得多。

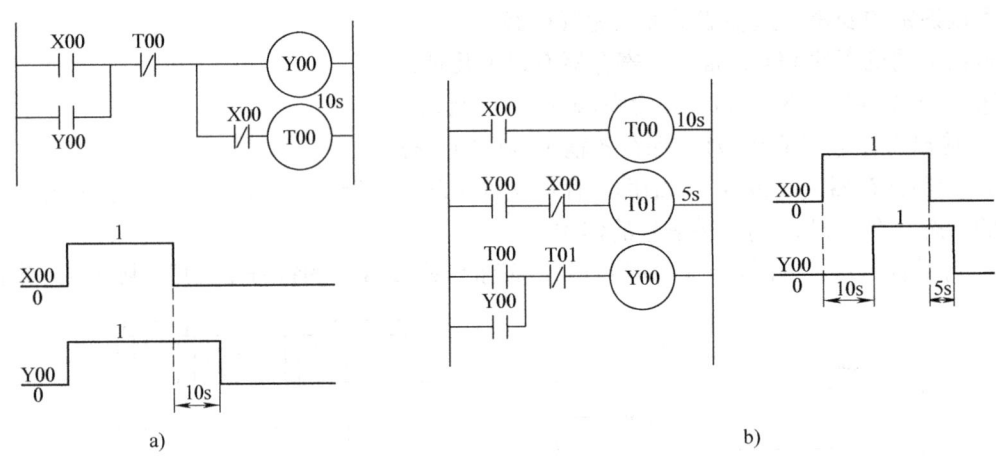

图 3-25 定时器的应用
a) 断开延时控制　b) 接通、断开延时控制

⑥ 断电保存寄存器（B 或 M）。PLC 上电工作时，除去已闭合的输入条件，其他寄存器的值都为 0。

断电保存寄存器除具有辅助寄存器功能外，还具有断电保存的功能，即 PLC 上电时保持上次断电时的状态。

⑦ 用户指令寄存器（P）。一般在内装式 PLC 中提供，各寄存器的含义由 PLC 定义。

⑧ CNC 状态寄存器（F）。一般在内装式 PLC 中提供，各寄存器的含义由数控系统软件定义。

⑨ CNC 控制寄存器（G）。一般在内装式 PLC 中提供，各寄存器的含义由数控系统软件定义。

3.6.3 PLC 的几种控制功能

1）机床操作面板控制。将机床操作面板上的控制信号直接送入 PLC，以控制数控系统的运行。

2）机床外部开关输入信号控制。将机床侧的开关信号送入 PLC 经逻辑运算后，输出给控制对象。这些控制开关包括各类控制开关、行程开关、接近开关、压力开关和温控开关等。

3）输出信号控制。PLC 输出的信号经强电柜中的继电器、接触器，通过机床侧的液压或气动电磁阀，对刀库、机械手和回转工作台等装置进行控制，另外还对冷却泵电动机、润滑泵电动机及电磁制动器等进行控制。

4）伺服控制使能。控制主轴和伺服进给驱动装置的使能信号，以满足伺服驱动的条件，通过驱动装置，驱动主轴电动机、伺服进给电动机和刀库电动机等。

5）报警处理控制。PLC 收集强电柜、机床侧和伺服驱动装置的故障信号，将报警标志区中的相应报警标志位置位，数控系统便显示报警号及报警文本，以方便故障诊断。

6）软盘驱动装置控制。有些数控机床用计算机软盘取代了传统的光电阅读机。通过控制软盘驱动装置，实现与数控系统进行零件程序、机床参数、零点偏置和刀具补偿等数据的传输。

7）转换控制。有些车削中心的主轴可以立/卧转换，当进行立/卧转换时，PLC 完成下述工作：

① 切换主轴控制接触器。

② 通过 PLC 的内部功能，在线自动修改有关机床数据位。

③ 切换伺服系统进给模块，并切换用于坐标轴控制的各种开关、按键等。

3.6.4 可编程序控制器对继电器控制系统的仿真

（1）编程方法

电气控制电路图中，根据流过电流的大小可分为主电路和控制电路。继电器控制系统的自动往返控制电路分成主电路和控制电路两部分，用可编程序控制器替代继电器控制系统中的控制电路部分，而主电路部分基本保持不变。对于控制电路，又可分成三个组成部分：输入部分、输出部分和逻辑部分。输入部分由电路中全部输入信号构成，这些输入信号来自被控对象上的各种开关信号，如控制按钮、操作开关、限位开关、光电管信号等。输出部分由电路中全部输出元件构成，例如接触器线圈、电磁阀线圈等执行电器及信号灯。逻辑部分由各种主令电器、继电器、接触器等电器的触点和导线组成，各电器触点之间以固定的方式接线，其控制逻辑就编制在硬接线中，这种固化的程序不能灵活变更。可编程序控制器的组成框图（图 3-20）也大致可分为三部分：输入部分、逻辑部分和输出部分。这与继电器控制系统很相似：其输入部分、输出部分与继电器控制系统所用的电器大致相同，所不同的是可编程序控制器中输入/输出部分多了输入/输出单元，增加了光电耦合、电平转换、功率放大等功能。可编程序控制器的逻辑部分是由微处理器、存储器组成，由计算机软件替代继电器控制电路,实现"软接线",可以灵活编程。尽管可编程序控制器与继电器控制系统的逻辑部分组成元件不同,但在控制系统中所起的逻辑控制条件作用是一致的,因而可以把可编程序控制器内部看作有许多"软继电器",包括"输入继电器"、"输出继电器"、"中间继电器"、"时间继电器"等。这样,就可以模拟继电器控制系统的编程方法,仍然按照设计继电器控制电路的形式来编制程序,这就是梯形图编程方法。使用梯形图编程时,完全可以不考虑微处理器内部的复杂结构,也不必使用计算机语言。因此,梯形图与继电器控制电路图相呼应,使用起来极为方便。由于可编程序控制器的输入/输出部分与继电器控制系统大致相同,因而在安装使用时也完全可按常规的继电器控制设备那样进行。

(2) 梯形图

如图 3-26 所示为电动机起、停控制电路。图 3-27 是一个电动机起、停控制的梯形图,它与继电器控制电路图有着相呼应之处:它们的电路图结构形式大致相同,控制功能也相同。

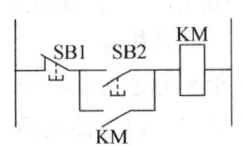

图3-26 电动机起、停控制电路

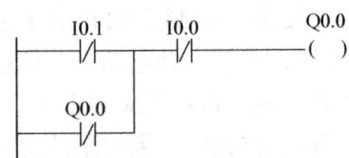

图3-27 电动机起、停控制梯形图

梯形图是可编程序控制器模拟继电器控制系统的编程方法。它由触点、线圈或功能方框等构成,梯形图左、右的垂直线称为左、右母线(SIMATIC S7 系列 PLC 的右母线通常省略不画出)。画梯形图时,从左母线开始,经过触点和线圈(或功能方框),终止于右母线。在梯形图中,可以把左母线看做是提供能量的母线。触点闭合可以使能量流过,直到下一个元件;触点断开将阻止能量流过。这种能量流,称之为"能流"。实际上,梯形图是 CPU 仿真电气控制电路图,使来自"电源"的"电流"通过一系列的逻辑控制条件,根据运算结果决定逻辑输出的模拟过程。梯形图中的基本编程元素有触点、线圈和方框。

1) 触点。代表逻辑控制条件。触点闭合时表示能量流通过。触点分常开触点(—| |—)和常闭触点(—|/|—)两种形式。

2) 线圈。通常代表逻辑"输出"结果。能量流到,则该线圈被激励。

3) 方框。代表某种特定功能的指令。能量流通过方框时,则执行方框所代表的功能被激励。方框所代表的功能有多种,例如定时器、计数器、数据运算等。在梯形图中,每个输出元素(线圈或方框)可以构成一个梯级。每个梯形图网络由一个或多个梯级组成。梯形图与继电器控制电路图相呼应,绝不是一一对应。由于可编程序控制器的结构、工作原理与继电器控制系统截然不同,因而梯形图与继电器控制电路图两者之间又存在着许多差异。

① 可编程序控制器采用梯形图编程是模拟继电器控制系统的表示方法,因而梯形图内各种元件也沿用了继电器的叫法,称之为"软继电器"。梯形图中的"软继电器"不是物理继电器,每个"软继电器"各为存储器中的一位,相应位为"1"态,表示该继电器线圈"通电",故称之为"软继电器"。用"软继电器"就可以按继电器控制系统的形式来设计梯形图。

② 梯形图中流过的"电流"不是物理电流,而是"能流",它只能从左到右、自上而

下流动。"能流"不允许倒流。"能流"到，线圈则接通。"能流"是用户程序解算中满足输出执行条件的形象表示方式。"能流"流向的规定顺应了可编程序控制器的扫描是自左向右，自上而下顺序地进行，而继电器控制系统中的电流是不受方向限制的，导线连接到哪里，电流就可流到哪里。

③ 梯形图中的常开、常闭触点不是现场物理开关的触点。它们对应输入/输出映象寄存器中的相应位的位状态，而不是现场物理开关的触点状态。PLC 认为常开触点是取位状态操作，常闭触点应理解为位取反操作。因此在梯形图中同一元件的一对常开、常闭触点的切换没有时间的延迟，常开、常闭触点只是互为相反状态。而继电器控制系统大多数电器是属于先断后合型的电器。

④ 梯形图中的输出线圈不是物理线圈，不能用它直接驱动现场执行机构。输出线圈的状态对应输出映象寄存器相应位的状态，而不是现场电磁开关的实际状态。

⑤ 编制程序时，可编程序控制器内部继电器的接点原则上可无限次反复使用，因为存储单元中的位状态可取用任意次；而继电器控制系统中的继电器触点数是有限的。但是可编程序控制器内部的线圈通常只引用一次，应慎重对待重复使用同一地址编号的线圈。

3.6.5 可编程序控制器 I/O 延迟响应

（1）I/O 延迟响应

由于可编程序控制器采用循环扫描的工作方式，即对信息串行处理方式，必定导致输入/输出延迟响应。当 PLC 的输入端有一个输入信号发生变化时，到 PLC 输出端对该输入变化做出反应前需要一段时间，这段时间就称为响应时间或滞后时间（通常为几十毫秒）。这种现象称为输入/输出延迟响应或滞后现象。对于一般工业控制要求，这种滞后现象是允许的，但是对那些要求响应时间小于扫描周期的控制系统则不能满足，这时可以使用智能输入输出单元（如快速响应 I/O 模块）或专门的软件指令（如立即 I/O 指令），通过与扫描周期脱离的方式来解决。

（2）响应时间

响应时间是设计 PLC 控制系统时应了解的一个重要参数。响应时间与以下因素有关：

① 输入电路滤波时间。它由 RC 滤波电路的时间常数决定，改变时间常数可调整输入延迟时间。

② 输出电路的滞后时间。它与输出电路的输出方式有关，继电器输出方式的滞后时间为 10ms 左右；双向晶闸管输出方式，在接通负载时滞后时间约为 1ms，切断负载时滞后时间小于 10ms；晶体管输出方式的滞后时间小于 1ms。

③ PLC 循环扫描的工作方式。

④ PLC 对输入采样、输出刷新的集中处理方式。

⑤ 用户程序中语句的安排。

因素③和因素④是由 PLC 的工作原理决定的，是无法改变的，但有些因素是可以通过恰当选择、合理编程得到改善。例如选用可控硅输出方式或晶体管输出方式，则可以加快响应速度等。

由于 PLC 是周期循环扫描工作方式，因此响应时间与收到输入信号的时刻有关，以下对最短和最长时间进行讨论。

① 最短响应时间。如果在一个扫描周期刚结束之前收到一个输入信号，在下一扫描周期进入输入采样阶段，这个输入信号就被采样，使输入更新。这时响应时间最短，如图 3-28 所示。最短响应时间为：

最短响应时间 = 输入延迟时间一个扫描周期 + 输出延迟时间

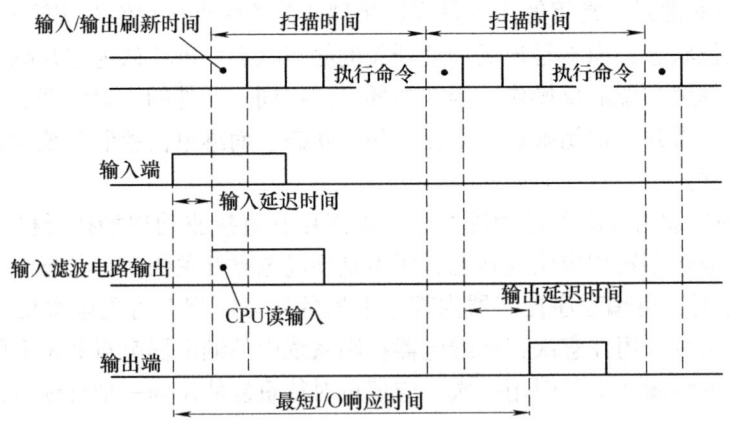

图 3-28　PLC 的最短响应时间

② 最长响应时间。如果收到的一个输入信号经输入延迟后，刚好错过 I/O 刷新时间，在该扫描周期内这个输入信号无效，要到下一个扫描周期输入采样阶段才被读入，使输入更新。这时响应时间最长，如图 3-29 所示。最长响应时间为：

最长响应时间 = 两个扫描时间 + 输出延迟时间

从图 3-29 可见，输入信号至少应持续一个扫描周期的时间，才能保证被系统捕捉到。对于持续时间小于一个扫描周期的窄脉冲，可以通过设置脉冲捕捉功能，使系统同样能够捕捉到。设置脉冲捕捉功能后，输入端信号的状态变化被锁存并一直保持到下一个扫描周期输入刷新阶段。这样，可使一个持续时间很短的窄脉冲信号保持到 CPU 读到为止。

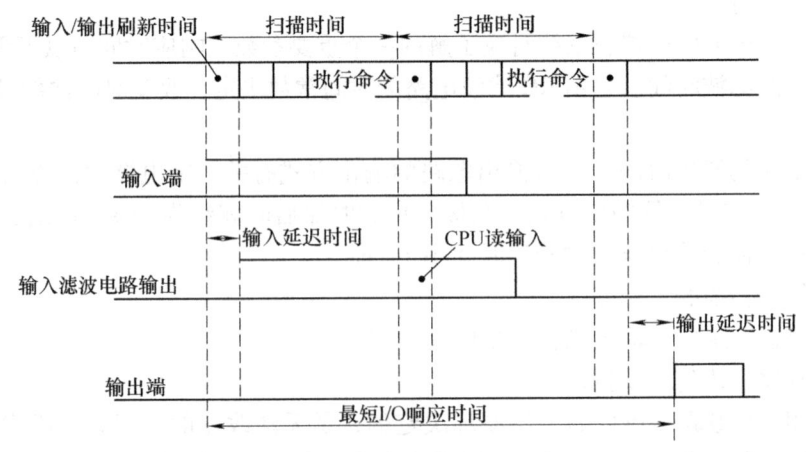

图 3-29　PLC 的最长响应时间

③ 用户程序的语句安排影响响应时间。如图 3-30 所示，从分析梯形图中各元件状态的时序图可以看出这一点。在图 3-30 中，输入信号在第一个扫描周期的程序执行阶段被激励，

该输入信号到第二周期输入采样阶段才被读入,存入输入映象寄存器 I0.2。而后进入程序执行阶段,由于 I0.2 = 1,Q0.0 被激励为"1",Q0.0 = 1 的状态存入输出映象寄存器 Q0.0,同时位存储器 M2.1 = 1。最后进入输出刷新阶段,将输出寄存器 Q0.0 = 1 的状态转存到输出锁存器,直至输出端子 Q0.0,这是 PLC 的实际输出。位存储器 M2.0 要到第三个周期才能被激励,这是由于 PLC 执行程序时是按顺序扫描所致。如果将网络一、网络二的位置对调一下,则其存储器 M2.0 在第二周期也能响应。所以,程序语句的安排影响了响应时间。

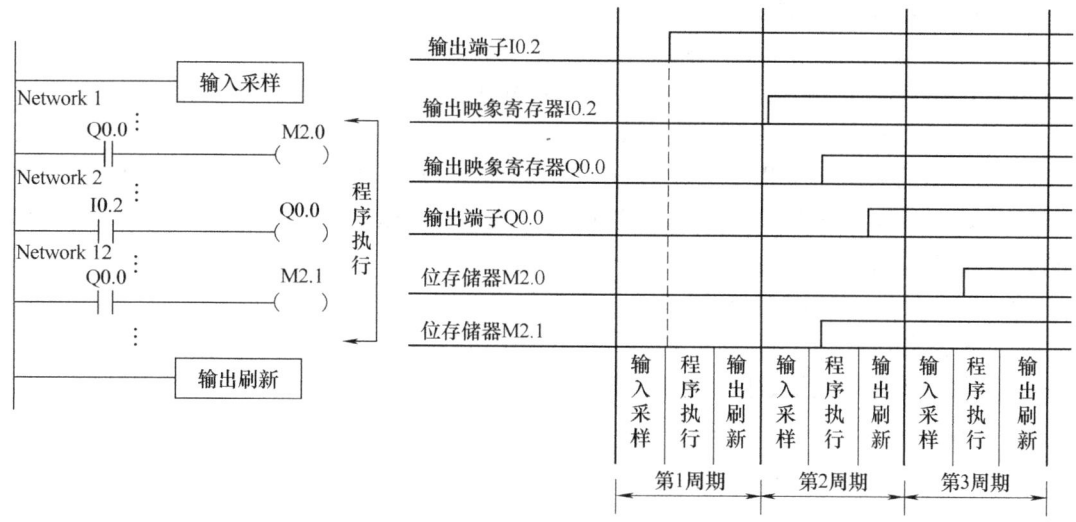

图 3-30 梯形图及各元件状态的时序图

(3) PLC 对 I/O 的处理规则

PLC 与继电器控制系统对信息处理方式是不同的:继电器控制系统是"并行"处理方式,只要电流形成通路,可能有几个电器同时动作;而 PLC 是以扫描的方式处理信息,它是顺序地、连续地、循环地逐条执行程序,在任何时刻它只能执行一条指令,即以"串行"处理方式进行工作。因而在考虑 PLC 的输入/输出之间的关系时,应充分注意它的周期扫描工作方式。在用户程序执行阶段 PLC 对输入/输出的处理必须遵守以下规则:

① 输入映象寄存器的内容,由上一个扫描周期输入端子的状态决定。
② 输出映象寄存器的状态,由程序执行期间输出指令的执行结果决定。
③ 输出锁存电路的状态,由上一次输出刷新期间输出映象寄存器的状态决定。
④ 输出端子板上各输出端的状态,由输出锁存电路来确定。
⑤ 执行程序时所用的输入/输出状态值,取用于输入/输出映象寄存器的状态。

尽管可编程序控制器采用周期循环扫描的工作方式而产生输入/输出响应滞后的现象,但只要使其一个扫描周期足够短,采样频率足够高,足以保证输入变量条件不变,即如果在第一个扫描周期内对某一输入变量的状态没有捕捉到,保证在第二个扫描周期执行程序时使其存在。这样完全符合实际系统的工作状态。从宏观上讲,PLC 恢复了系统对被控制变量控制的并行性。扫描周期的长短和程序的长短以及每条指令执行时间长短有关,而后者又和指令的类型以及 CPU 的主频即时钟有关。一般 PLC 的扫描周期均小于 50~60ms。

3.6.6 PLC 的数据处理功能

1. PLC 与机床之间的信号处理过程

PLC 代替传统的机床强电顺序控制的继电器逻辑，利用逻辑运算实现各种开关量控制。在信息传递过程中，PLC 处于 CNC 和机床之间。CNC 装置和机床之间的信号传送处理包括 CNC 装置传送至机床和机床向 CNC 装置传送两个过程。

（1）CNC 装置传送给机床

① CNC 装置控制程序将输出数据写到 CNC 装置的 RAM 中。

② CNC 装置的 RAM 数据传送给 PLC 的 RAM 中。

③ 由 PLC 的软件进行逻辑运算处理。

④ 处理后的数据仍在 PLC 的 RAM 中，对内装型 PLC，将已处理好的数据再传回 CNC 装置的 RAM 中，通过 CNC 装置的输出接口送至机床；对独立型 PLC，其 RAM 中已处理好的数据通过 PLC 的输出接口送至机床。

（2）机床传送给 CNC 装置

对于内装型 PLC，信号传送处理如下：

① 从机床输入开关量数据，送到 CNC 装置的 RAM。

② 从 CNC 装置的 RAM 传送给 PLC 的 RAM。

③ PLC 的软件进行逻辑运算处理。

④ 处理后的数据仍在 PLC 的 RAM 中，并被传送到 CNC 装置的 RAM 中。

⑤ CNC 装置软件读取 RAM 中数据。

对于独立型 PLC，输入的第一步，数据通过 PLC 的输入接口送到 PLC 的 RAM 中，然后进行上述的第③步，以下均相同。

2. 数控机床中的 PLC 实现辅助功能

PLC 在数控机床中主要实现 M、S、T 等辅助功能。

主轴转速 S 功能用 S00 二位或 S0000 四位代码指定。如用四位代码，则可用主轴速度直接指定；如用二位代码，应首先制定二位代码与主轴转速的对应表，通过 PLC 处理可以比较容易地用 S00 二位代码指定主轴转速。如 CNC 装置送出 S 代码（如二位代码）进入 PLC，经过电平转换（独立型 PLC）、译码、数据转换、限位控制和 D/A 变换，最后输给主轴电动机伺服系统。其中限位控制是当 S 代码对应的转速大于规定的最高转速时，限定在最高转速；当 S 代码对应的转速小于规定的最低速度时，限定在最低转速。为了提高主轴转速的稳定性、增大转矩、调整转速范围，还可增加 1~2 级机械变速档，并通过 PLC 的 M 代码功能来实现。

刀具功能 T 由 PLC 实现，对加工中心的自动换刀的管理带来了很大的方便。自动换刀控制方式有固定存取换刀方式和随机存取换刀方式，它们分别采用刀套编码制和刀具编码制。对于刀套编码的 T 功能处理过程是：CNC 装置送出 T 代码指令给 PLC，PLC 经过译码，在数据表内检索，找到 T 代码指定的新刀号所在的数据表的表地址，并与现行刀号进行判别比较。如不符合，则将刀库回转指令发送给刀库控制系统，直到刀库定位到新刀号位置时，刀库停止回转，并准备换刀。

PLC 完成的 M 功能是很广泛的。根据不同的 M 代码，可控制主轴的正反转及停止，主轴齿轮箱的变速，切削液的开、关，卡盘的夹紧和松开，以及自动换刀装置机械手取刀、归刀等运动。

PLC 给 CNC 的信号，主要有机床各坐标基准点信号，M、S、T 功能的应答信号等。PLC 向机床传递的信号，主要是控制机床执行件的执行信号，如电磁铁、接触器、继电器的动作信号以及确保机床各运动部件状态的信号及故障指示。

机床给 PLC 的信息，主要有机床操作面板上各开关、按钮等信息，其中包括机床的起动、停止，机械变速选择，主轴正转、反转、停止，切削液的开、关，各坐标的点动和刀架、夹盘的松开、夹紧等信号，以及上述各部件的限位开关等保护装置、主轴伺服保护状态监视和伺服系统运行准备等信号。

PLC 与 CNC 之间及 PLC 与机床之间信息的多少，主要按数控机床的控制要求设置。几乎所有的机床辅助功能都可以通过 PLC 来控制。

3.6.7 数控机床中 PLC 的程序编制步骤

数控机床中 PLC 的程序编制是指用户程序的编制。在编制程序时，主要根据被控制对象的控制流程的要求：I/O 点数、存储容量、速度、功能等，并对所用 PLC 的型号、硬件配置（如 I/O 模板类型等）作出选择。编制用户程序的步骤如下：

（1）编制 CNC 装置 I/O 接口文件

CNC 装置 I/O 的主要接口文件有 I/O 地址分配表和 PLC 所需数据表，这些文件是设计梯形图程序的基础资料之一。梯形图所用到的数控机床内部和外部信号、信号地址、名称、传输方向以及与功能指令等有关的设定数据、与信号有关的电气元件等都反映在 I/O 接口文件中。

（2）设计数控机床的梯形图

设计数控机床的梯形图程序与设计继电器控制线路图的方法相类似。若控制系统比较复杂，可采用"化整为零"的方法，等一个个控制功能的梯形图设计出来后，再"积零为整"完善相互关系，使设计出的梯形图实现其根据控制任务所确定的顺序的全部功能。

在设计数控机床的梯形图时，与画继电器电气控制线路图的不同之处主要有：

① 虽然表面上看很相似，但有本质区别：一个是程序，而另一个为电路图。

② 梯形图所用器件为"软继电器"类，其触点数可以无限制地使用；而使用继电器类组成的电气原理图中的触点数有一定限制。

③ 梯形图中只要标注触点、线圈等编号，连接线不必编号。

④ 用户程序执行顺序不同，梯形图是串行的，即从用户程序规定的顺序执行，而且是从头到尾循环执行；而电气线路图是串并行工作的。

⑤ 在梯形图中，不准有不可编程的回路。有些电气线路逻辑图在电气原理中可用，但在 PLC 中却变成了不可执行的程序图，即不可编程的回路。这种图则需作出一些改动后，才可编程。

在设计数控机床的梯形图时，还要用大量的开关量输入信号，用常开触点或常闭触点作为输入信号，设计人员应十分清楚输入信号与梯形图中对应该信号的"1"和"0"状态的关系。若输入信号在输入端用常开触点引入，当触点动作时（即闭合），则为"1"；当触点不动作时，则为"0"。若输入端用常闭触点作为输入信号引入时，当触点动作时（即关断），则为"0"；反之，则为"1"。

因此，设计人员首先要熟悉选定了的 PLC 的梯形图编程有关规定，再结合平时编程的经验以及注意电气控制线路图与 PLC 梯形图的区别，就能较快地设计出正确的梯形图。正确的梯形图除能满足数控机床（被控对象）控制要求外，还应具有最小的步数、最短的顺序处理时间和容易理解的逻辑关系。

（3）数控机床的用户程序的调试

编好的数控机床的用户程序需要经过运行调试，以确认是否满足数控机床控制的要求。一般来说，用户程序要经过"仿真调试"（或称模拟调试）和"联机调试"合格，并制作成程序的控制介质后，才算编程完毕。

3.6.8 PLC 在数控机床上的调试

1. 主轴的控制

（1）数控机床主轴的运动控制

数控机床控制主轴运动的局部梯形图，如图 3-31 所示。这是用 PLC 控制系统代替主轴运动的继电器控制系统的实例。图中包括主轴旋转方向控制（顺时针旋转或逆时针旋转）和主轴齿轮换档控制（低速档或高速档）。控制方式分手动和自动两种工作方式。当数控机床操作面板上的工作方式开关选在手动时，HS.M 信号为 1，此时，自动工作方式信号 AUTO 为 1。（梯级 1 的 AUTO 常闭软接点为"1"）。由于 HS.M 为 1，软继电器 HAND 线圈接通，使梯级 1 中的 HAND 常开软接点闭合，线路自保，从而处于手动工作方式。

在"主轴顺时针旋转"梯级中，HAND = "1"；当主轴旋转方向旋钮置于主轴顺时针旋转位置时，CW.M（顺转开关信号）= "1"；又由于主轴停止旋钮开关 OFF.M 没接通，SPOFF 常闭接点为"1"，使主轴实现手动控制顺时针旋转。

和顺时针旋转分析方法相同，当逆时针旋钮开关置于接通状态时，使主轴逆时针旋转。由于主轴顺时针旋转和逆时针旋转继电器的常闭触点 SPCW 和 SPCCW 互相接在对方的自保线路中，再加上各自的常开触点接通，使之自保并互锁。同时，CW.M 和 CCW.M 是一个旋钮的两个位置，也起到互锁作用。

在"主轴停"梯级中，如果把主轴旋钮开关接通（即 OFF.M = "1"），使主轴停软继电器线圈通电，它的常闭软触点（分别接在主轴顺转和主轴逆转梯级中）断开，从而停止主轴转动（正转和逆转）。

在机床运行的顺序程序中，需执行主轴齿轮换档时，零件加工程序上应给出换档指令。M41 代码为主轴齿轮低速档指令，M42 代码为主轴齿轮高速档指令。以变低速档齿轮为例，说明自动换档控制过程。

带有 M41 代码的程序输入执行，经过延时，MF = 1，DEC 译码功能指令执行，译出 M41 后，使 M41 软继电器接通，其接在"变低速档齿轮"梯级中的软常开触点 M41 闭合，从而使继电器 SPL 接通，齿轮箱齿轮换在低速档。SPL 的常开触点接在延时梯级中，此时闭合，定时器 TMR 开始工作。经过定时器设定的延时时间后，如果能发出齿轮换档到"主轴停"梯级中，把主轴停止旋钮开关接通（即 OFF.M = "1"），使主轴停软继电器线圈通电，常闭软触点（分别接在主轴顺转和主轴逆转梯级中）断开，从而主轴停止转动（正转或逆转）。

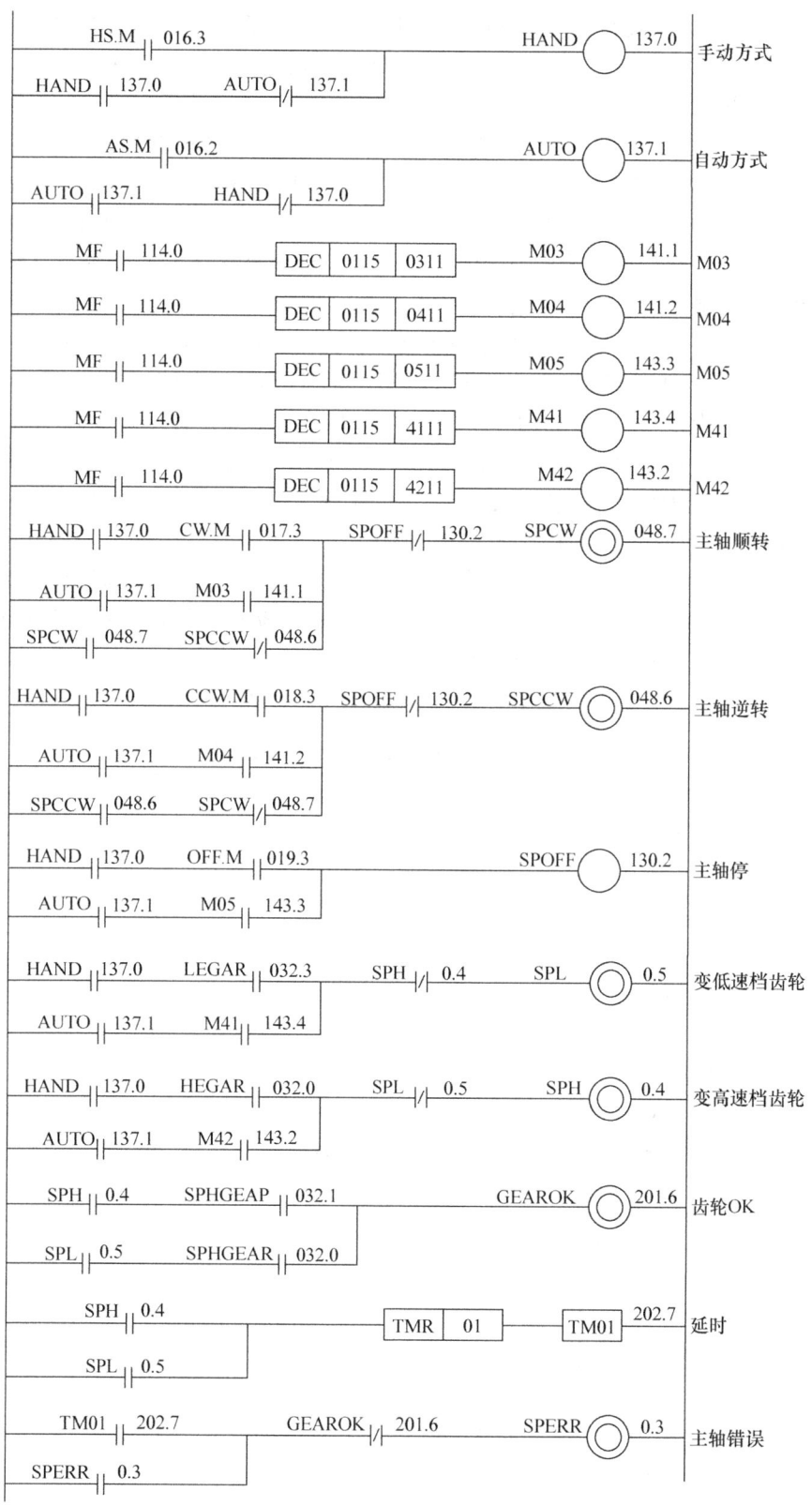

图 3-31　数控机床控制主轴运动的局部梯形图

工作方式开关选在自动位置时，此时 AS.M = "1"，使系统处于自动方式（分析方法和主轴手动方式同）。由于手动、自动方式梯级中软继电器的常闭触点互相接在对方线路中，使手动自动工作方式互锁。

在自动方式下，通过程序给出主轴顺时针旋转指令 M03，或逆时针旋转指令 M04，或主轴停止旋转指令 M05，来分别控制主轴的旋转方向和停止。图 3-31 中 DEC 为译码功能指令。当零件加工程序中有 M03 指令，在输入执行时经过一段时间延时（约几十毫秒），NT = "1"，开始执行 DEC 指令，译码确认为 M03 指令后，M03 软继电器接通，其接在"主轴顺转"梯级中的 M03 软常开触点闭合，使继电器 SPCW 接通（即为"1"）主轴顺时针（在自动控制方式下）旋转。若程序上有 M04 指令或 M05 指令，控制过程与 M03 指令类似。

当位开关信号，即 SPLGEAR = "1"，说明换档成功。为使换档成功，软继电器 GEAROK 接通（即为"1"），SPERR 为"0"，即 SPERR 软继电器断开，没有主轴换档错误。当主轴齿轮换档不顺利或出现卡住现象时，SPLGEAR 为"0"，则 GEAROK 为"0"，经过 TMR 延时后，延时常开触点闭合，使"主轴错误"继电器接通，通过常开触点保持闭合，发出错误信号，表示主轴换档出错。

处于手动工作方式时，也可以进行手动主轴齿轮换档。此时，把机床操作面板上的选择开关 LGEAR 置 1（手动换低速齿轮档开关），就可完成手动将主轴齿轮换为低速档。同样，也可由主轴出错显示来表明齿轮换档是否成功。

在 CNC 系统中，PLC 控制主轴运动的局部梯形图的程序编码如表 3-2 所示。

表 3-2 PLC 控制主轴运动的局部梯形图的程序编码

步 序	指 令	地址数，位数	步 序	指 令	地址数，位数
1	RD	016.3	19	RD	114.0
2	RD.STK	137.0	20	DEC	0115
3	AND.NOT	137.1	21	PRM	0511
4	OR.STK		22	WRT	143.3
5	WRT	137.0	23	RD	114.0
6	RD	016.2	24	DEC	0115
7	RD.STK	137.1	25	PRM	4111
8	AND.NOT	137.0	26	WRT	143.4
9	OR.STK		27	RD	114.0
10	WRT	137.1	28	DEC	0115
11	RD	114.0	29	PRM	4211
12	DEC	0115	30	WRT	143.2
13	PRM	0311	31	RD	137.0
14	WRT	141.1	32	AND	017.3
15	RD	114.0	33	RD.STK	137.1
16	DEC	0115	34	AND	141.1
17	PRM	0411	35	OR.STK	
18	WRT	141.2	36	RD.STK	048.7

(续)

步　序	指　令	地址数, 位数	步　序	指　令	地址数, 位数
37	AND. NOT	048.6	61	OR. STK	
38	OR. STK		62	AND. NOT	0.4
39	AND. NOT	130.2	63	WRT	0.5
40	WRT	048.7	64	RD	137.0
41	RD	137.0	65	AND	032.2
42	AND	018.3	66	RD. STK	137.1
43	RD. STK	137.1	67	AND	143.2
44	AND	141.2	68	OR. STK	
45	OR. STK		69	AND. NOT	05
46	RD. STK	048.6	70	W RT	0.4
47	AND. NOT	048.7	71	RD	0.4
48	OR. STK		72	AND	032.1
49	AND. NOT	130.2	73	RD. STK	0.5
50	WRT	048.6	74	AND	032.0
51	RD	137.0	75	OR. STK	
52	AND	019.3	76	WRT	201.6
53	RD. STK	137.1	77	RD	0.4
54	AND	143.3	78	OR	0.5
55	OR. STK		79	TMR	01
56	WRT	130.2	80	W RT	202.7
57	RD	137.0	81	RD	202.7
58	AND	032.3	82	OR	0.3
59	RD. STK	137.1	83	AND. NOT	201.6
60	AND	143.4	84	W RT	0.3

(2) 数控机床主轴的定向控制

在数控机床上进行工件自动加工时，自动交换刀具或镗孔时有时就要用到主轴定向功能。其控制梯形图如图3-32所示。

在图3-32中，M06是换刀指令，M19是主轴定向指令，这两个信号并联做主轴定向控制的主指令信号。AUTO为自动工作状态信号，手动时AUTO为"0"，自动时为"1"，RST为CNC系统的复位信号。ORCM为主轴定向继电器，其触点输出到机床控制主轴定向。

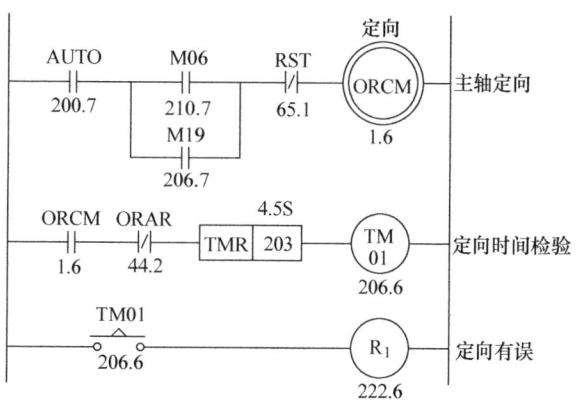

图 3-32 数控机床控制主轴定向运动的梯形图

ORAR 为从数控机床侧输入的"定向到位"信号。

在 CNC 装置中，为了检测主轴定向是否在规定时间内完成，设置了定时器 TMR 功能，整定时限为 4.5s（视需要而定）。当在 4.5s 内不能完成定向控制时，将发出报警信号。R_1 为报警继电器。

在梯形图中应用了功能指令 TMR 进行定时操作。4.5s 的延时数据可通过手动数据输入面板 MDI 在 CRT 上预先设定。并存入第 203 号数据存储单元 TM01 即 1# 定时继电器。

TMR 定时器的定时数据设定以 50ms 为单位。将延时时间化为毫秒数再除以 50，然后以二进制数写入选定的储存单元，本例延时 4.5s，即 4500ms，除以 50 得到 90，将 90 以二进制数表示为 01011010，存入 203 号单元，只占用 16 位的 203 单元中的低 8 位。

2. CNC 装置刀库的控制

数控机床的 T 功能是刀具选择功能。T 功能可以管理刀库，进行自动刀具交换，一般有两种换刀控制方式，即刀套编码和刀具编码制。PLC 可以按不同编码制来处理 T 功能，刀套编码的 T 功能处理流程图如图 3-33 所示。

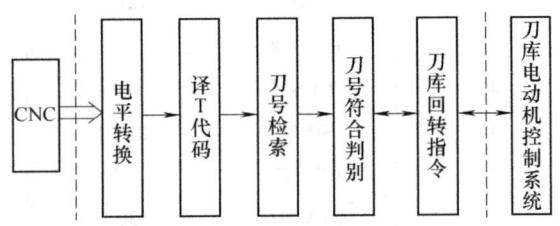

图 3-33 CNC 装置刀库的控制流程图

从图 3-33 中 PLC 处理 T、S 代码的过程可以看出，数控系统送出 S、T 代码后均应先进行电平转换，再进行译码，即识别出 M、S、T 等控制信息，然后再进行如数据转换、刀具检索、符号判别、刀库回转等处理过程。因此，所用 PLC 的指令系统中，也就有处理相应过程的指令，如译码指令（DEC）、代码转换指令（COD）、刀库旋转指令（ROT）、数据转换指令（DCNV）、一致性判别指令（COIN）、数据检索指令（DSCH）等。这些指令都是 PLC 的专用指令。

数控机床设有 8 个刀位的刀库，如图 3-34a 所示，可在加工过程中进行自动换刀。为此，预先要把刀号寄存在数据表中，如图 3-34b 所示。

图 3-35 是固定存取、自动换刀、寻找刀号控制的梯形图。在 PLC 处理 T 代码的过程中，应用了多个功能指令以实现自动换刀控制，根据图 3-35 梯形图逐一加以说明如下。

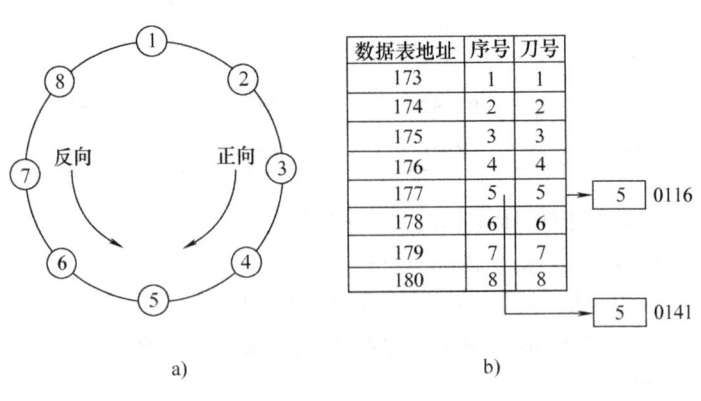

图 3-34 自动换刀示意图

(1) T 代码检索指令 DSCH

T 代码检索指令 DSCH 是一个数据检索指令，用来检索 T 代码。它有以下 3 个控制条件：

① 控制线 0#。"0" 处理两位 BCD 码数据；
     "1" 处理四位 BCD 码数据。

② 控制线 1#。复位信号 RST；
"0" TERR 不复位；
"1" TERR 复位。
③ 控制线 2#。检索控制信号；
"0" 不作处理，对 TERR 不起作用；
"1" 执行检索处理。

DSCH 指令用于输入与表数据相同的数据的检索，若检索"有"，在输出数据地址中存入该数据的表头的相对地址。同时将输出软继电器 TERR 置"0"；若未检索出，TERR 为"1"。

该指令共有如下 4 个预置参数：

① 参数 1 为数据表容量。图 3-34a 所示的自动换刀库共有 8 把刀，建立的刀号数据表只有 8 个数，故本参数预定值为 0008。

② 参数 2 为数据表的头部地址。按图 3-34b 这个参数为 0173。

③ 参数 3 为数据检索数据地址。假定数控机床正使用的刀号是 8，而下一段加工程序要换 5 号刀。检索功能需将 5 号刀从数据表中检索出来，并把刀号 5 以两位 BCD 码的形式存入 0116 地址单元中，则参数 3 的值即为 0116。

④ 参数 4 检索结果输出地址。检索功能将检索出来的 5 号刀所在数据表中的序号 5 也以两位 BCD 码输出到 0141 地址单元中，故参数 4 的值即为 0141。

通电后常闭触点 A 断开，"0" 控制线为 "0" 态，故 DSCH 功能指令按 2 位 BCD 码处理检索数据。当 CNC 系统从穿孔带上读到指令代码信号时，表示要进行自动换刀。将此信息传入 PLC，经延时 80ms 以后，TF 闭合，开始 T 代码检索，即由所预置的参数决定。将 5 号刀号存入 0116，将序号 5 存入 0141，同时 TERR 置 "0"。

（2）刀位一致性判别指令

刀位一致性判别指令为 COIN，该指令判别基准值与比较值是否一致。当判别一致时，将输出软继电器 TCOIN 置 "1"；不一致时，则 TCOIN 置 "0"。

其控制条件 0#线、2#线与 DSCH 指令一样，而控制 1#线是 "0" 时，基准值为常数；为 "1" 时，基准值为地址。

在图 3-35 中，COIN 指令处理两位 BCD 码。因 A 信号上电状态为 1，故 2#控制线为 "1"，COIN 处理的基准值为地址。这与后面的参数相一致。

COIN 指令的参数有两个：第一个参数是基准值或基准值的地址，第二个参数是比较值或比较值的地址。本例按地址处理，故两参数分别为 0141 和 0164，其中 0141 存放的是新刀序号 5，而 0164 存放的是原使用刀的序号 8。

当 TERR 由 DSCH 指令置 "0" 后，COIN 指令即开放执行。因 0141 与 0164 内数据不一致，则输出 TCOIN "0"，这将起动刀库回转。

（3）刀库回转控制指令 ROT

刀库回转控制指令 ROT 的功能是计算刀库或转塔的目标位置和现在位置之间相差的步数域位置号，并把它置入计算结果地址，可实现以最短路径将刀库或转塔转至预期位置。

指令 ROT 的控制条件共有以下 6 个：

① 控制线 0#。"0" 刀库开始号为 0；

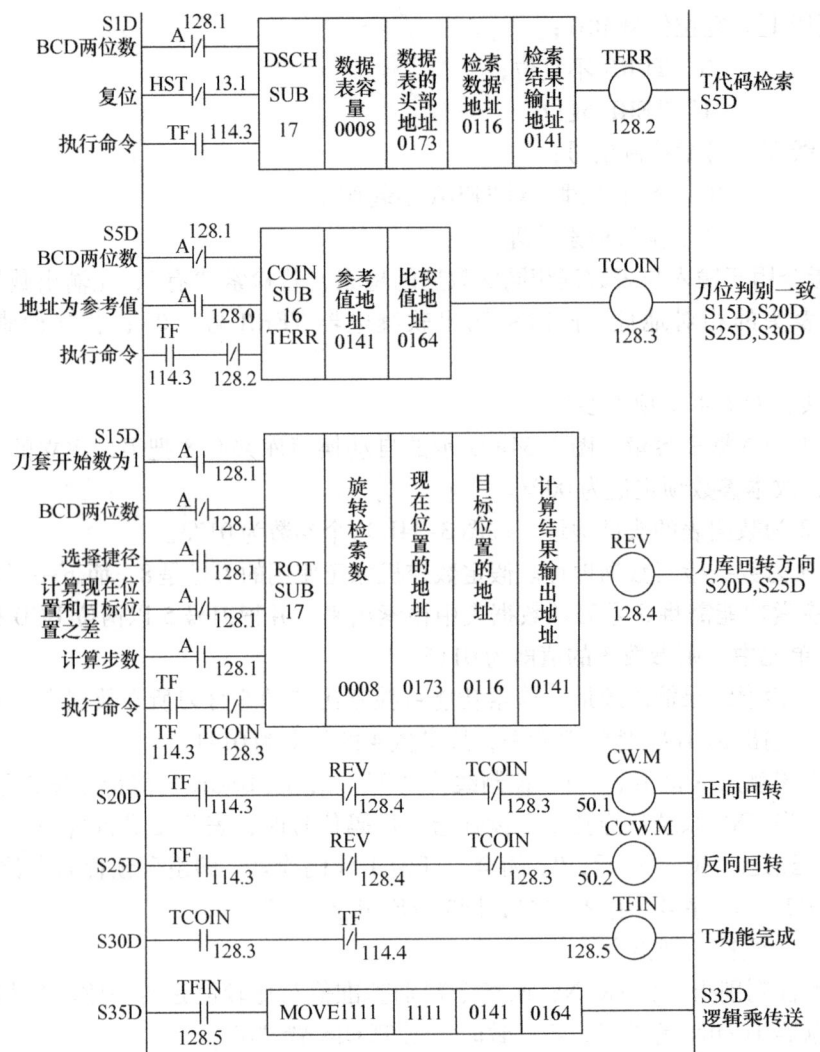

图 3-35　固定存取、自动换刀、寻找刀号控制的梯形图

  "1" 刀库开始号为 1。

② 控制线 1#。"0" 定位数据为两位 BCD 码；

   "1" 定位数据为四位 BCD 码。

③ 控制线 2#。"0" 刀库 1 个方向旋转（CCW）；

   "1" 刀库 2 个方向旋转（CW，CCW）。

④ 控制线 3#。"0" 计算目标位置；

   "1" 计算目标位置前 1 个位置。

⑤ 控制线 4#。"0" 计算位置号（定位号）；

   "1" 计算步数。

⑥ 控制线 5#。"0" 不进行处理；

   "1" 执行 ROT 指令。

软继电器 REV 的状态是：

"0"表示转向为 CW（向刀库定位号增加的方向旋转）；

"1"表示转向为 CCW（向定位号减少的方向旋转）。

转向以最短路径来决定。

根据梯形图中接点 A 的状态，即可决定图 3-35 中 ROT 指令的控制条件。

ROT 指令参数也有 4 个：参数 1 为旋转检索数，即旋转定位数，选为 8；参数 2 为现在位置的地址，本例所用刀具序号在 0164 地址内，故参数 2 为 0164；参数 3 为目标位置地址，本例应为 0141；参数 4 为计算结果输出地址，本例选定为 0142。

当刀具判别指令执行后，TCOIN 输出为"0"，其常闭触点闭合，TF 此时仍为"1"，故旋转控制 ROT 指令开始执行。根据 ROT 控制条件的设定，计算出刀库现在位置与目标位置相差步数为 2，将此数据存入 0142 地址，并选择出最短旋转路径。使 REV 置"1"，通过 CCW. M 反向旋转继电器，驱动刀库反向旋转 2 步，即找到了 5 号刀位。

（4）逻辑"与"后传输指令 MOVE

逻辑"与"后传输指令 MOVE 的功能是将比较数据与输入数据进行逻辑"与"（AND），把结果存在输出数据地址中。为此，该指令有 4 个参数：参数 1 是比较数据的高 4 位，参数 2 是比较数据的低 4 位，参数 3 是输入数据的地址，参数 4 是输出数据的地址。利用"与"逻辑的功能，可使该指令对数据的高 4 位或低 4 位进行屏蔽，或消除数据中的干扰信号。本例使用这条指令的是将存于 0141 地址的新刀具序号 5 照原样传送到 0164 地址中，为下次换刀做准备。因此，参数 1 和 2 均采用了全 1，经与 0141 内的数据 5 的两位 BCD 代码 00000101 相"与"后，其值不变，照原样传送到 0164 地址。

当刀库反转 2 步到位后，ROT 指令执行完毕。此时 T 功能完成，信号 TEIN 的常开触点闭合，使 MOVE 指令开始执行，完成数据传送任务。

下一扫描周期，COIN 刀位判别执行结果，使 TCOIN 置"1"，切断 ROT 指令、切断 CCW. M 控制，刀库不再回转即可进行自动换刀操作，同时给出 TFIN 信号，报告 T 功能已完成。若下一零件加工程序段需另换一把刀，则重复上述操作。

3.7 数控系统的调试技术

在调试数控系统以前，按照调试安装手册中规定的内容逐项进行检测。待一切就绪后，进入调试工作。下面以配 FANUC0-MC 系统的 XK5040 数控立式铣床为例，说明数控系统调试的方法。

3.7.1 分辨率的计算

如选定的 XK5040 数控立式铣床是半闭环的坐标伺服系统，分辨率由编码器所接收到的进给轴发出的脉冲来确定，公式为

$$\frac{1}{R_d \times R_h} = N \times R$$

式中　R_d——坐标伺服电动机和滚珠丝杠之间的速比；

　　　R_h——滚珠丝杠螺距；

　　　N——旋转编码器的脉冲数（4 或 2），它等于倍频数；

R——脉冲表示的分辨率（μm）。

3.7.2　输入机床参数的顺序

输入机床参数的顺序如下：
① 断开各种转换器和驱动器，接通数控系统。
② 输入基本参数及主轴起动、停止参数。
③ 断开数控系统。
④ 连接各坐标伺服单元和各种转换装置。
⑤ 接通数控系统，在点动（JOG）方式下检查机床各坐标的运动是否与设定的参数一致。
⑥ 将相应的参数设定为连续控制。

输入机床参数时，可通过外部设备进行输入。

3.7.3　各坐标轴的控制调整

① 在不带反馈的情况下，用手动方式分别移动各坐标轴。如果出现运行不平稳的现象，可能是由于速度环的原因，需要改变坐标轴测速发电机的连接。
② 连接反馈并且用手动的方式分别移动各坐标轴。如果出现运行不平稳的现象，用CNC 系统的 CRT 显示该坐标轴的跟随误差。此时可以修改有关参数、计数方向或者输出符号。如果计数方向设定不对，此时需要改变两个参数，同时可改变 JOG 键的运动方向。
③ 在对各坐标轴的控制进行调整时，必须是各坐标轴分别调整，可按 X 轴→Y 轴→Z 轴→C 轴的顺序进行。

3.7.4　各坐标轴软极限的调整

在手动方式下，执行机床各坐标轴的零点检索，分别将各坐标轴移动到需要的限位开关的安全距离，然后输入相应坐标轴的极限尺寸参数，这个参数值显示在 CRT 上。用同样的方法分别设定各坐标轴的其他方向距离的参数。

3.7.5　偏置值和最大进给率的调整

调坐标轴的进给调节器，最大速度是 ±19VDC 输出。要调整偏移，需要先将调整器的输入部分短路，然后在测速发电机的端子上用万用表测量电压，如果电压不为零，则调整偏移值为 0V。

用如下步骤调整各坐标轴的最大进给率：
① 用已知的坐标伺服电动机的最大转速、伺服电动机和滚珠丝杠的变速比和测速电动机常数来计算。
② 编制一段程序用于 G00 指令的连续动作。
③ 在 G00 状态下，数控系统给出最大输出，并调整为 9V；控制调节器的输入部分，并调整为 4.5V，再用调节器的速度电位计测量其输出。

3.7.6 输入机床参数

机床参数可直接用键盘送入 CNC 系统中，具体输入步骤可按如下进行。

（1）机床参数存储器的锁存与解锁

在 FANUC0-MC 系统中，存储器可以锁存与解锁。锁存的目的在于保护机床参数、M 功能译码表和螺距误差补偿参数等。解锁的目的在于输入或修改这些参数。

锁存或解锁可按照说明书指出的方法，按照操作方式键、编辑方式键以及 ENTER 键等进行操作。

（2）机床参数的设定

按"9"键，屏幕显示 SPECIAL 特殊方式；按"1"键，屏幕显示参数内容。操作中还可以实现翻下一页和翻上一页的参数内容。

在输入参数值时，先按参数号，再按"="键，然后输入要求的数值，最后按"ENTER"键。如果要输入的信号是"yes"或"no"，则按"="键后，再按"y"或"n"键，最后按"ENTER"键。

（3）机床参数的划分

这里把机床参数划分为一般参数和通用参数。

一般参数的主要内容有奇偶校验、停止位、进给倍率开关、电压频率、主轴速度、CNC的控制坐标轴数、手动操作等的设定，还包括 X、Y、Z 坐标轴参数和第四坐标轴（即 C 坐标轴）参数的设定。

各坐标轴参数的主要内容有模拟量输出符号、计数方向、运动方向、计数分辨率以及控制方式、进给率、机床参考点、跟随误差等内容。

通用参数的主要内容有各坐标轴脉冲种类、倍频、编码器、各坐标轴的螺距误差补偿、反向间隙补偿、零点偏移等内容。

一般参数从 P000 到 P519 进行设定，通用参数从 P600 到 P935 进行设定。

3.7.7 设置 M 功能代码

FANUC0-MC 系统有 15 个译码输出用于 M 功能，一个译码输出最多有 32 个 M 功能，一个 M 功能最多控制 15 个输出。M 功能主要用于主轴的起动、停止，主轴的正、反转，程序暂停，程序结束，切削液的开启和关断等辅助功能。

在 CNC 系统中设定这些 M 功能的输出，输入过程如下：

① 按"OP-MODE"操作方式键。

② 按特殊方式"9"键。

③ 按"2"键，在 CRT 上显示各 M 功能。

④ 输入所需的 M 功能代码。

⑤ 按"NEXT"键，然后按"0"或"1"（取决于 M 功能是否要触发一个特定的输出）。第 1 行输入完后，输入第 2 行……当第 17 位输入"0"时，CNC 等待接收"M 功能执行完"信号。

⑥ 按"ENTER"键，把写好的内容输入到 CRT 显示信息最前面的空位上。

⑦ 如果要删除某个 M 功能，按 M 代码，然后按"DELETE"键。

⑧ 如果当前设定的 M 代码在前面已经设定过，则当前设定取代前面设定。
⑨ 任何时候 CRT 上都显示 4 个 M 代码。
⑩ 要直接调出已经设定好的 M 代码，先输入它的号码，然后按"RECALL"键。

确定与 M 有关的代码输出后，按"RESET"复位键或者将 CNC 断电，使 M 功能置入 CNC 系统。

3.7.8 各直线坐标轴滚珠丝杠的误差补偿

FANUC 0i 数控系统可对各直线坐标轴的滚珠丝杠的误差进行螺距补偿。每个坐标轴可以最多补偿 30 个点，而且每个坐标轴可以用 30 或 60 对参数来完成这种补偿功能。补偿方法如下：

① 对于 X 坐标轴来说，第一对参数必须设置在 X 坐标轴的最大负值点或者最小正值点上。

② 以后该轴的补偿点参数必须按照它们在坐标轴上的位置，按照顺序分别输入并且确定。

③ 注意机床各坐标的参考零点应包括在各坐标轴上的误差补偿点中，并且各坐标轴的参考零点的误差分别为零。

④ 如果各坐标轴所需补偿的点少于 30 个点，那么未补偿的点的参数被赋零值。

⑤ 从补偿点到机床各直线坐标轴的参考点的最大距离不能超过 ±388.607mm，这对于最大行程为 900mm 的 XK5040 数控铣床来说完全够用。

⑥ 各直线坐标两个相对补偿点的距离最大限制在 524.278mm，也完全够用。

⑦ 各坐标任意一点的最大误差补偿值为 ±32.766mm，这对于一般数控机床的坐标螺距补偿（不会超过 0.05mm）来说足够用了。一般的数控机床的补偿都在 0.02mm 以内。

⑧ 各直线坐标补偿的相邻两点之间的最大补偿值不能超过 ±0.127mm。

⑨ 要注意，对于各坐标轴补偿区域以外的点，FANUC 0i 数控系统将提供补偿区域两端的补偿值。

⑩ 还要特别注意，各坐标轴的两个相邻补偿点的误差曲线斜率不能大于 3%。例如两相邻补偿点的距离是 3mm，它们相应的补偿误差不得超过 0.09mm。又例如两个相邻补偿点的补偿值之差为最大 0.127mm 时，两个补偿点之间的距离不能小于 4.233mm。

3.7.9 机床各坐标轴参考点及机床零点的设定

所有数控机床的坐标轴上都有机床参考点及零点，XK5040 数控铣床的各坐标参考点及零点的设定是一项十分重要的工作。

通常情况下，利用各坐标轴的伺服检测反馈系统提供相应基准脉冲来选择机床参考点。对于闭环系统的直线光栅尺来说，通常每 50mm 产生一个基准脉冲，也有的直线光栅尺每 20mm 就产生一个基准脉冲。对于闭环系统的旋转编码器或旋转变压器来说，产生基准脉冲的距离比直线光栅尺要小得多，如 6mm。那么这个基准脉冲通常就被选定为数控系统计数的基准，通过机床参数可以设定这个基准点为任何正值或者负值。如果这个基准点的值设为零，那么这个点也将是机床零点；如果该点的值不是零，那么这个点的数值就是机床参考点到机床零点的距离。通常根据需要，往往将机床参考点与机床零点设为重合。

对 XK5040 数控铣床，可以按如下方法设定机床的参考点：

① 可采用微动开关的常开点使数控系统接收一个参考基准脉冲，此时相应的参数设定为零。

② 各坐标轴将根据相应参数所设定的符号，沿正向或负向运动到设定的位置，数值零作为正值。

③ 各坐标轴回机床参考点的进给速度由相应的参数来确定。

④ 当压下微动开关时，数控机床减速，到达参考点时，CRT 上显示该点的位置数值。

⑤ 当数控系统接收到第一个基准脉冲时，坐标轴停止运动，准确停止在该坐标轴的机床参考点上。

如果在回机床参考点时已经压住微动开关，此时必须操作数控机床强制这个坐标轴退出微动开关，使微动开关释放，然后按顺序再执行回参考点。

要注意，微动开关的位置必须合适，并且由相应参数设定的回零点速度也要合适。同时必须保证在验出第一个基准脉冲之前，该坐标轴已经到了应当降速的距离上。降速到所需的距离，也就是所选速度的滞后误差值。因为使用的是编码器，所以两个相应基准脉冲之间的距离很小，这就要求回机床参考点的速度低一些，可使滞后误差不大于这个值的 50%。

当然，各坐标轴也可以不用安装回参考点的微动开关。如果不安装微动开关，要将相关的机床参数设为"1"。此时，回机床各坐标轴参考点时，必须按照坐标轴设定的速度运行。当数控系统接收到基准脉冲时，坐标轴停止运动，其余情况与安装微动开关的动作相同。

3.7.10 进给保持的应用

在全功能的数控系统中，操作面板上都有"进给保持"操作按钮。FANUC0-MC 数控系统的"进给保持"与其他数控机床一样有其特定作用，要引起注意。

根据"进给保持"传输到 CNC 系统上的不同时间，"进给保持"有如下 3 个作用。

（1）标准的"进给保持"信号

当任何一个伺服坐标轴接收到"进给保持"信号时，CNC 系统将控制这个坐标轴停止运行，直到"进给保持"信号撤销后，再启动去执行下一段程序。

（2）"延迟转换"作用

数控系统在运行过程中，当执行条没有任何坐标轴运行指令的程序段时，接收到"进给保持"信号以后 CNC 系统将执行完正在执行的程序段，然后等待，直到"进给保持"信号撤销后，再启动去执行下一个程序段。

（3）用机械方式执行 M 功能

在辅助功能 M 指令选通信号到达后，CNC 系统等待"进给保持"有效。如果 M 功能执行信号没有被请求，那么辅助功能 M 指令将在选通信号结束后继续执行 50ms。

第4章 数控机床电气控制系统的连接与调试

4.1 数控机床的电气控制系统

4.1.1 电气控制系统的构成形式

数控机床是一种典型而复杂的机电一体化产品，按照传动形式所采用的机件和工作介质的不同，可划分成电气传动及控制系统、机械传动及控制系统和液压气压传动及控制系统三大部分。各种数控机床的电气传动控制系统，其基本构成以及构成原理是相同的，一台典型的数控机床的全部电气控制系统如图4-1所示。

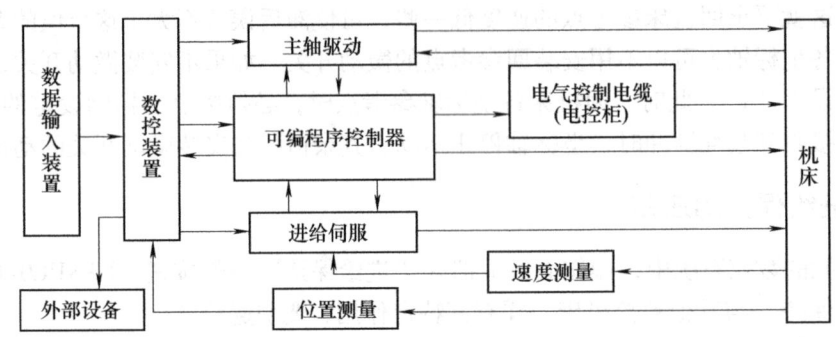

图 4-1 数控机床电气控制系统

整个电气控制系统可以细分为 CNC 计算机数控系统和强电两大部分。CNC 计算机数控系统是一专用的数控装置，由 CNC 系统、输入/输出接口、驱动单元和执行机构组成，是控制系统执行加工的核心。数控机床强电部分包括可编程控制单元、主轴控制单元及主轴电动机、强电电路及机床电器、速度控制单元及进给电动机等。本章主要阐述强电部分。

① 数据输入装置。将指令信息和各种应用数据输入数控系统的必要装置。它可以是穿孔带阅读机（已很少使用）、3.5in 软盘驱动器（1in = 0.0254m）、CNC 键盘（MDI 面板）、数控系统配备的硬盘及驱动装置（用于大量数据的存储保护）、磁带机（较少使用）、PC 等。

② 数控装置。数控机床的中枢，它将接到的全部功能指令进行解码、运算，然后有序地发出各种需要的运动指令和各种机床功能的控制指令，直至运动和功能结束。

数控系统都有很完善的自诊断能力，日常使用中更多的是要注意严格按规定操作，而日常的维护则主要是对硬件使用环境的保护和防止系统软件的破坏。

③ 可编程序控制器。机床各项功能的逻辑控制中心。它将来自 CNC 的各种运动及功能指令进行逻辑排序，使它们能够准确地、协调有序地安全运行；同时将来自机床的各种信息

及工作状态传送给 CNC，使 CNC 能及时准确地发出进一步的控制指令，如此实现对整个机床的控制。

当代 PLC 多集成于数控系统中，这主要是指控制软件的集成化，而 PLC 硬件则在规模较大的系统中往往采取分布式结构。PLC 与 CNC 的集成是采取软件接口实现的，一般系统都是将二者间各种通信信息分别指定其固定的存放地址，由系统对所有地址的信息状态进行实时监控，根据各接口信号的现时状态加以分析判断，据此作出进一步的控制命令，完成对运动或功能的控制。

不同厂商的 PLC 有不同的 PLC 语言和不同的语言表达形式，因此，力求熟悉某一机床 PLC 程序的前提是先熟悉该机床的 PLC 语言。

④ 主轴驱动。接受来自 CNC 的驱动指令，经速度与转矩（功率）调节输出驱动信号驱动主电动机转动，同时接受速度反馈实施速度闭环控制。它还通过 PLC 将主轴的各种现实工作状态通告 CNC，用以完成对主轴的各项功能控制。

主轴驱动系统自身有许多参数设定，这些参数直接影响主轴的转动特性。其中，有些参数是不可丢失或改变的，例如指示电动机规格的参数等；有些是可根据运行状态加以调改的，例如零漂等。通常 CNC 中也设有主轴相关的机床数据，并且与主轴驱动系统的参数作用相同，因此要注意二者一致，切勿冲突。

⑤ 进给伺服。接受来自 CNC 对每个运动坐标轴分别提供的速度指令，经速度与电流（转矩）调节输出驱动信号驱动伺服电动机转动，实现机床坐标轴运动，同时接受速度反馈信号实施速度闭环控制。它也通过 PLC 与 CNC 通信，通报现时工作状态并接受 CNC 的控制。

进给伺服系统速度调节器的正确调节是最重要的，应该在位置开环的条件下作最佳化调节，既不过冲又要保持一定的硬特性。它受机床坐标轴机械特性的制约，一旦导轨和机械传动链的状态发生变化，就需重调速度环调节器。

⑥ 电器硬件电路。随着 PLC 功能的不断强大，电器硬件电路主要任务是电源的生成与控制电路、隔离继电器部分及各类执行电器（继电器、接触器），很少还有继电器逻辑电路的存在。但是一些进口机床柜中还使用自含一定逻辑控制的专用组合型继电器的情况，一旦这类元件出现故障，除了更换之外，还可以将其去除而由 PLC 取而代之，但是这不仅需要对该专用电器的工作原理有清楚的了解，还要对机床的 PLC 语言与程序深入掌握才行。

⑦ 机床（电气部分）。包括所有的电动机、电磁阀、制动器、各种开关等，它们是实现机床各种动作的执行者和机床各种现实状态的报告员。这里可能的主要故障多数属于电气自身的损坏和连接电线、电缆的脱开或断裂。

⑧ 速度测量。通常由集装于主轴和进给电动机中的测速机来完成。它将电动机实际转速匹配成电压值送回伺服驱动系统作为速度反馈信号，与指令速度电压值相比较，从而实现速度的精确控制。

这里应注意测速反馈电压的匹配连接，并且不要拆卸测速机。引起的速度失控多是由于测速反馈线接反或者断线所致。

⑨ 位置测量。较早期的机床使用直线或圆形同步感应器或者旋转变压器，而现代机床多采用光栅尺和数字脉冲编码器作为位置测量元件。它们对机床坐标轴在运行中的实际位置

进行直接或间接的测量,将测量值反馈到 CNC 并与指令位移相比较,直至坐标轴到达指令位置,从而实现对位置的精确控制。

位置环可能出现的故障多为硬件故障,例如位置测量元件受到污染、导线连接故障等。

⑩ 外部设备。一般指 PC、打印机等输出设备,多数不属于机床的基本配置。使用中的主要问题与输入装置一样,要注意匹配问题。

4.1.2 电气系统连接的基本过程

数控机床的种类和规格、型号繁多,不同生产厂家的电气连接与调试方法也有所不同,但基本的组成大同小异,主要由机床操作台、配电柜和床身电气三大部分组成。其中操作台主要有机床操作面板电气、I/O 单元电气和 LCD/MDI 电气,配电柜主要有配电盘、机床 I/O 单元、主轴模块和伺服模块。图 4-2 所示为配置 FANUC 0i 数控系统的 HTM 系列加工中心的数控系统连接图。

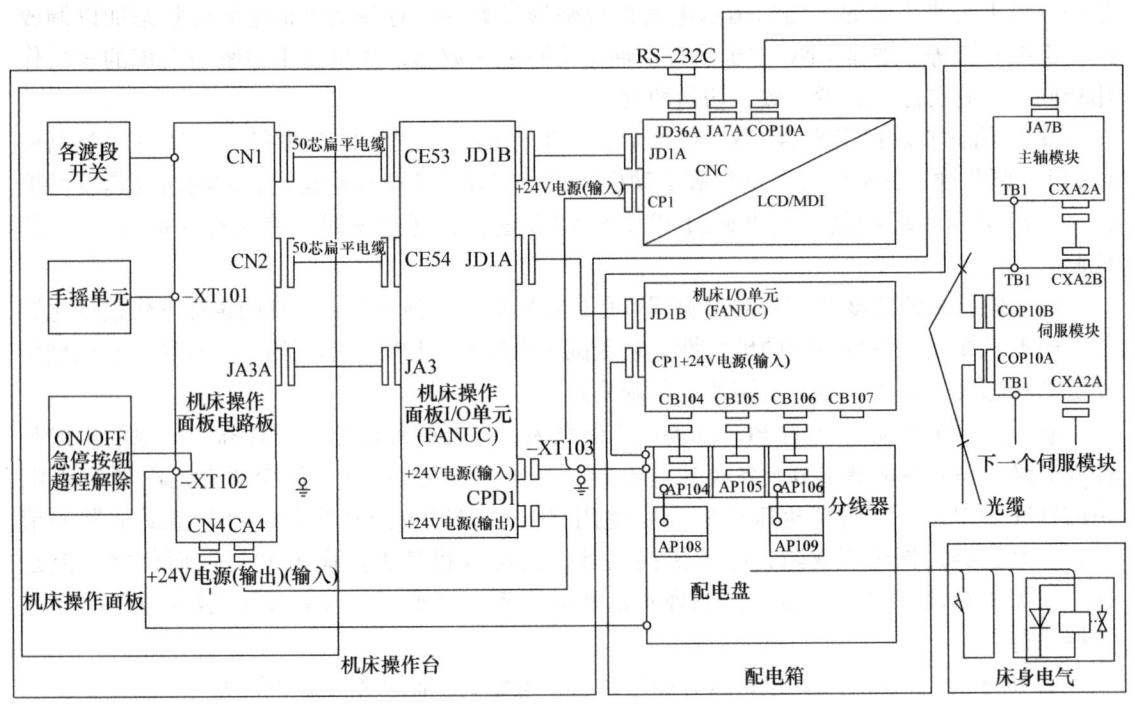

图 4-2　HTM 系列加工中心的数控系统连接图

从图 4-2 可以看出数控机床电气系统连接的基本过程:首先是机床床身的连接。电柜配好后,可与机床本体进行连线,继而进行操作台、机床行程开关、伺服电动机等部件的接线工作。

机床电气柜的配作在数控系统及其他电气元件到货后,根据电气原理图、电气元件接线图和电柜布置图在电柜内进行元器件的安装,包括动力单元的安装与配电柜总装,如图 4-3a、b 所示。

第 4 章　数控机床电气控制系统的连接与调试

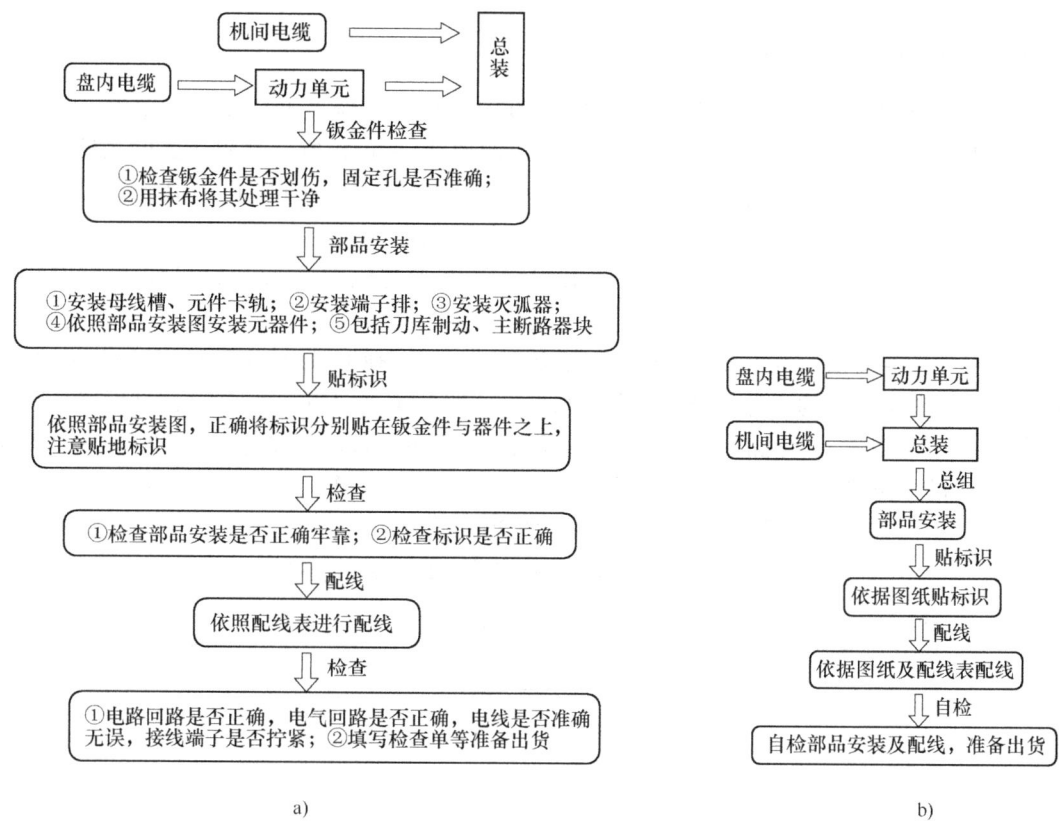

图 4-3　元器件的安装

a) HTM-G 配电柜动力单元的安装　b) HTM-G 配电柜总装

数控机床电气控制柜如图 4-4 所示。

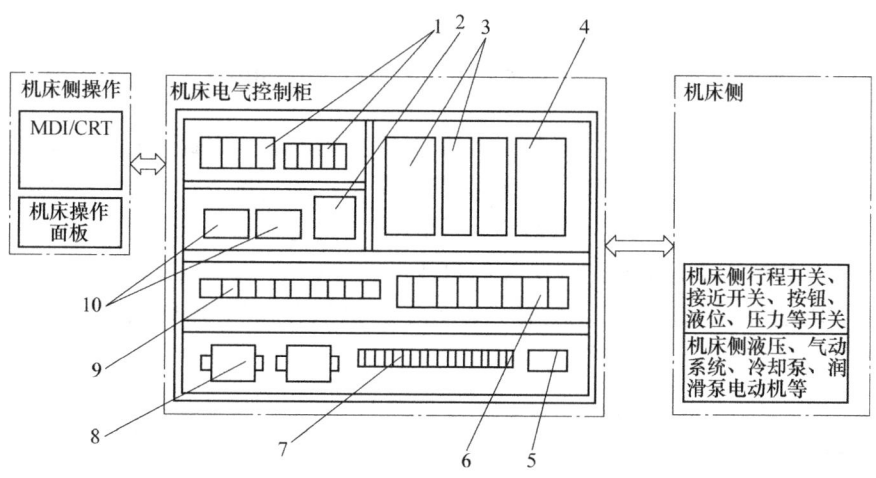

图 4-4　数控机床电气控制柜示意图

1—熔断器及断路器　2—开关电源　3—主轴及进给驱动装置　4—CNC 装置　5—接地排
6—接触器　7—接线排　8—机床控制变压器　9—中间继电器　10—输入/输出（I/O）端子排

4.1.3 数控系统电源的连接

在早期的 FANUC 系统（如 FS6、FS11、FS0 等）中，系统及 I/O 单元的电源一般采用 FANUC 电源单元 A、B、B2 等。为了对系统的电源通/断进行控制，这种形式的系统一般都需要配套 FANUC 公司生产的"输入单元"模块（模块号：A14C-0061-B101-B104），通过相应的外部控制信号，进行数控系统、伺服驱动的电源通/断控制。

在 FANUC 0 等系统中，则比较多地采用输入单元与电源集成一体的电源控制模块 FANUC AI，其输入单元的控制线路与电源电路均安装于同一模块中。

图 4-5、图 4-6 所示为 FANUC 输入单元模块（A14C-0061-B101-B104）的电气原理图。FANUC AI 电源单元中的电源接通/断开控制回路与 FANUC 输入单元相似，详见后述。

图 4-5 所示为输入单元的主回路。由图可见，外部电源经输入端子 TP1 的 U、V、W 端输入，其中的一路经接触器 LC2、熔断器 F4、F5、F6 输出，作为伺服驱动器的电源；另一路经熔断器 F1、F2、接触器 LC1 从端子 TP3 的 200A、200B 输出，作为数控系统的输入电源；输入单元本身的控制电源 U1、V1 亦来自熔断器 F1、F2 的输出端。

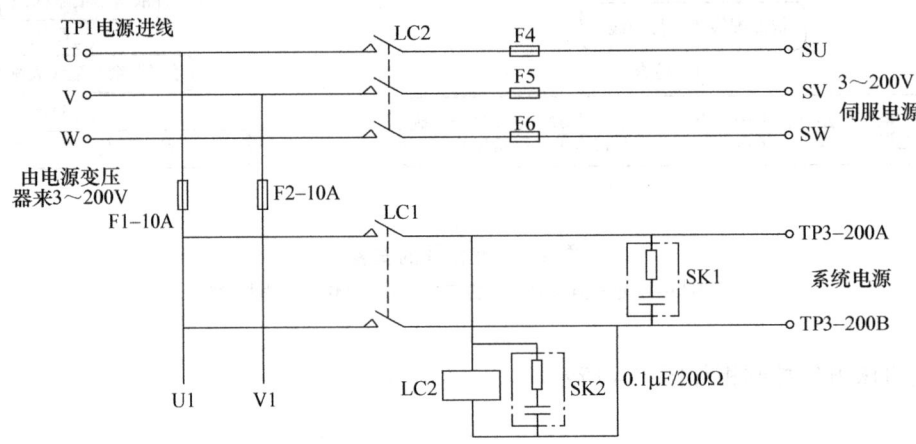

图 4-5　FANUC 输入单元模块（A14C-0061-B101-B104）的主电路

接触器 LC2 的线圈，直接连接于接触器 LC1 的主触点后。因此，伺服驱动器的电源接通必须在系统的输入电源已经接通（接触器 LC1 吸合）的情况下，才能正常接通。图中的 SK1、SK2 为 RC（0.1μF/200Ω）吸收器在线路中作为过电压保护与抗干扰器件。

图 4-6 所示为输入单元本身的辅助控制电源回路，U1、V1 经变压器降压、DS1 全波整流以及 Q1、ZD1 组成的稳压环节，为输入单元本身提供 DC24V 辅助电源。当 DC24V 电源正常后，发光二极管 PIL 正常发光。

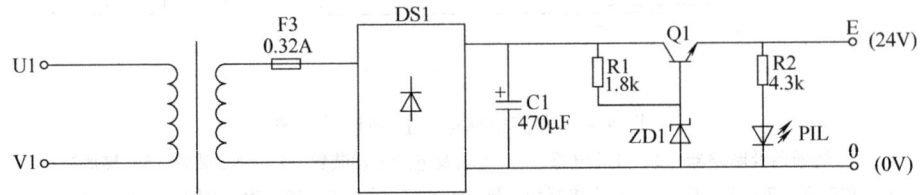

图 4-6　FANUC 输入单元（A14C-0061-13101-B104）辅助控制电源回路

图 4-7 所示为输入单元的电源通、断控制回路,它由中间继电器 RY1、AL 接触器 LC1 等组成。线路中综合考虑了电柜门互锁、MDI/CRT 单元上的电源 ON/OFF 控制、外部电源通/断（E-ON/E-OFF）控制、系统电源模块的报警（P-ALM 信号）等多种条件,为用户使用提供了便利。

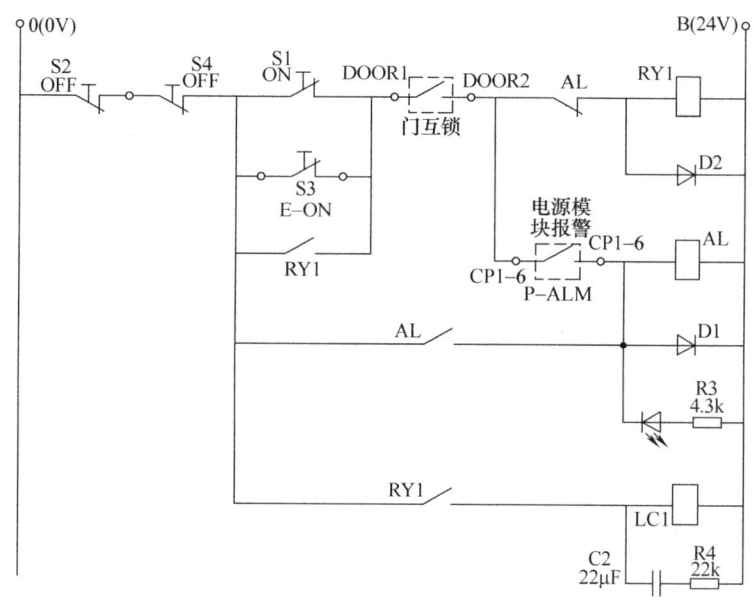

图 4-7　FANUC 输入单元 ON/OFF 控制电源回路

由图 4-7 可见,输入单元的电源通、断控制过程如下:

① 通过系统 MDI 单元上的系统 ON 按钮 S1 或外部电源接通（E-ON）按钮 S3 使 RY1 得电。

② RY1 的常开触点使 LC1 得电,图 4-5 中主回路系统电源（200A/200B）加入。

③ 通过 LC1 得电,200A/200B 使 LC2 得电,图 4-5 中主回路的伺服驱动主回路电源 SU、SV、SW 加入。

在图 4-7 中,输入单元的电源接通条件如下:

① 电柜门互锁（DOOR1/DOOR2）触点闭合。

② 外部电源切断 E-OFF（S4）触点闭合。

③ MDI/CRT 单元上的电源切断 OPP 按钮 S2 触点闭合。

图 4-8 所示为 AI 电源模块（包含了输入单元）的电气原理图,其各组成部分作用与输入单元模块类似,在此不再赘述。

为了使机床运行可靠,应注意强电和弱电信号线的走线、屏蔽及系统和机床的接地。电平 4.5V 以下的信号线必须屏蔽,屏蔽线要接地。连接说明书中把地线分成信号地、框架地和系统地,请遵照执行连接。另外,FANUC 系统、伺服和主轴控制单元及电动机的外壳都要求接系统地。为了防止电网干扰,交流的输入端必须接浪涌吸收器（线间和对地）。如果不处理好这些问题,机床工作时会出现#910、#930 报警或是不明原因的误动作。

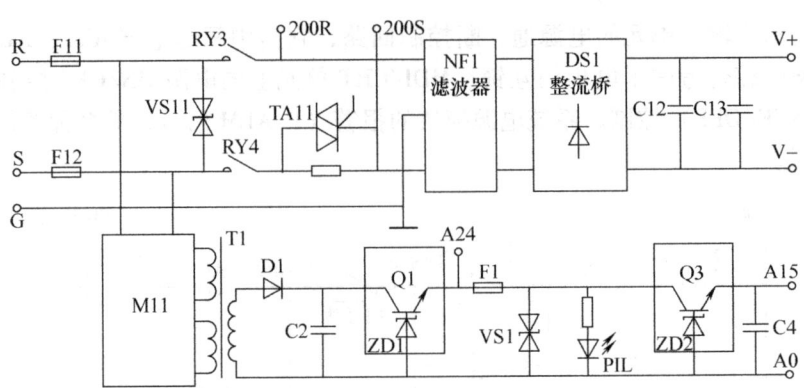

图 4-8　AI（A16B-1211-0100）电源模块主回路原理图

4.2　数控机床电器部件的安装与连接

在机床不通电的情况下，按照电气设计图纸将 CRT/MDI 单元、CNC 主机箱、伺服放大器、I/O 板、机床操作面板、伺服电动机安装到正确位置。

4.2.1　基本单元连接

详细说明请参照相关数控系统硬件连接说明书。

另外，根据不同的机床配置，可能有些不同。例如，机床操作面板、I/O 卡、I/O Link 轴可能没有。

以 FANUC 0i 型号数控系统为例，数控单元（PCU）中集成了人机界面、数控运算和可编程控制系统（PIC）三个功能软件，采用实时操作系统控制。与之配套的有数控编程键盘、手轮、机床控制面板、数字量输入/输出模块以及数字式伺服驱动系统。其中驱动系统又是由三部分组成，即驱动电源模块、功率模块和速度环控制模块。数控系统与伺服驱动系统之间采用了现场总线 PROFIBUS 连接，构成闭环控制。现场总线的传输速度为 12Mb/s。图 4-9 是该型号数控系统的基本单元部件连接图。图中，系统输入电压为 DC24V±2.4V，输入电流约 7A。伺服和主轴电动机为 AC 200V（不是 220V）输入。这两个电源的通电及断电顺序是有要求的，不满足要求会报警或损坏驱动放大器，原则是要保证通电和断电都在 CNC 的控制之下。具体时序请见"连接说明书（硬件）"。

从数控系统的部件连接图可以看出，数控单元是整个系统的核心，相当于人的大脑。操作人员可以通过键盘、机床控制面板、通信接口，向数控系统发出控制指令或加工零件程序。数控系统经过复杂的计算和处理，通过作为神经中枢的现场总线，向数字量输入/输出模块发出逻辑控制指令，向伺服驱动器发出速度、位置以及轨迹控制指令。伺服驱动器控制伺服电动机完成操作人员发出的加工程序和控制指令。

驱动电源模块将三相交流进线电源转化为 600V 直流，直流电通过直流母线为功率模块供电，伺服控制模块根据数控系统发出的速度指令，控制伺服电动机运动。伺服驱动系统完成电流和速度的闭环控制。数控单元通过现场总线发出位置控制指令，获得实际位置信息，形成位置的闭环控制。

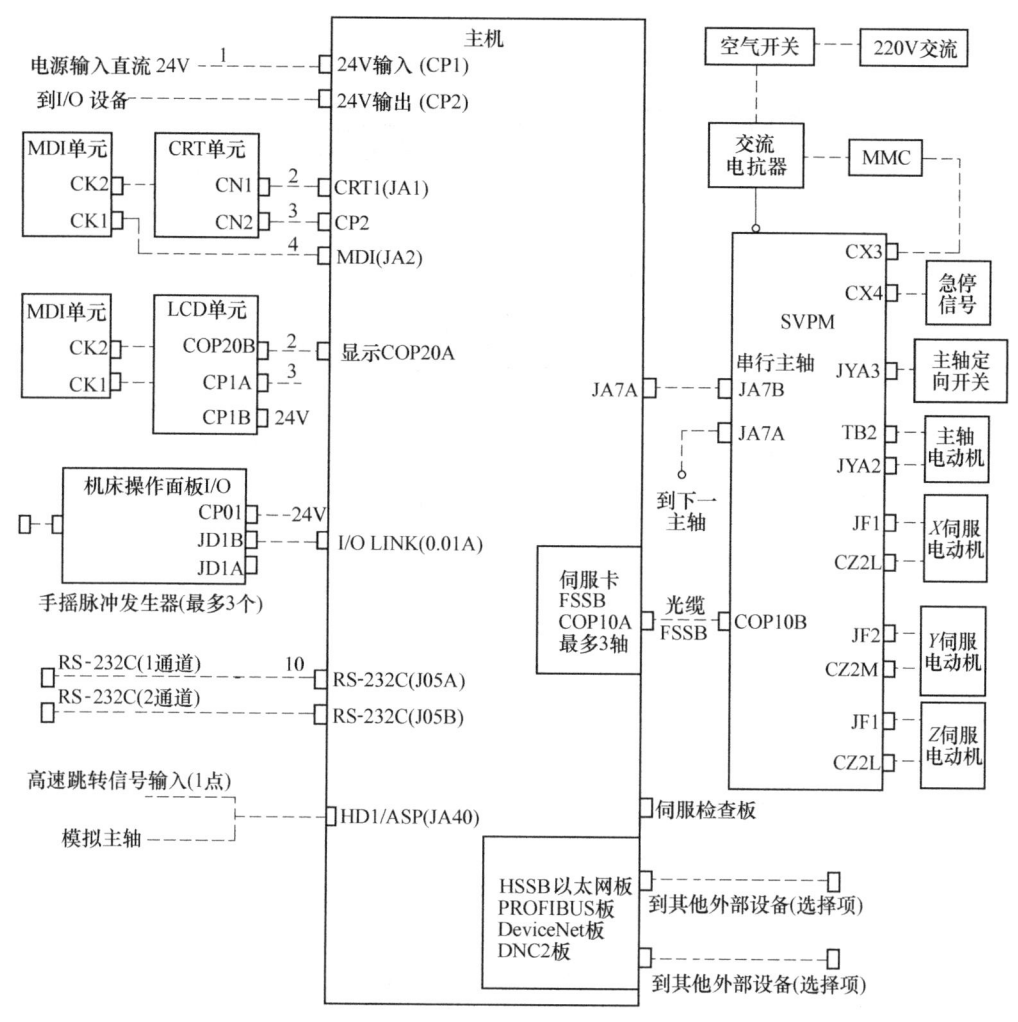

图 4-9 基本单元部件连接图

4.2.2 总体连接

总体连接如图 4-10 所示。

注意：

① FSSB 光缆一般接左边插口。

② 风扇、电池、软键、MDI 等一般都已经连接好，不要改动。

③ 伺服检测 [CA69] 不需要连接。

④ 电源线可能有两个插头，一个为 +24V 输入（左），另一个为 +24V 输出（右）。具体接线注意为（1：24V，2：0V，3：地线）。

⑤ RS-232 接口用于和计算机连接，一般接左边（如果不和计算机连接，可不接此线）。

⑥ 串行主轴/编码器的连接，如果使用 FANUC 的主轴放大器，这个接口连接放大器的指令线；如果主轴使用的是变频器（指令线由 JA40 模拟主轴接口连接），则这里连接主轴

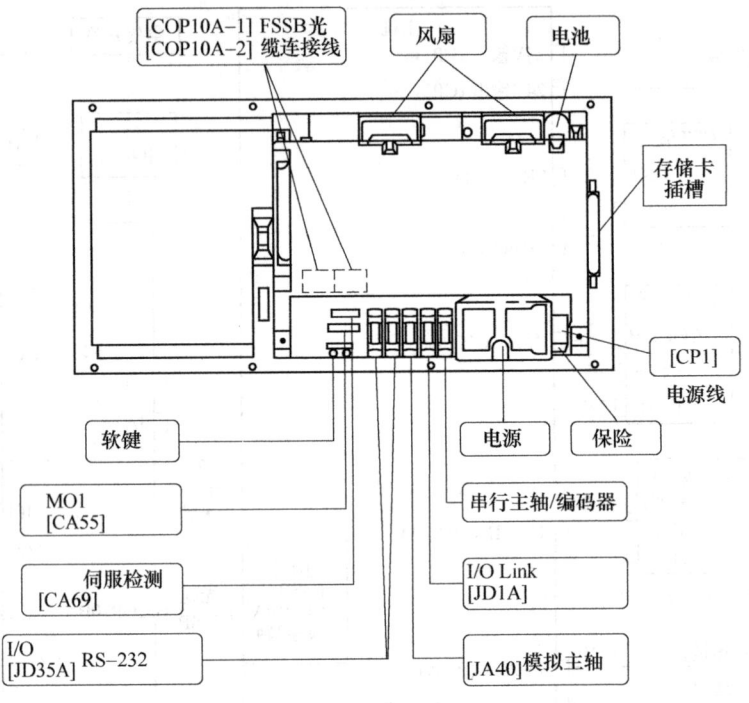

图 4-10 总体连接

位置编码器(车床一般都要接编码器,如果是 FANUC 的主轴放大器,则编码器连接到主轴放大器的 JYA3)。

⑦ I/O Link [JD1A] 是连接到 I/O 模块或机床操作面板的,必须连接。

⑧ 存储卡插槽(在系统的正面,见图 5-23 所示)用于连接存储卡,可对参数、程序、梯形图等数据进行输入/输出操作,也可以进行 DNC 加工。

4.2.3 伺服/主轴放大器连接

以 FUNAC 0iC 为例,伺服/主轴放大器连接如图 4-11 所示。

注意:

① PSM,SPM,SVM(伺服模块)之间的短接片(TB1)是连接主回路的直流 300V 电压用的连接线,一定要拧紧。如果没有拧得足够紧,轻则产生报警,重则烧坏电源模块(PSM)和主轴模块(SPM)。

② PSM 的控制电源输入端 CXIA 的 1、2 接 200V 输入,3 为地线。

③ 伺服电动机动力线和反馈线、信号线都带有屏蔽,一定要将屏蔽作接地处理,并且信号线和动力线要分开接地,以免由于干扰而产生报警。

④ 对于 PSM 的 MCC(CX3)一定不要接错,CX3 的 1、3 之间只是一个内部触点,如果错接成 200V,将会烧坏 PSM 控制板。MCC 正确接法如图 4-12 所示。

⑤ 对 FANUC 0i-Mate C,由于使用的伺服放大器是 βi 主轴 βis 伺服,带主轴的放大器是 SVPM 一体型放大器,连接如图 4-13 所示。

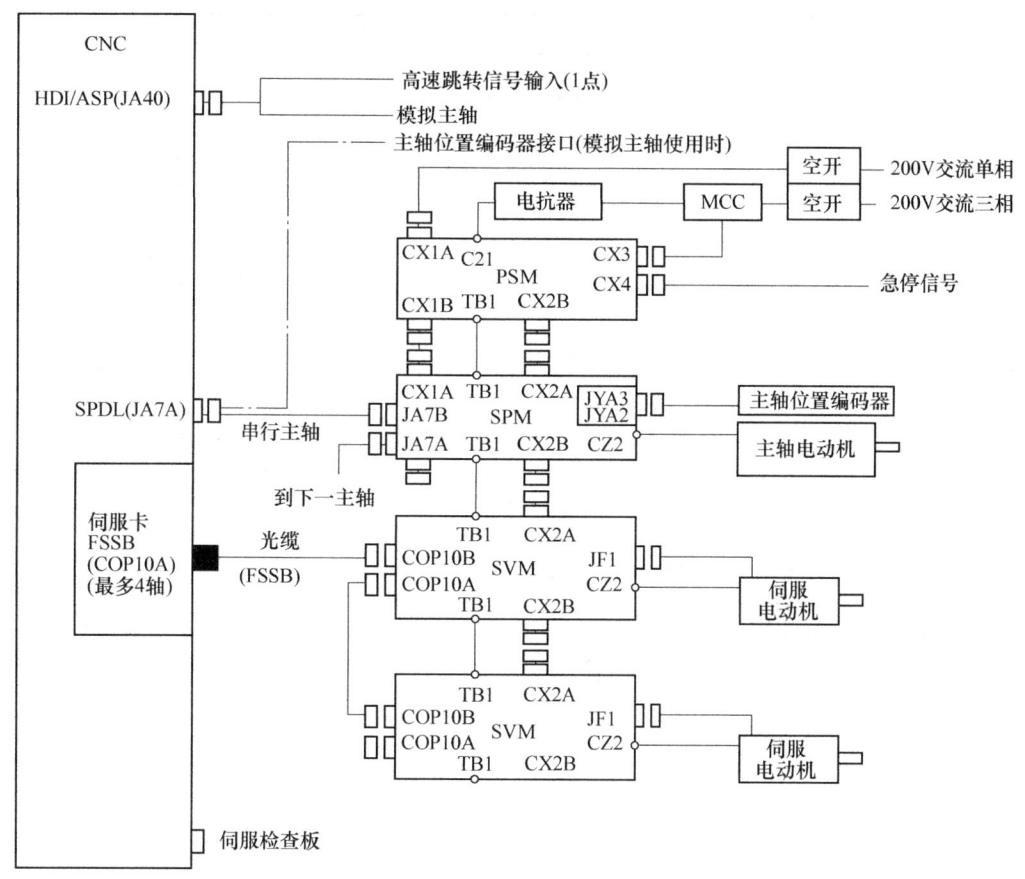

图 4-11 伺服/主轴放大器连接

注意：

① 24V 电源连接 CXA2C（A1：24V，A2：0V）。

② TB3（SVPM 的右下面）不要接线。

③ 上部的两个冷却风扇要自己接外部 200V 电源。

④ 三个（或两个）伺服电动机的动力线插头是有区别的，CZ2L（第一轴）、CZ2M（第二轴）、CZ2N（第三轴）分别对应为 XX、XY、YY。

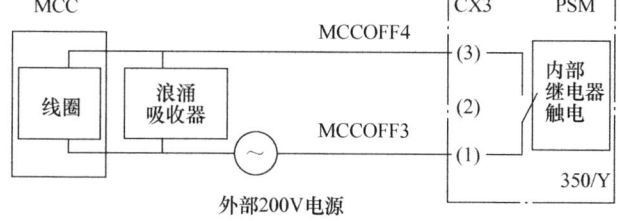

图 4-12 MCC 正确接法

4.2.4 急停的连接

图 4-14 中的急停继电器的第一个触点接到 NC 的急停输入（X8.4），第二个触点接到放大器的电源模块的 CX3（1，3）。对于 $\beta$is 单轴放大器，接第一个放大器的 CX3（1，3 脚），注意第一个 CX19B 的急停不要接线。

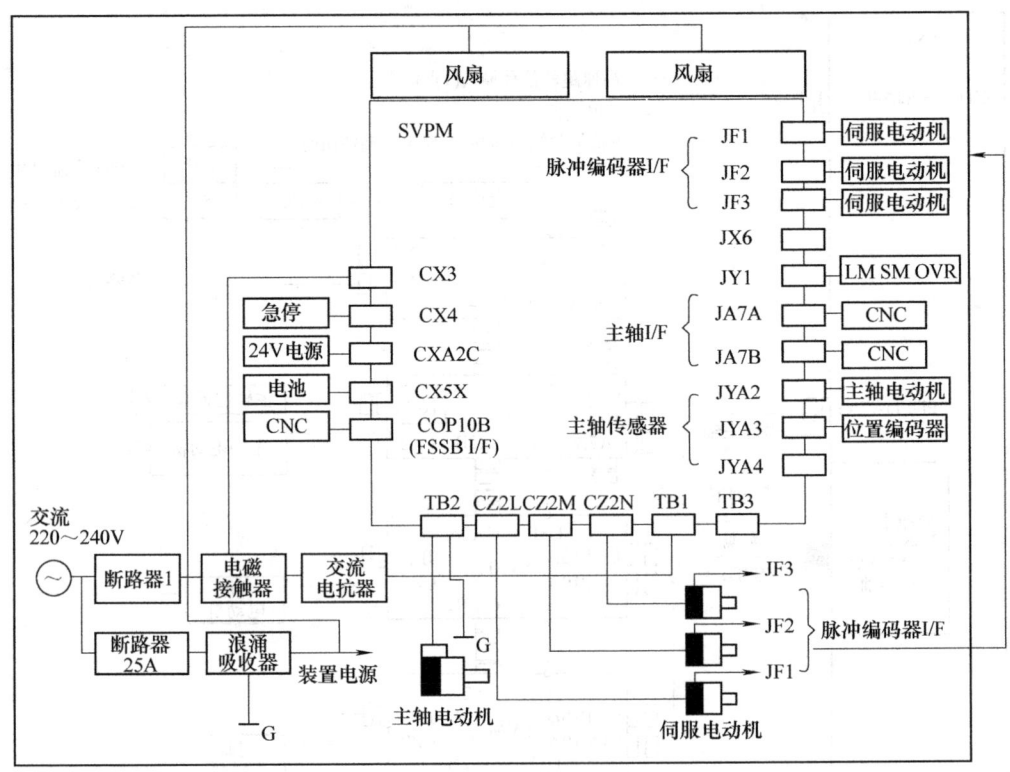

图 4-13 伺服电动机与编码器的连接

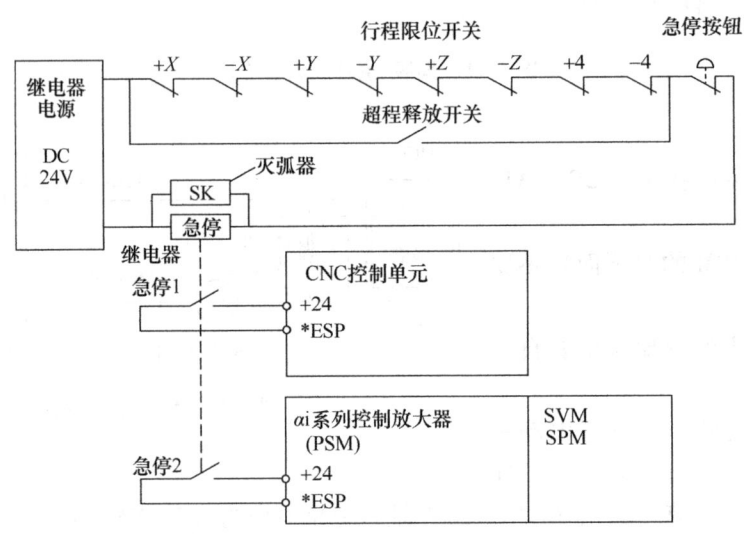

图 4-14 急停的连接图例

注意：所有的急停只能接触点，不要接 24V 电源。

4.2.5 电动机制动器的连接

电动机制动器的连接如图 4-15 所示。

第4章 数控机床电气控制系统的连接与调试

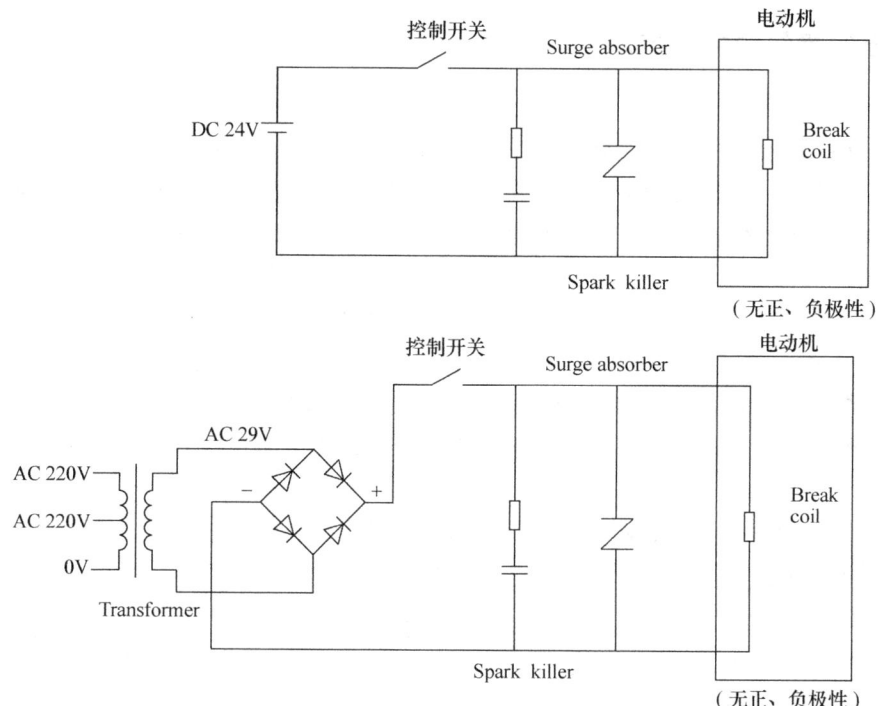

图 4-15 电动机制动器的连接

注意：上图中的控制开关为 I/O 输出点的继电器触点（常开），控制制动器的开闭。

4.2.6 电源的连接

电源的连接如图 4-16 所示。通电前，断开所有断路器，用万用表测量各个电压（交流 200V、直流 24V）正常之后，再依次接通系统 24V，伺服控制电源，（PSM）200V，24V（βi），最后接通伺服主回路电源（三相 200V）。

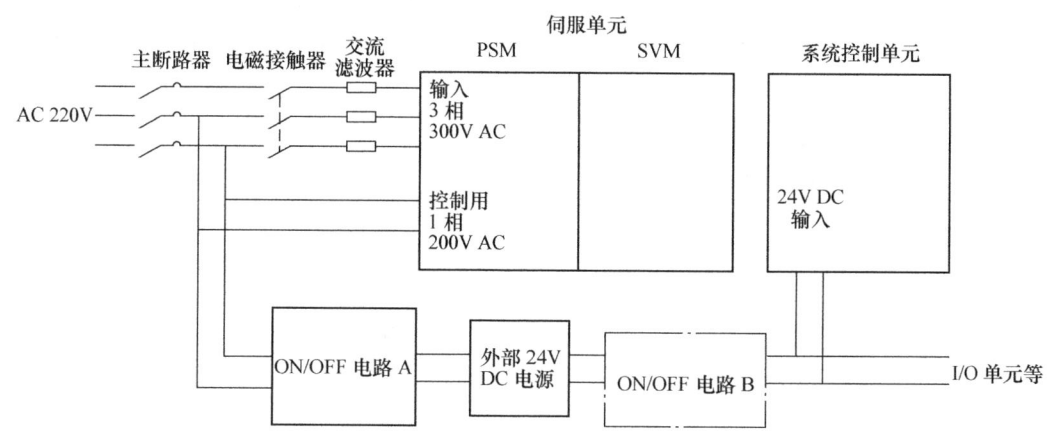

图 4-16 电源的连接

4.2.7 电气接线的关键技术

(1) 信号线的分组

在 FANUC 各系统的连接（硬件）说明书中，对数控系统所使用的电缆进行了分类，即 A、B、C 三类。A 类电缆是导通交/直流动力电源的电缆，电压一般为 380V/220V/110V 的强电，接触器信号和电动机的动力电缆会对外界产生较强的电磁干扰，特别是电动机的动力线对外界干扰很大。因此，A 类电缆是数控系统中较强的干扰源。B 类电缆导通继电器以 24V 电压信号为主的开关信号，这种信号因为电压较 A 类信号低，电流也较小，一般比 A 类信号干扰小。C 类电缆电源工作负载是 5V，主要信号线有显示电缆、I/O Link 电缆、手轮电缆、主轴编码器电缆和电动机的回馈电缆。因为此类信号在 5V 的逻辑电平下工作，并且工作的频率较高，极易受到干扰，在机床布线时要特别注意采取相应的屏蔽措施。

机床所使用的电缆分类如表 4-1 所示，每组电缆应按表中所述处理方法处理，并按分组走线，电缆走线方法如图 4-17 所示。

表 4-1 信号线的分组

组别	信号线	处理方法
A	初级交流电源线	B、C 组的电缆必须与其他组电缆分开走线①或进行电磁屏蔽②。参照后面的噪声抑制器，在线圈和继电器上连接灭弧器或二极管
	次级交流电源线	
	交/直流动力线（包括伺服电动机、主轴电动机动力线）	
	交/直流线圈	
	交/直流继电器	
B	直流线圈（24V DC）	在直流线圈和继电器上连接二极管，A 组电缆要与其他组电缆分开走线或电磁屏蔽；尽量使 C 组远离其他组；最好进行屏蔽处理
	直流继电器（24V DC）	
	CNC—强电柜之间的 DI/DO 电缆	
	CNC—机床之间的 DI/DO 电缆	
C	CNC—伺服放大器之间的电缆	A 组电缆要和其他组电缆分开走线，要进行电磁屏蔽；B 组电缆尽量与其他组电缆分开；必须实施屏蔽处理
	位置反馈、速度反馈用的电缆	
	CNC—主轴放大器之间的电缆	
	位置编码器电缆	
	手摇脉冲发生器电缆	
	CRT（LCD）/MDI 用的电缆	
	RS-232C，RS-422 用的电缆	
	电池电缆	
	其他需要屏蔽用的电缆	

① 分开走线指每组间的电缆间隔要在 10cm 以上。
② 电磁屏蔽指各组间用接地的钢板屏蔽。

(2) 数控机床各种地线的连接

数控机床应采用一点接地法,不可图方便,到处就近接地,结果造成多点接地,形成地环流。数控机床接地方法有三种,即为信号地、框架地和系统地,见图4-18所示。接地系统配线的注意事项如下:

① 信号地(Signal Ground, SG)。供给电信号用的基准电压。在控制单元中,信号地与框架地仅在一处相连。

② 框架地(Frame ground, FG)。框架地(FG)的目的是用来提高系统可靠性,屏蔽内部和外来的噪声,具体而言,在设备的框架、单元外壳、面板与设备相连接口电缆的屏蔽。

③ 系统地(System ground)。系统地是把各设备或单元之间设置的框架地(FG)作为系统与大地相连接。系统地的接地电阻小于100Ω。接地电缆要有足够的横截面积,以便安全应对短路时的故障电流(一般大于AC电源线的截面积)。在供电时,系统地线要与AC电源线构成一体使用,地线分开连接时,不要供电。

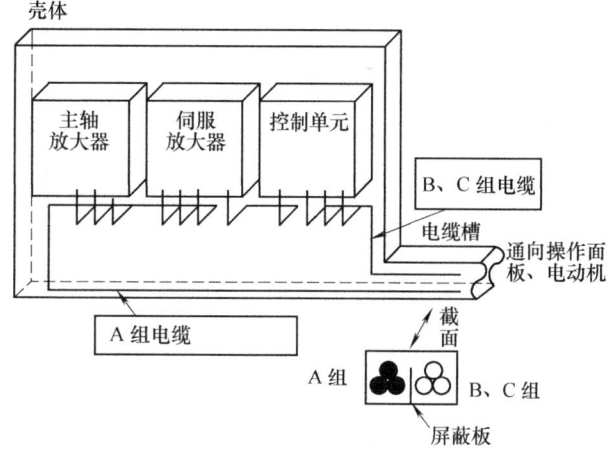

图4-17 信号线分组与走线

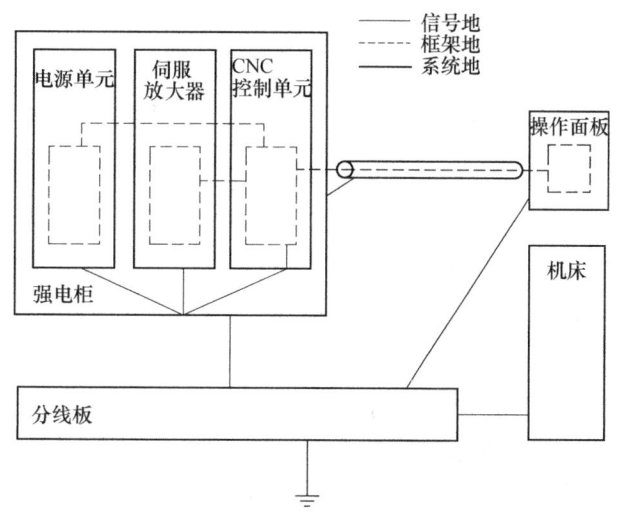

图4-18 数控机床的地线系统

CNC控制单元中的电气回路的零线通过系统地(SG)接线端子与电柜接线板相连。SG端子在控制单元背面的印制电路板上。数控装置系统地的连接如图4-19所示。图4-20所示为数控机床实际接地的方法。图4-20a所示为将所有金属部件连接在一点上的接地方法,图4-20b所示的接地方法是设置两个接地点,把主接地点和第二接地点用截面积足够大的电缆连接起来。

(3) 抑制、缩小供电线路的干扰

数控机床的安置要远离中频、高频的电气设备,要避免大功率起动、停止频繁的设备和电火花设备同数控机床位于同一供电干线上,而采用独立的动力线供电。在电网电压变化较大的地区,供电电网与数控机床之间应加自动调压器或电子稳压器,以减小电网电压的波动。动力线与信号线要分离,信号线采用绞合线,以减少和防止磁场耦合和电场耦合的干扰。

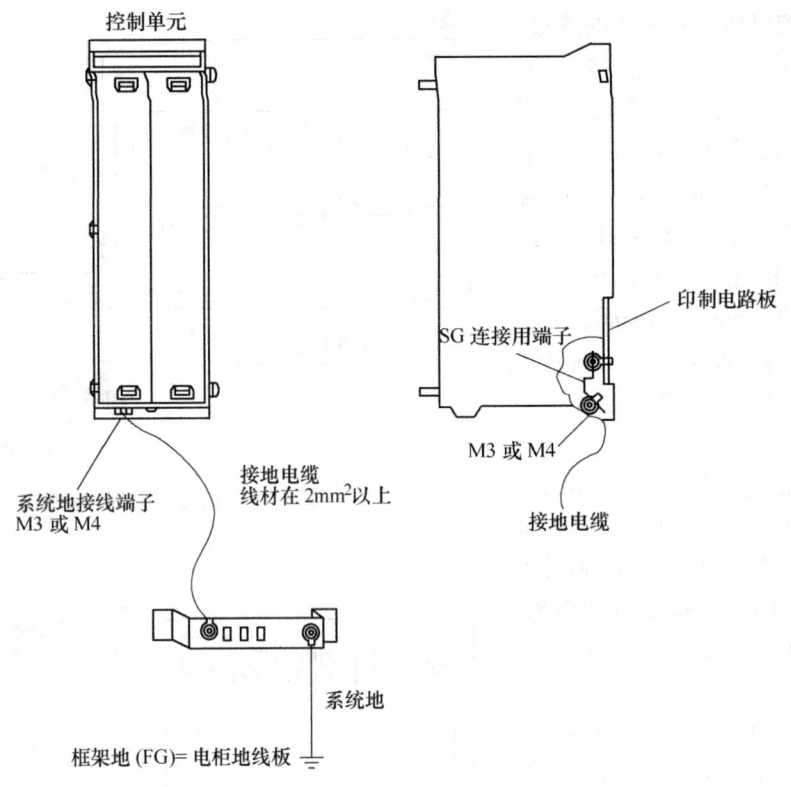

图 4-19 数控装置系统地的连接

(4) 防止强电干扰

数控机床强电柜中的接触器、继电器等电磁部件都是 CNC 系统的干扰源。交流接触器,交流电动机频繁起动、停止时,其电磁感应现象会使 CNC 系统控制电路中产生尖峰、浪涌等噪声,线圈电感将产生很高能量的脉冲电压。这个脉冲电压会通过电缆干扰电子线路。因此,一定要对这些电磁干扰采取措施,予以消除。为减小这个电压,在 AC 设备中使用灭弧器,在 DC 中使用二极管,具体的措施如下:

① 在交流回路中。在交流接触器线圈的两端或交流电动机的三相输入端并联 RC 网络,称为 CR 灭弧器,如图 4-21所示。如采用压敏电阻,又称浪涌吸收器,也可对线路中的瞬变、尖峰等噪声起一定的保护作用,可钳制脉冲电压的峰值电压,但不能控制脉冲电压的

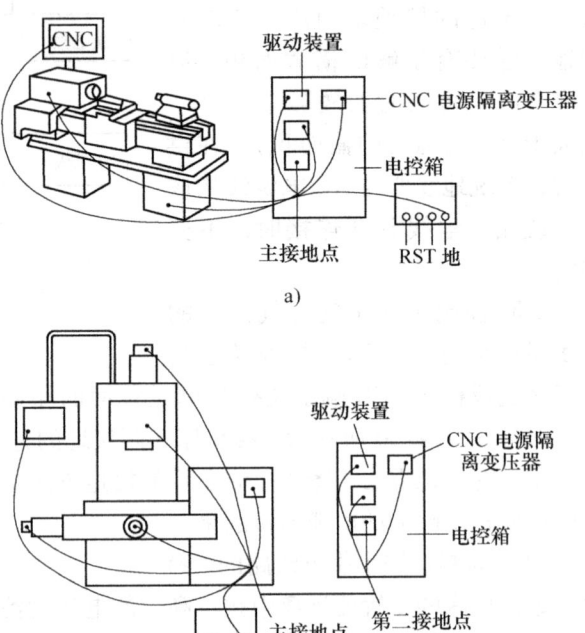

图 4-20 数控机床的接地线示意图

突然上升,因此,推荐使用 CR 灭弧器。灭弧器的 CR 值标准,根据线圈的静态电流和直流电阻确定。

    a. 电阻值 R 相当于线圈的有效直流电阻。

    b. 静态电容量 C 为 $I^2/10 \sim I^2/20 \mu F$。

② 在直流电路中。对于直流接触器或直流电磁阀的线圈,在它们的两端反相并入一个续流二极管,称为二极管形灭弧器,如图 4-22 所示。二极管的耐压值约为额定电压的 2 倍,电流也约为 2 倍。

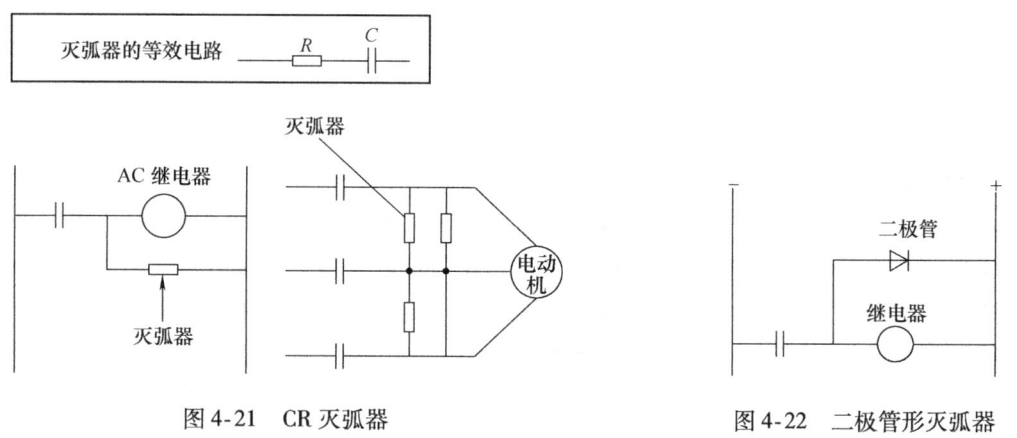

图 4-21　CR 灭弧器　　　　　　图 4-22　二极管形灭弧器

这些办法均可抑制这些电器产生的干扰。但要注意的一点是,这些吸收网络的连线不应大于 20cm;否则,效果不会太好。另外,在 CNC 系统的控制电路的输入电源部分,也要采取措施。一般是在三相电源线间并联浪涌吸收器,从而有效地吸收电网中的尖峰电压,起到一定的保护作用。

(5) 电缆的装夹与屏蔽处理

与 CNC 连接的电缆,均需经过屏蔽处理,应按图 4-23 所示方法紧固。装夹屏蔽线时除夹住电缆外,还兼屏蔽处理作用,这对系统的稳定性极为重要,因此必须实施。如图 4-23 所示,剥开部分电缆皮使屏蔽层露出,将其用紧固夹子拧到机床厂家制作的地线板上。紧固夹子附在 CNC 上。

屏蔽线的屏蔽地只许接在系统侧,而不能接在机床侧,否则会引起干扰。

综上所述,数控机床的接地应注意事项如下:

① 数控机床的地线、数控系统的地线和信号地线必须分开,避免干扰信号通过地线相互干扰。数字电路地线与模拟电路地线必须区分开,且只在一点相连,否则两种电路会相互影响。长传输线的屏蔽层应一端接屏蔽地线,屏蔽地线都接机柜地线,然后单独接大地。

② 当有多个元器件要接在同一地线上时,如果在低频($f < 1MHz$)电路中,元器件和布线的电感不大,为减小地线环路造成的干扰,常采用

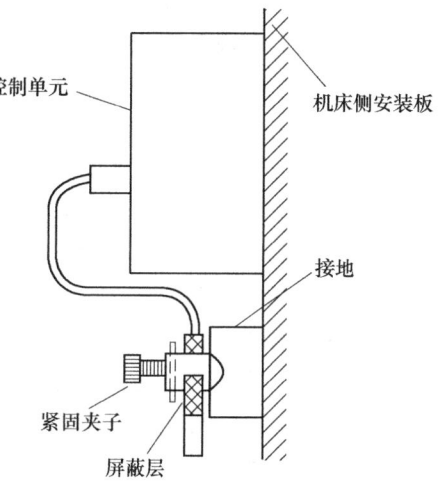

图 4-23　电缆的装夹与屏蔽处理

一点接地。如果在高频（$f>10MHz$）电路中，元器件和布线的电感和分布电容将造成各接地线之间的混合，为缩短接地线，采用多点就近接地。频率在 1~10MHz 时，如果采用一点接地，地线长度不应过长，否则采用多点接地。

数控系统工作在生产现场，生产现场的振动、粉尘、湿度、温度、电磁波等因素也是影响数控机床数控系统正常运行的另一原因，因此数控机床的数控系统必须具有很强的抗干扰能力和适应环境能力，以保证在恶劣环境下正常工作。

4.3 电气系统的通电与调试

4.3.1 电气系统的通电检查

1. 电源的检查

检查电源输入电压是否与机床设定相匹配，频率转换开关是否置于相应的位置。检查确认变压器的容量是否满足控制单元和伺服系统的电能消耗。检查电源电压波动范围是否在数控系统允许的范围内。日本的数控系统一般允许在电压额定值的 ±10% 范围内波动，而欧美的一些数控系统要求较高一些，要求在 ±5% 以内。

对于采用晶闸管控制元件的速度控制单元和主轴控制单元的供电电源，一定要检查相序。在相序不正确的情况下，接通电源，可能使速度控制单元的输入熔丝烧断，这是由于误导通造成的大电流引起的。相序检查方法有用相序表测量和示波器测量两种。当相序接法正确，即与表上标记的相序相同时，相序表按顺时针方向旋转；用示波器测量两相之间的波形，两相比较就可确定各相序。

各种数控系统内部都有直流稳压电源单元，为系统提供 +5V、±5V、+24V 等直流电压。因此，在系统通电前，需要用万用表来确认直流电源单元电压输出端对地是否短路。

接通电源之后，首先应该检查数控柜内各风扇是否旋转，确认电源是否接通。各种直流电压是否在允许的范围内波动，一般来说，+5V 电源主要供给逻辑电路，它的电压要求较高，其波动应在 ±5% 范围内；+24V 的电源应在 ±10% 允许的波动范围之内，超出范围要进行调整，以免影响系统的稳定性。

对整体钣金件和所有的部品进行确认，检查是否有错误、划伤等问题出现，并对钣金件进行整理和清洁。检查并确认所有线槽、导轨、UK3N 端子排、接地排在钣金上的固定是否采用 M4×16 十字圆头螺钉并加平垫圈和弹性垫圈；主接触器、UK16N 端子排、浪涌吸收器、整流器在钣金上的固定是否采用 M5×16 十字圆头螺钉并加平垫圈和弹性垫圈；各器件是否按照装配图要求安装在导轨上。

2. 参数的设定与确认

（1）短接棒的设定

数控系统内的印制电路板上有许多用短路棒来短路的设定点，这项设定已由机床制造厂完成，用户只需确认与记录一下。但对于单个购入的数控装置，用户则必须根据需要，自行设定。因为数控装置出厂时，是按标准方式设定的，不一定适合于具体用户要求。设定确认的内容随数控系统而定，一般有以下三方面：

① 确认控制部分印制电路板上的设定。主要确认主板、ROM 板、连接单元、附加轴控制板以及旋转变压器或感应同步器控制板上的设定。这些设定与机床返回基准点的方法、速度反馈的检测元件、检测增量调节及分度精度调节等有关。

② 确认速度控制单元印制电路板上的设定。在直流速度控制单元和交流速度控制单元上都有许多的设定点,用于选择检测元件的种类、四路增益以及各种报警等。

③ 确认主轴控制单元印制电路板上的设定。无论直流还是交流主轴控制单元上,均有一些用于选择主轴电动机电流极限和主轴转数的设定点。但数字式交流主轴控制单元上已用数字设定代替短路棒的设定,故只能在通电时才能进行设定与确认。

（2）确认数控系统中各种参数的设定

设定系统参数的目的是当数控装置与机床相连接时,能使机床具有最佳的工作性能。即使是同一种数控系统,其参数设定也随机而异。随机附带的参数表是机床的重要技术资料,应妥善保管,不得遗失,否则将给机床的维修和恢复性能带来困难。

显示参数的方法随各类数控机床而异,大多数厂家产品可通过 MDI/CRT 单元上的参数键来显示已存入系统存储器的参数,显示的参数内容应与机床安装调试完成后的参数表一致。

如果所用的进给和主轴控制是数字式的,那么它的参数设定也是用数字设定参数,而不用短路棒,需根据随机所带的说明书予以确认。

4.3.2 电气系统的调试

1. 各控制回路的调试

各种电源电压正确之后可以起动 CNC,CNC 起动/停止电路如图 4-24 所示。CNC 起动后,LCD 出现显示。

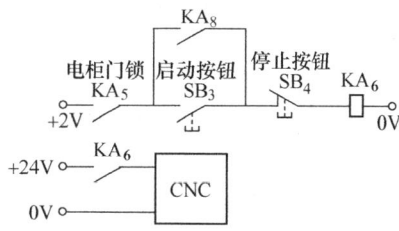

图 4-24 CNC 起动/停止电路

为保证机床的安全,数控机床均设置有急停按钮,在出现紧急状态时按下机床操作面板上的急停按钮,机床立刻停止运动。一般情况下,运动轴超程检测由 CNC 通过参数处理（称为软件限位）,没有必要设置外部限位开关。为避免由于伺服回馈系统发生故障而使机床移动超出软件限位值,确保机床停下来,通常安装行程限位开关（称为硬件限位）。当限位开关被挡块压住后,CNC 复位并进入急停状态,伺服电动机和主轴电动机减速直至停止。数控机床急停回路如图 4-25 所示。

2. 弱电调试

在 CNC 伺服接通之后,在没有设置机床参数时 LCD 会出现报警。机床参数主要指当 CNC 与机床组合在一起之后,为了最大限度地发挥 CNC 机床的功能而设置的值,

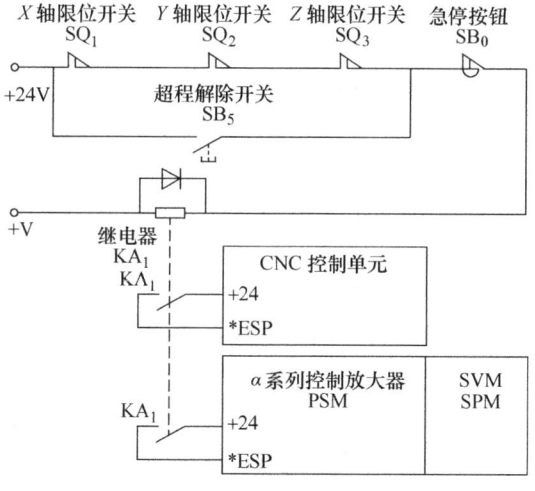

图 4-25 数控机床急停回路

需要按照数控系统说明书的要求来调整。对于没有进行任何调整的系统，其步骤如下：

（1）核对系统功能参数

各种数控系统出厂时都附带随机参数表，在 FANUC 0i 系统中 900 号以上的参数即为系统功能参数，规定的基本功能已在系统出厂时设置好，用户需按照此表核对设置。

（2）控制轴设定

FANUC 0i 的机床参数号从 0~8999。如 P1020 是控制轴参数，P 代表参数，A1 表示第 1 轴，A2 表示第 2 轴，A3 表示第 3 轴。P1020 表示编程时的各控制轴名称；P1022 在基本坐标系中设定各轴的名称，该参数一定要设置，否则将不能进行 G02、G03 插补运算；P1023 表示各轴的伺服轴号，其设定值与控制轴号相同；P1010 为 CNC 控制轴数；P8130 代表总控制轴数。

（3）伺服引导

伺服引导指进给伺服系统的参数初始化，没有进行伺服引导前，LCD 上出现 417 报警。若有参数设定不合理，即出现报警。报警的处理方法详见伺服电动机参数手册。

（4）主轴引导

主轴引导指主轴伺服系统的参数初始化，没有进行主轴引导前，LCD 上出现 750 和 751 报警。设定主轴电动机型号代码（P4133），主轴电动机最高转速 P4020；主轴最高转速：P3741（第一档）、P3742（第二档）、P3743（第三档）；以及参数 P4019#7 = 1（P4019#7 = 1 表示第 4019 号机床参数是位（bit）参数，其中 bit7 = 1），进行自动 A 系列主轴参数初始化。在 CNC 断电后再通电时，参数初始化才能生效。P4019#7 自动参数初始化之后，复位为 0。主轴参数设置不正确或未完成设置，会出现 5138 号报警信息。

（5）PMC 模块参数和系统参数的设置

PMC 即数控机床上所使用的 PLC，用来完成机床辅助功能的控制，可在系统相应的页面进行设置。

3. PMC 梯形图（LADDER）的调试

PMC 梯形图调试工作量相当大，需与机械工作人员密切配合，共同进行，一起分析调试过程中出现的问题。调试人员对各功能的接口信号和参数必须十分熟悉，有深刻的理解。对于接口信号，应该明确 PMC 除了与机床的各种信号装置通信外，还与 CNC 通信将伺服系统的实际工作状态报告 CNC，并接受 CNC 的控制。PMC 调试的基本过程如下：

（1）传送 PMC 程序

通过 RS-232 通信接口和软件 FAPT LADDER，将事先编制好的 PMC 梯形图送入 CNC。

（2）调试机床控制面板程序

该程序使操作方式等按钮生效。该面板程序一经调试成功，今后若使用相同的面板，便可复制此程序。如果自行设计制作操作面板，则需根据接口信号重新编程调试。

（3）调试机床润滑

在进给轴移动前，必须使机床导轨润滑正常，首先应通过 PMC 程序调试定时润滑。

（4）各进给轴的移动

在 JOG 方式下按各轴移动键，各坐标轴应按机床参数指定的速度向正方向或反方向移动，并受倍率开关的控制。调试时主要进行有关进给参数设置，并处理有关接口信号。

（5）各轴参考点的设置

参考点是数控机床的坐标原点,需通过 PMC 调试处理相关的主要接口信号,并设置相关的主要参数。对于 Z 轴参考点的设置,应与换刀位置配合调整。各轴回参考点的过程如图 4-26 所示。

(6) 轴行程的设置

数控系统进行超程检测是 CNC 的基本功能,称为软件限位。软件限位和硬件限位的位置关系如图 4-27 所示。当机床带有刀库,且当刀库在前位时,Z 轴不能在参考点下移动,需设置软件限位保护。

4. 主轴的调试

主轴控制单元(或称主轴放大器)接收来自 CNC 的译码指令,同时接收速度反馈实施速度循环控制。它还通过 PLC 将主轴的各种实际工作状态报告给 CNC,用以完成对主轴的各项功能控制。

主轴电动机控制接口为主轴串行输出(与模拟输出相对,串行输出中输出到主轴的命令值为数字数据)。同时使用外界位置编码器与 CNC 相连,用于检测主轴的位置。

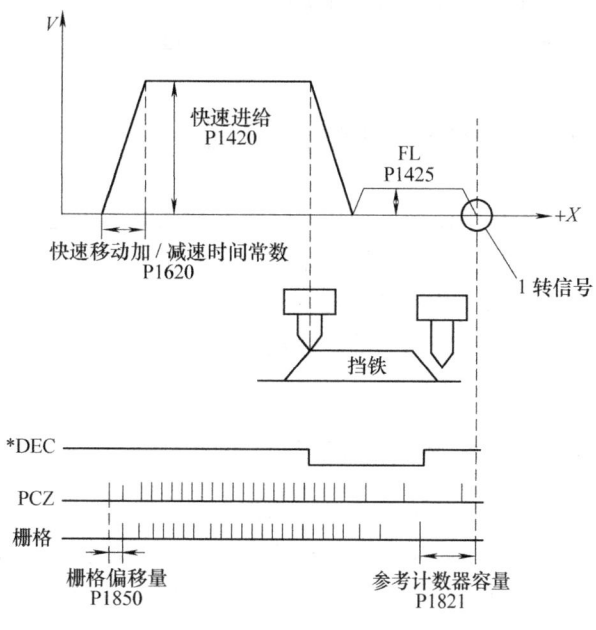

图 4-26 回参考点过程

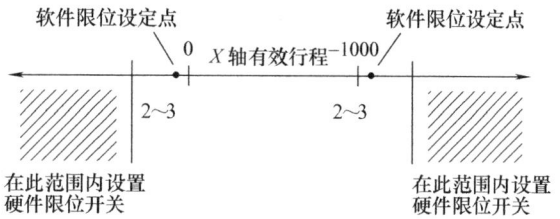

图 4-27 软件限位和硬件限位的位置关系

在进行主轴调试时,主要应完成转速的指定,如 5500 M03 等;以及使主轴停留在某个固定的位置,如 M19。为保证刀具能准确地在主轴和刀库之间交换,必须使用主轴准停功能,其控制梯形图如图 4-28 所示。相关的参数有:P4075 = 20 准停完成信号检测水平;P4077 = 108 准停偏移量,如果定向停止位置不准,将会损坏换刀装置,可通过该参数对主轴定向位置进行精调。

5. 自动换刀的调试

自动换刀装置(ATC)是加工中心的重要设备,它能否可靠运行是决定该加工中心加工质量好坏和生产效率高低的关键。CNC 执行至 M06T××时,调用 09001 子程序(内含前述各换刀动作)。设计自动换刀的 PMC 程序时,应充分考虑安全互锁。取刀时采用快捷方式,可采用 FAPT LADDER 提供的 ROT 指令实现。

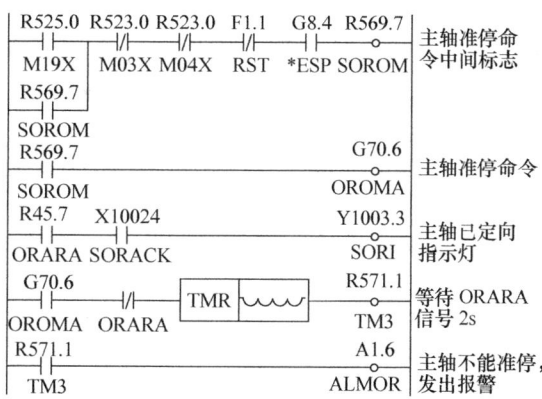

图 4-28 主轴准停控制梯形图

6. 其他辅助动作的调试

诸如冷却、排屑、照明等机床的辅助动作,也需由 PMC 梯形图控制。

4.4 机床电气手册的识别

数控机床作为一种自动化程度相当高的机电设备,电气控制部分在整个机床中占有非常重要的地位。鉴于数控机床中电气系统的地位,因此电气手册在数控机床所有的资料中也是十分重要的。数控机床发生故障也有很大一部分是发生在电控部分,因此,能够识别、应用电气手册,是维修、维护数控机床的一项重要技能。接下来的部分,将讲述一种使用机床电气手册的基本方法。

4.4.1 电气手册的识读

数控机床的电气手册,是用于描述和说明机床电气系统的构造以及连接关系,以便制造商和使用者维护和使用该机床。为了清楚而详细地说明数控机床电气系统,电气手册的编制采用了清楚的层次结构。电气手册一般由下面一些内容构成:

1. 目录

目录的主要内容是:页码、图号、标题等。

本书引用的电气手册的目录格式如图 4-29 所示。

No.	DRAWING	TITLE	REMARK
21	EE—ECS—0A021	NC POWER UNIT CONTROL CONNECTION	
22	EE—ECS—0A022	—T2 CONTROL MODULE VMC850,HV—45S	
23	EE—ECS—0A023	—T2 CONTROL MODULE HV—50S,70S	
24	EE—ECS—0A024	DC24V +Z AXIS BRAKE CONTROL CIRCUIT	
25	EE—ECS—0A025	MOTOR CONTROL CIRCUIT FOR VMC850	
26	EE—ECS—0A026	MOTOR CONTROL CIRCUIT FOR HV—40S,50S	
27	EE—ECS—0A027	MOTOR CONTROL CIRCUIT FOR HV—70S,80S	
28	EE—ECS—0A028	MOTOR CONTROL CIRCUIT FOR HV—100S	
29	EE—ECS—0A029	MOTOR CONTROL CIRCUIT FOR HV—100S	
30	EE—ECS—0A030	SERVO CONTROL SYSTEM	
31	EE—ECS—0A031	SERVO CONTROL SYSTEM	
32	EE—ECS—0A032	SERVO CONTROL SYSTEM FOR HV—100S	
33	EE—ECS—0A033	SERVO CONTROL SYSTEM FOR HV—100S	
34	EE—ECS—0A034	SERVO CONTROL SYSTEM FOR HV—100S	
35	EE—ECS—0A035	TOTAL CONNECTION OF SERIES 18MC	
36	EE—ECS—0A036	CONTROL UNIT	
37	EE—ECS—0A037	CONTROL UNIT	
38	EE—ECS—0A038	CONTROL UNIT	
39	EE—ECS—0A039	AC110V CONTROL CIRCUIT	
40	EE—ECS—0A040	AC110V CIRCUIT (SOLENOID CONTROL)	

图 4-29 电气手册目录

如果要查找某一个机型的某一个控制回路,可以先通过查找目录找到该回路所在的页码,然后再去查找所要的内容,这样做有事半功倍的效果。因此,当拿到一本电气手册时,首先要阅读它的目录,这是一种常规做法。

2. 线号表

线号表是为了说明电气手册上各种线缆的走向,以及各线缆在电气图中所处的位置而开列的一种表格。如果我们试图通过各种不同号码的线缆的走向和位置了解机床的电气控制系统的控制逻辑,以及通过一个线缆来查找某一个回路的故障时,就必须有这样一种表格来说明各线缆的位置。每一种电气手册都会有类似的线号表,图4-30为一种线号表。

从线号表上所列可知,线号表把每一个线号所出现的所有位置都详细地列举出来,这样我们就可以通过线号查找具体的控制回路。这种方式在现场维修、维护数控机床时非常有用,因为在现场我们经常会看到线缆上标明了不同的号码。

3. 符号描述表

这一部分内容不一定是每一本电气手册都会有,因为有的厂家会认为用户的相关人员已经了解了所遵循的制图标准。但是很多厂家还是会将其列出来,这样会使电气手册的适用人员更为广泛。这一部分内容主要是说明该电气手册所使用的图形符号所要表达的元器件的类型。在阅读、使用电气手册时,尽可能阅读这一节内容,以免因为参照的标准不一致而错误理解该手册所要表达的内容。图4-31所示为一个符号描述表。

我们可以看到,符号描述表对电路图中所要用到的图形符号均进行了说明。在符号表后所绘制的电路图,均是按照图上所描述的符号组成。

4. 电气柜布置图

数控机床电气系统的绝大部分元器件,均是放置在机床的电气柜中。电气柜框图主要是用来描述每个器件在电气柜中的位置,以及电气柜和外界相连通的线缆的位置。图4-32为机床电气柜布置图。

5. 控制回路框图

控制回路框图见图4-33,用于描述整个数控机床控制系统控制流程和各部分之间的关系。

6. 各控制单元图

前面所述是电气手册中概述性的内容,对于数控机床的电气系统而言,更重要的是数控机床电气系统各控制单元、回路图。这一部分详细地讲述了机床电气系统的连接方式、连接内容、连接的元件类型以及这些元件的具体位置。

这些控制单元、回路图包括:机床电源输入单元、NC电源单元、外围控制回路电源单元、控制回路(通常情况下是24V回路)、辅助电动机控制回路、伺服控制系统单元、NC控制单元、PLC输入单元各模块、PLC输出单元各模块、各插头插座接线详图、各重要元件接线图、电磁线圈控制回路(110V回路)、各功能模块回路等等。

数控机床的电气控制系统正是由这些不同的控制回路、控制单元所组成,要熟悉、掌握数控机床的电气控制系统,就必须要了解这些控制回路和控制单元。

4.4.2 查找回路的方法

学习查找回路有两个目的:一是了解数控机床电气控制系统的工作原理;二是能够通过使用机床电气手册维修维护数控机床电气系统。

WIRE No.	LOCATION	WIRE No.	LOCATION	WIRE No.	LOCATION	WIRE No.	LOCATION	WIRE No.	LOCATION	WIRE No.	LOCATION
L1	14/B1	L17A	22/A3	1	42/A2	31	24/C7	61	53/D3	91	49/A3	121	47/A6	151	39/A2
L2	14/B1	L27A	22/C3	2	42/C2	32	24/D8	62	51/B6	92	49/B3	122	59/E3	152	66/B2
L3	14/B1	L17B	24/B3	3	21/B3	33	41/A2	63	51/B8	93	45/A8	123	41/D3	153	54/F3
L1	15/B1	L27B	24/B3	4	21/B4	34	39/E3	64	41/C8	94	45/D3	124	59/B6	154	45/F3
L2	15/B1			5	21/A4	35	40/E7	65	41/D8	95	55/A4	125	59/C6	155	23/B8
L3	15/B1			6	21/B4	36	40/A3	66	54/B3	96	55/B4	126	59/D6	156	23/C8
L11	14/D1			7	22/C5	37	39/C7	67	52/D3	97	55/B4	127	59/D6	157	49/B3
L21	14/D1			8	22/C6	38	39/A7	68	52/B3	98	55/C4	128	60/D2	158	52/D8
L31	14/D1			9	22/C6	39	49/C3	69	51/B3	99	52/D8	129	59/A6	159	58/D2
L12	14/E6			10	22/A5	40	49/D3	70	57/C3	100	48/B3	130	59/B6	160	57/F3
L22	14/E6			11	22/A6	41	42/D7	71	57/D3	101	48/C3	131	59/E6	161	53/A3
L32	14/E6			12	22/B6	42	52/C7	72	54/C3	102	48/D3	132	60/A2	162	57/B3
L13	14/C7			13	41/A3	43	42/D3	73	54/D3	103	48/A7	133	60/B2	163	44/B3
L23	14/C7			14	60/C2	44	42/A7	74	54/D3	104	48/B7	134	60/B2	164	54/A3
L33	14/D7			15		45	42/C7	75	55/B3	105	48/B7	135	41/A3	165	53/B8
L14	14/E6			16		46	42/B7	76	46/C3	106	48/C7	136	39/C6	166	46/A8
L24	14/E6			17	24/E8	47	52/A8	77	46/D3	107	48/D7	137	41/C3	167	53/B8
L34	14/E6			18	24/E5	48	52/B8	78	46/D3	108	47/B3	138	41/C3	168	53/C8
L15	30/D3			19	44/B7	49	51/C8	79	46/B8	409	47/C3	139		169	51/A3
L25	30/D3			20	44/C7	50	51/D8	80	43/B4	110	45/C3	140		170	47/B3
L35	30/D3			21	40/D3	51	51/D8	81	43/C3	111	66/B2	141		171	48/C8
L16	30/D3			22	40/C3	52	42/C2	82	43/C8	112	59/D7	142	40/B3	172	59/D2
L26	30/D3			23	40/E3	53	52/C8	83	53/D3	113	55/C8	143	41/A1	173	45/A1
L36	30/D3			24	39/A3	54	49/B8	84	45/A3	114	56/C4	144	46/A8	174	45/B1
L17	14/C9			25	40/D7	55	53/A8	85	45/B3	115	53/E8	145	42/A2	175	44/A3
L27	14/C9			26	40/B7	56	52/C3	86	43/D1	116	59/B2	146	21/C8	176	44/B3
L37	14/D9			27	60/D2	57	51/C3	87	43/D6	117	59/B2	147	21/C8	177	45/C8
L18	20/C2			28	39/C3	58	51/D3	88	45/C3	118	59/C2	148	41/D3	178	71/A2
L28	20/C2			29	39/D3	59	52/B3	89	57/A3	119	59/D2	149	30/A2	179	53/B3
L38	20/D2			30	24/B7	60	53/C3	90	57/B3	120	51/B2	150	30/B2	180	53/D8

图 4-30 线号表

第4章 数控机床电气控制系统的连接与调试

Block	Comment	Block	Comment	Block	Comment	Block	Comment	Block	Comment	Block	Comment
	Make contacts		Pressure switch with Make contacts		Manually switch with Make contacts		Buzzer		DC relay		Bridge Diode
	Break contacts		Pressure switch with Breake contacts		Manually switch with Break contacts		LED		Photo switch		Diode
	Foot switch with Make contacts		Limit switch with Make contacts		Foot switch with Make contacts		LED		Timer		Diode
	Foot switch with Break contacts		Limit switch with Break contacts		Foot switch with Break contacts		Transformers		Termil srip		Brake
	Push switch with Make contacts		Proximity switch with Break contacts		On delay timer contact Break contacts				Spark kill		Fuse
	Push switch with Break contacts		Proximity switch with Make contacts		Lamp		Contactor		Spark kill (3 Phase)		Resistor
	Key switch with Make contacts		Emergency switch with Break contacts		Flash lamp		Solenoid		Wire No.		Capacitor

图4-31 符号描述表

使用电气手册的方法很简单,可以说就是按图索骥。对照电气图上所列的元器件和机床上元器件的编号,按照电气图所绘制的控制回路逻辑,一步一步地找到某一个回路的所有线缆和元件。

1. 查找电路图例

本小节将会使用一本机床的电气手册,查找其中的切削液电动机控制系统的控制和工作流程。通过查找过程和步骤的讲解,讲述使用机床电气手册的方法。

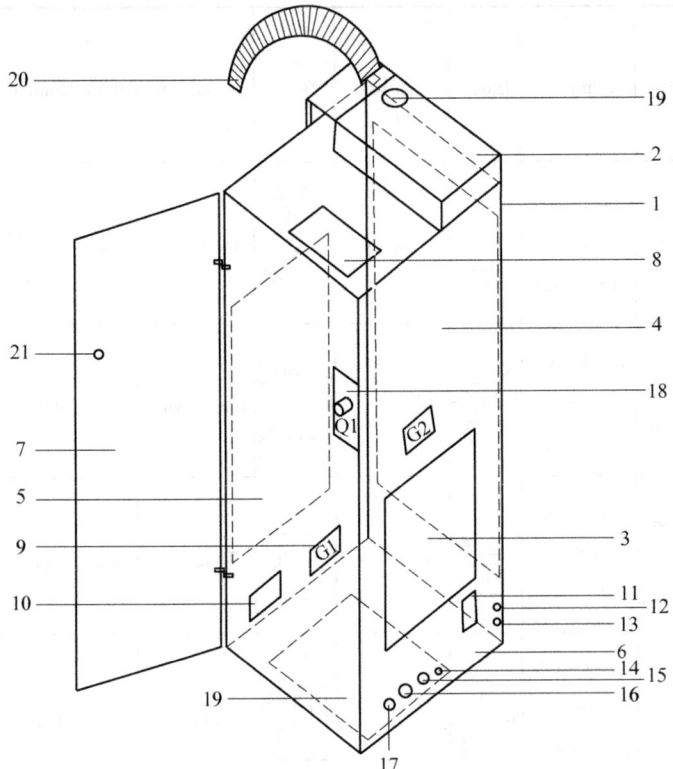

图 4-32 机床电气柜布置图

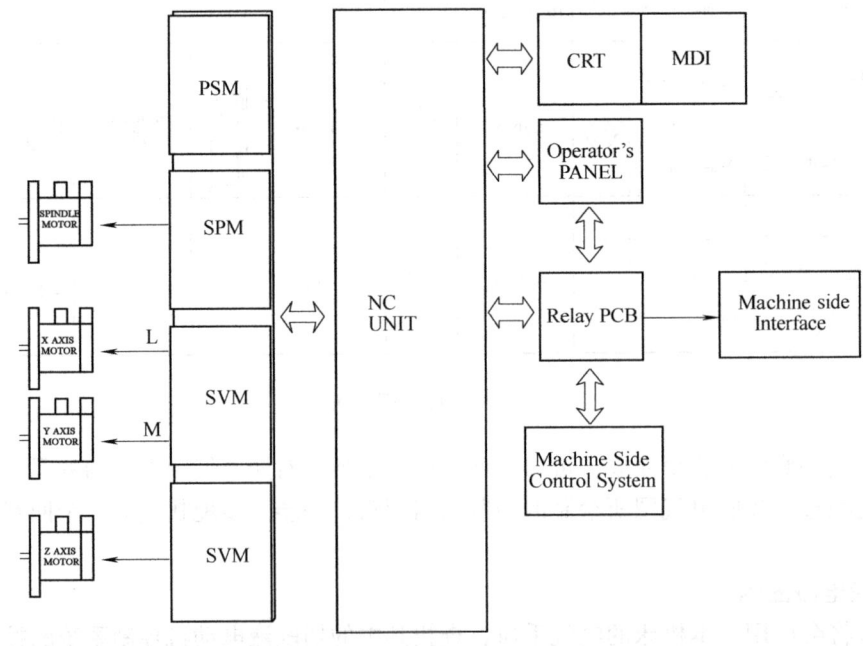

图 4-33 控制回路框图

第4章 数控机床电气控制系统的连接与调试

数控机床切削液电动机的控制有两种方式:程序自动控制(用 M 指令)和手动控制(控制面板上的开关)。第一种方式是 NC 将 M 指令送至 PLC,经过 PLC 的处理后送出控制信号。第二种方式是操作人员在机床操作面板上操作开关,开关的状态信号经过线缆输入到 PLC,经过 M 指令的处理以后送出控制信号。可见两种方式的不同就是:送入 PLC 的信号是不一样的,但是最终都将从 PLC 送出控制信号。这两种方式在 PLC 输出控制信号以后的回路就是同一个回路,下面详细叙述查找切削液电动机控制回路的整个过程(手动方式)。

① 在电气手册目录中,查找电动机控制回路所在的页码。电气手册通常会将同一类控制回路放置在一起,以便于查找。在电气手册目录中,查找到电动机控制回路,如图 4-34 所示,目录表明电动机控制回路在电气手册的 25~29 页。

No.	DRAWING	TITLE	REMARK
21	E—ECS—0A021	NC POWER UNIT CONTROL CONNECTION	
22	E—ECS—0A022	—T2 CONTROL MODULE VMC850 HV—45S	
23	E—ECS—0A023	—T2 CONTROL MODULE HV—50S,70S	
24	E—ECS—0A024	DC24V+Z AXIS BRAKE CONTROLCIRCUIT	
25	E—ECS—0A025	MOTOR CONTROL CIRCUIT FOR VMC850	
26	E—ECS—0A026	MOTOR CONTROL CIRCUIT FOR HV—40S,50S	电动机控制回路
27	E—ECS—0A027	MOTOR CONTROL CIRCUIT FOR HV—70S,80S	
28	E—ECS—0A028	MOTOR CONTROL CIRCUIT FOR HV—100S	
29	E—ECS—0A029	MOTOR CONTROL CIRCUIT FOR HV—100S	

图 4-34 目录中电动机控制回路页码

② 查找到电动机控制回路,并在其中查找切削液电动机控制回路。根据第一步查找到的页码,查找到电动机控制回路。在电动机控制回路中,有很多个电动机的控制回路图放置在一起,可以通过文字描述和编号查找到切削液电动机控制回路,如图 4-35 所示。

③ 查找控制切削液电动机的接触器。在切削液电动机控制回路中,我们可以看到控制切削液电动机的接触器是 K2M。接下来就是查找到 K2M。K2M 是接触器,在该机床中接触器是在 110V 控制回路中(有的厂家的接触器直接受 24V 控制回路的控制),如图 4-36 所示。从图中可知,K2M 受继电器 K2 控制。

④ 查找控制 K2M 的继电器 K2。在数控机床的电气系统中,控制接触器的继电器是由 PLC 输出信号控制的。因此我们从 I/O 输出模块中去查找继电器 K2,同时查找 PLC 的输出信号。由目录查找 I/O 模块,再从 I/O 模块查找到 K2 的控制回路。如图 4-37 所示,继电器 K2 受 PLC 输出信号 Y1004.3 控制。

前面所叙述的内容已经将切削液泵控制回路的 PLC 以后的部分叙述清楚,但是 PLC 不可能在没有外部输入信号的情况下进行自动控制,PLC 也是要根据系统或者是面板上所输入的信号进行操作。因此,除清楚地说明切削液泵的控制外,还必须查明外部信号是如何进入 PLC 的。

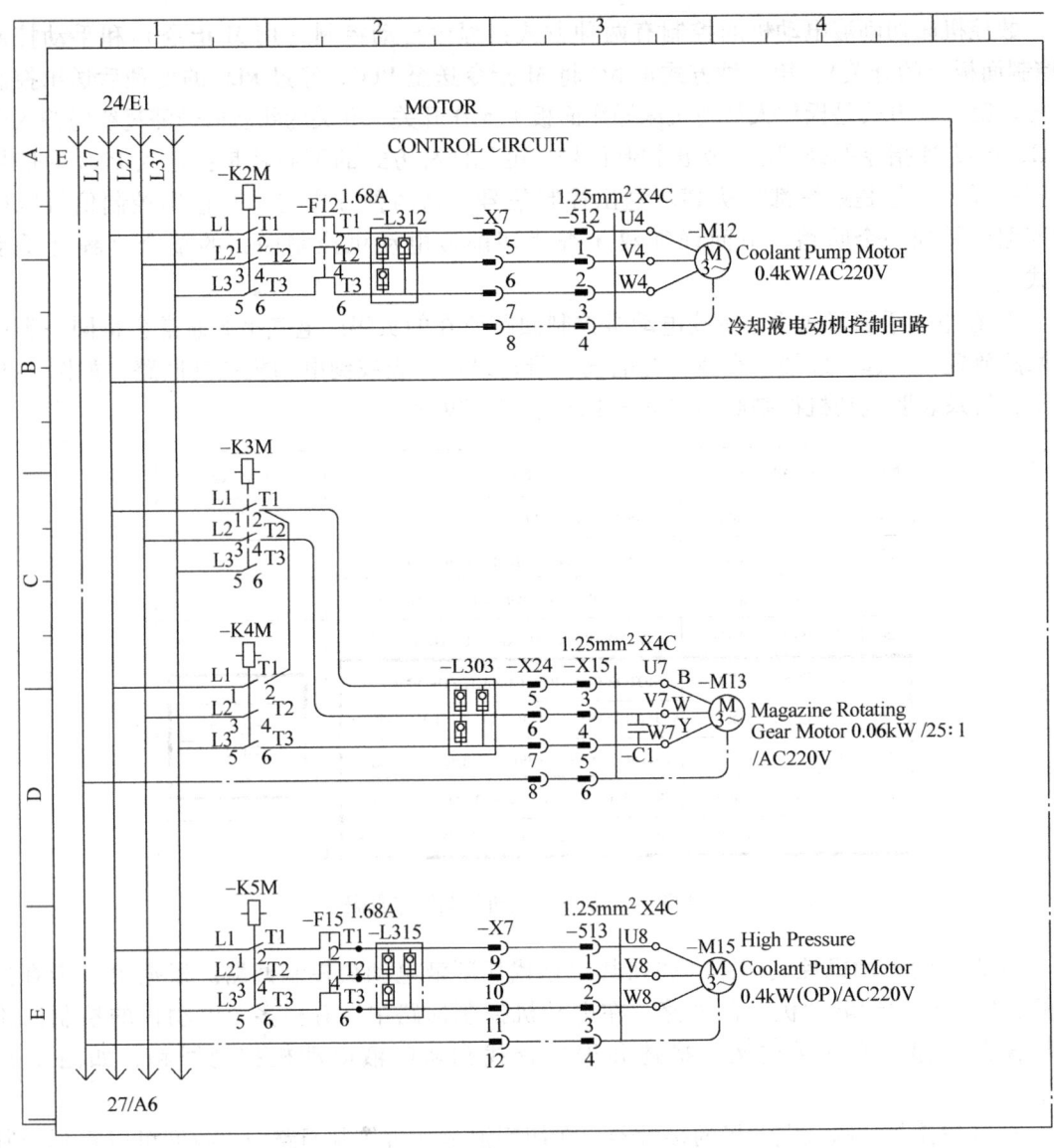

图 4-35 切削液电动机控制回路

⑤ PLC 输入信号。既然要查清 PLC 的输入信号,就必须要到 I/O 输入单元去查找控制切削液泵的信号。根据目录查出 I/O 单元的页码,在 I/O 单元里查找控制切削液泵的输入信号。如图 4-38 所示,在图中清楚地标明了切削液泵的输入信号是 X1000.2,并且图中还列出了控制切削液的开关是 S33。接下来,我们就要查找 S33 的位置。

⑥ 找控制切削液泵的开关 S33。控制切削液开启或者是关闭的开关,应该是在操作面板上的开关。可以从机床操作面板上去查找控制切削液泵的开关 S33。

至此,我们已经将切削液电动机的控制回路查找清楚。我们按照从开关出发到切削液泵结束的顺序进行叙述如下:

S33→PLC 输入端 X1000.2→PLC→PLC 输出端 Y1004.3→继电器 PCB 板→继电器 K2→110V 控制回路接触器 K2M→切削液泵。

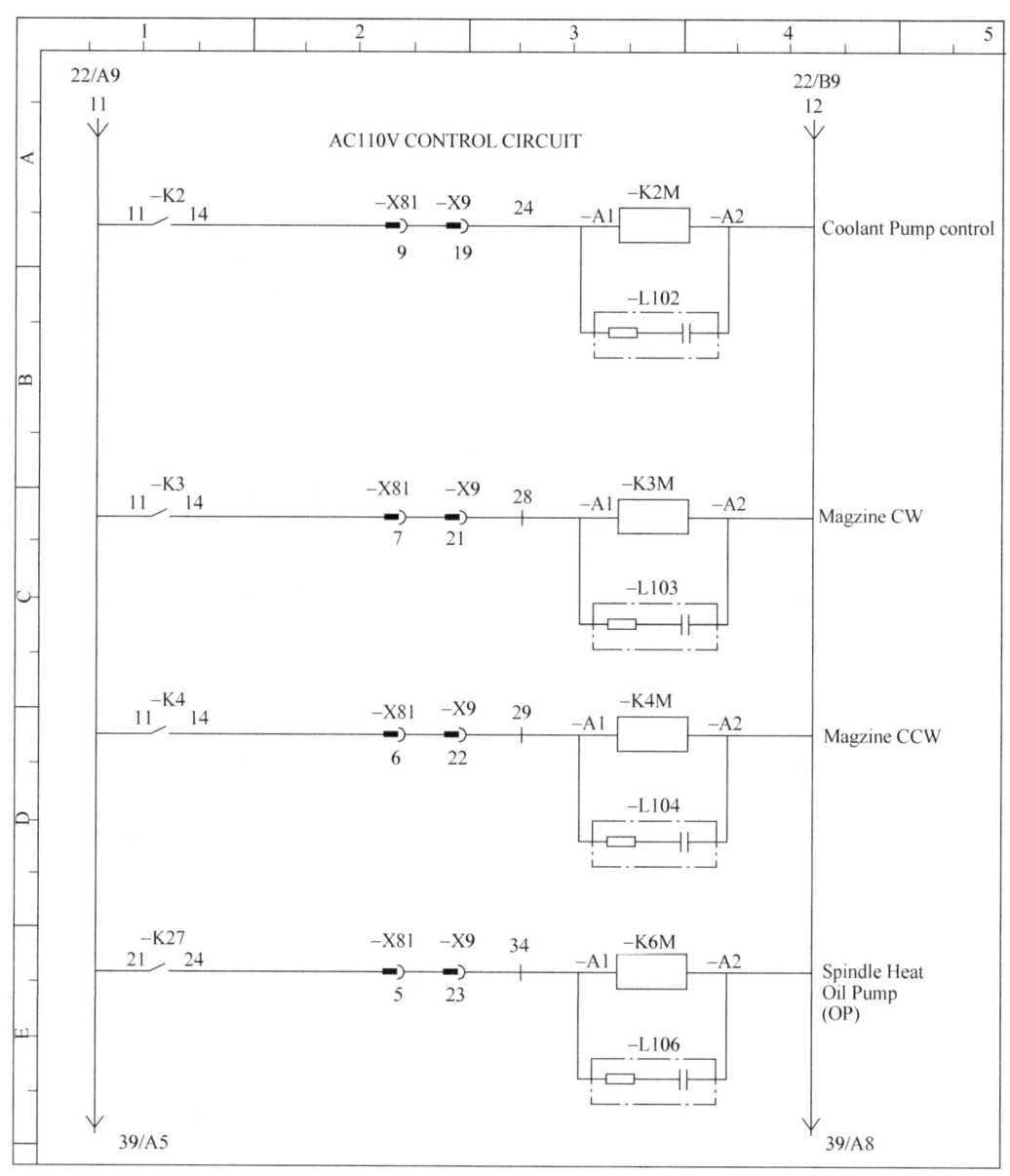

图 4-36 切削液电动机控制接触器 K2M

2. 分析

根据上面所示的图例，可以得出机床电气控制系统的方法。机床辅助电气设备的控制，以 PLC 为核心，控制信号按照两个途径进入 PLC（NC 以指令的形式进入 PLC，外部开关——包括检测开关和手动开关将信号送入 PLC）。PLC 按照编制好的控制程序对进入 PLC 的信号进行处理，并将输出信号从输出端口输出。输出的信号按照所要控制的执行元件的性质，在外围电路通过不同的控制回路（有的直接由 PLC 驱动，有的经过中间继电器和接触器等控制）控制执行元件。

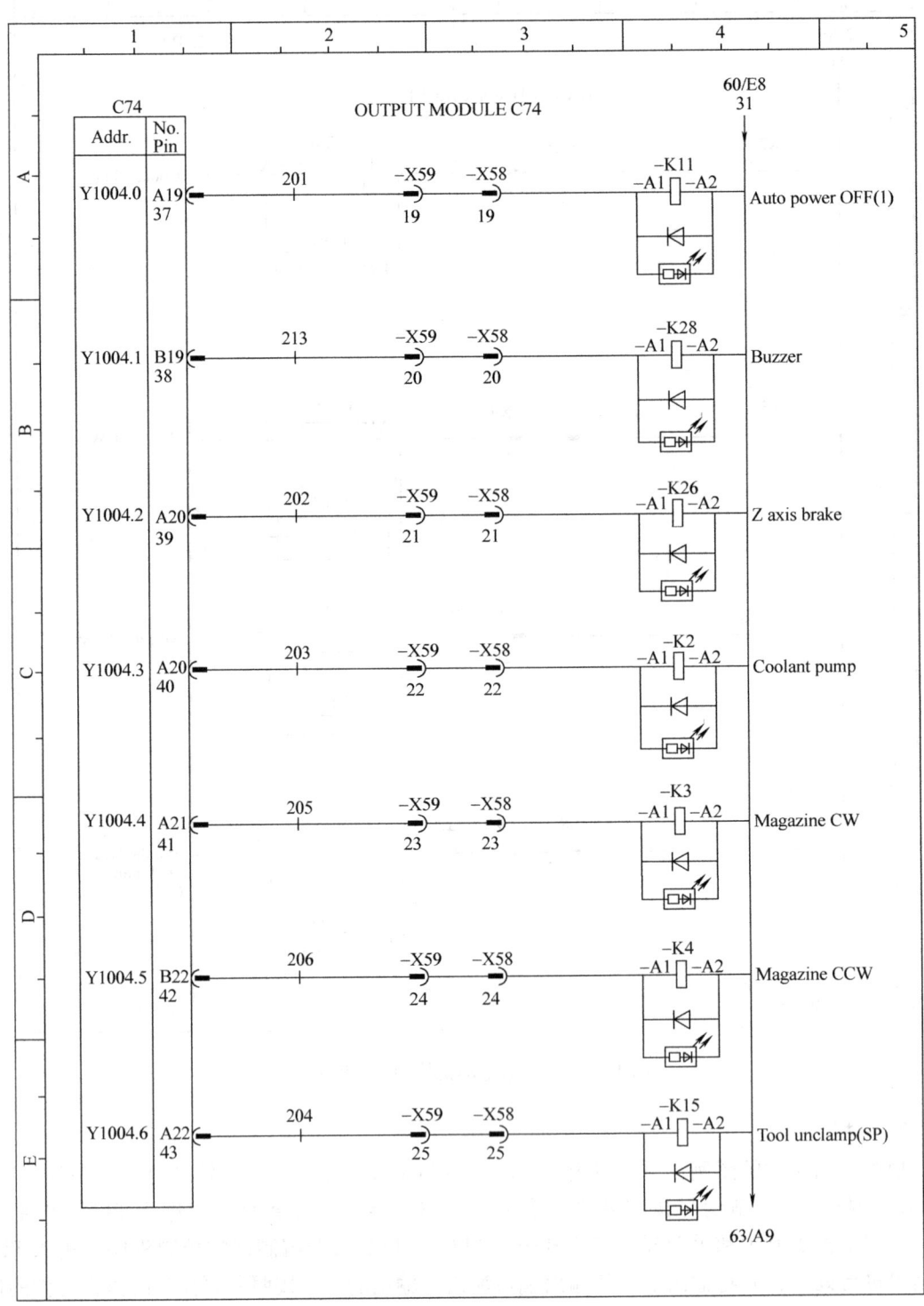

图 4-37 PLC 输出单元、继电器 K2

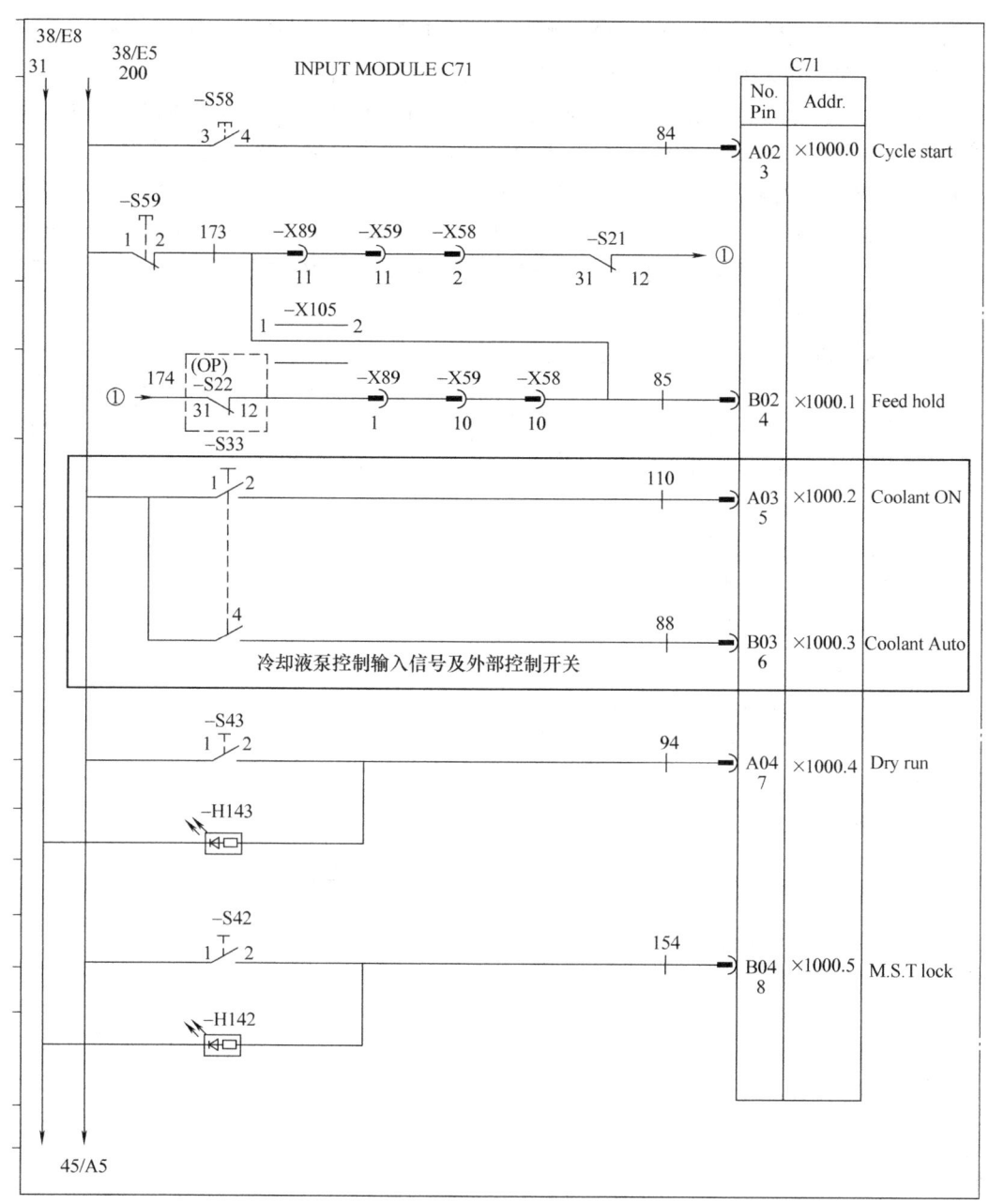

图 4-38　切削液泵控制输入信号及外部控制开关

4.5　数控机床电气系统与 PLC 的关联控制

4.5.1　数控机床 PLC 的控制对象

数控机床的控制可分为两大部分：一部分是坐标轴运动的位置控制，另一部分是数控机床加工过程的顺序控制。在讨论 PLC、CNC 和机床各机械部件、机床辅助装置、强电线路之间的关系时，常把数控机床分为"NC 侧"和"MT 侧"（即机床侧）两大部分。"NC 侧"包括 CNC 系统的硬件和软件以及与 CNC 系统连接的外围设备；"MT 侧"包括机床机械部分及其液压、气压、冷却、润滑、排屑等辅助装置，机床操作面板，继电器线路，机床强电线路等。PLC 处于 CNC 和 MT 之间，对 NC 侧和 MT 侧的输入、输出信号进行处理。

MT 侧顺序控制的最终对象随数控机床的类型、结构、辅助装置等的不同而有很大差别。机床结构越复杂，辅助装置越多，最终受控对象也越多。一般来说，按最终受控对象的数量从少到多和顺序控制程序的复杂程度从低到高排序排列，依次为 CNC 车床、CNC 铣床、加工中心、FMC（柔性制造单元）和 FMS（柔性制造系统）。

PLC 在数控机床中有 3 种不同的配置方式：

① PLC 在机床一侧，代替了传统的继电器、接触器逻辑控制，PLC 有 ($m+n$) 个输入/输出（I/O）点，如图 4-39a 所示。

② PLC 在电气控制柜中，PLC 有 n 个输入/输出（I/O），如图 4-39b 所示。

③ PLC 在电气控制柜中，而输入/输出接口在机床一侧，如图 4-39c 所示。这种配置方式使 CNC 与机床接口的电缆大大减少。

CNC 的输出数据经 PLC 逻辑处理，通过输入/输出接口送至机床侧。CNC 至机床的信息主要是 M、S、T 等功能代码。

④ M 功能处理是辅助功能，根据不同的 M 代码，可控制主轴的正、反转和停止，主轴齿轮箱的换档变速，主轴准停，切削液的开、关，卡盘的夹紧、松开及换刀机械手的取刀、归刀等动作。

⑤ S 功能处理主轴转速可以用 S2 位代码或 4 位代码直接指

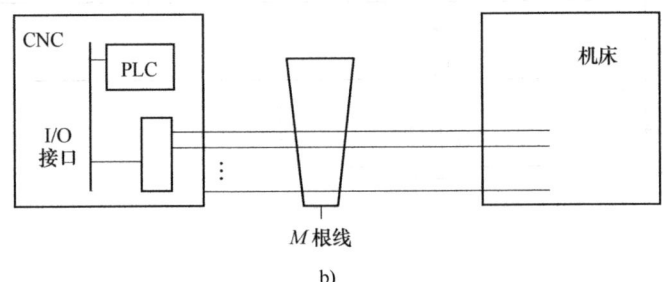

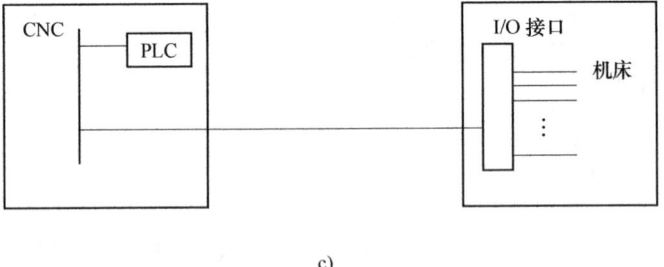

图 4-39　PLC 在数控机床中的配置方式
a) PLC 在机床侧　b) PLC 在 CNC 侧　c) 输入/输出接口在机床侧

定。在 PLC 中，可容易地用 4 位代码直接指定转速。

⑥ T 功能处理数控机床通过 PLC 可管理刀库，进行自动刀具交换。处理的信息包括选刀方式、刀具累计使用次数、刀具剩余寿命和刀具刃磨次数等。

PLC 向机床侧传递的信息主要是指控制机床的执行元件，如电磁阀、继电器、接触器及确保机床各运动部件状态的信号和故障指示等。

从机床侧输入的开关量经 PLC 逻辑处理传送到 CNC 装置中。机床侧传递给 PLC 的信息主要是机床操作面板上各开关、按钮等信息，包括机床的起动、停止，工作方式选择，倍率选择，主轴的正、反转和停止，切削液的开、关，卡盘的夹紧、松开，各坐标轴的点动、换刀及行程限位等开关信号。

4.5.2 PLC 和 NC 的关系

PLC 用于通用设备的自动控制，称为可编程序控制器。PLC 用于数控机床的外围辅助电气的控制时，也称为可编程序机床控制器。因此，在很多数控系统中将其称之为 PMC（Programmable Machine Tool Controller）。数控系统有两大部分，一是 NC，二是 PLC，这两者在数控机床中所起的作用范围是不相同的。可以这样来划分 NC 和 PLC 的作用范围：

① 实现刀具相对于工件各坐标轴几何运动规律的数字控制。这个任务是由 NC 来完成。

② 机床辅助设备的控制是由 PLC 来完成。它是在数控机床运行过程中，根据 CNC 内部标志以及机床的各控制开关、检测元件、运行部件的状态，按照程序设定的控制逻辑对诸如刀库运动、换刀机构、切削液等的运行进行控制。

在数控机床中，这两种控制任务是密不可分的，它们按照上面的原则进行了分工，同时也按照一定的方式进行连接。NC 和 PLC 的接口方式遵循国际标准 ISO 4336—1981（E）《机床数字控制——数控装置和数控机床电气设备之间的接口规范》的规定，接口分为四种类型：

① 与驱动命令有关的连接电路。
② 数控装置与测量系统和测量传感器间的连接电路。
③ 电源及保护电路。
④ 通断信号及代码信号连接电路。

从接口分类的标准来看，第一类、第二类连接电路传送的是数控装置与伺服单元、伺服电动机、位置检测以及数据检测装置之间的控制信息。第三类是由数控机床强电电路中的电源控制电路构成，通常由电源变压器、控制变压器、各种断路器、保护开关、继电器、接触器等构成，为其他电动机、电磁阀、电磁铁等执行元件供电。这些相对于数控系统来讲，属于强电回路。这些强电回路是不能够和控制系统的弱电回路直接相连接的，只能够通过中间继电器等电子元器件转换成直流低压下工作的开关信号，才能够成为 PLC 或继电器逻辑控制电路的可接受的电信号。反之，PLC 或继电器逻辑控制电路的控制信号，也必须经过中间继电器或转换电路变成能连接到强电线路的信号，再由强电回路驱动执行元件工作。第四类信号是数控装置向外部传送的输入/输出控制信号。

4.5.3 PLC 在数控机床中的作用

1. PLC 与外部信息交换

相对于 PLC，机床和 NC 就是外部。PLC 与机床以及 NC 之间的信息交换，对于 PLC 的功能发挥是非常重要的。PLC 与外部的信息交换，通常有四个部分：

① 机床侧至PLC：机床侧的开关量信号通过I/O单元接口输入到PLC中，除极少数信号外，绝大多数信号的含义及所配置的输入地址，均可由PLC程序编制者或者是程序使用者自行定义。数控机床生产厂家可以方便地根据机床的功能和配置，对PLC程序和地址分配进行修改。

② PLC至机床：PLC的控制信号通过PLC的输出接口送到机床侧，所有输出信号的含义和输出地址也是由PLC程序编制者或者是使用者自行定义。

③ CNC至PLC：CNC送至PLC的信息可由CNC直接送入PLC的寄存器中，所有CNC送至PLC的信号含义和地址（开关量地址或寄存器地址）均由CNC厂家确定，PLC编程者只可使用，不可改变和增删。如数控指令的M、S、T功能，通过CNC译码后直接送入PLC相应的寄存器中。

④ PLC至CNC：PLC送至CNC的信息也由开关量信号或寄存器完成，所有PLC送至CNC的信号地址与含义由CNC厂家确定。PLC编程者只可使用，不可改变和增删。

2. PLC在数控机床中的工作流程

PLC在数控机床中的工作流程，和通常的PLC工作流程基本上是一致的，分为以下几个步骤：

① 输入采样：就是PLC以顺序扫描的方式读入所有输入端口的信号状态，并将此状态读入到输入映象寄存器中。当然，在程序运行周期中这些信号状态是不会变化的，除非一个新的扫描周期的到来，并且原来端口信号状态已经改变，读到输入映象寄存器的信号状态才会发生变化。

② 程序执行：程序执行阶段系统会对程序进行特定顺序的扫描，并且同时读入输入映象寄存区、输出映象寄存区的相关数据。在进行相关运算后，将运算结果存入输出映象寄存区供输出和下次运行使用。

③ 刷新阶段：在所有指令执行完成后，输出映象寄存区的所有输出继电器的状态（接通/断开）在输出刷新阶段转存到输出锁存器中，通过特定方式输出，驱动外部负载。

3. PLC在数控机床中的功能

① 操作面板的控制。操作面板分为系统操作面板和机床操作面板。系统操作面板的控制信号先是进入NC，然后由NC送到PLC，控制数控机床的运行。机床操作面板控制信号直接进入PLC，控制机床的运行。

② 机床外部开关输入信号。将机床侧的开关信号输入PLC，进行逻辑运算。这些开关信号包括很多检测元件信号，如行程开关、接近开关、模式选择开关等。

③ 输出信号控制：PLC输出信号经外围控制电路中的继电器、接触器、电磁阀等输出给控制对象。

④ 功能实现。系统送出T指令给PLC，经过译码，在数据表内检索，找到T代码指定的刀号，并与主轴刀号进行比较。如果不符，发出换刀指令，刀具换刀。换刀完成后，系统发出完成信号。

⑤ M功能实现。系统送出M指令给PLC，经过译码，输出控制信号，控制主轴正反转和起动停止等等。M指令完成，系统发出完成信号。

4.5.4 PLC 和外围电路的关系

如前所述，PLC 在数控机床中用来控制机床的强电回路（通过一些电器元件）。为了更好地了解数控机床的 PLC 的控制功能，就有必要对 PLC 和外围电路的关系进行分析。

1. PLC 对外围电路的控制

数控机床通过 PLC 对机床的辅助设备进行控制，PLC 则是通过对外围电路的控制来实现对辅助设备的控制。PLC 接受 NC 的控制信号以及外部反馈信号，经过逻辑运算、处理，将结果以信号的形式输出。输出信号从 PLC 的输出模块输出，有些信号经过中间继电器控制接触器，然后控制具体的执行机构动作，从而实现对外围辅助机构的控制。有些信号不需要通过中间环节的处理就直接用于控制外部设施，比如有些直接用低压电源驱动的设备（如面板上的指示灯）。也就是说，每一个外部设备（使用 PLC 控制的）都是由 PLC 的一路控制信号来控制的，都在 PLC 中和一个 PLC 输出地址相对应。

PLC 对外围设备的控制，不仅仅是要输出信号控制设备、设施的动作，还要接受外部反馈信号，以监控这些设备设施的状态。在数控机床中用于检测机床状态的设备或元件主要有：温度传感器、振动传感器、行程开关、接近开关等等。这些检测信号有些是可以直接输入到 PLC 的端口，有些必须要经过一些中间环节才能够输入到 PLC 的输入端口。图 4-40 为 PLC 的硬件结构以及输入与输出示意图。

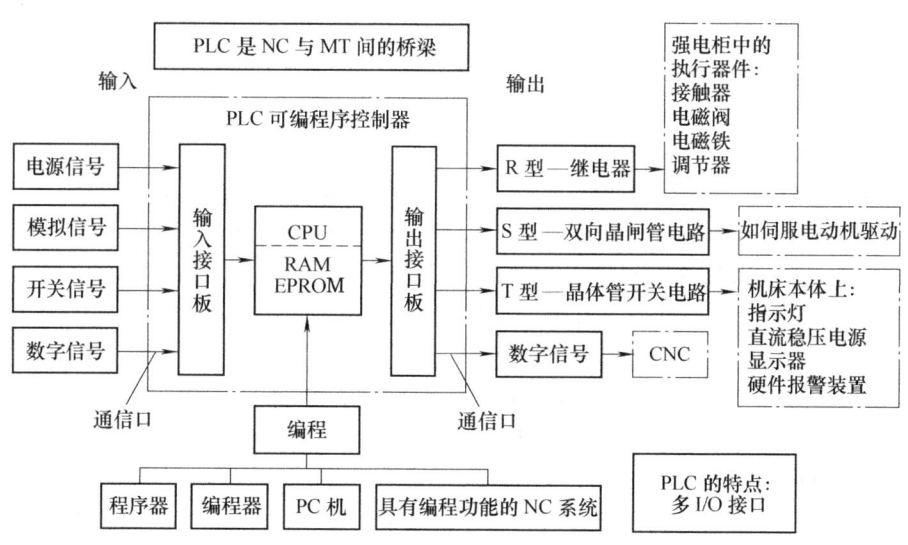

图 4-40　PLC 的硬件结构以及输入与输出示意图

无论是输入还是输出，PLC 都必须要通过外围电路才能够控制机床的辅助设施的动作。在 PLC 和外围电路的关系中，最重要的一点就是外部信号和 PLC 内部信号处理的对应。这种对应关系就是前面所说的地址分配，就是将每一个 PLC 中的地址和外围电路的每一路信号相对应。这个工作是在机床生产过程中编制和该机床相对应的 PLC 程序时，由 PLC 程序编制工程师定义完成的。当然，做这样的定义必须遵循必要的规则，以使 PLC 程序符合系统的要求。

接口信号的状态特点，是 PLC 装置对外信号交换所固有的特点。关于 PLC 装置的输入与输出接口信号，可参见表 4-2。

表 4-2 PLC 的输入与输出信号

输出信号	输入信号		CNC→PLC	PLC→CNC
PLC→机床/机床面板（控制信号）	机床面板开关→PLC 输入（开关量）	机床→PLC（状态信号）	输入信号	输出信号
各种起动信号：刹车起动 主轴转向/速/角 刀架电动机正反转 卡盘卡紧/松开 尾座进退 主轴停止灯 刀架运行灯等等 PRDY/VRDY 主柜门断电	各种控制信号：急停 复位 机床锁住 进给保持 进给倍率 进给方向 系统手轮 空运行 主轴正反转 Z 停 快进 冷却起停 运行方式选择：JOG/MDI/AUTO 程序保护，等等	各种反馈信号及各种起动应答：主轴实际转速 主轴实际换档 各种限位开关 各种接近开关 液压起动（电磁阀起动）电磁制动释放 卡盘脚踏开关 各轴回参照点 减速 刀架落下夹紧 各种刀位	T、S、M 代码选通 各种代码 询问各种反馈模拟状态信号 PRDY/VRDY 实际刀位 刀号编码状态（数字信号直接反馈到 CNC）自动程序控制运行包括：软键设置以及操作面板键是否被激活	应答 CNC 各种故障报警

机床辅助电气设备的控制以 PLC 为核心，控制信号按照两个途径进入 PLC（NC 以指令的形式进入 PLC，外部开关——包括检测开关和手动开关将信号送入 PLC）。PLC 按照编制好的控制程序对进入 PLC 的信号进行处理，PLC 的输出信号从输出端口输出。输出的信号按照所要控制的执行元件的性质，在外围电路通过不同的控制回路（有的直接由 PLC 驱动，有的经中间继电器和接触器等控制）控制执行元件。

图 4-41 所示为一种数控机床的电气手册的输入单元电气图的一部分。从图上可以看到，这是一个插座或者是某一个输入接口的针脚，对应于外围电路的某一个元件、开关、旋钮，同时也对应于 PLC 内部的某一个输入地址。

从第一行开始，一个按钮开关或者是摇头开关接入线号为 191 号的回路中。191 号线接到 C71 号插座的 16 号脚，16 号脚对应于 PLC 的输入地址为 X1001.3，该地址被定义为 Manual absolute（手动绝对值）。从图上所描述的可以知道，S37 号按钮是用于控制手动绝对值是否有效的开关。这个开关的通断状态，通过 191 号线接入到插座 C71 上的 16 号脚，16 号脚再将这个信号输入到 PLC 中，这个信号在 PLC 中的地址为 X1001.3。通过这种定义方式，就将 PLC 中的信号和外围电路相对应起来，就可以通过查看 PLC 中的 X1001.3 的状态，来确定外部按钮开关的状态。

从图上可以看到，图上右侧文字叙述是该信号的意义，随后在其左边的是输入信号地址，更左边的是插座上的针脚号，再左边的是外围电路的线号和开关器件号。这一幅图是某

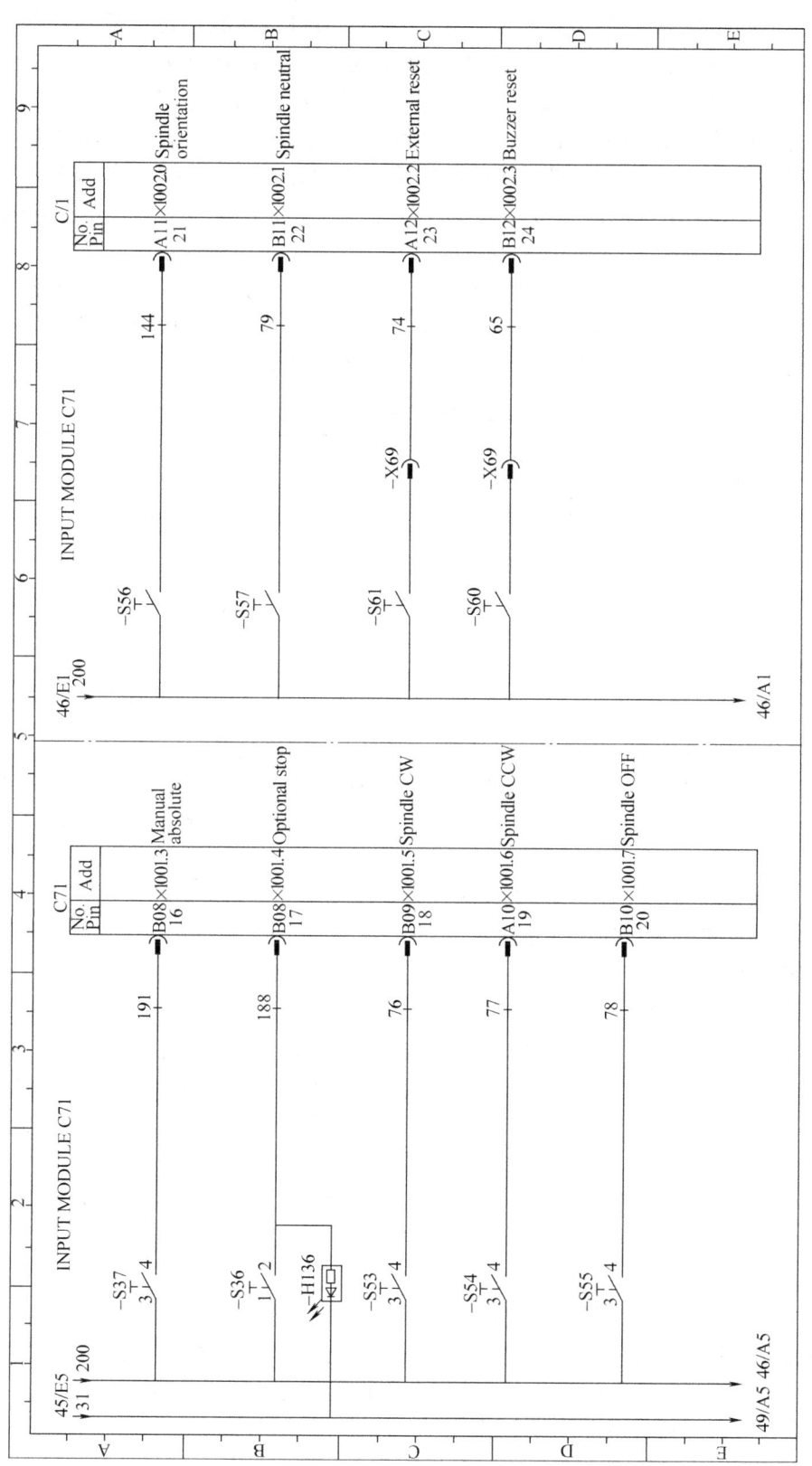

图 4-41 信号输入单元电气图

机床的电路图，该图是遵循通用标准来绘制。因此，通过该图我们可以看到一些具有普遍意义的原则。比如，编制 PLC 程序时可能会把相近的（从用途和分布位置上）开关检测元件等的地址设定在一起。再比如，C71 上的输入信号基本上都是面板上的按钮开关或摇头开关，它们的信号类型和位置分布是非常接近的，因此它们的输入地址（在 PLC 输入端）也是顺序分布。在这一幅图所属的电气手册上可以查到：C71 一共有 50 个针脚，除去用于公共端、24V 电源的脚以外，其他针脚的输入地址是从 X1000.0 到 X1004.7 顺序分布。

通常情况下，PLC 的地址由 3 部分组成：地址类型、地址号和位号。每一个地址号下有 8 个地址位，每一个地址表示不同的信号。表 4-3 为输入信号列表。从图 4-41 上可以看到几个要素：元器件号、线号、插槽或插座号、针脚号和 PLC 输入地址号。

表 4-3 输入信号列表

ADDRESS	7	6	5	4	3	2	1	0
X1000								
X1001	Spindle Off	Spindle CCW	Spindle CW	Optional stop	Manual absolute			
X1002					Buzzer reset	External reset	Spindle neutral	Spindle orientation
X1003								

这几个号码在控制逻辑上是有对应关系的。因此，不仅仅是在绘制此类图形时，而且在设计外围电路、编制 PLC 程序时都要考虑它们之间的关系。事实上，不仅是在设计制造机床时要考虑它们之间的对应关系，在使用、维修、维护机床时也要考虑它们之间的对应关系和控制逻辑。

图 4-41 上所示的外部按钮等元件位置都可在机床面板元件图上查找到。

2. PLC 输出信号和受控的执行元件

前面图例描述了输入信号在 PLC 中的地址分配以及 PLC 输入地址与外部开关、旋钮、插座、电缆之间的对应关系。

在数控机床中，不仅仅是输入信号和外部电路存在对应关系，输出信号和外围控制电路以及要驱动的设备之间也存在着相应的对应关系。随后列出的两幅图例都是 PLC 输出信号和外围电路的连接图，但是这两幅图在所表达的控制关系是不一样的。图 4-42 所表示的是 PLC 输出信号可以直接驱动外部装置（这些装置通常是一些 LED 灯），图 4-43 表示的是 PLC 的输出信号必须经过中间继电器才能够控制最终的设备。这是因为图 4-42 中所示的外部元件是一些小功率元件（主要是一些表示机床状态的指示灯），而图 4-43 所示的外部设备是大功率元件。

从这两幅图我们可以看到 PLC 输出地址和外部电路之间的关系：外部执行元件或设施是受 PLC 控制的；PLC 的每一个输出信号对应着一个输出地址；每一个输出地址对应着一个插座或插头的针脚；每一个针脚对应着外围电路的一根线（用线号表示）；每一个线号对应着一个设备或元件（或者通过一些中间元件）。

在设计 PLC 的程序时，必须要考虑数控机床会用到哪些设备，哪些设备是可以由 PLC

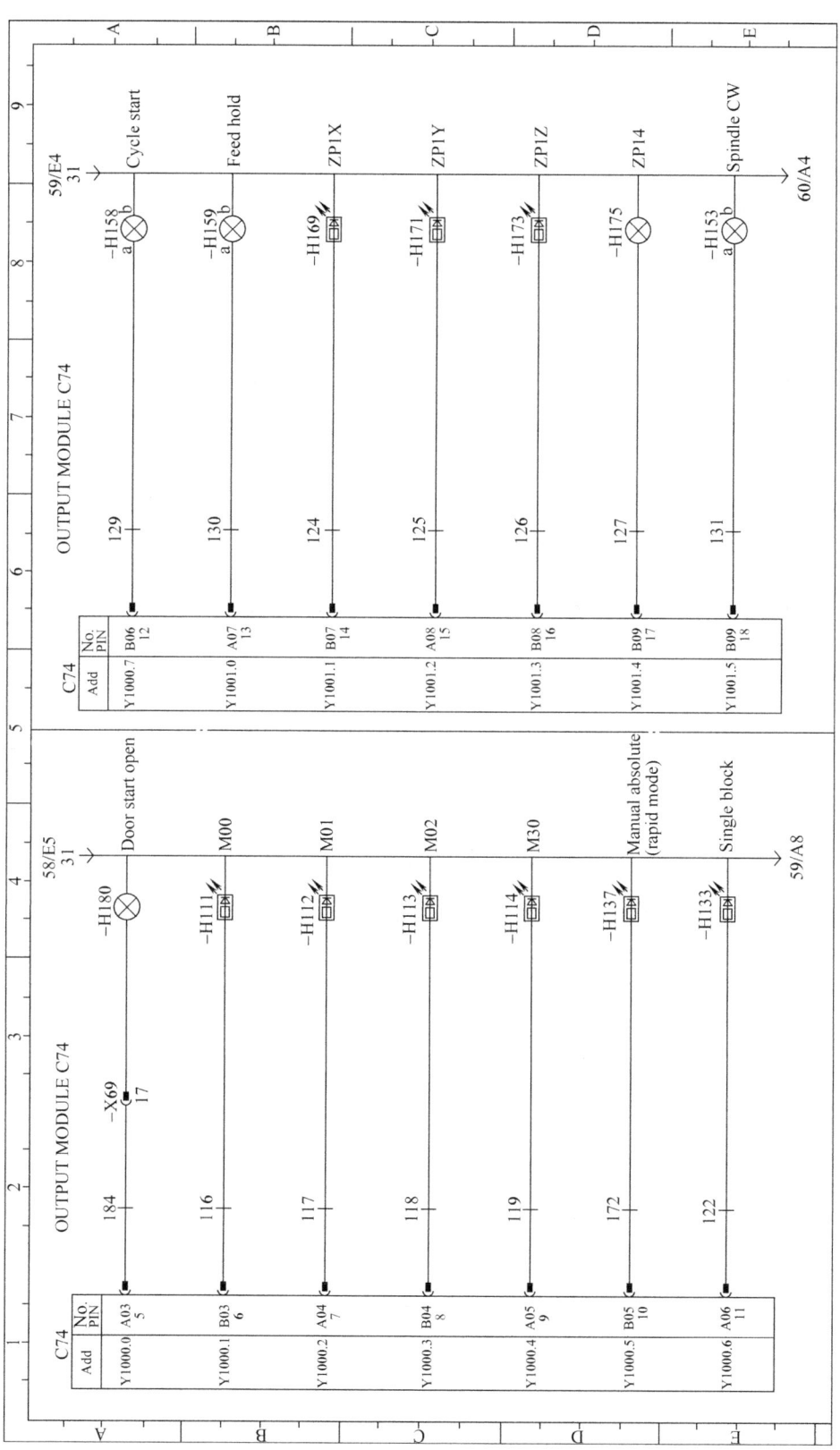

图 4-42 输出信号单元 C74（1）

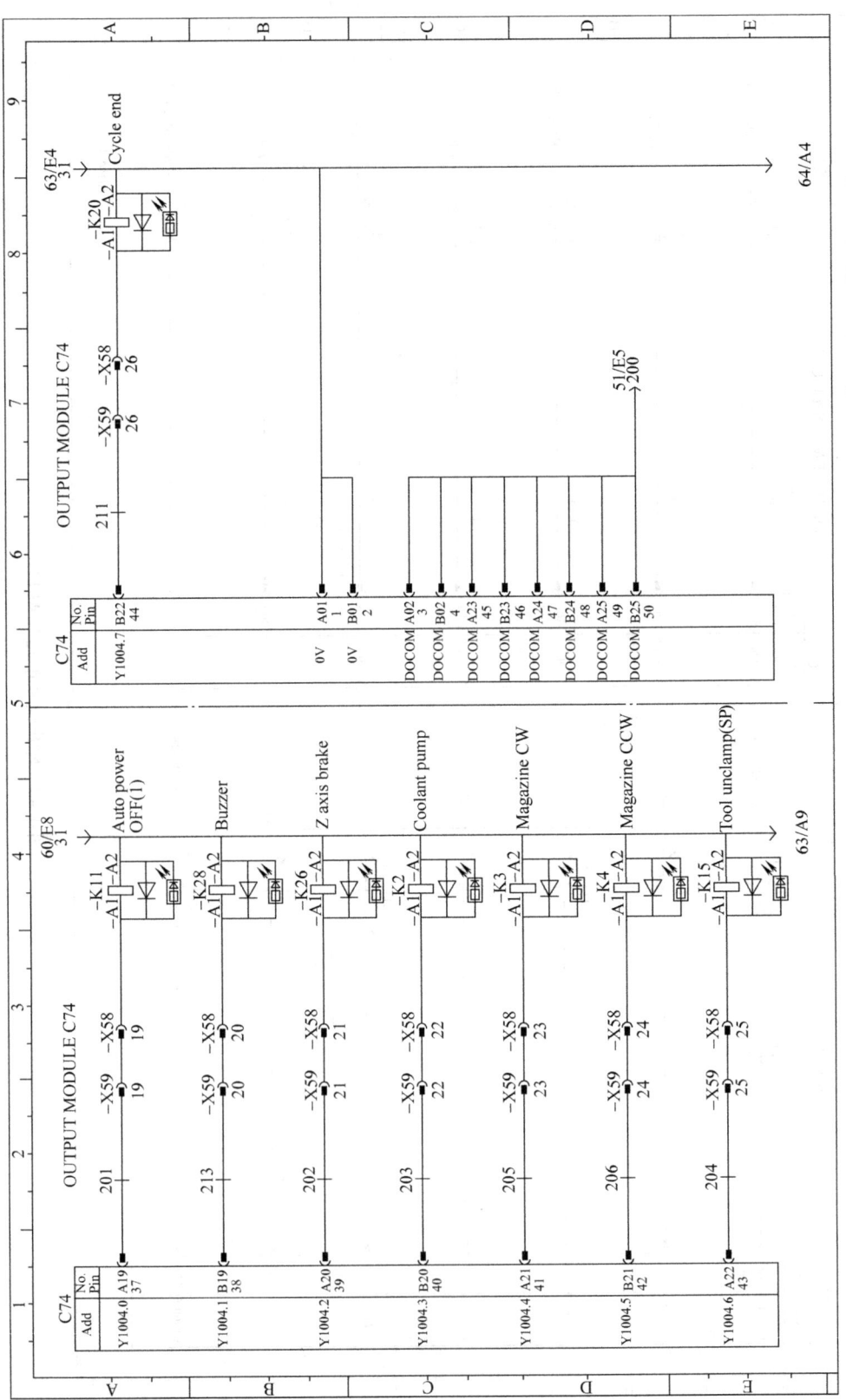

图 4-43 输出信号单元 C74（2）

第4章 数控机床电气控制系统的连接与调试

直接驱动的,哪些设备必须经过继电器、接触器等中间环节才能够驱动,以及这些设备的控制信号通过哪个地址号输出。在使用数控机床的过程中,我们可以通过阅读电气手册,熟悉机床设施的控制运行方式,从而方便地维护机床。

表4-4为PLC输出信号列表。表4-4的第二列、第三列列明了所要控制的外部元件,这些元件可以在图4-42中找到。通过这些图表,我们可以清楚地看到PLC和外部元件之间的关系。

表4-4 PLC输出信号列表1

Address	Y1000	Y1001
0	Door start open (H180) 灯	Feed hold (H159) 灯
1	M00 (H111) LED	ZP1X (H169) LED 原点到达
2	M01 (H112) LED	ZP1Y (H171) LED 原点到达
3	M02 (H113) LED	ZP1Z (H173) LED 原点到达
4	M30 (H114) LED	ZP14 (H175) 灯原点到达
5	Manual absolute (H137) LED	Spindle CW (H153) 灯
6	Single block (H133) LED	
7	Cycle start (H158) 灯	

表4-5对图4-43进行了描述,从图4-43和表4-5可以看出这些输出信号是对继电器进行控制,这些元件可以在机床面板元件图上查到。

表4-5 PLC输出信号列表2

Address	Y1004
0	Auto power off (K11) 继电器
1	Buzzer (K28) 继电器
2	Z axis brake (K26) 继电器
3	Coolant pump (K2) 继电器
4	Magazine CW (K3) 继电器
5	Magazine CCW (K4) 继电器
6	Tool unclamp (K15) 继电器
7	Cycle end light (K20) 继电器

图4-44所示为该机床的继电器板,PLC的一些输出信号通过继电器板输出,从而进一步控制其他元件。

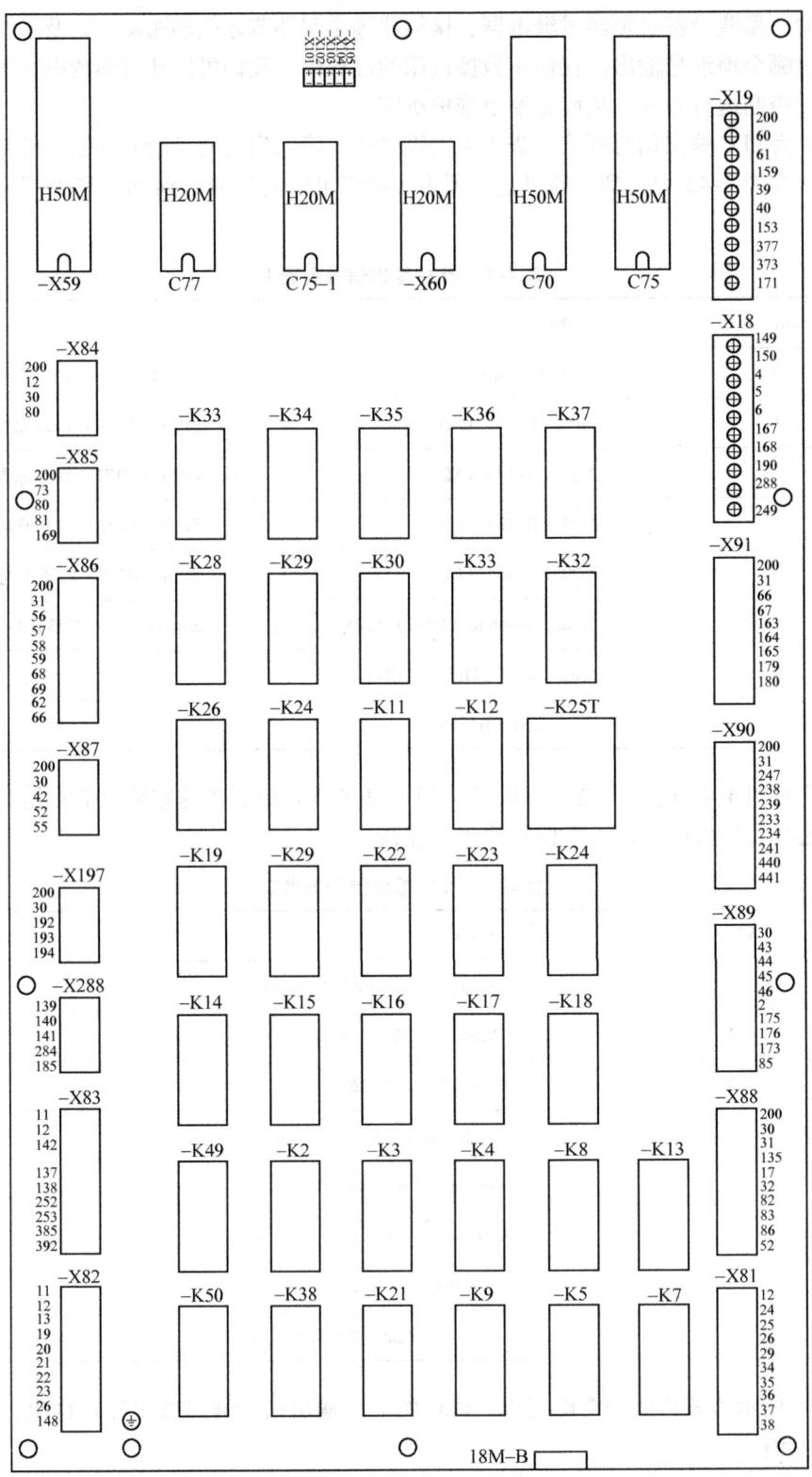

图 4-44 机床的继电器板

第5章 典型数控系统的硬件构成与连接

5.1 SIEMENS 数控系统的硬件组成与连接

5.1.1 SINUMERIK 840D 数控系统的组成

SINUMERIK 840D 是由数控及驱动单元 CCU（Compact Control Unit）或 NCU（Numerical Control Unit）、人机界面 MMC（Man Machine Communication）和可编程序控制器 PLC 模块三部分组成。在集成系统时，总是将驱动单元 SIMODRIVE 611D 和数控单元（CCU 或 NCU）并排放在一起，并用设备总线互相连接。SINUMERIK 840D 数控系统基本配置如图 5-1 所示。

SINUMERIK 840D 数控系统的 MMC、HHU、MCP 都通过一根 MPI 电缆挂在 NCU 上面，MPI 是 SIEMENS PLC 的一个多点通信协议，因而该协议具有开放性，而 OPI 是 SINUMERIK 840D 数控系统针对 NC 部分部件的一个特殊的通信协议，是 MPI 的一个特例，不具有开放性。它比传统的 MPI 通信速度要快，MPI 的通信速度是 187.5KB/s，而 OPI 是 1.5MB/s。

NCU 上面除了一个 OPI 接口外，还有一个 MPI 和一个 Profibus 接口。Profibus 接口可以连接所有具有 Profibus 通信能力的设备，其通信电缆和 MPI 的电缆一样，都是一根双芯的屏蔽电缆。

在 MPI、OPI 和 Profibus 的通信电缆两端都要接终端电阻，阻值是 220Ω，所以如果要检测电缆的好坏情况，可以在 NCU 端打开插座的封盖，测量 A、B 两线间的阻值，正常情况下应该为 110Ω。

1. 数控及驱动单元

① 数控单元 NCU。SINUMERIK 840D 的数控单元被称为 NCU 单元，负责 NC 所有的功能、机床的逻辑控制以及和 MMC 的通信等功能。它由一个 COM CPU 板、一个 PLC CPU 板和一个 DRIVE 板组成。

根据选用硬件（如 CPU 芯片等）和功能配置的不同，NCU 分为 NCU561.2、NCU571.2、NCU572.2、NCU573.2（12 轴）、NCU573.2（31 轴）等若干种。NCU 单元中也集成 SINUMERIK 840D CPU 和 SIMATIC PLC CPU 芯片，包括相应的数控软件和 PLC 控制软件，并且带有 MPI 或 Profibus 接口、RS-232C 接口、手轮及测量接口、PCMCIA 卡插槽等，所不同的是 NCU 单元很薄，所有的驱动模块均排列在其右侧，如图 5-2 所示。

② 数字驱动。SINUMERIK 840D 配置的驱动一般都采用 SIMODRIVE 611D，它包括两部分：电源模块和驱动模块（也称功率模块）。电源模块主要为 NC 和进给驱动装置提供控制和动力电源，产生母线电压，同时监测电源和模块状态。根据容量不同，凡小于 15kW 均不带馈入装置，记为 U/E 电源模块；凡大于 15kW 均需带馈入装置，记为 I/RF 电源模块，通过模块上的订货号或标记可识别。

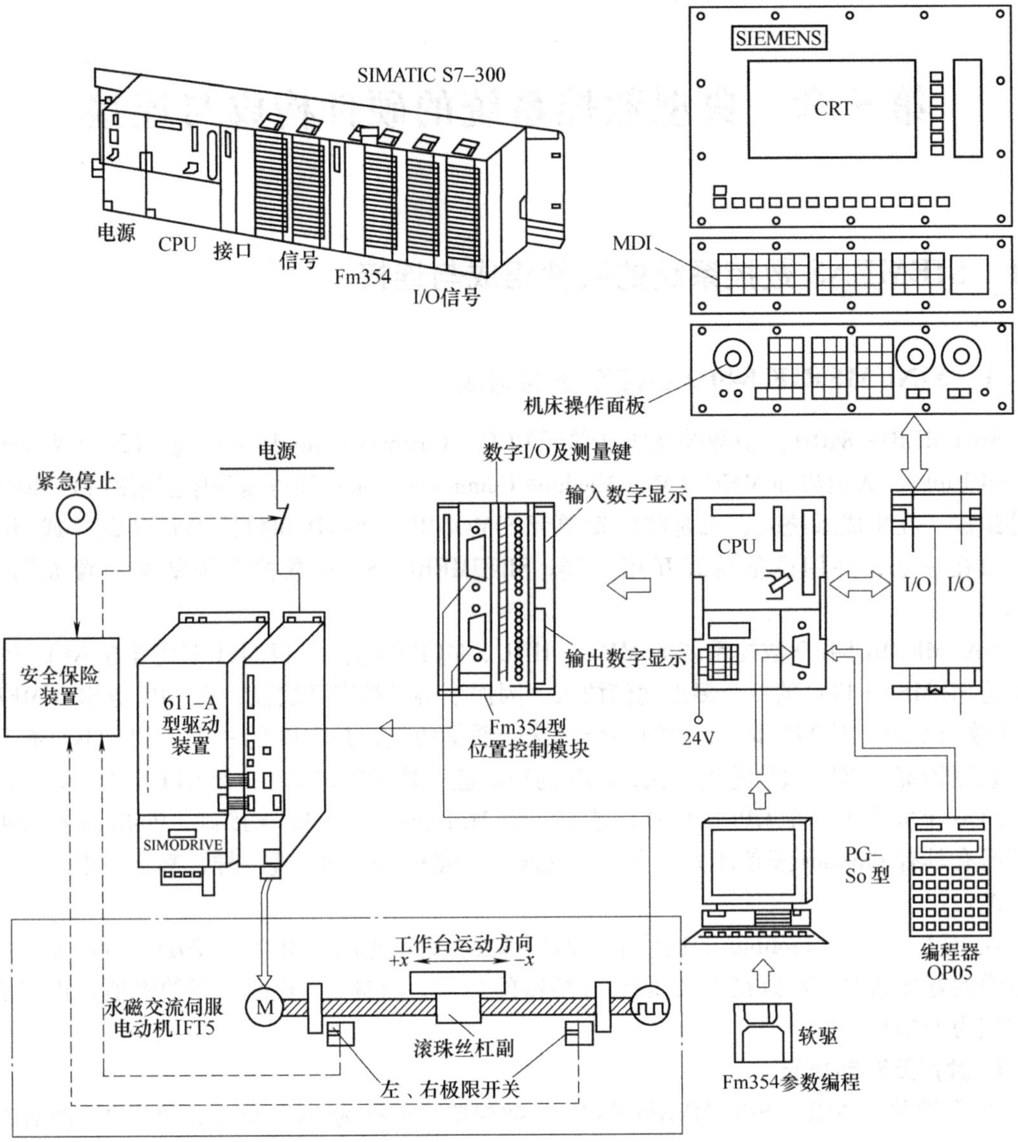

图 5-1 SINUMERIK 840D 数控系统基本配置

611D 数字驱动是新代数字控制总线驱动的交流驱动,它分为双轴模块和单轴模块两种,相应的进给伺服电动机可采用 IFT6 或者 IFK6 系列,编码器信号为 IVPP 正弦波,可实现全闭环控制。主轴伺服电动机为 IPH7 系列。

2. 人机界面

人机界面负责 NC 数据的输入和显示,完成数控系统和操作者之间的交互,它由 MMC 和操作面板 OP(Opera-

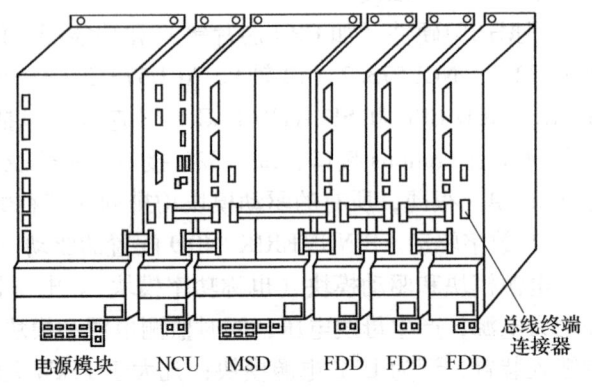

图 5-2 SINUMERIK 840D 的模块安装

tion Panel)组成。

MMC 包括 OP 单元和机床控制面板 MCP（Machine Control Panel）两部分。MMC 实际上就是一台计算机，有自己独立的 CPU，还可以带硬盘、软驱。OP 单元正是这台计算机的显示器，而 SIEMENS MMC 的控制软件也在这台计算机中。

① MMC。最常用的 MMC 有两种：MMC 100.2 和 MMC 103。其中 MMC 100.2 的 CPU 为 486，不能带硬盘；而 MMC103 的 CPU 为奔腾，可以带硬盘。一般地，用户为 SINUMERIK 810D 数控系统配 MMC 100.2，而为 SINUMERIK 840D 数控系统则配 MMC 103。

PCU（PC UNIT）是专门为配合 SIEMENS 公司最新的操作面板 OP10、OP10S、OP10C、OP12、OP15 等而开发的 MMC 模块，目前有种 PCU 模块 PCU20、PCU50、PCU70。PCU20 对应于 MMC 100.2，不带硬盘，但可以带软驱；PCU50、PCU70 对应于 MMC 103，可以带硬盘。与 MMC 不同的是：PCU50 的软件是基于 Windows NT 的。PCU 的软件被称作 HMI，HMI 分为两种：嵌入式 HMI 和高级 HMI。一般标准供货时，PCU20 装载的是嵌入式 HMI，而 PCU50 和 PCU70 则装载高级 HMI。

② OP 单元一般包括一个 10.4in⊖TFT 显示屏和一个 NC 键盘。根据用户不同的要求，SIEMENS 公司为用户选配不同的 OP 单元，如 OP010、OP010C、OP030、OP031、OP032、OP032S 等。

③ MCP 是专门为数控机床而配置的，它也是 OPI（Operator Panel Interface）上的一个节点，根据应用场合不同，其布局也不同。目前，它分为车床版 MCP 和铣床版 MCP 两种。SINUMERIK 840D 应用了 MPI（Multiple Point Interface）总线技术，传输速率为 187.5KB/s，OP 单元为这个总线构成的网络中的一个节点。SINUMERIK 810D 和 840D 的 MCP 的 MPI 地址分别为 14 和 6，用 MCP 后面的开关 S3 设定。为提高人机交互的效率，又有 OPI 总线，它的传输速率为 1.5MB/s。

3. PLC 模块

SINUMERIK 840D 数控系统的 PLC 部分使用的是 SIMATIC S7-300 的软件及模块，在同一条导轨上从左到右依次为电源模块（Power Supply, PS）、接口模块（Interface Module, IM）和机床信号模块（Signal Module, SM），如图 5-3 所示。

电源模块（PS）是为 PLC 和 NC 提供电源的(+24V 和+5V）模块。

接口模块（IM）是用于各级之间互连的模块。

信号模块（SM）是机床 PLC 的输入/输出模块，有输入型和输出型两种。

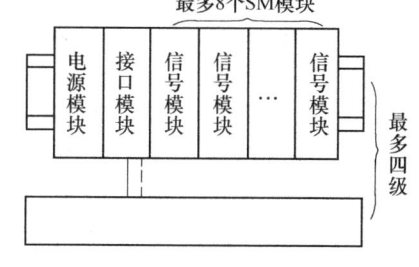

图 5-3　SINUMERIK 840D 系统的 PLC 模块

5.1.2　SINUMERIK 840D 数控系统的连接

1. 连接关系

① SINUMERIK 840D 系统硬件组成原理如图 5-4 所示。

从图 5-4 中可以看出，NCU 不仅是 SINUMERIK 840D 的控制中心，也是其连接中心。NCU

⊖　1in = 0.0254m。

与主要外部设备的连接关系：NCU模块通过 D-BUS 总线挂接主轴驱动系统、进给驱动系统。NCU 模块是系统的控制中心：NCU 通过 MPI 总线电缆、MPI 协议连接着机床控制面板 MCP 和操作员面板 OP；NCU 通过 MPI 电缆连接着手持单元，其功能包含了各进给轴及主轴的点动功能，同时也能完成各进给轴的手摇脉冲发生器进给功能；NCU 的 PLC 输入/输出接口通过 SIMATIC S7-300 IM 连接电缆连接着 PLC 外扩单元；NCU 通过 MPI-PG 电缆实现了与编程器 PG 的连接。

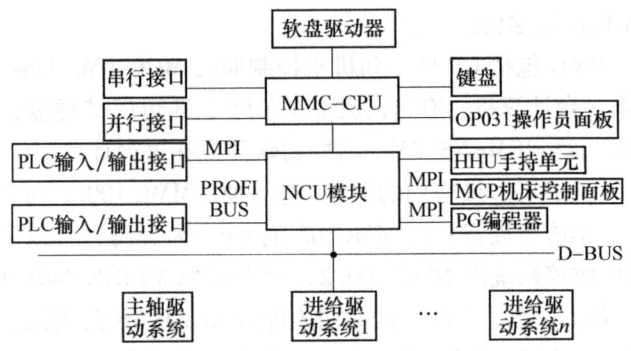

图 5-4 SINUMERIK 840D 数控系统硬件组成原理图

MMC-CPU 是系统的通信中心。和 MMC-CPU 连接的 OP031 操作面板可以完成软功能操作，数字、字符的输入；磁盘驱动器和 MMC-CPU 连接，可以完成文件的输入与输出；小圆头键盘口可以连接标准的 PC 键盘，实现数字、字符的输入；外配的串行通信口可以实现 PCIN 通信，PCIN 是西门子公司开发的一种个人计算机和数控系统进行串行通信软件，主要完成程序和数据的传输；外配的并行口可以实现文件的打印输出；此外，还可以接入以太网，实现 DNC 控制。

② 带驱动的 SINUMERIK 840D 数控系统的总连接关系。SINUMERIK 840D 系统硬件组件共有：I/R 电源模块、数控单元 NCU（Numerical Control Unit）、MMC100/102/103 及人机操作显示面板 OP（Operator Panel）、主轴驱动模块及调节卡、主轴驱动电动机、进给驱动模块及调节卡、进给驱动电动机和内置 PLC 及其扩展部分。其连接关系如图 5-5 所示。

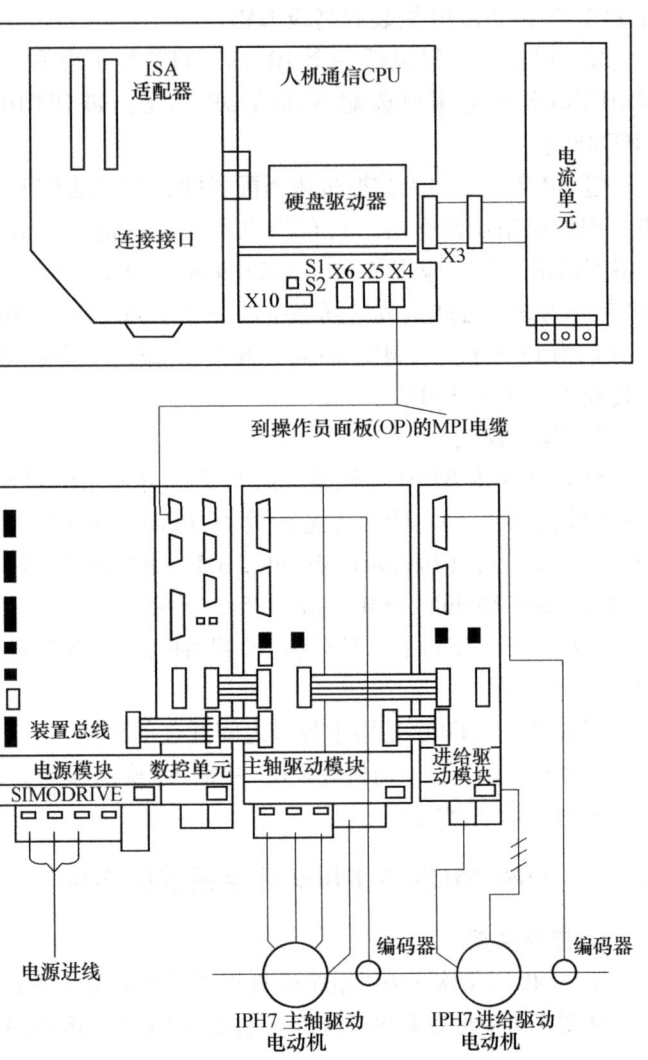

图 5-5 带驱动的 SINUMERIK 840D 数控系统连接图

③ 不带驱动的 SINUMERIK 840D 数控系统的总连接关系。不带驱动的 SINUMERIK 840D 数控系统的总连接关系如图 5-6 所示。图中展示了各功能部件的连接关系。

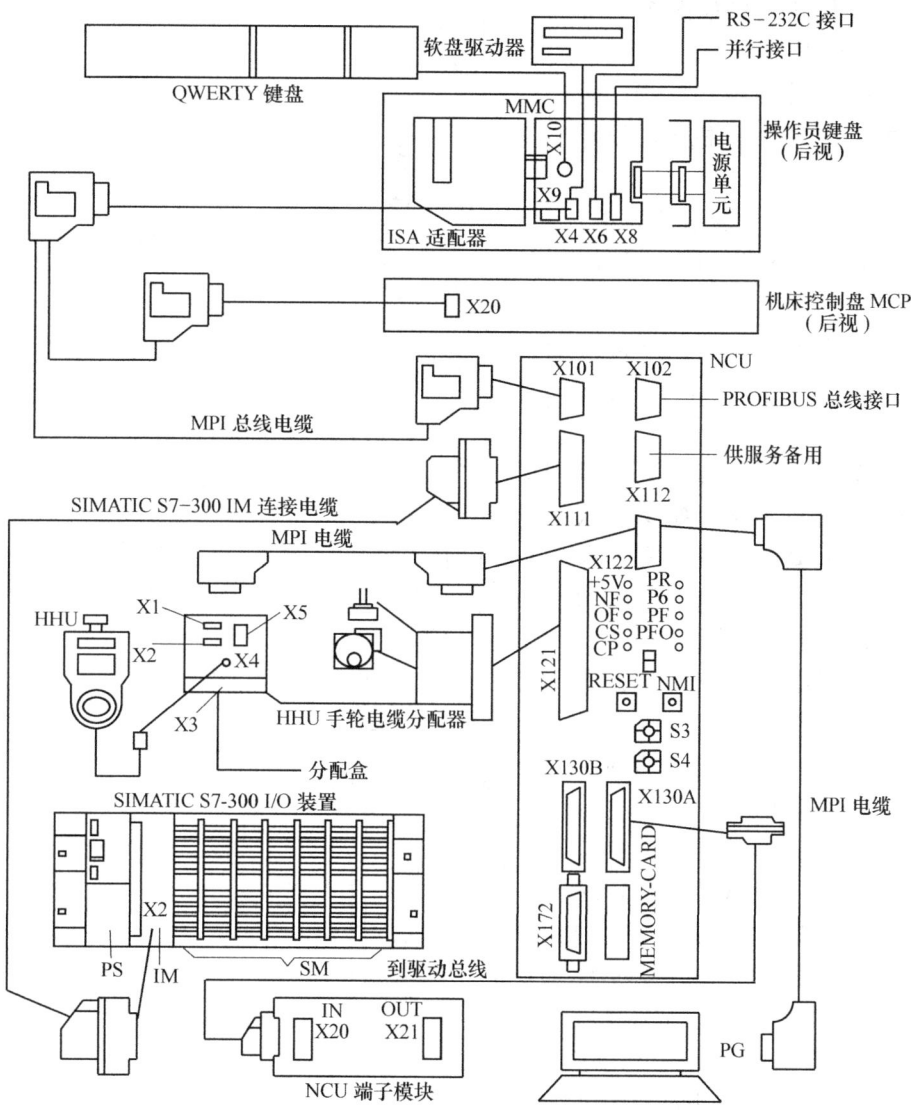

图 5-6　不带驱动的 SINUMERIK 840D 数控系统的总连接关系

2. 连接要求

对于硬件的连接，应将数控与驱动单元、PCU、PLC 三部分分别连接，连接时应注意：

① 电源模块 X161 中 9、112、48 的连接；驱动总线和设备总线；最右边模块的终端电阻（数控与驱动单元）。

② 注意 PCU 及 MCP 的 +24V 电源极性（PCU）。

③ 注意 PLC 模块电源线的连接；同时注意 SM 的连接和 CCU 或 NCU 与 S7-300 的 IM 模块连线。

④ MPI 和 OPI 总线接线一定要正确。

3. CNC 单元模块接口

CNC 单元模块接口如图 5-7 所示。其中各接口端的意义如下：

① X101。操作面板接口端，该端口通过电缆与 MMC 及机床操作面板连接。

② X102。RS-485 通信接口端，该端口主要是满足 SIEMENS 通信协议的要求。

③ X111。PLC S7-300 I/O 接口端，该端口提供了与 PLC 连接的通道。

④ X112。RS-232C 通信接口端，实现与外部的通信，如要由数个数控机床构成 DNC 系统，实现系统的协调控制，则各个数控机床均要通过该端口与主控计算机通信。

⑤ X121。多路 I/O 接口端，通过该端口数控系统可与多种外部设备连接，例如与控制进给运动的手轮、CNC I/O 的连接。

⑥ X122。PLC 编程器 PG 接口端，通过该端口与 SIEMENS PLC 编程器 PG 连接，以此传输 PG 中的 PLC 程序到 NC 模块，或从 NC 模块将 PLC 程序复制到 PG 中，另外还可在线实时监测 PLC 程序的运行状态。

⑦ X103A、X103B。电动机驱动器 611D 的 I/O 扩展端口，通过扁平电缆将驱动总线与各个驱动模块连接起来，对各个伺服电动机进行控制。

⑧ X172。数控系统数据控制总线端口，通过扁平电缆与各相关模块的系统数据控制总线连接起来。

⑨ X173。数控系统控制程序存储卡插槽。

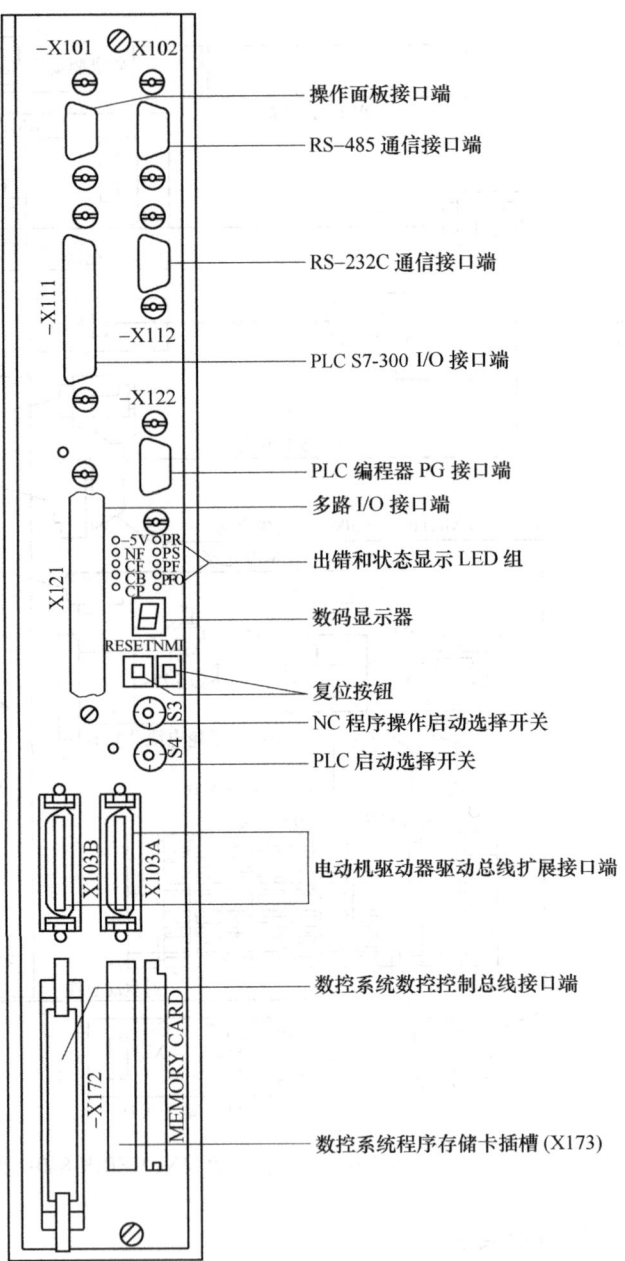

图 5-7 SINUMERIK 840D CNC 单元模块接口

4. 611 系列驱动的接口

611 系列的驱动分成模拟 611A、数字 611D 和通用型 611U，都是模块化结构，如图 5-8 所示。它主要由以下几个模块组成：

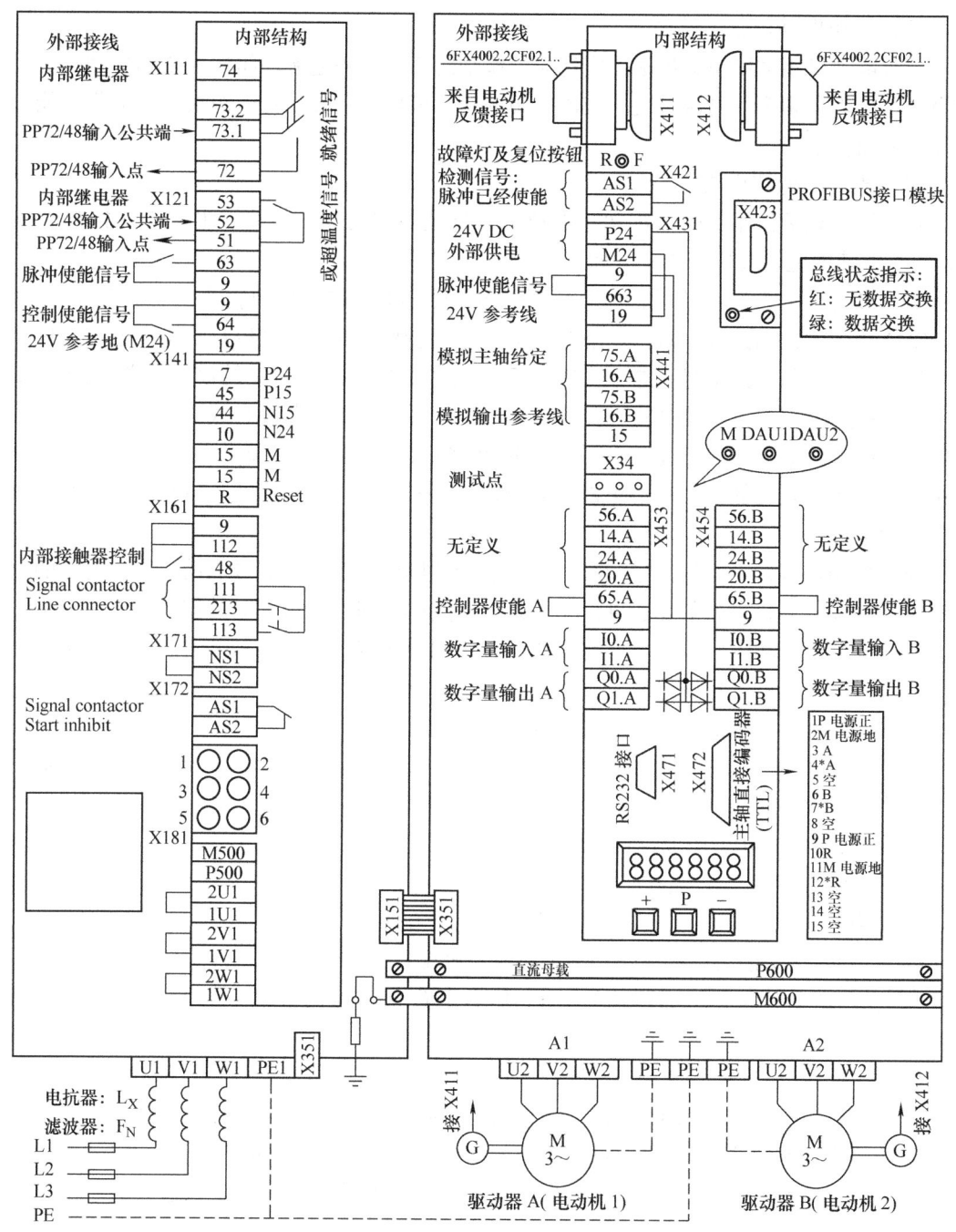

图 5-8 611 模块的接口说明

(1) 电源模块

电源模块是提供驱动和数控系统的电源，包括维持系统正常工作的弱电和供给功率模块用的 600V 直流电压。根据直流电压控制方式，它又分为开环控制的 U/E 模块和闭环控制的 I/R 模块。U/E 模块没有电源的回馈系统，其直流电压正常时为 570V 左右，而当制动能量大时，电压可高达 640V；I/R 模块的电压一直维持在 600V 左右。

（2）伺服电动机驱动模块

伺服电动机驱动模块又包括：实现对伺服轴的速度环和电流环闭环控制的控制模块；为伺服电动机提供频率和电压可变的交流电源的功率模块；主要是对电源模块弱电供电能力进行补充的监控模块。

（3）电抗与滤波模块

对电压起到平稳作用的电抗和对电源进行滤波作用的滤波模块。电源模块接口端如图 5-8 所示，其中主要接口端的意义如下：

① X111。"准备好"信号，由电源模块输出至 PLC 的电源模块，表示电源正常。

② X121。模块的"准备好"信号和模块的"过热"信号。由 PLC 输出至电源模块、数控模块，表示外部电路信号正常。"准备好"信号与模块拨码开关的设置有关，当 S1.2 = ON，模块有故障时，"准备好"信号取消；而 S1.2 = OFF，模块有故障和使能（63、64）信号取消时，都会取消"准备好"信号，因此在更换该模块时，要检查模块顶部拨码开关的设置，否则模块可能会工作不正常。另外，所有的模块过载和连接的电动机过热都会触发过热报警输出。

64：控制使能输入。该信号同时对所有连接的模块有效，该信号取消时，所有轴的速度给定电压为零，轴以最大的加速度停车。延迟一定的时间后，取消脉冲使能。

63：脉冲使能输入。该信号同时对所有连接的模块有效，该信号取消后，所有轴的电源取消，轴以自由运动的形式停车。

9/19：9 是 24V 输出电压，19 是 24V 的参考地。

③ X141。电源模块工作正常输出信号端口。可作为电压检测端子，供诊断和其他用途用。其中：

7：P24，24V　10：N24，-24V

45：P15，15V　15：M，0V

44：N15，-15V　R：Reset，模块的报警复位信号

④ X161。电源模块设定操作和标准操作选择端口。

112：调试或标准方式。该信号一般用在传输线的调试中，一般情况连接到系统的 24V 上。

48：主回路继电器。该信号断开时，主控制回路电源主继电器断开。

⑤ X171。NS1/NS2：主继电器闭合使能。只有该信号为高电平时，主继电器才可能得电。该信号常用来做主继电器闭合的连锁条件（一般按出厂状态使用）。

⑥ X172。AS1/AS2：主继电器状态。该信号反映主继电器的闭合状态，主继电器闭合时为高电平（一般按出厂状态使用）。

⑦ X181。供外部使用的供电电源端口，包括直流电源 600V（P500、M500），三相交流电源 380V。

⑧ X351。设备总线，为后面连接的模块供电用。

电源模块上面有六个指示灯，分别指示模块的故障和工作状态。正常情况下，绿灯亮表示使能信号丢失（63 和 64），黄灯亮表示模块"准备好"信号，这时 600V 直流电压已经达到系统正常工作的允许值。图 5-9 为 SINUMERIK 840D 电源模块接线端口。

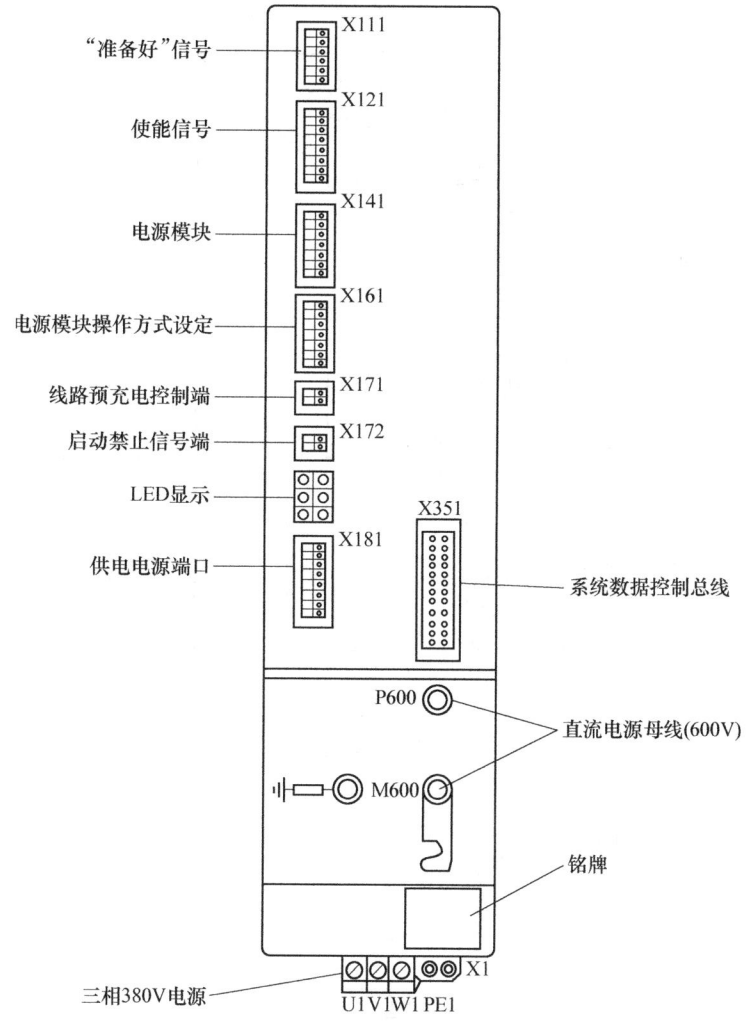

图 5-9　SINUMERIK 840D 电源模块接线端口

5. 伺服电动机驱动模块

单轴伺服电动机驱动模块如图 5-10 所示，双轴伺服电动机驱动模块如图 5-11 所示。其中主要接口端的意义如下：

① X411、X412。电动机编码器接口，电动机内置光电编码器反馈至该端口进行位置和速度反馈处理。输入电动机的编码器信号，及电动机的热敏电阻值，其中电动机的热敏电阻值是通过该插座的 13 和 25 脚输入。该热敏电阻在常温下为 580Ω，155℃ 时大于 1200Ω，这时控制板断开电动机电源并产生电动机过热报警。

② X421、X422。机床拖板直接位置反馈（光栅）端口，一般为正余弦电压信号。

③ X431。脉冲使能端口，使能信号一般由 PLC 提供。该信号为低电平时，该轴的电源撤销，这个信号一般直接与 24V 短接。

④ X432。高速 I/O 接口端，一般用作 BERG 开关信号的输入口。

⑤ X341、X351。驱动、数据总线端口。

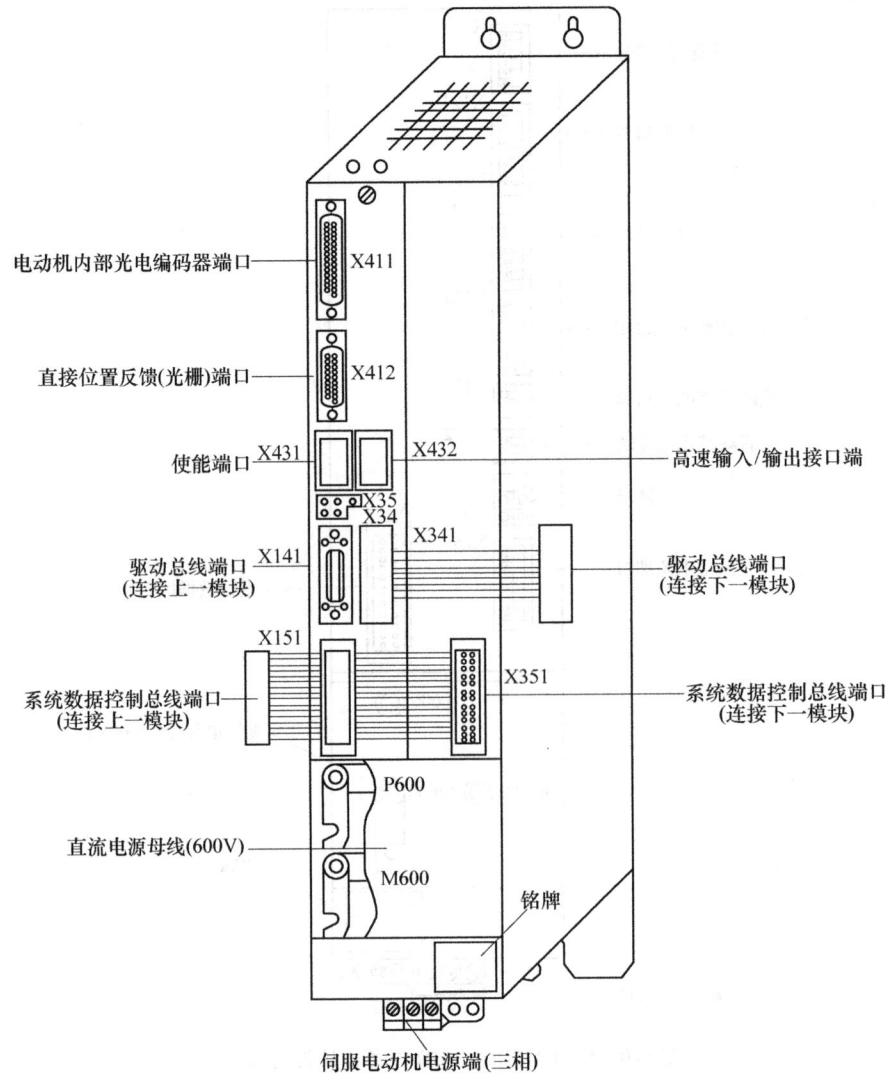

图 5-10 单轴伺服电动机驱动模块

6. 各模块之间的连接

各模块连接部分之间的关系和连接方法如图 5-12 所示。

① 接地电阻。关于系统的接地电阻，按照国家标准，其阻值应不大于 0.01Ω。

② 电气柜地线汇总排。电气柜里强电和弱电的地线端也都要按照国家标准，用合理线径的导线将它们连接到地线汇总排上。图 5-13 为电源接线图。

5.1.3 SINUMERIK 802C 数控系统的组成

SINUMERIK 802C 系统包括 802S/Se/S base line、802C/Ce/C base line、802D 等型号，它是西门子公司 20 世纪 90 年代开发的，集 CNC、PLC 于一体的经济型控制系统。SINUMERIK 802 系列数控系统的共同特点是结构简单、体积小、可靠性高、系统软件功能比较完善。

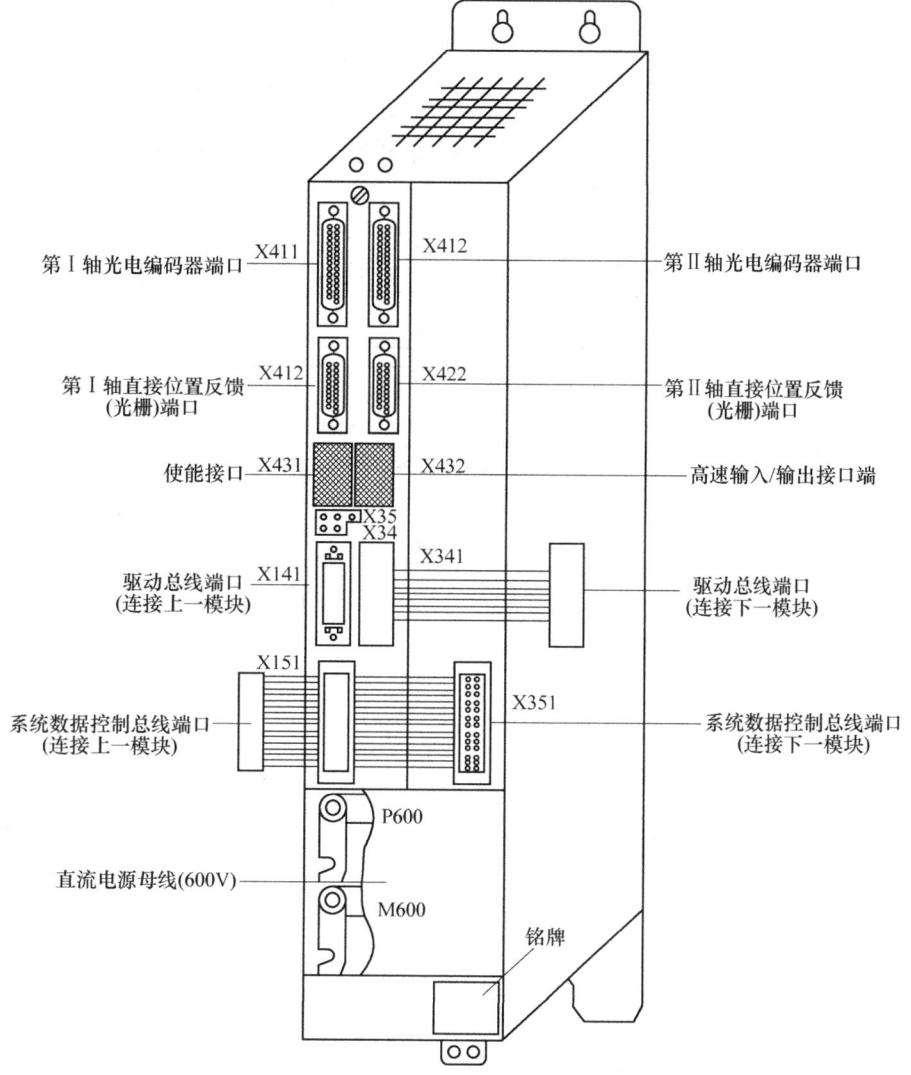

图 5-11 双轴伺服电动机驱动模块

SINUMERIK 802S、802C 系列系统的 CNC 结构完全相同，可以进行 3 轴控制及 3 轴联动控制，系统带有 ±10V 主轴模拟量输出接口，可以配用有模拟量输入功能的主轴驱动系统。两者的最大区别是：802S/Se/S base line 系列采用步进电动机驱动，802C/Ce/C base line 系列采用数字式交流伺服驱动系统，常与伺服驱动 SIMODRIVE611U 和 1FK7 伺服电动机连接。

SINUMERIK 802C base line 是专门为中国数控机床市场而开发的经济型 CNC 控制系统，如图 5-14 所示。它具有以下特性：

1) SINUMERIK 802C 是模拟伺服驱动系统，采用标准的 ±10V 模拟接口，可直接带动模拟驱动。它是专门为经济型的数控车床、铣床、磨床及特殊用途的其他机床而设计的。

2) SINUMERIK 802C 采用 32 位微处理器（AM486DE2）、集成式 PLC、分离式小尺寸操作面板（OP020）和机床控制面板（MCP），是一种先进的经济型 CNC 系统。它启动数据少，安装调试方便、快捷，具有中文菜单显示，操作编程简单方便，使生产过程灵活快速。

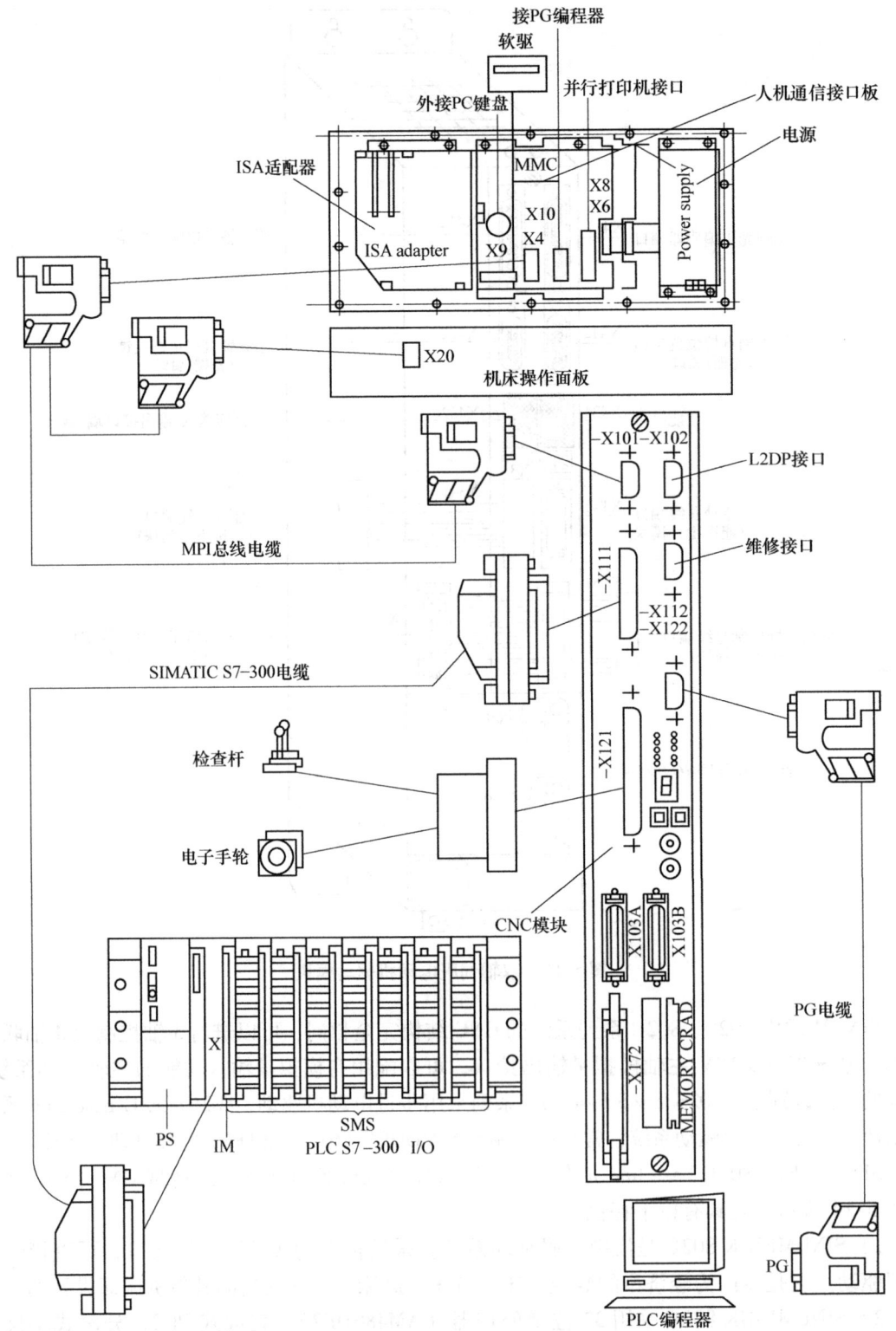

图 5-12 各模块连接部分之间的关系和连接方法

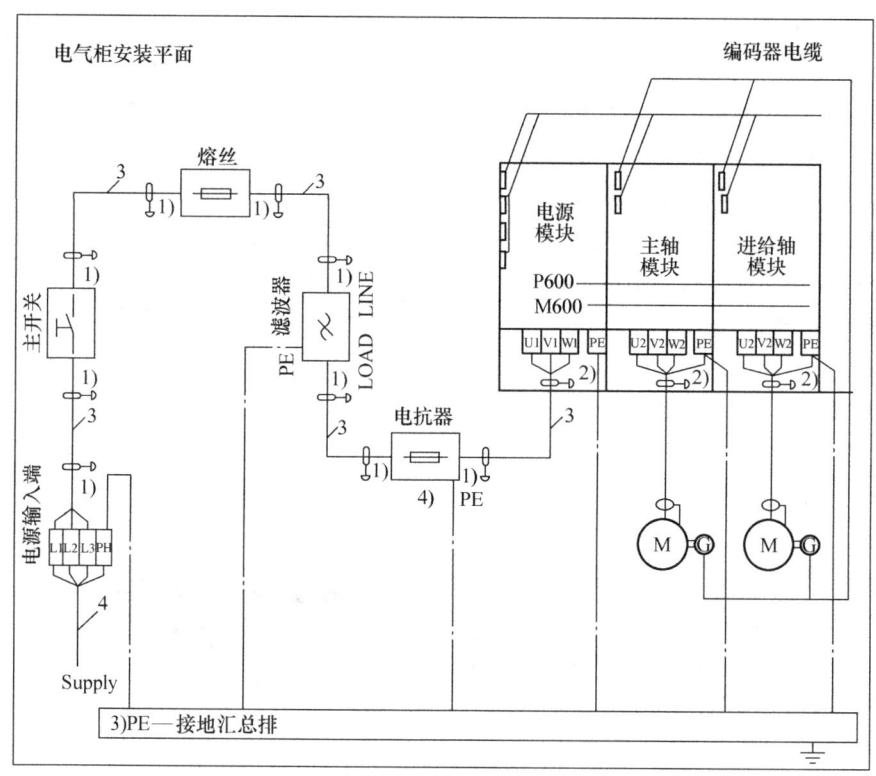

图 5-13 电源接线图

3) SINUMERIK 802C 可控制 2~3 个进给轴和 1 个开环主轴（如变频器），可通过脉冲和方向信号与步进电动机驱动器相连，以控制进给轴。

SINUMERIK 802C 可包括以下部件：

① 操作面板（OP020）。提供了所有的数控操作、编程和机床控制动作的按键以及 8in LCD 显示器，同时还提供 12 个带有 LED 的用户自定义键。

② 机床控制面板（MCP）。6 种可选择工作方式、进给速度修调、主轴速度修调、数控起动与数控停止、系统复位均采用按键形式操作。

③ CNC 模块（ECU）。可独立于其他部件进行安装。

④ PLC 模块（DI/DO）。输入/输出点为 48 个 24V 的直流输入和 16 个 24V 的直流输出。输出同时工作系数为 0.5，负载能力可达 0.5A。可控制 3 个进给轴，并提供 1 个 ±10V 的接口用于连接主轴驱动。额定电平为直流 24V。DI/DO 模块可通过总线插头直接连接到 ECU 模块上，输入/输出点数可根据需要通过增加模块来逐级增加，最多可扩展至 4 个 DI/DO 模块（即 64 点输入和 64 点输出）。PLC 编程工具的运行环境是个人计算机 Windows 3.1 或 Win95。编程工具以梯形图技术为基础并支持符号编程，加之直观的在线调试功能使得 PLC 用户编程非常容易。编程工具中包含了以车床的标准 PLC 用户程序作为实例，以及在线求助功能，使得入门快。用户可以在标准 PLC 用户程序的基础上进行编辑修改，很快建立起自己的应用程序。

4) PLC 模块可连接以下部件：

① 通过 RS-232C 接口连接编程器（PG）或计算机（PC）。

② SINUMERIK 802C base line 基本配置的驱动系统为 SIMODRIVE base line 3N·m/6N·m 和 6N·m/8N·m 双轴模块与 11N·m 单轴模块，驱动带单极对旋转变压器的 1FK7 伺服电动机。当需要进行功率扩展应用时，可以选用 SIMODRIVE 611U 伺服驱动系统和带单极对旋转变压器的 1FK7 伺服电动机。

③ PLC 模块，可以达到 64 点输入 64 点输出。

④ 最多两个电子手轮。

CNC 部分（ECU）和 PLC 模块的安装方式与 SIMATIC S7-300 系列相兼容，可以安装在普通导轨上。

系统软件都存储在 ECU 的 Flash EPROM 中，Toolbox 软件工具包含在标准配置范围内。采用电容防止掉电引起的数据丢失免维护设计，系统不再需要电池。系统软件面向车床和铣床应用，包含有车床和铣床的 PLC 程序示例，并可单独安装。ECU 无后备电池，更新和升级都很方便。

5.1.4 SINUMERIK 802C 数控系统的连接

SINUMERIK 802C base line CNC 控制器与伺服驱动 SIMODRIVE 611U 和 1FK7 伺服电动机的连接如图 5-15 所示。

SINUMERIK 802C base line CNC 控制器与伺服驱动 SIMODRIVE base line 和 1FK7 伺服电动机的连接如图 5-16 所示。

SINUMERIK 802C base line CNC 控制器接口布局如图 5-17 所示。

1. 接口

SINUMERIK 802C 接口放大图如图 5-18 所示。

(1) CNC 部分

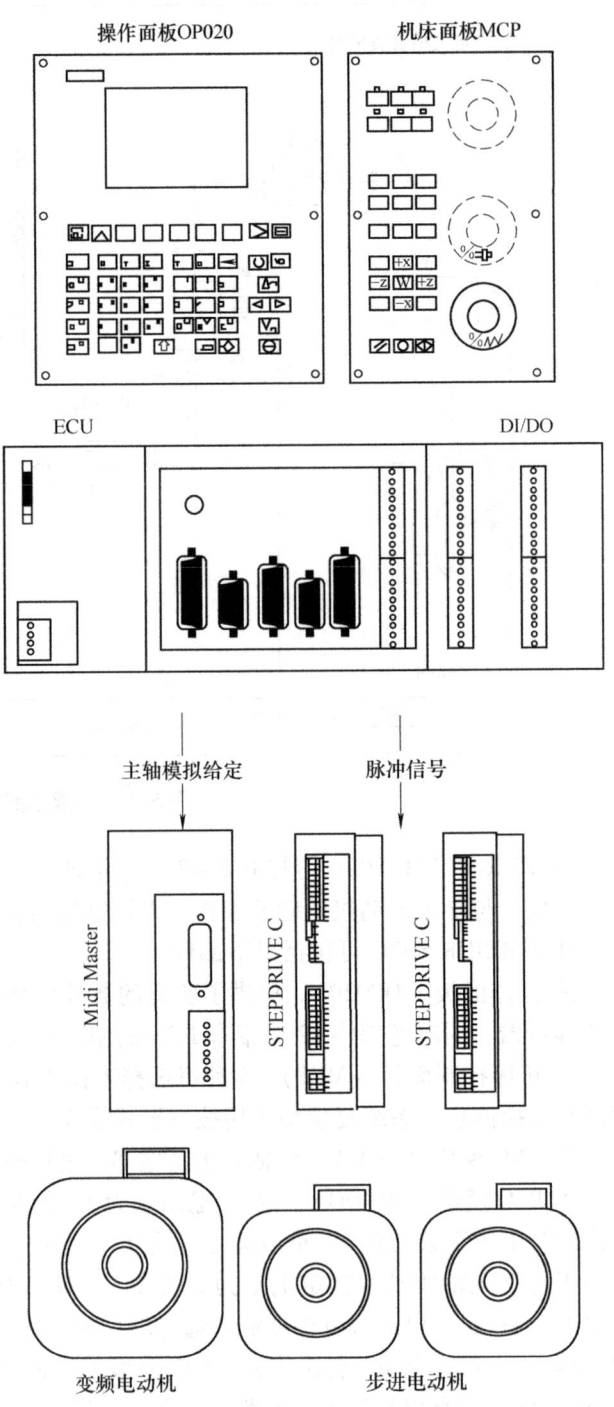

图 5-14　SINUMERIK 802C 系统构成

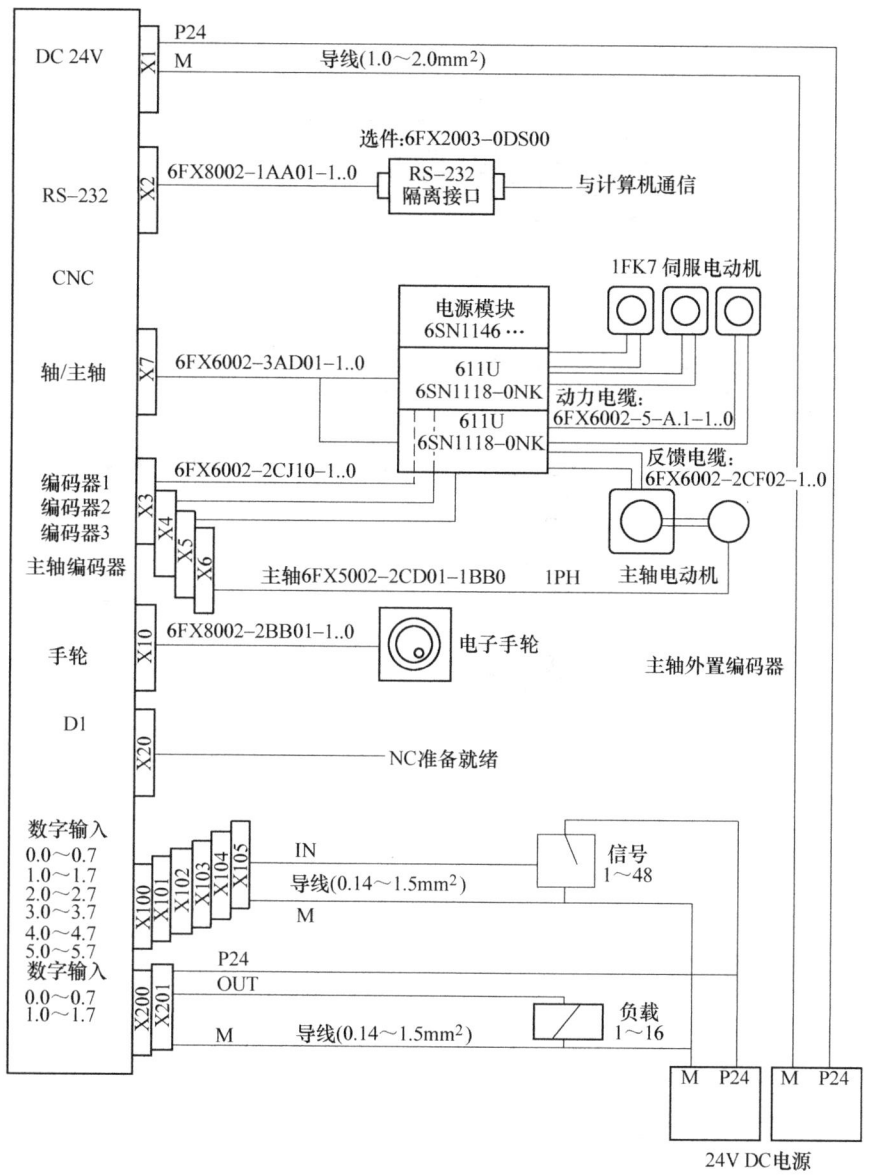

图 5-15 SINUMERIK 802C base line CNC 控制器与伺服驱动
SIMODRIVE 611U 和 1FK7 伺服电动机的连接

X1 电源接口（DC 24V）：3 芯螺钉端子块，用于连接 24V 负载电源。

X2 RS-232 接口（24V）：9 芯 D 型插座。

X6 主轴接口（ENCODER）：15 芯 D 型插座，用于连接主轴增量式编码器（RS-422）。

X7 驱动接口（AXIS）：50 芯 D 型插座，用于连接具有包括主轴在内最多 4 个模拟驱动的功率模块。

X10 手轮接口（MPG）：10 芯插头，用于连接手轮。

X20 数字输入（DI）：10 芯插头，用于连接 NC-READY 继电器和 BERO。

（2）DI/DO 部分

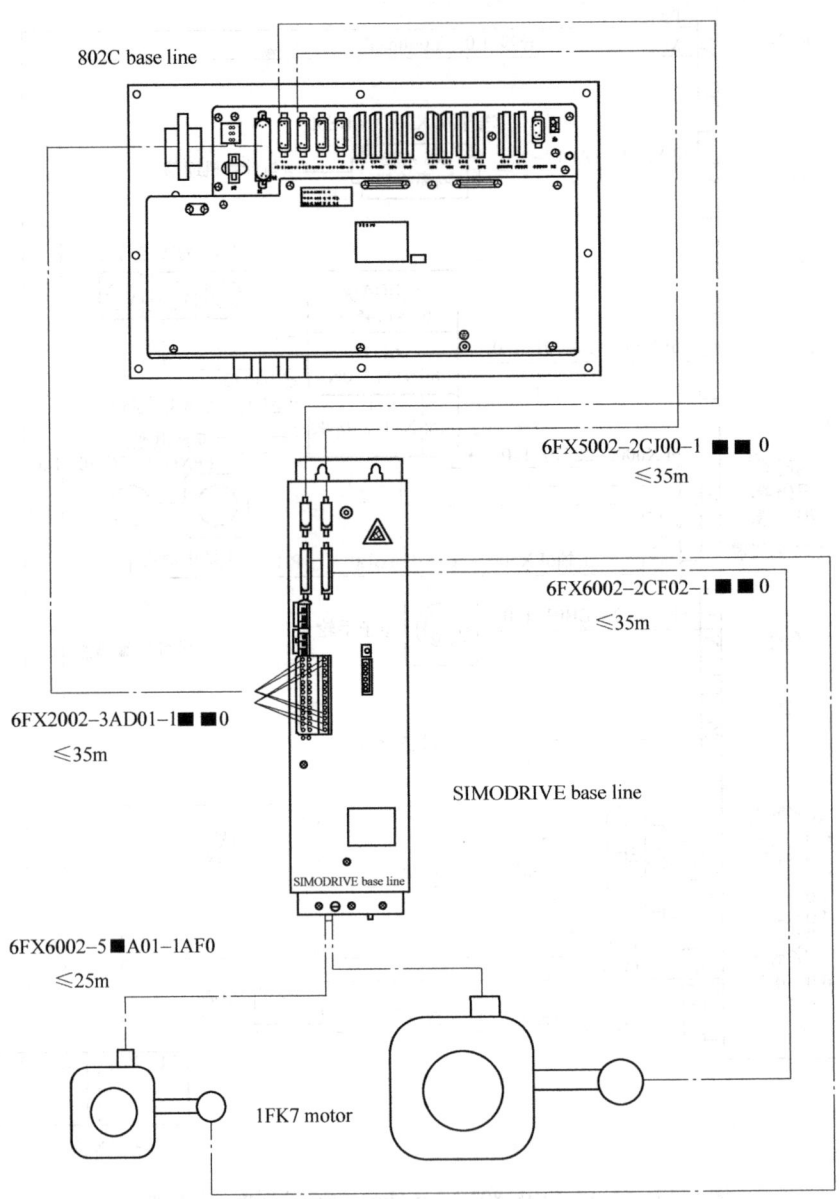

图 5-16 SINUMERIK 802C base line CNC 控制器与伺服驱动
SIMODRIVE base line 和 1FK7 伺服电动机的连接

X100 ~ X105：10 芯插头，用于连接数字输入。

X200 ~ X201：10 芯插头，用于连接数字输出。

S3 为调试开关，F1 为熔丝，S2 和 D15 只用于内部调试。

2. 主轴测量系统的连接（X6）

主轴测量系统的增量编码器采用 15 芯 D 型插座通过 X6 口与 CNC 连接，各引脚分配如表 5-1 所示。

第 5 章 典型数控系统的硬件构成与连接 · 183 ·

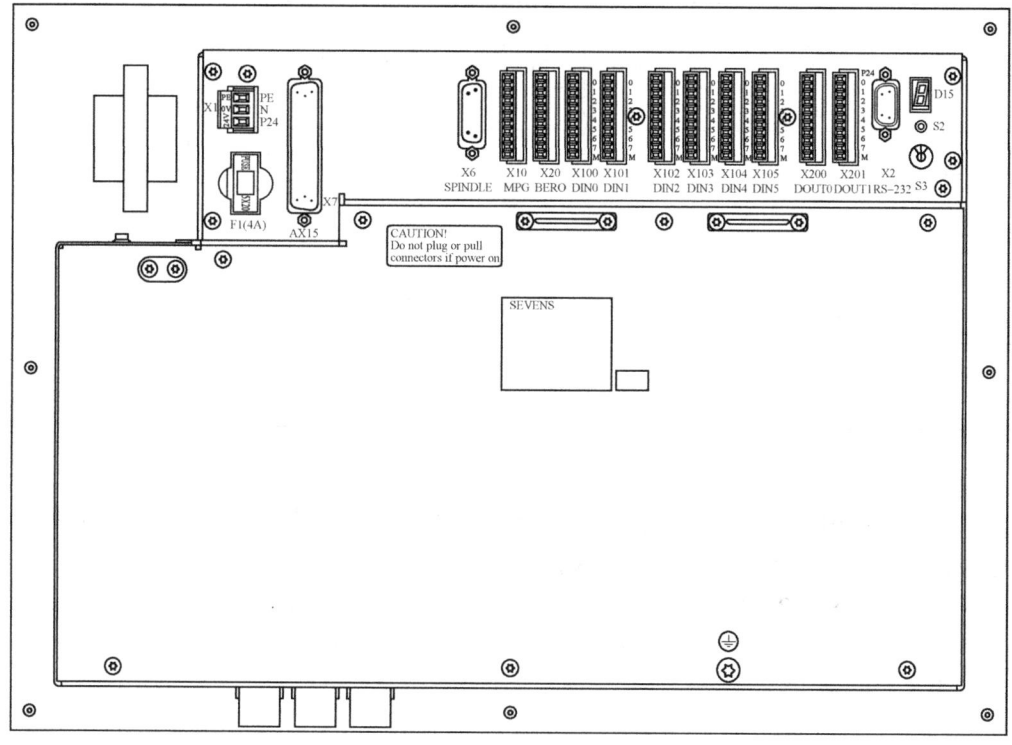

图 5-17 SINUMERIK 802C base line CNC 控制器接口布局

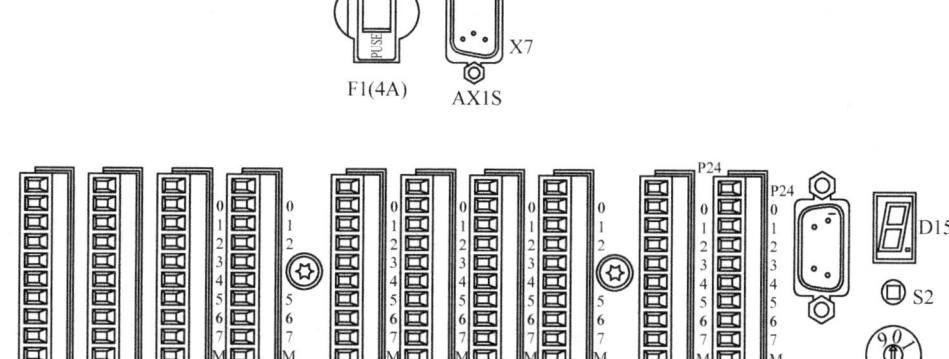

图 5-18 SINUMERIK 接口放大图

表 5-1　插座 X6 的引脚分配

引脚	信号	型号	引脚	信号	型号
1	n. c.		9	M	VO
2	n. c.		10	Z	I
3	n. c.		11	Z-N	I
4	P5-MS	VO	12	B-N	I
5	n. c.	VO	13	B	I
6	P5-MS	VO	14	A-N	I
7	M		15	A	I
8	n. c.			T	I

表中各符号含义如下：

A，A-N：A 相信号；B，B-N：B 相信号；Z，Z-N：零脉冲信号；P5-MS：电源 5.2V；M：电源接地；n. c.：地址信号；T：数据信号。

信号电平为 RS-422，VO 表示电源电压输出，I 表示 5V 信号输入。

与主轴测量系统增量编码器相连接的 9 芯 D 型插座（针）RS-232 接口的引脚分配（X2）如表 5-2 所示。

表 5-2　RS-232 接口的引脚分配（X2）

引脚	信号	型号	引脚	信号	型号
1			6	DSR	I
2	RxD	I	7	RTS	O
3	TxD	O	8	CTS	I
4	DTR	O	9		
5	M	VO			

表中各符号含义如下：

RxD：数据接收；TxD：数据发送；RTS：发送请求；CTS 发送使能；DTR：备用输出；DSR：备用输入；M：接地。

I：输入；O：输出；VO：电压输出。

采用 WinPCIN 电缆连接主轴测量系统增量编码器和 802C base line CNC，其 D 型插座的引脚分配如表 5-3 所示。

表 5-3　D 型插座的引脚分配

9 芯	名　称	25 芯	9 芯	名　称	25 芯
1	屏蔽	1	1	屏蔽	1
2	RxD	2	2	RD	3
3	TxD	3	3	TD	2

(续)

9芯	名 称	25芯	9芯	名 称	25芯
4	DTR	6	4	DTR	6
5	M	7	5	M	5
6	DSR	20	6	DSR	4
7	RTS	5	7	RTS	8
8	CTS	4	8	CTS	9
9			9		

主轴测量系统的连接方法如图 5-19 所示。

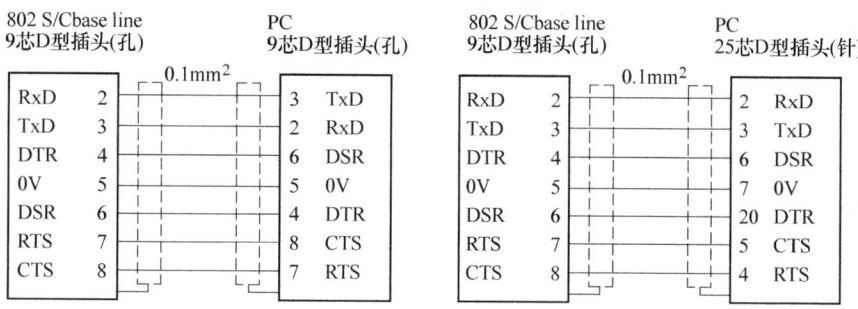

图 5-19 主轴测量系统的连接

3. 手轮的连接（X10）

手轮用 10 芯端子通过 X10 接口与 CNC 相连接，CNC 侧 X10 引脚分配如表 5-4 所示。

表 5-4 CNC 侧 X10 引脚分配

X10		
引 脚	信 号	类 型
1	A1	I
2	A1-N	I
3	B1	I
4	B1-N	I
5	P5-MS	VO
6	M5-MS	VO
7	A2	I
8	A2-N	I
9	B2	I
10	B2-N	I

表中各符号含义如下：

A1，A1-N：信号 A 的基本信号和取反信号（手轮 1）；B1，B1-N：信号 B 的基本信号和取反信号（手轮 1）；A2，A2-N：信号 A 的基本信号和取反信号（手轮 2）；B2，B2-N：

信号 B 的基本信号和取反信号（手轮2）；P5-MS：用于手轮的 5.2V 电源电压；M5-MS：电源接地；VO：电压输出。

I：输入（5V 信号）。

手轮动作信号通过 5V TTL 电平或 RS-422 方波信号传输到 CNC 中，手轮侧 X10 引脚分配如表 5-5 所示。

表 5-5 手轮侧 X10 引脚分配

引脚	信号	说明	引脚	信号	说明
1	A1+	手轮1A 相+	6	GND	地
2	A1-	手轮1A 相-	7	A2+	手轮2A 相+
3	B1+	手轮1B 相+	8	A2-	手轮2A 相-
4	B1-	手轮1B 相-	9	B2+	手轮2B 相+
5	P5V	5V DC	10	B2-	手轮3B 相-

手轮信号最大输出频率为 500kHz，信号 A 与 B 相位差为 90°±30°，使用 5V 电源，最大电流 250mA。

4. BERO 与 NC-READY 的连接（X20）

BERO 与 NC-READY 的连接采用 10 芯接线端子，插座 X20 引脚分配如表 5-6 所示。

表 5-6 X20 引脚分配表

X20		
引脚	信号	类型
11	NCRDY-1	K
12	NCRDY-2	K
13	10/BERO1	DI
14	11/BERO2	DI
15	12/BERO3	DI
16	13/BERO4	DI
17	14/NEPU1	未定义
18	15/MEPU2	未定义
19	L-	VI
20	L-	VI

表中各符号含义如下：

NCRDY-1、NCRDY-2：NC 准备好触点，150V DC 或 125V AC 时最大电流为 2A；10、11、12、13、14、15：快速数字输入 0、1、2、3、4、5；L-：S 数字输入的参考电位。

BERO 的 4 个输入端为 24V P 开关，用于连接感应接近开关（BERO）或非触点传感器。可用于参考点的开关，如 BERO1：X 轴，BERO2：Z 轴。

在 NC-READY（NCseRDY）输出端，继电器触点形式的 NC-READY 如图 5-20 所示，可以接入急停电路。当 NC 未准备好时，它的触点将断开，反之则闭合。NC-READY 直流开关电压为 50V,开关电流为 1A,开关功率为 30W。

5. 数字输入端的连接(X100～X105)

数字输入接口插座 X100、X101、X102、X103、X104、X105 和 IN 采用 10 芯接线端子插座,其引脚分配如表 5-7 所示。

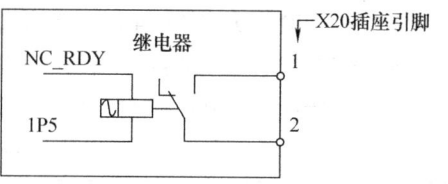

图 5-20 NC 内部的继电器 NC-READY

表 5-7 X100-X105 引脚分配表

X100				X103		
引脚	信号	类型		引脚	信号	类型
1	n. c.			1	n. c.	
2	DI0	DI		2	DI24	DI
3	DI1	DI		3	DI25	DI
4	DI2	DI		4	DI26	DI
5	DI3	DI		5	DI27	DI
6	DI4	DI		6	DI28	DI
7	DI5	DI		7	DI29	DI
8	DI6	DI		8	DI30	DI
9	DI7	DI		9	DI31	DI
10	M	VI		10	M	VI

X101				X104		
引脚	信号	类型		引脚	信号	类型
1	n. c.			1	n. c.	
2	DI8	DI		2	DI32	DI
3	DI9	DI		3	DI33	DI
4	DI10	DI		4	DI34	DI
5	DI11	DI		5	DI35	DI
6	DI12	DI		6	DI36	DI
7	DI13	DI		7	DI37	DI
8	DI14	DI		8	DI38	DI
9	DI15	DI		9	DI39	DI
10	M	VI		10	M	VI

X102				X105		
引脚	信号	类型		引脚	信号	类型
1	n. c.			1	n. c.	
2	DI16	DI		2	DI40	DI
3	DI17	DI		3	DI41	DI
4	DI18	DI		4	DI42	DI
5	DI19	DI		5	DI43	DI
6	DI20	DI		6	DI44	DI
7	DI21	DI		7	DI45	DI
8	DI22	DI		8	DI46	DI
9	DI23	DI		9	DI47	DI
10	M	VI		10	M	VI

表中，DI0～DI47 为 24V 数字输入端，VI 为电压输入，DI 为 24V 信号输入。

6. 数字输出端的连接（X200～X201）

数字输出接口插座 X200～X201 采用 10 芯接线端子插座，其引脚分配如表 5-8 所示。

表 5-8 插座引脚分配

引脚	X200 信号	类型	引脚	X201 信号	类型
1	1P24		1	2P24	
2	DO0/CW	DI	2	DO8	DI
3	DO1/CCW	DI	3	DO9	DI
4	DO2	DI	4	DO10	DI
5	DO3	DI	5	DO11	DI
6	DO4	DI	6	DO12	DI
7	DO5	DI	7	DO13	DI
8	DO6	DI	8	DO14	DI
9	DO7	DI	9	DO15	DI
10	M	VI	10	M	VI

表中 DO0～DO15 为数字输出口 0～5，最大电流为 500mA。DO0/CW 表示数字输出 0/单极主轴，顺时针方向，最大电流为 500mA；DO1/CCW 表示数字输出 1/单极主轴，逆时针方向，最大电流为 500mA。1P24，M 为数字输出口 0～7 供电；2P24，M 为数字输出口 8～15 供电。

7. CNC 电源（X1）

供给 CNC 的 24V DC 负载电源接到接线端子 X1 上，24V 直流电作为低压电源必须具有可靠的电隔离特性（按照 IEC204-1，条款 6.4，PELV），其电气参数如表 5-9 所示。CNC 一侧的 X1 端子中 PE 接零线，M 接地，P24 接 24V DC 电源。

表 5-9 负载电源电气参数

参 数	最 小 值	最 大 值	单 位	条 件
电压平均值	20.4	28.8	V	
波动性		3.6	Vss	
非周期性过压		35	V	500ms 持续时间，50s 恢复时间
额定消耗电流		1.5	A	
启动电流		4	A	

5.2 FANUC 数控系统的硬件构成与连接

5.2.1 FANUC 0i 数控系统的组成

FANUC 0i 系统与 FANUC 16/18/21 等系统的结构相似，均为模块化结构。FANUC 0i 系统的主 CPU 板上除了主 CPU 及外围电路之外，还集成了 FROM & SRAM 模块、PMC 控制模块、存储器 & 主轴模块、伺服模块等，其集成度较 FANUC 0 系统（FANUC 0 系统为大板结构）更高，因此 FANUC 0i 系统控制单元的体积更小。

1. 基本配置

① 显示器。系统的显示器可接 CRT 或 LCD（液晶），可以是单色也可以是彩色，用光缆与 LCD 连接。

② 进给伺服。经 FANUC 串行伺服总线 FSSB，用一条光缆与多个进给伺服放大器（αi 系列）相连。放大器有单轴型和多轴型。多轴型放大器最多可接 3 个小容量的伺服电动机，从而可减小电柜的尺寸。放大器本身是逆变器和功率放大器，位置控制部分在 CNC 单元内。

进给伺服电动机使用 αi 系列，最多可接 4 个进给轴电动机。

伺服电动机上装有脉冲编码器，编码器既用做速度反馈，又用做位置反馈。系统支持外接（分离型）编码器（如装在滚珠丝杠的某一侧）的半闭环控制和使用直线光栅尺（装在工作台上）的全闭环控制。分离型位置检测器的接口有并行口（A/B 相脉冲）和串行口两种，位置检测器无论用回转式编码器还是用直线尺均可用增量式或绝对式。

③ 主轴电动机控制。主轴电动机控制有两种接口：一种是模拟接口，CNC 根据编程的主轴速度值输出 0～10V 模拟电压，可使用市售的变频器及相配的主轴电动机；另一种是串行口。此时，CNC 将主轴电动机的转数值通过该口以二进制数据的形式输出给主轴电动机的驱动器。因为是串行数据传送，故接线少、抗干扰性强、可靠性高、传输速率高，串行口只能用 FANUC 主轴驱动器和主轴电动机，用 αi 系列。

FANUC 主轴电动机上装有磁性传感器，用做速度反馈。

切螺纹，刚性攻螺纹，Cs 轴轮廓控制或主轴定位、定向时，都需要在主轴上装位置编码器。

④ 机床强电的 I/O 接口。FANUC 0i-B 的 I/O 口用的是 I/O Link 口。I/O Link 是符合日本 JPCN-1 标准的现场网络，经由该口可实时地控制 CNC 的外部机械或 I/O 点，其传输速度相当高。在 FANUC 0i-BL 有两种 I/O Link 口硬件：一是 CNC 单元内的 I/O 板上有 96 点输入、64 点输出，对于机床上的一般 I/O 点控制（如 M 功能、T 功能等），用这块板可满足中小型加工中心或车床的要求；二是 I/O 模块，最多可连 1024 个输入点和 1024 个输出点。因此，这种模块除用于上述机床的普通 I/O 点控制外，多用于生产线上，控制连接于现场网络的多个外部机械，与其他 CNC 设备共享这些资源。

为了方便用户，FANUC 设计了标准的机床操作面板，用户可以选用。面板上有急停按钮和速度倍率波段开关，并留有用户自己可定义的空白键。面板用 I/O Link 口与 CNC 单元连接。

⑤ I/O Link β 伺服。为了驱动外部机械（如换刀、交换工作台、上下料等），可以使用经 I/O Link 口连接的 β 伺服放大器驱动的 βis 电动机。最多可接 7 台。

⑥ 网络接口经该口可连接车间或工厂的主控计算机。FANUC 开发了相应软件，可将 CNC 侧的各种信息（加工程序、位置、参数、刀偏量、运行状态、报警、诊断信号，以至于梯形图等）传送至主机并在其上显示。

⑦ 数据输入/输出口。FANUC 0i-B 有 RS-232C 和 PCMCIA 口，经 RS-232C 可与计算机等连接。在 PCMCIA 口中可插 ATA 存储卡。

2. 硬件构成

FANUC 0i 系列包括 A 和 B 两个系列，其技术参数如表 5-10 所示。

表 5-10 FANUC 0i 数控系统技术参数表

系统性能	0i-A		0i-B		0iMate-B
	A 包	B 包	A 包	B 包	
控制轴数	4	4	4	4	3
同时控制轴数	4	4	4	4	3
PMC 控制轴	可以	可以	可以	可以	可以
串行主轴数	2	2	2	2	1
模拟主轴数	1	1	1	1	1
伺服电动机	$\alpha C/\alpha/\beta$	αis	βis	βis	
PMC 梯形图软件	SA3（0.15μs）	SA1（5μs）	SB7（0.033s）	SA1	SA1
梯形图编程环境	编辑器计算机		内置计算机		内置计算机
零件程序容量/MB	640	320	640	320	640
程序预读段数	12		40	20	20
RS-232C	2	2	2	2	1
DNC2	可		可		
硬件结构	功能模块板		高度集成板（模块）		

FANUC 0i 系列数控系统结构大同小异，由主板和 I/O 两个模块构成。主板模块包括主 CPU、内存、PMC 控制、I/O Link 控制、伺服控制、主轴控制、内存卡 I/F 和 LED 显示等；I/O 模块包括电源、I/O 接口、通信接口、MDI 控制、显示控制、手摇脉冲发生器控制和高速串行总线等。FANUC 0i-A 数控系统各组成模块如图 5-21 所示。

5.2.2 FANUC 0i 数控系统的连接

FANUC 0i 系统总连接图如图 5-22 所示。FANUC 0 系统及其他系统与此类似。图中，系统输入电压为 DC24V±2.4V，电流约 7A，伺服和主轴电动机为 AC 200V（不是 220V）输入。这两个电源的通电及断电顺序是有要求的，不满足要求会报警或损坏驱动放大器，原则是要保证通电和断电都在 CNC 的控制之下。

其他系统如 FANUC 0 系统，系统电源和伺服电源均为 AC 200V 输入。

1. 控制单元的连接

控制单元包括一个塑料外壳、风扇和 PCB 板。空气由控制单元底部进入，通过安装在顶部的风扇排出，保证空气的流动。PCB 板安装在机架的后面；在机架的左侧还有另一个连接器，这个连接器用来测试控制器以及其他用途的连接。

系统控制单元有 A、B 两种型号。A、B 单元的选择是根据机床的需要来确定的，一般 A 规格主要用于 4 轴以内的系统，B 规格用于 5 轴以上的系统。主 PCB 板与控制单元相同，也分为 A、B 两种规格，与控制单元配合使用。

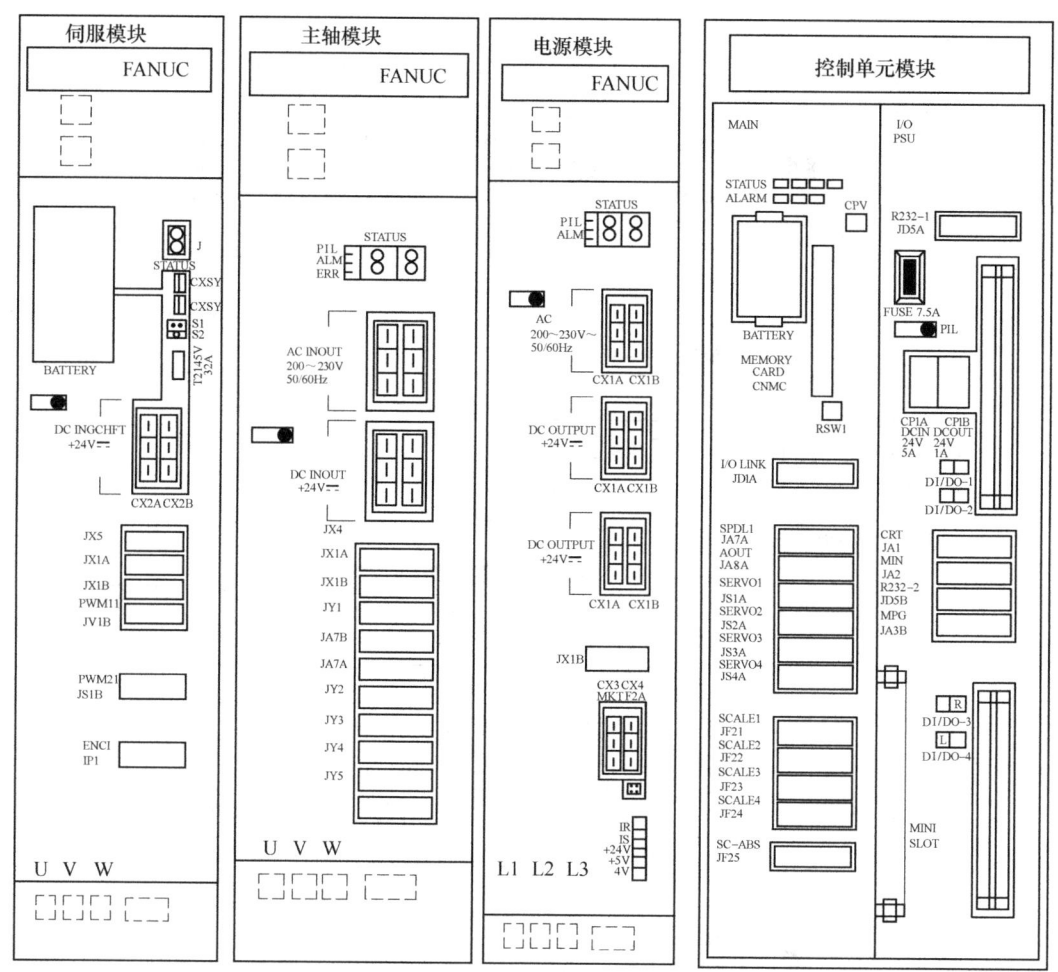

图 5-21 FANUC 0i-A 数控系统各组成模块

控制单元由两大部分组成，即左半边的主 PCB 板和右半边的 I/O 板。主 PCB 板部分主要包括主 CPU、内存（系统软件、宏程序、梯形图、参数等）、PMC 控制、I/O LINK 控制、伺服控制、主轴控制、内存卡 IT、LED 显示等。

I/O 板部分主要包括电源 PCB（内置）DC-DC 转换器、DI/DO、阅读机/穿孔机 I/F、MDI 控制、显示控制、手摇脉冲发生器控制等。

（1）主 PCB 板接口的定义

现在，就从主 PCB 板部分开始，按照控制单元的实际位置，介绍各指示灯及接口的定义，具体如图 5-23 所示。

① STATUS——（状态）LED 灯。从电源接通时开始，STATUS LED 灯通过组成不同的亮、灭状态，来表示数控系统从电源接通到进入正常运行状态的过程中所需进行的工作流程。当主 PCB 板部分发生故障时，便能通过 STATUS LED 灯所表示的状态，进行故障的判定和排除。

② ALARM——（报警）LED 灯。当出现错误时，ALARM LED 灯会与 STATUS LED 灯组成不同的亮、灭状态来表示不同的异常情况。

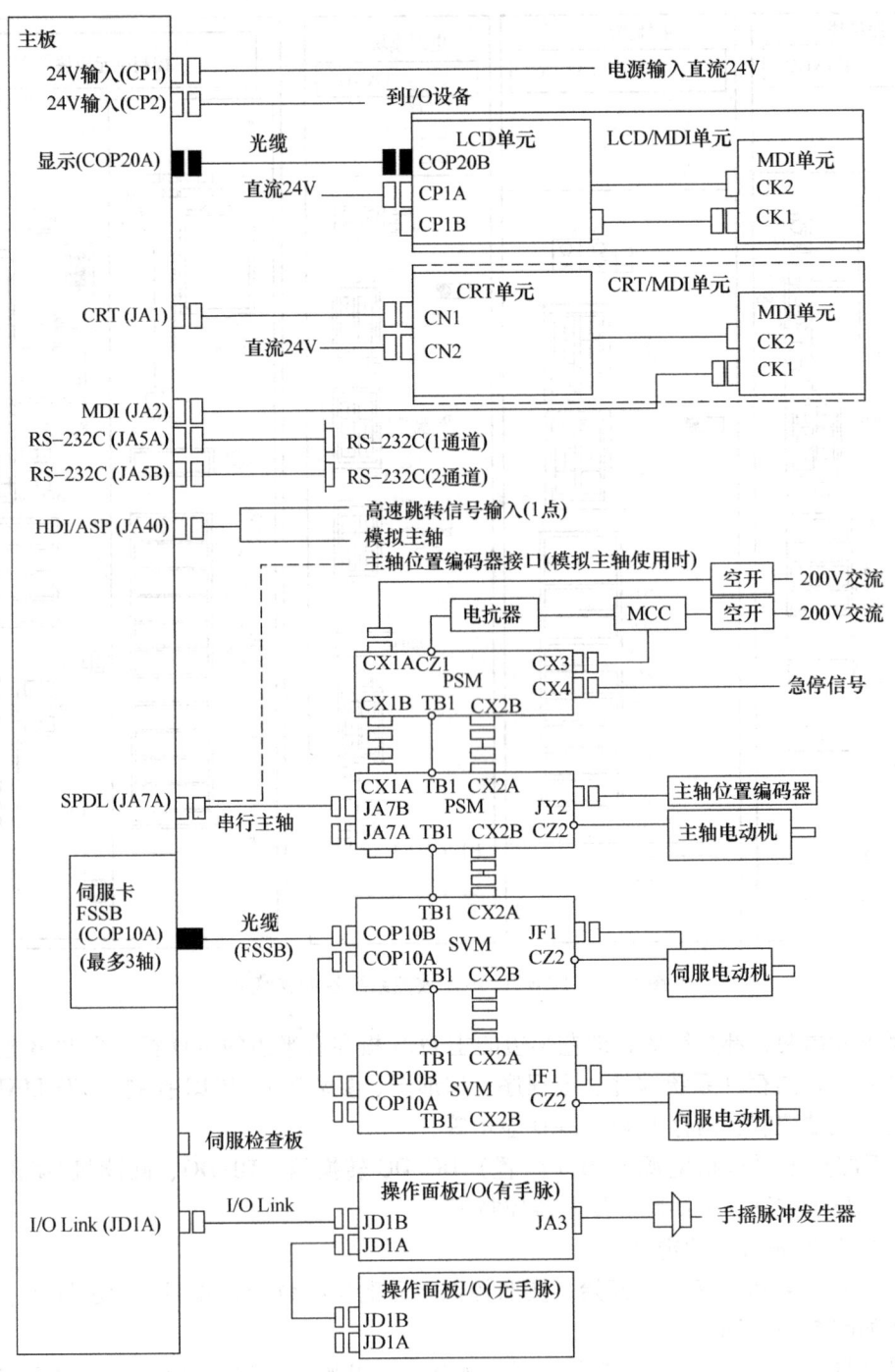

图 5-22 FANUC 0i 系统总连接图

③ CP8——数据保存用电池接口。一个电池单元可以使 6 个绝对脉冲编码器的当前位置保持 1 年。当电池电压降低时,在 CRT 显示器上就会出现 APC 报警 3n6~3n8（n：轴号），当出现 APC 报警 3n7 时,请尽快更换电池。通常应该在 2~3 周内更换电池,这取决于使用的脉冲编码器的数量。

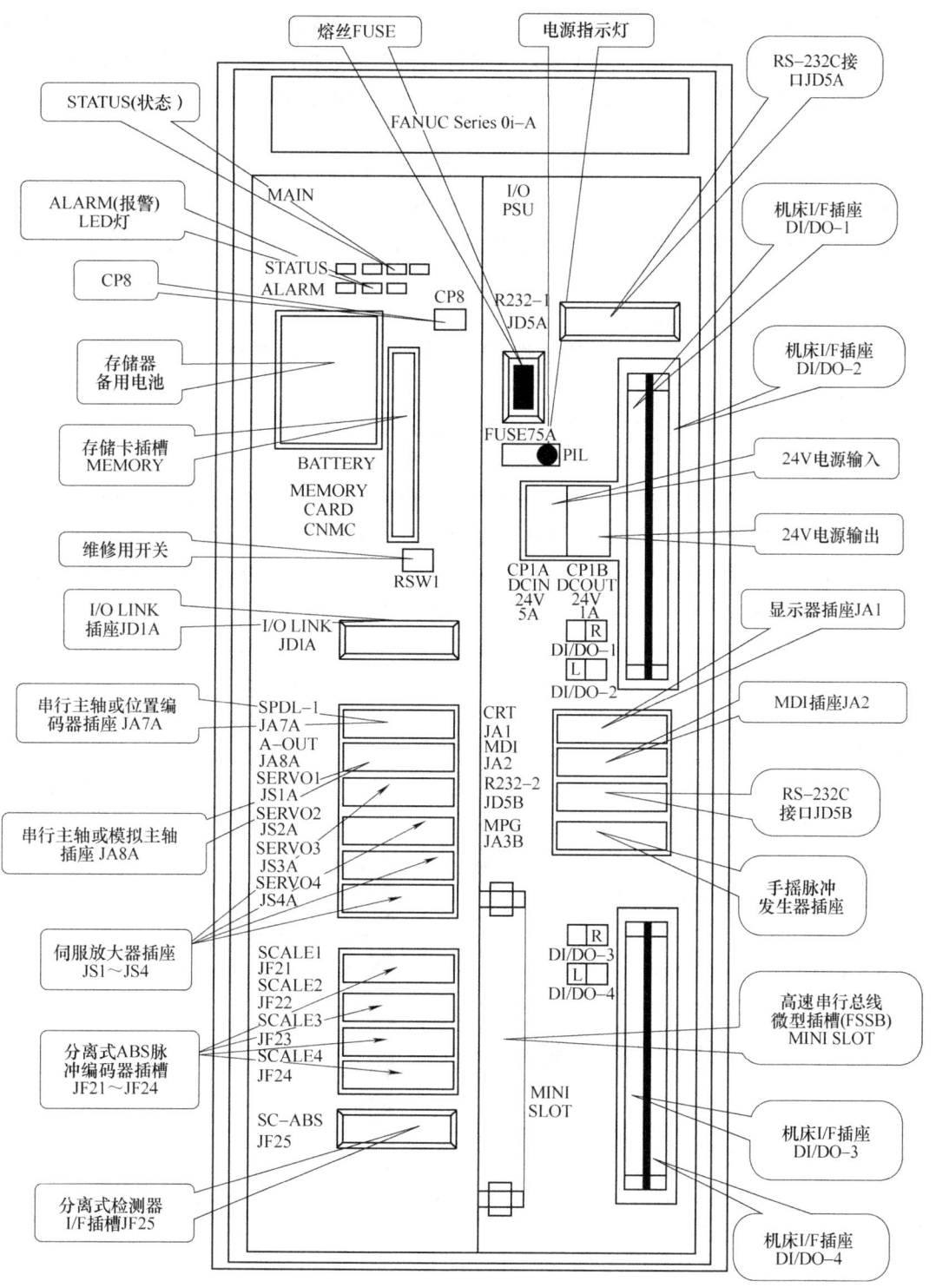

图 5-23 主 PCB 板的连接

如果电池电压继续降低,脉冲编码器的当前位置就可能丢失。在这种情况下接通控制器的电源,会引起 APC 报警 3n0(请求返回参考位置报警)。

④ BATTERY——数控系统断电后进行数据保存的后备锂电池。零件的程序、偏置的数据和系统的参数存储在控制单元的 CMOS 存储器中，上述数据甚至在主电源切断时也不会丢失。后备电池在出厂前就已经安装在控制单元中，这个电池可以使存储器中的内容保存一年。

当电池电压降低时，在 CRT 显示器上就会出现 BAT 的系统报警字样，并且电池报警信号也输出给 PMC。当这一报警信息出现时，请尽快更换电池。通常来说，电池应该在 2~3 周内更换，这依据系统的配置而定。如果电池电压下降，存储器中的内容就不能继续被保持。在这种情况下接通控制单元的电源，就会因为存储器的内容丢失而出现 910 报警（SRAM 奇偶性报警）。全清存储器内容，在更换电池后重新输入必要的数据。更换控制单元的电池时，一定要保持控制单元的电源为接通状态。如果在电源断开的情况下断开存储器的电池，存储器的内容就会丢失。

⑤ MEMORY CARD CNMC——PMC 编辑卡与数据备份存储卡的接口。

⑥ RSW1——维修用的旋转开关，一般无需做任何调整。

⑦ JD1A——I/O LINK 接口。它是一个串行接口，用于连接 NC 与各种 I/O 单元，如机床操作面板、I/O 扩展单元或 Power Mate 连接起来，并且在所连接的各设备间高速传送 I/O 信号（位数据）。根据单元的类型以及 I/O 点的不同，I/O LINK 有多种连接方式。PMC 程序可以对 I/O 信号的分配和地址进行编程，用来连接 I/O LINK。I/O 点最多可达 1024/1024 点。

在 I/O LINK 中，设备分为主单元和子单元。FANUC 0i 系统的控制单元为主单元，通过 JD1A 进行连接的设备为子单元。一个 I/O LINK 最多可连接 16 组子单元。用于 I/O LINK 连接的两个接口分别叫做 JD1A 和 JD1B，对所有单元（具有 I/O LINK 功能）来说是通用的。连接电缆总是从一个单元的 JD1A 连接到下一个单元的 JD1B。连接到最后一个单元时，最后一个单元的 JD1A 是无需连接的。对于 I/O LINK 中的所有单元来说，JD1A 与 JD1B 的连接电缆插脚分配都是通用的。

一般地，机床操作面板、I/O 单元、刀库用 β 系列伺服模块（如果有的话）、机械手用 β 系列伺服模块（如果有的话）等设备都与控制单元主 PCB 板上的 JD1A（I/O LINK）连接，如图 5-24 所示。

⑧ JA7A——SPDL-1（串行主轴或位置编码器接口），如图 5-25 所示。该接口是通过电缆与串行主轴伺服模块连接（JA7B 接口），如图 5-25a 所示。当数控系统连接模拟

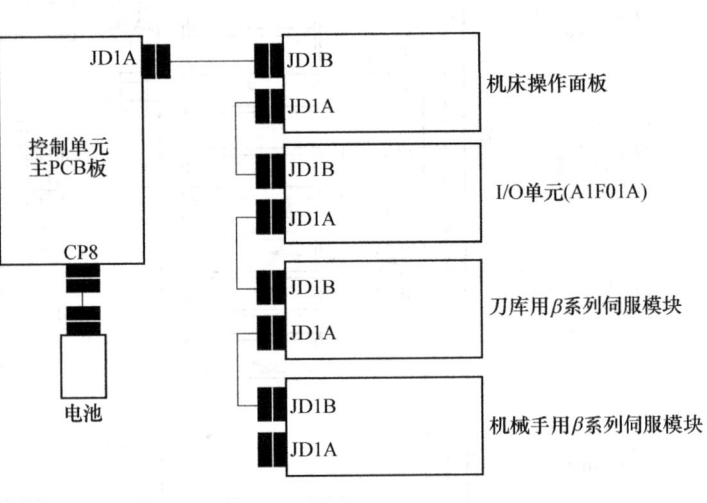

图 5-24 I/O LINK 的连接

主轴时，位置编码器的主轴反馈信号与此接口（JA7A）相连，如图 5-25b 所示。

⑨ JA8A——A-OUT1（模拟主轴接口）。此接口与模拟主轴放大器连接，控制模拟主轴电动机运转。

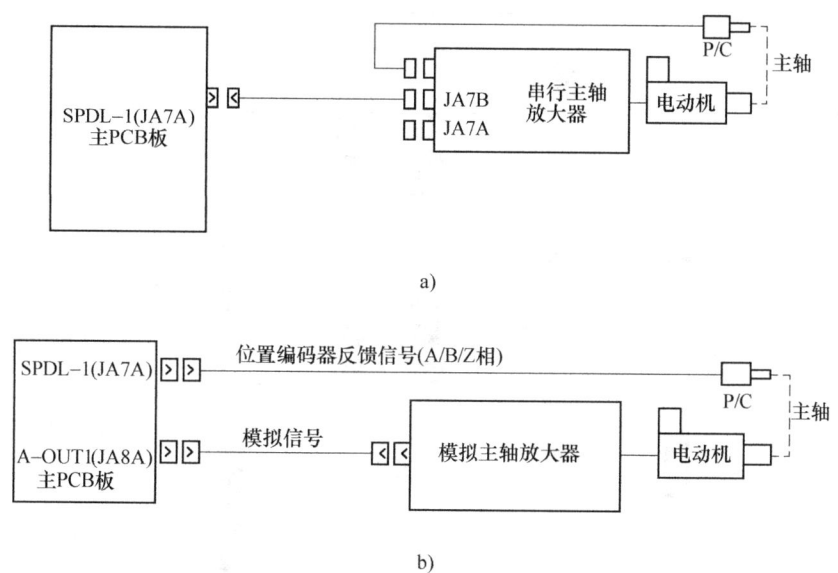

图 5-25 串行主轴或位置编码器接口
a) JA7A 通过电缆与串行主轴伺服模块连接 b) 连接模拟主轴时，位置编码器的主轴反馈信号与 JA7A 相连

⑩ JS1A——SERV01（伺服模块接口）。此接口与伺服模块的系统定义的第 1 轴接口进行连接。

JS2A——SERV02（伺服模块接口）。此接口与伺服模块的系统定义的第 2 轴接口进行连接。

JS3A——SERV03（伺服模块接口）。此接口与伺服模块的系统定义的第 3 轴接口进行连接。

JS4A——SERV04（伺服模块接口）。此接口与伺服模块的系统定义的第 4 轴接口进行连接。

以一台卧式加工中心为例，其装备串行主轴，四条伺服轴（X、Y、Z、B）与控制单元的具体连接如图 5-26 所示。

⑪ JF21——SCALE1 分离型位置检测器（指直线光栅尺等检测器）接口。该接口用于连接系统定义的第 1 轴的光栅尺。

JF22——SCALE2（光栅尺 2 接口）。该接口用于连接系统定义的第 2 轴的光栅尺。

JF23——SCALE3（光栅尺 3 接口）。该接口用于连接系统定义的第 3 轴的光栅尺。

JF24——SCALE4（光栅尺 4 接口）。该接口用于连接系统定义的第 4 轴的光栅尺。

⑫ JF25——SC-ABS（分离式 ABS 脉冲编码器电池接口）。该接口所连接的电池用于绝对型光栅尺位置数据的保存。仅当使用分离型绝对检测器时，才使用该电池。当电动机中内装绝对脉冲编码器时，使用放大器中的电池，不使用分离型绝对检测器的电池。

(2) I/O 板接口定义

① DI/DO-4——内装 I/O 卡接口 4。该接口为机床提供 I/O 信号接收器（X）和驱动器（Y）。

② DI/DO-3——内装 I/O 卡接口 3。该接口为机床提供 I/O 信号接收器（X）和驱动器（Y）。

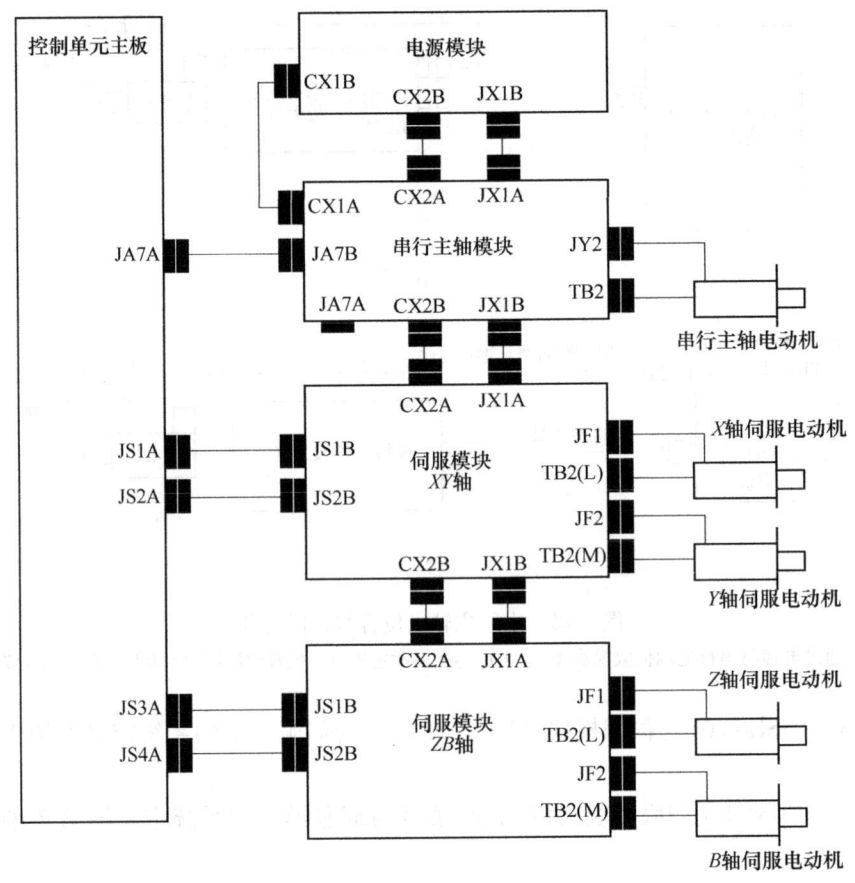

图 5-26 控制单元与伺服轴的连接

为了简化与分线板的连接，使用 MIL 规格的扁平电缆连接内置式 I/O 板。

FANUC 0i 系统内置的 I/O 卡用于机床 I/O 接口。内置 I/O 卡 DI/DO 的点数为 96/64 点。如果 DI/DO 的点数不够用，可以通过 FANUC I/O LINK 扩展 I/O 单元，比如分散 I/O。内装 I/O 卡的连接如图 5-27 所示。

③ MINI SLOT——FSSB（高速串行总线接口）。此接口用于与 PC 相连，进行数据通信。

④ JA3B——MPG（手摇脉冲发生器接口）。该接口所连接的手摇脉冲发生器用于在手轮进给方式下用手轮移动坐标轴。FANUC 0i-TA 系统最多可安装两个手摇脉冲发生器，而 FANUC 0i-MA 系统最多可安装三个手摇脉冲发生器。

⑤ JD5B——I/O 设备 I/F 插槽（RS-232C 串行接口）。此接口主要用于与外部设备相连，将加工程序、参数等数据通过外部设备输入到系统中，或从系统中输出给外部设备时就可通过此接口与数控系统相连接，进行数据的传送操作。

⑥ JA2——MDI（手动数据输入装置接口）。该接口用于连接 MDI 单元。在这里，把手动数据输入装置称为 MDI。MDI 单元是一个键盘，用来输入数据，如 NC 加工程序、设置参数等。

⑦ JA1——CRT（显示器接口）。该接口用于连接显示器，显示器端的接口为 JA1（LCD 时）、CN1（CRT 时）。

⑧ CP1B——DCOUT（24V 电源输出接口）。该接口与显示单元相连，为显示单元提供

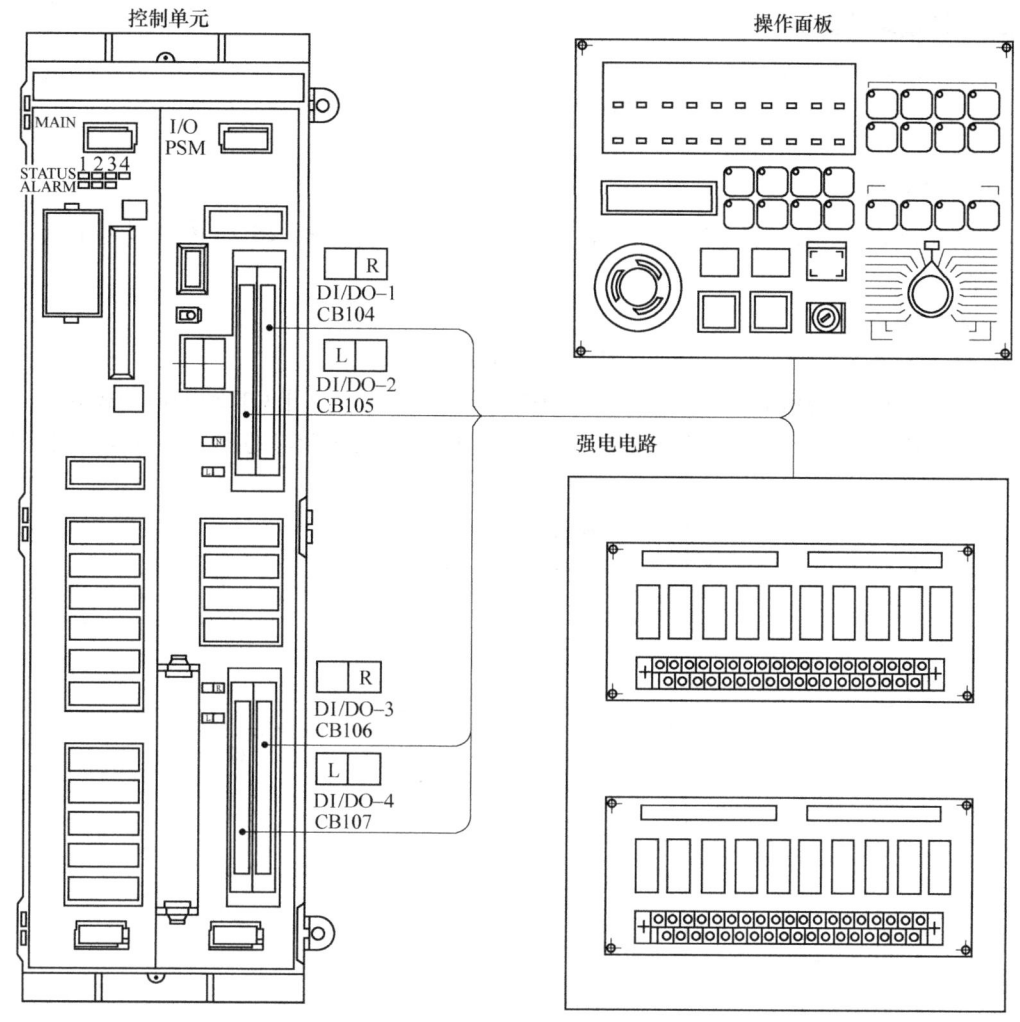

图 5-27 内装 I/O 卡的连接

电源,在显示单元侧的接口是 CP5(LCD 时)、CN2(CRT 时)。

⑨ CP1A——DCIN(24V 电源输入接口)。该接口是与外部直流 24V 电源连接,为控制单元提供电源。

⑩ DI/DO-2——内装 I/O 卡接口 2。该接口为机床提供 I/O 信号接收器(X)和驱动器(Y)。

⑪ DI/DO-1——内装 I/O 卡接口 1。该接口为机床提供 I/O 信号接收器(X)和驱动器(Y)。

⑫ JD5A——与 JD5B 一样,是 I/O 设备 I/F 插槽(RS-232C 串行接口)。I/O 设备是用来将 CNC 的程序、参数等各种信息,通过外部设备输入到 CNC 中,或从 CNC 中输出给外部设备。手持文件盒就是 FANUC 0i 系统的 I/O 设备之一。I/O 设备的接口与标准 RS-232C 兼容,因此 FANUC 0i 系统就可以和任何具有 RS-232C 接口的设备进行连接。

⑬ PIL——电源指示灯。当控制单元接通直流 24V 电源后,该 LED 灯亮。

⑭ FUSE——熔丝(7.5A)。

2. 电源模块的连接

电源模块型号表示如下：

PSM □— □ □
① ② ③ ④

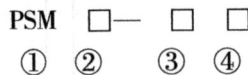

① 电源模块。

② 制动形式。“无”表示再生制动，R 表示能耗制动，V 表示电压转换型再生制动，C 表示电容模块。

③ 输出功率。

④ 输入电压，“无”表示 200V，HV 表示 400V。

例：PSM-15 即表示输入电压为 200V，输出功率为 15kW，再生制动的电源模块。

以下是电源模块（以 PSM-15 为例）各指示灯的定义及各接口的定义和接线走向，如图 5-28 所示。

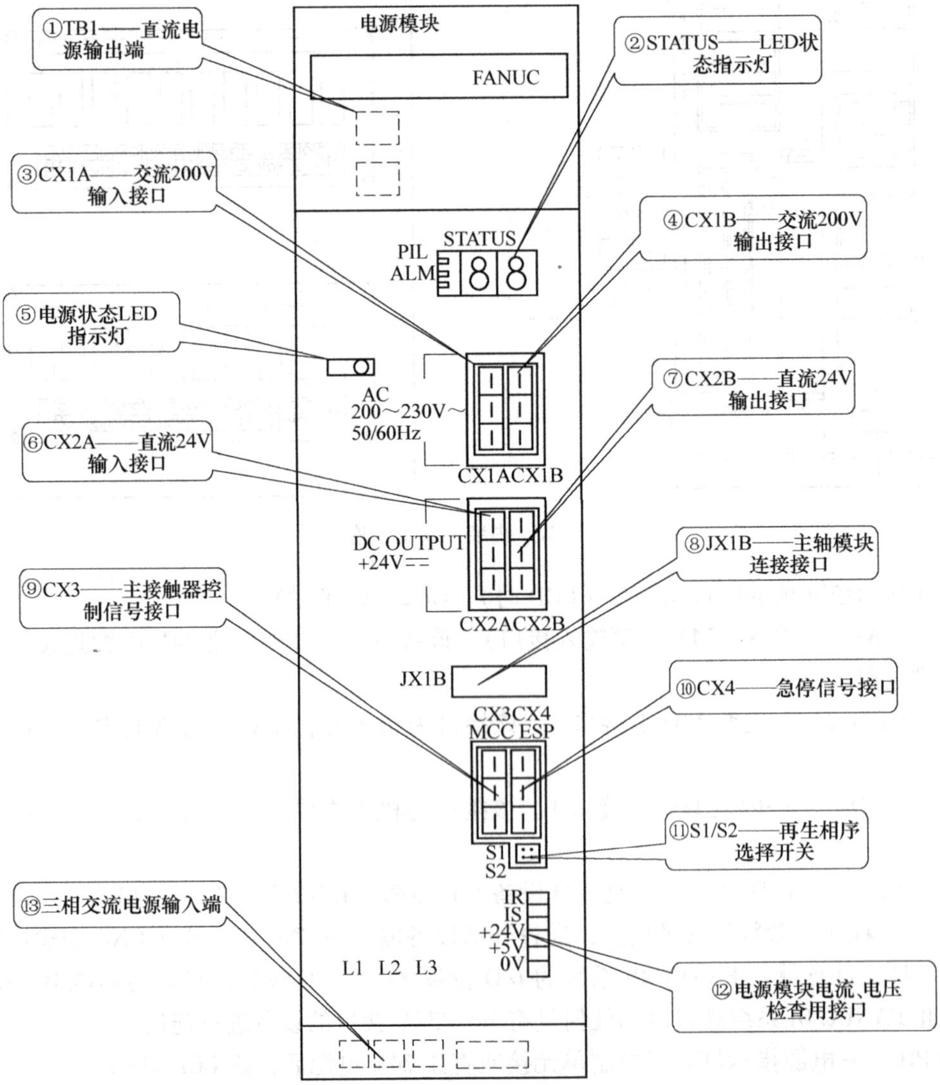

图 5-28　电源模块的连接图

① TB1——直流电源输出端。该接口与主轴模块、伺服模块的直流输入端连接，为主轴模块和伺服模块提供直流电源。

② STATUS——LED 状态指示灯。用于表示电源模块所处状态，出现异常时，显示相关的报警代码。

③ CX1A——交流 200V 输入接口。

④ CX1B——交流 200V 输出接口。该接口与主轴模块的 CX1A 接口连接。

⑤ 直流回路连接充电状态 LED 指示灯。在该指示灯完全熄灭后，方可对模块电缆进行各种操作，否则有触电危险。

⑥ CX2A——直流输入接口。

⑦ CX2B——直流输出接口。一般地，该接口与主轴模块的 CX2A 连接输出急停信号。

⑧ JX1B——模块连接接口。该接口一般与主轴的 JX1A 连接，作通信用。

⑨ CX3——主接触器控制信号接口。该接口是给主接触器提供控制信号，从而控制输入电源模块的三相交流电的通断。

⑩ CX4——急停信号接口。该接口用于连接机床的急停信号。

⑪ S1/S2——再生相序选择开关。一般出厂默认设定为 S1 短路。

⑫ 电源模块电流、电压检查用接口。以 PSM-15 为例，各插针的用途如表 5-11 所示。

表 5-11 电源模块电流、电压检查用接口插针表

插　　针	说　　明
IR	L1 相的电流值（50A/1V）
IS	L2 相的电流值（50A/1V）
+24V	24V 的控制电源电压
+5V	5V 的控制电源电压
0V	0V 端

⑬ 三相交流电源输入端。

3. 伺服模块的连接

伺服模块接收从控制单元发出的进给速度和位移指令信号。伺服模块对控制单元传送过来的数据作一定的转换和放大后，驱动伺服电动机，从而驱动机械传动机构，驱动机床的执行部件实现精确的工作进给和快速移动。FANUC 公司的 α 系列伺服模块主要分为 SVM、SVM-HV 两种。其中 SVM 型的一个单独模块最多可带三个伺服轴，而 SVM-HV 型的一个单独模块最多可带两个伺服轴。而且根据不同的 NC 系统使用不同的接口类型，有 A 型（TYPEA）、B 型（TYPEB）和 FSSB 三种。FANUC 0i-MA 数控系统属于 B 型接口类型。

伺服模块型号表示如下：

$$\text{SVM} \quad \square - \square \, / \, \square \, / \, \square \, \square$$
$$\quad\quad\quad\, ① \quad\, ② \; ③ \quad\;\; ④ \quad\;\; ⑤ \; ⑥$$

① 伺服模块（Servo Amplifier Module）。

② 轴数，1 为第 1 轴伺服模块，2 为第 2 轴伺服模块，3 为第 3 轴伺服模块。

③ 第 1 轴最大电流。

④ 第 2 轴最大电流。

⑤ 第 3 轴最大电流。

⑥ 输入电压，"无"表示200V，HV表示400V。

例：SVM1-12表示输入电压为200V、第1轴、最大电流为12A的伺服模块。

伺服的连接分A型和B型，由伺服放大器上的一个短接棒控制。A型连接是将位置反馈线接到CNC系统；B型连接是将其接到伺服放大器。FANUC 0i和近期开发的系统用B型，FANUC 0系统大多数用A型。两种接法不能任意使用，与伺服软件有关。连接时最后的放大器的JX1B需插上FANUC公司提供的短接插头，如果遗忘，会出现#401报警。另外，若选用一个伺服放大器控制两个电动机，应将大电动机电枢接在M端子上，小电动机接在L端子上，否则电动机运行时会听到不正常的嗡嗡声。

FANUC系统的伺服控制可任意使用半闭环或全闭环，只需设定闭环形式的参数和改变接线，非常简单。

以下是伺服模块（以SVM1-12为例）各指示灯的定义及各接口的定义和接线走向，如图5-29所示。

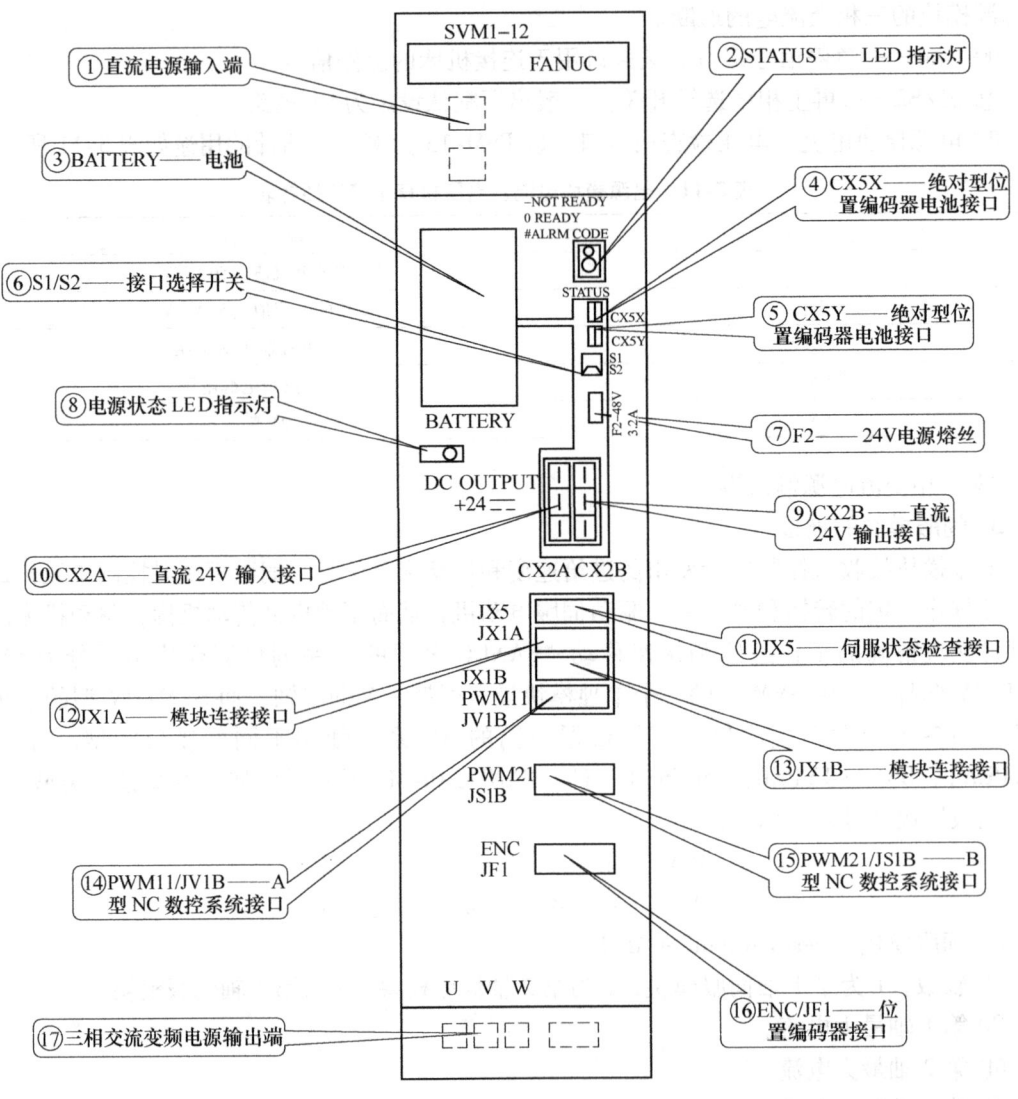

图5-29 伺服模块的连接

第 5 章 典型数控系统的硬件构成与连接

① 直流电源输入端。该接口与电源模块的输出端、主轴模块、伺服模块的直流输入端连接。

② STATUS——LED 指示灯。用于表示伺服模块所处的状态，出现异常时，显示相关的报警代码。

③ BATTERY——电池。该电池用于系统断电后，保存绝对型位置编码器的位置数据。

④ CX5X——绝对型位置编码器电池接口。一般地，与电池连接或在使用分离型电池盒时，与上一伺服模块的 CX5Y 连接。

⑤ CX5Y——绝对型位置编码器电池接口。一般地，在使用分离型电池盒时，与下一伺服模块的 CX5X 连接。

⑥ S1/S2——接口选择开关。S1 为 A 型接口，S2 为 B 型接口。

⑦ F2——24V 电源熔丝。

⑧ 直流回路连接充电状态 LED 指示灯。在该指示灯完全熄灭后，方可对模块电缆进行各种操作，否则有触电危险。

⑨ CX2B——直流 24V 输出接口。一般地，该接口与下一伺服模块的 CX2A 连接，输出急停信号。

⑩ CX2A——直流 24V 输入接口。一般地，该接口与主轴模块或上一伺服模块的 CX2B 连接，接收急停信号。

⑪ JX5——伺服状态检查接口。该接口用于连接伺服模块状态检查电路板。通过伺服模块状态检查电路板可获取伺服模块内部信号的状态。

⑫ JX1A——模块连接接口。一般地，该接口与主轴或上一个伺服模块的 JX1B 连接，作通信用。

⑬ JX1B——模块连接接口。一般地，该接口与下一个伺服模块的 JX1A 连接。

⑭ PWM11/JV1B——A 型 NC 数控系统接口。

⑮ PWM21/JS1B——B 型 NC 数控系统接口。该接口与 FANUC 0i 系统控制单元相对应的伺服模块接口 JSnA（n 为轴号）连接。

⑯ ENC/JF1——位置编码器接口。该接口只在使用 B 型接口类型时使用。

⑰ 三相交流变频电源输出端。该接口与相对应的伺服电动机连接。

4. 主轴模块的连接

NC 数控系统中的主轴模块用于控制驱动主轴电动机。在加工中心中，主轴带动刀具旋转，根据切削速度、工件或刀具的直径来设定相对应的转速，对所需加工的工件进行各种加工。而在车床中，主轴则带动工件旋转，根据切削速度、工件或刀具的直径来设定相对应的转速，对所需加工的工件进行各种加工。

主轴模块型号：

$$\text{SPM} \quad \underset{①}{\square} \quad / \underset{②}{\square} \quad \underset{③}{\square} \quad \underset{④}{\square}$$

① 主轴模块（Spindle Module）。

② 电动机类型，"无"表示 α 系列，C 表示 αC 系列。

③ 额定输出功率。

④ 输入电压，"无"表示 200V，HV 表示 400V。

FANUC 公司的 α 系列主轴模块主要分为 SPM、SPMC、SPM-HV 3 种。

主轴电动机的控制接口有两种：模拟（0~10V DC）和数值（串行传送）输出。模拟口需用其他公司的变频器及电动机。

用 FANUC 主轴电动机时，主轴上的位置编码器（一般是 1024 条线）信号应接到主轴电动机的驱动器上（JY4 口）。驱动器上的 JY2 是速度反馈接口，两者不能接错。

以下是主轴模块（以 SPM-15 为例）各指示灯的定义及各接口的定义和接线走向，如图 5-30 所示。

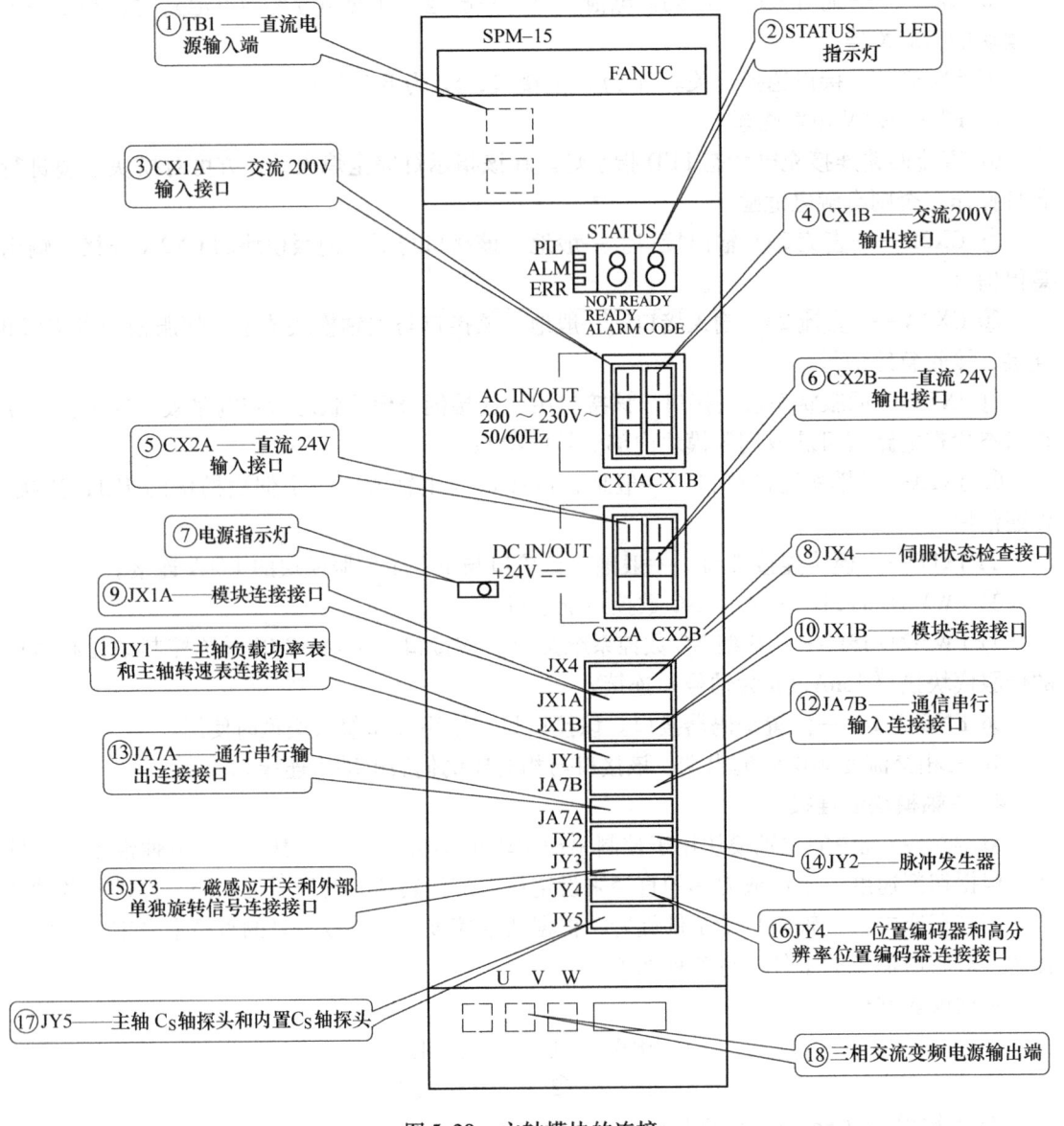

图 5-30 主轴模块的连接

① TB1——直流电源输入端。该接口与电源模块直流电源输出端、伺服模块的直流输入端连接。

② STATUS——LED 指示灯。用于表示伺服模块所处状态，出现异常时，显示相关的报警代码。

③ CX1A——交流 200V 输入接口。该接口与电源模块的 CX1B 接口连接。

④ CX1B——交流 200V 输出接口。

⑤ CX2A——直流 24V 输入接口。一般地，该接口与电源模块的 CX2B 连接，接收急停信号。

⑥ CX2B——直流 24V 输出接口。一般地，该接口与下一伺服模块的 CX2A 连接，输出急停信号。

⑦ 直流回路连接充电状态 LED 指示灯。在该指示灯完全熄灭后，方可对模块电缆进行各种操作，否则有触电危险。

⑧ JX4——伺服状态检查接口。该接口用于连接主轴模块状态检查电路板。通过主轴模块状态检查电路板，可获取主轴模块内部信号的状态（脉冲发生器和位置编码器的信号）。

⑨ JX1A——模块连接接口。该接口一般与电源的 JX1B 连接，作通信用。

⑩ JX1B——模块连接接口。该接口一般与下一个伺服模块的 JX1A 连接。

⑪ JY1——主轴负载功率表和主轴转速表连接接口。

⑫ JA7B——通信串行输入连接接口。该接口与控制单元的 JA7A（SPDL-1）接口连接。

⑬ JA7A——通信串行输出连接接口。该接口与下一主轴（如果有的话）的 JA7B 接口连接。

⑭ JY2——脉冲发生器，内置探头和电动机 Cs 轴探头连接接口。

⑮ JY3——磁感应开关和外部单独旋转信号连接接口。

⑯ JY4——位置编码器和高分辨率位置编码器连接接口。

⑰ JY5——主轴 Cs 轴探头和内置 Cs 轴探头。

⑱ 三相交流变频电源输出端。该接口与相对应的伺服电动机连接。

第 6 章 典型数控系统的调试与参数调整

6.1 FANUC 0i 系统调试

6.1.1 调试前的检查

在接通电源之前，为了确保安全，可先将电动机动力线断开。这样，在系统工作时不会引起机床运动。但是，应根据维修说明书的介绍，对速度控制单元做一些必要的设定，从而避免因断开电动机动力线而造成报警。

1. 电源电压确认

为保证人身和设备的安全，必须首先确认各种电源电压是否正常。

① 进线电源电压。检查电源电压波动范围是否在数控系统允许的范围内，进线电源电压是否为 AC380V/220V，不能超出 ±15% 的波动范围。日本的数控系统一般允许电压额定值在 85%~110% 范围内波动，而欧美的一些数控系统要求较高一些，否则要外加交流稳压器。

② 控制用 DC24V。各种数控系统内部都有直流稳压电源单元，为系统提供 +5V、±15V、+24V 等直流电压。因此，在系统通电前，应检查这些电源的负载是否对地有短路现象，可用万能表来确认。另外，还要确认 DC24V 是否正确，0V 端子与 24V 端子是否会短接，AC220V 是否会串进 DC24V 回路中。

③ 伺服变压器二次电压。伺服变压器二次电压是否准确无误，不能超出 10% 的波动范围。

④ CNC 用 DC24V。首先应该检查进 CNC 的 DC24V 是否正确。接通电源之后，检查数控柜内各风扇是否旋转，同时确认电源是否接通。检查各印制电路板上的电压是否正常，各种直流电压是否在允许的范围内波动。一般来说，对 +5V 电源的电压要求较高，允许波动范围限在 ±5% 范围内，因为它是供给逻辑电路的。

⑤ I/O 转接端子。各 I/O 转接端子是否有 220V 串入，0V 端子不能悬空。

⑥ 对于采用晶闸管控制元件的速度控制单元和主轴控制单元的供电电源，一定要检查相序。在相序不正确的情况下，接通电源，可能使速度控制单元的输入熔丝烧断，这是由于误导通造成大电流引起的。

相序检查方法有两种：一种是用相序表测量，当相序接法正确时（即与表上的端子标记的相序相同时），相序表按顺时针方向旋转；另一种是可用示波器测量两相之间的波形，两相看一下，确定各相序。

接通机床上的液压泵、冷却泵电动机后，应及时判断转向是否正确。相序不对时，应及时更换相序。

2. 数控系统的设定确认

数控系统内的印制电路板上有许多短路棒用于短路的设定点，这项设定已由机床制造厂完成设定，用户只需确认与记录一下。但对于单个购入的数控装置，用户则必须根据需要，自行设定。因为数控装置出厂时是按标准方式设定的，不一定适合于具体用户要求。设定确认的内容随数控系统而定，一般有以下三个方面：

① 确认控制部分印制电路板上的设定。主要确认主板、ROM 板、连接单元、附加轴控制板以及旋转变压器或感应同步器控制板上的设定。这些设定与机床返回基准点的方法、速度反馈的检测元件、检测增益调节及分度精度调节等有关。

② 确认速度控制单元印制电路板上的设定。在直流速度控制单元和交流速度控制单元上都有许多设定点，用于选择检测元件的种类、回路增益以及各种报警等。

③ 确认主轴控制单元印制电路板上的设定。无论是直流还是交流主轴控制单元上，均有一些用以选择主轴电动机电流极限和主轴转数的设定点。但数字式交流主轴控制单元上已用数字设定代替短路棒的设定，故只能在通电时才能进行设定与确认。

6.1.2 系统参数设定

所谓参数（Parameter），是指当 CNC 与机床组合在一起之后，为了最大限度地发挥 CNC 机床的功能而设置的值。每一步都需按照数控系统说明书的说明来调整，即使是同一种数控系统，其参数设定也是随机而异的。随机附带的参数表是机床的重要技术资料，应妥善保管，不得遗失，否则将给机床的维修和恢复性能带来困难。显示参数的方法随各类数控机床而异，大多数厂家产品可通过按压 MDI/CRT 单元上的"PARAM"（参数）键来显示已存入系统存储器的参数。显示的参数内容应与机床安装调试完成后的参数表一致。如果进给控制和主轴控制是数字式的，那么它的参数设定也是用数字设定参数，而不是用短路棒。

在 CNC 与伺服接通之后，CRT（或 LCD）会出现报警，先不用理会。此时，必须根据随机所带的说明书对系统中各种参数一一予以确认。

1. 系统参数确认

FANUC 的每台数控系统都带有随机参数表。在 FANUC 0i 中 9900 号以上的参数即为系统参数（即所谓的保密参数）。它规定了一些基本功能，用户需按照此表设置。系统出厂时 FANUC 已经设好，0C 和 0i 不必设。但是，对于 0D（0TD 和 0MD）系统，须根据实际机床功能设定#932~#935 的参数位。机床出厂时，系统功能参数表必须交给机床用户。

1）参数的显示。操作步骤如下：按 MDI 面板的功能键【SYSTEM】一次或多次后，再换软键【参数】选择参数画面，如图 6-1 所示。

参数画面由多页组成，通过以下两种方法显示需要显示的参数所在的页面：

① 用翻页键或光标移动键，显示需要的页面。

② 从键盘输入想显示的参数号，然后按软键【No. 检索】，这样可显示包括指定的数据所在的参数页面，光标在指定数据的位置（数据部分变成反转文字显示）。

注：用操作选择软键显示的软键一旦开始输入，软键显示将被包括【No. 检索】在内的操作选择软键自动取代。按【操作】软键也能变更操作选择软键的显示。

2）用 MDI 设定参数，按下列步骤设定参数：

① 将 NC 置于 MDI 方式或急停状态。

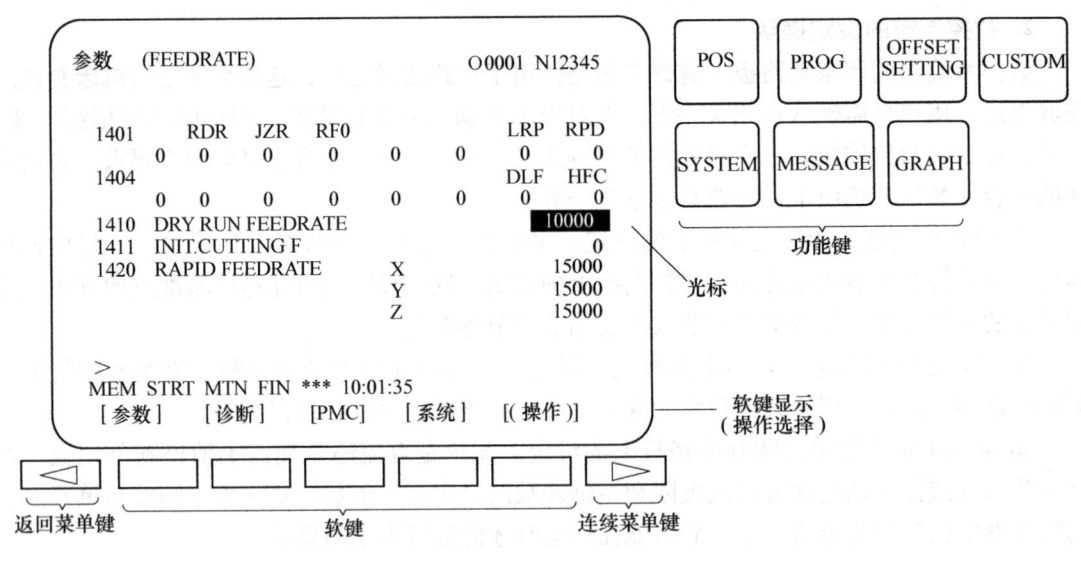

图 6-1 参数画面

② 用以下步骤使参数处于可写状态。

a. 按【OFFSET SETTING】功能键几次，或按功能键【OFFSET SETTING】一次后，再按软键【SETTING】，可显示设定画面（显示设定画面的第一页），如图 6-2 所示。

b. 将光标移至【PARAMETER WRITE】处。

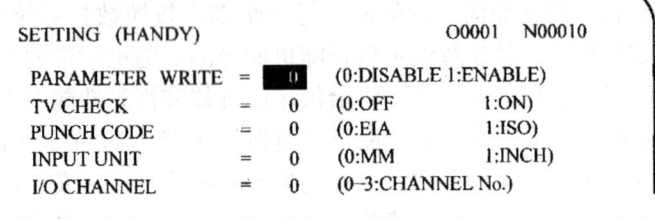

图 6-2 参数设置画面

c. 按【操作】软键显示操作选择软键。

d. 设定 "PARAMETER WRITE" = 1，按软键【ON:1】，或者输入 1，再按软键【输入】，这样参数成为可写入状态，同时 CNC 发生 P/S100 报警（允许参数写入）。

③ 按功能键【OFFSET SETTING】几次，或按功能键【OFFSET SETTING】一次后，再按软键【参数】，显示参数页面。

④ 显示包括想要设定的参数所在的页面，光标放在想设定的参数的位置（参照"参数的显示"）。

⑤ 输入数据，然后按【输入】，输入的数据被设定到光标指示的参数中。

图 6-3 所示为输入 12000 时显示的页面。

希望从已选择的参数号开始连续地输入数据时，可以在数据和数据之间用（;）分隔进行输入。

例如：用键输入 10；20；30；40 并按【输入】键时，从光标所在的参数位置开始，按顺序设定 10，20，30，40。

3）重复第④步、第⑤步操作。

4）如果参数设定完毕，需将参数设定画面的 "PARAMETER WRITE" = 1，设定为 0，

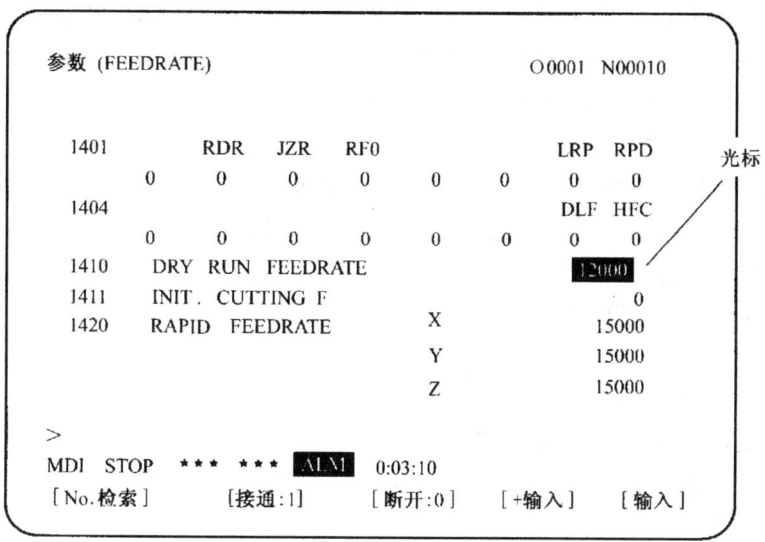

图 6-3 输入数据示例

禁止参数设定。

5）复位 CNC，解除 P/S 报警（No.100）。但在设定参数时，有时会出现 P/S 报警（No.000：需切断电源），此时请关断电源再开机。

2. PC 与数控系统通信设置

有关 RS-232 接口参数的含义如下：

① PRM0000（位型参数）：

		SEQ			INI	ISO	TVC

其中，ISO——0：用 EIA 代码输出；1：用 ISO 代码输出。

② PRM0020（选择 I/O 通道，字节型参数）：

00000000：通道 0；

00000001：通道 1；

00000010：通道 2。

③ PRM0101（位型参数）：

NFD				ASI			SB2

其中，NFD——0：输出数据时，输出同步孔；1：输出数据时，不输出同步孔。

ASI——0：输入/输出时，用 EIA 或 ISO 代码；1：输入/输出时，用 ASCⅡ代码。

SB2——0：停止位是 1 位；1：停止位是 2 位。

④ PRM0102（字节型参数）：

00000000：输入/输出设备的规格号 RS-232C（使用代码 DC1～DC4）；

00000001：FANUC 磁泡盒；

00000010：FANUC Floppy cassette adapter F1；

00000011：PROGRAM FILE Mate，FANUC FA card adapter，FANUC Floppy cassette adapter，FANUC Han 即 file，FANUC SYSTEM P-MODEL H；

00000100：RS-232C（不使用代码 DC1~DC4）；

00000101：手提式纸带阅读机；

00000110：FANUC PPR，FANUC SYSTEM P-MODEL G，FANUC SYSTEM P-MODEL H。

⑤ PRM0103：波特率（设定传送速度），字节型参数。

一般情况下，通信参数设置如下：

PRM0000 设定为 00000010；

PRM0020 设定为 0；

PRM0101 设定为 00000001；

PRM0102 设定为 0（用 RS-232 传输）；

PRM0103 设定为 10（波特率为 4800）或 11（波特率为 9600）。

3. 控制轴设定

机床参数（也称 NC 参数）是机床正常工作及其性能充分发挥的重要保证。FANUC 0i 的机床参数号从 0 到 8999，参数说明如表 6-1 所示。

表 6-1 参数按数据类型分类表

数据类型	有效数据范围	备注
位型	0 或 1	
位轴型		
字节	0~±127	在有一些参数中不考虑符号
字节轴型	0~255	
字	0~±32767	
字轴型	0~65536	
双字	0~±99999999	
双字轴型		

注：① 对于位型及位轴型参数，每个数据由 8 位组成，每个位都有不同的意义。

② 轴型参数允许对每个轴分别设定参数。

③ 数据范围指各类型数据值的一般有效范围，具体的参数值范围实际上并不相同，详细情况参照相关参数说明。

有关轴控制/设定单位的参数这里只介绍几种，具体查看 FANUC 0i 参数使用说明。

1001	#7	#6	#5	#4	#3	#2	#1	#0
								INM

（数据形式）INM：位型，直线轴的最小移动单位为

0：公制（公制机床）；1：英制（英制机床）。

注：设定该参数后，需切断一次电源。

1002	#7	#6	#5	#4	#3	#2	#1	#0
	IDG			XIK			DLZ	JAX
	IDG			XIK	AZR	SFD	DLZ	JAX

（数据形式）位型

JAX：JOG 进给、手动快速进给及手动返回参考点。同时控制轴数为
　　　0：1 轴；1：3 轴。

DLZ：无挡块参考点设定功能是否有效。0：无效；1：有效。（全轴有效）

SFD：是否使用参考点偏移功能。0：不使用；1：使用。

AZR：参考点没有建立时的 G28 指令：
　　　0：和手动返回参考点一样，使用减速挡块进行参考点返回；
　　　1：出现 P/S 报警（No.090）。

注：使用无挡块参考点设定功能［参数 DLZ（No.1002 #1）为"1"或参数 DLZx（No.1005#1）为"1"时］，与 AZR 的设定无关，参考点建立之前执行 G28 指令，出 P/S 报警（No.090）。

XIK：非直线插补型定位［参数 LRP（No.1401 #1）为 0 时］，对定位移动中的某个轴进行互锁时：0：只有互锁的轴停止移动，其他轴继续移动；1：所有的轴都停止移动。

IDG：当用无挡块设定参考点时，是否进行禁止参考点再设定参数 IDG x（No.1012 #0）的自动设定。0：不进行；1：进行。

……

P1010：字节轴型参数，CNC 控制轴数，如 P1010 = 3。

P1020：各轴编程时的轴名称，A1 = 88（轴名称为 X），A2 = 89（轴名称为 Y），A3 = 90（轴名称为 Z）。

P1022：在基本坐标系中设定各轴的名称，A1 = 1（基本 3 轴中的 X 轴），A2 = 2（基本 3 轴中的 Y 轴），A3 = 3（基本 3 轴中的 Z 轴）。

注意：该参数一定要设置，否则将不能进行 G02、G03 插补。

P1023：各轴的伺服轴号（其设定值与控制轴号相同），A1 = 1，A2 = 2，A3 = 3。

P1420：设置各轴快速运行速度。

P1423：设置各轴手动连续进给（JOG 进给）时的进给速度。

P1424：设置各轴的手动快速运行速度。

P1825：各轴的伺服环增益，可设置为 3000。

P1826：各轴的到位宽度，可设置为 20。

P1827：设定各轴切削进给的到位宽度，可设置为 20。

P1828：各轴移动中的最大允许位置偏差量，可设置为 10000。

P1829：各轴停止中的最大允许位置偏差量，可设置为 20。

P8130：总控制轴数，如 P8130 = 3（设定了此参数时，要切断一次电源）。

P8131（设定了此参数时，要切断一次电源）。

					AOV	EDC	FID	HPG

HPG：手轮进给是否使用。0：不使用；1：使用。

FID：F1 位的进给是否使用。0：不使用；1：使用。

EDC：外部加减速是否使用。0：不使用；1：使用。

AOV：自动拐角倍率是否使用。0：不使用；1：使用。

P8132（设定了此参数时，要切断一次电源）。

		SCL	SPK	LXC	BCD		TLF

TLF：是否使用刀具寿命管理。0：不使用；1：使用。
BCD：是否使用第二辅助功能。0：不使用；1：使用。
LXC：是否使用分度工作台分度。0：不使用；1：使用。
SPK：是否使用小直径深孔钻削循环。0：不使用；1：使用。
SCL：是否使用缩放。0：不使用；1：使用。

P8133（设定了此参数时，要切断一次电源）。

			SYC		SCS		SSC

SSC：是否使用恒定表面切削速度控制。0：不使用；1：使用。
SCS：是否使用Cs轮廓控制。0：不使用；1：使用。
SYC：是否使用主轴同步控制。0：不使用；1：使用。

P8134（设定了此参数时，要切断一次电源）。

							IAP

IAP：是否使用图形对话编程功能。0：不使用；1：使用。

6.1.3 FANUC 0i Mate-MB 基本参数

1）参数号：1020。该参数的作用是设置各轴的程序名，数据类型为字节型。各控制轴的名称按表6-2设定。

表6-2 各控制轴的程序名称

轴名称	设定值	轴名称	设定值	轴名称	设定值
X	88	U	85	A	65
Y	89	V	86	B	66
Z	90	W	87	C	67

在数控铣床中，参数1020标准设定值应为X：88；Y：89；Z：90。

该参数主要用于确定运动轴和程序中编程用坐标轴的对应关系。在此设定什么轴名称，显示和编程则用什么轴名称。若把第一轴设定为85，则将在位置显示屏幕上显示第一轴为"U"。

2）参数号：1022。该参数的作用是设置各轴在基本坐标系中的性质。数据类型为字节轴型。设定各轴是基本坐标系的三个基本轴 X、Y、Z，或者是基本轴的平行轴。对于三个基本轴 X、Y、Z 只能设定其中的一个轴，而对其平行轴可以设定两个或两个以上。具体设定值见表6-3。

表6-3 坐标系中各轴的设定值

设 定 值	意 义	设 定 值	意 义
0	既不是三个基本轴，也不是平衡轴	5	X 轴的平行轴
1	三个基本轴的 X 轴	6	Y 轴的平行轴
2	三个基本轴的 Y 轴	7	Z 轴的平行轴
3	三个基本轴的 Z 轴		

3）参数号：1023。该参数用于设定各轴的伺服轴号。数据类型为字节型。数据范围：1~2。设定各控制轴所对应的伺服轴，通常将控制轴号与伺服轴号设定成相同的值。例如本参数应设为 X：1；Y：2；Z：3。

4）参数号：1240。该参数用于设定各轴第一参考机械坐标系的坐标值。数据类型为双字节型。数据单位：0.001mm。数据范围：0~±99 999 999。这个参数主要用于设定数控机床参考点离机床原点的坐标值，回参考点后显示的值即在此设定，分别设定 X 轴数据、Y 轴数据与 Z 轴数据。

5）参数号：1320、1321。该组参数主要用于设置机床运动行程范围，参数 1320 设置正方向运动行程，参数 1321 设置负方向运动行程。数据类型为双字节型。数据单位：0.001mm。数据范围：-99 999 999 ~ +99 999 999。

设定每个轴在机床坐标系中存储行程极限的正方向及负方向的坐标值，在参考点设定的区域外为禁止区域。若设定参数 1320 的设定值小于参数 1321 的设定值，则认为行程为无穷大。这个参数就是平时讲的软限位。

6）有关进给速度设定。调试中如果使进给电动机运动，相关运动的速度必不可少。有关速度参数设定见表6-4。参数具体值要根据机床设计指标和用户要求而定。

表6-4 有关速度参数设定表

序号	参 数 号	数据类型	速度范围/(mm/min)	功 能	备 注
1	1410	字节型	6 ~ 15000	空运行速度	设定手动进给速度倍率为100%时的空运转速度
2	1411	字节型	6 ~ 32767	接通电源时自动方式下的进给速度	对于加工中切削速度不太大的机床，可以用参数指定切削进给速度，在零件程序中，就不需要指定切削进给速度
3	1420	双字节轴型	30 ~ 240000	各轴快速进给速度	快速进给倍率100%时，各轴的快速运行速度
4	1422	双字节型	6 ~ 32767	最大切削进给速度	设定最大切削进给速度
5	1423	字节轴型	6 ~ 15000	各轴手动连续进给（JOG进给）时的进给速度	设定各轴JOG倍率100%时的手动速度
6	1424	字节轴型	30 ~ 240000	各轴手动快速进给	设定快速进给倍率100%时，各轴手动快速移动速度
7	1425	字节轴型	6 ~ 15000	各轴返回参考点的FL（低速）速度	设定各轴回参考点减速以后的速度
8	1430	双字节轴型	6 ~ 240000	各轴最大切削进给速度	设定各轴允许的最大切削进给速度

7) 参数号：50020。参数 5002#0：LDL 主要设置刀具位置偏移量的偏移号；参数 5002#6：LWM 主要设置刀具位置偏移量何时偏移。数据类型为位型。

LDL：刀具位置偏移量的偏移号
　　0：在 T 代码后指定两位数；
　　1：在 T 代码后指定一位数。
LWM：是否进行刀具位置偏移
　　0：在 T 代码的程序段进行；
　　1：轴移动同时进行。

上面的参数 LDL 设定 0/1 主要用于指定编程时 T×××中偏移号的位数和 T 代码编程格式，以便确定 T 刀号的数值。LWM 设定 0/1 主要确定刀偏何时起作用。

6.1.4　伺服系统设定与调试

机床调试时进行伺服参数初始化设定的步骤：
1) 在急停状态下，接通电源。
2) 设定显示伺服调整画面的参数。

参数 3111

#7	#6	#5	#4	#3	#2	#1	#0
							SVS

3111#0（SVS）0：不显示伺服调整画面；
　　　　　　　1：显示伺服调整画面。

3) 切断电源，然后再接通电源。
4) 按以下步骤显示伺服参数设定画面：按【SYSTEM】键，按【>】键，【Sv.PARA】键。
5) 利用光标、翻页键和数字键输入初始设定数据，如图 6-4 所示。

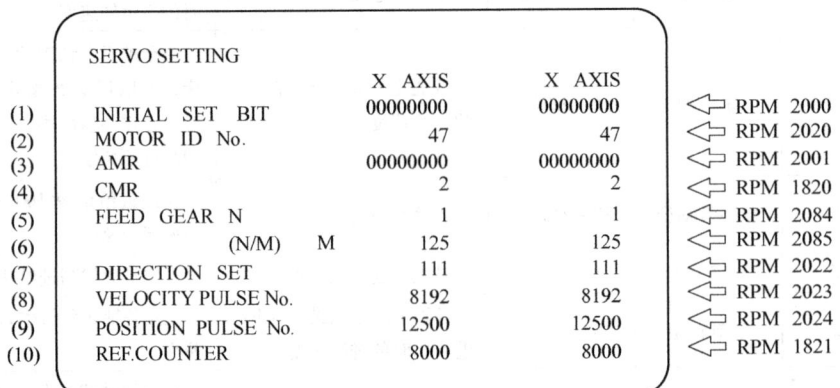

图 6-4　伺服参数设置画面

① 初始化设定位。
参数 2000：

#7	#6	#5	#4	#3	#2	#1	#0
				PRMCAL		DGPRM	PLC01

20000#0（PLC01）

0：参数 2023、2024 按其设定值使用。2023 和 2024 参数含义见后面介绍；

1：参数 2023、2024 按其设定值的 10 倍使用。

2000#1（DGPRM）

0：进行数字伺服参数初始化；

1：不进行数字伺服参数初始化。

2000#3（PRMCAL）

1：进行参数初始化时，自动变为"1"。根据编码器的脉冲数，以下参数自动设定：
PRM2043（PK1V），PRM2044（PK2V），PRM2047（POA1），PRM2053（PPMAX），PRM2054（PDDP），PRM2056（EMFCMP），RM2057（PVPA），PRM2059（EMFBAS），PRM2074（AALPH），PRM2076（WKAC）。

一般把 2000#1 设为 0，其他位不变，CNC 自动把伺服有关参数初始化。

② 电动机代号。

参数号 2020 设定各轴电动机代号，用于 CNC 调用相应伺服软件功能。

若选 βi 伺服电动机，可设定的电动机代码号见表 6-5。该项参数的设置必须与实物相对应，才能正确运行。

表 6-5　βi 伺服电动机代号表

电动机代码	33	34	35	36
电动机型号	β3/2000	β6/2000	β1/3000	β4/4000is
电动机规格号	0105	0106	0101	0063

③ 参数号：1820。设定指令倍乘比（CMR），设定该参数需关断电源。数据类型为字节型。设定各轴表示最小移动单位和检测单位的指令倍乘比，最小移动单位 = 检测单位 × 指令倍乘比，在用柔性进给齿轮比时，一般 CMR = 1，设定值 = 2 × CMR。

④ 柔性进给齿轮比 N/M

参数号：2084——柔性进给齿轮比 N；

　　　　2085——柔性进给齿轮比 M。

公式：N/M = 电动机一转所需位置反馈脉冲数/1 000 000。

柔性进给齿轮比参数设置见表 6-6。

表 6-6　柔性进给齿轮比参数设置

电动机一转机床移动量/mm	精度/μm
6	N/M = 6000/1000000 = 3/500
8	N/M = 8000/1000000 = 1/125
10	N/M = 10000/1000000 = 1/100

从表 6-6 中可以看出：当设计精度为 1/1 000mm，即 1μm 时，要使电动机转 1 转工作台移动 10mm，则要求电动机转 1 转所需反馈脉冲数为 10 000 个，调试时应设定参数 N = 1，M = 100。

⑤ 移动方向。

参数号：2020。电动机旋转方向；

111：电动机正方向（CW）；

-111：电动机反方向（CCW）。

电动机旋转方向与实际移动方向不吻合时，可变更此参数。

⑥ 速度脉冲数、位置脉冲数设定。

参数号：2023。速度反馈脉冲数，一般固定设定 8 192；

参数号：2024。位置反馈脉冲数，一般固定设定 12 500。

这两个参数在一般使用中不要变更，使用默认值。

⑦ 参考计数器。

参数号：1821。设定参考计数器容量（0~99 999 999），一般设定 1 转所需位置脉冲数。

⑧ 上述有些参数变更后会提示切断电源再开机，则必须按此要求操作，否则不能完成参数的设置。

6.1.5 主轴参数设置与调整

在 FANUC 0i Mate-MB 数控系统中，一般使用模拟主轴，要设定的参数有如下内容：

① 参数号：3706。

#7	#6	#5	#4	#3	#2	#1	#0
TCW	CWM	ORM				PG1	PG2

数据类型为位型。PG2、PG1：主轴和位置编码器的齿轮比设置见表 6-7。

表 6-7 主轴和位置编码器的齿轮比设置

倍 率	PG1	PG2	倍 率	PG1	PG2
×1	0	0	×3	1	0
×2	0	1	×4	1	1

该参数要根据机床的主轴和位置编码器的实际齿轮比来设定。

TCW、CWM：主轴速度输出时，电压极性设置见表 6-8。

表 6-8 主轴速度输出时电压极性设置

TCW	CWM	电压极性
0	0	M03，M04 都为正
0	1	M03，M04 都为负
1	0	M03 为正，M04 为负
1	1	M03 为负，M04 为正

从该参数可以看出：数控装置主轴速度输出是单极性还是双极性，可以由参数 3706 的相关位决定，具体设置需根据接收装置来确定。若变频器接收主轴速度为 0~10V 电压单极性，正反控制由开关量控制，则应设置 TCW=0，CWM=0；若变频器接收主轴速度为 0~±10V 电压双极性，则应设置 TCW=1，CWM=0。

② 换档速度参数设置。参数 3741、3742、3743、3744 分别对应 4 档主轴最高速度，数据类型为字型，数据单位为 RPM，数据范围为 0~32 767，转速和主轴速度模拟对应关系如图 6-5 所示。主轴电动机最高速度和最低速度设置可参考有关技术资料。

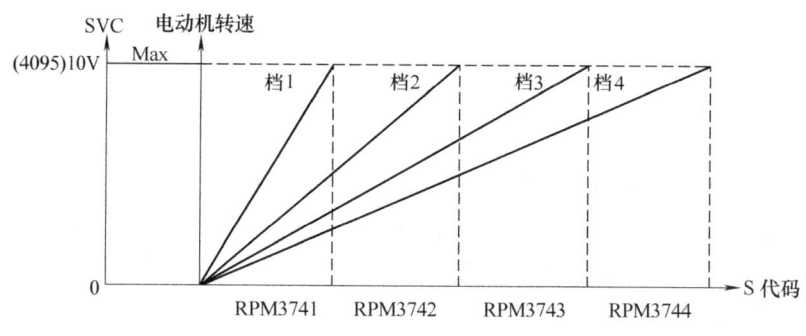

图 6-5 转速与模拟电压的关系

③ 主轴最高转速。

参数号：3772。主轴上限转速。数据类型为字型，数据单位 RPM，数据范围 0~32 767。当主轴的转速超过了主轴的上限转速时，或者主轴速度倍率修调后超过了主轴的上限转速时，则限制主轴实际转速，使其不超过由参数设定的上限值。该项参数根据机床设计指标进行设置。

6.1.6 刀具参数设置

参数号：3032。T 代码允许的位数。数据类型为字节型，数据范围为 1~8。该参数主要是规定编程时 T××××，××××的位数由该参数设定。其中，刀具位置偏置的偏置号是一位还是两位，由参数 5002#0 设置，剩下的位数才是真正的刀号位数。

6.1.7 PMC 梯形图的调试

这一步的工作量相当大，需要与机械工作人员密切配合，共同进行，一起分析调试过程中出现的问题。更为重要的是，调试人员对各功能的接口信号和参数必须十分熟悉，并有深刻的理解。

主要调试步骤如下：

① 送 PMC 程序通过 RS-232 通信接口和 FAPT LADDER 软件将事先编制的 PMC 梯形图送入 CNC。

② 确认数控系统与机床侧的接口。现代数控系统一般都具有自诊断功能，荧光屏 CRT 上可以显示出数控系统与机床接口以及数控系统内部的状态。在带有可编程序控制器（PLC）时，可以反映出从 NC 到 PLC、从 PLC 到 MT（机床）、从 MT 到 PLC 以及从 PLC 到 NC 的各种信号状态。至于各个信号的含义及相互逻辑关系，随每个 PLC 的梯形图（即顺序

程序）而异。用户可以根据机床厂家提供的梯形图说明书（内含诊断地址表），通过自诊断画面确认数控系统与机床之间的接口信号状态是否正确。机床之间的接口信号状态如图 6-6 所示。

地址与信号的表示方法如下所示：

一个地址对应 8 个信号（#0~#7 表示位的位置），如下所示。

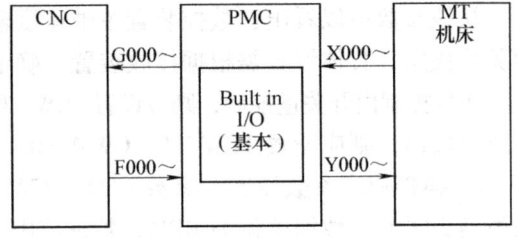

图 6-6 CNC、PMC 和机床之间接口信号的关系

	#7	#6	#5	#4	#3	#2	#1	#0
G43			ZRN					INM

③ 调试机床控制面板程序。使各种操作方式选择生效，如 JOG（点动）方式、HOME（回参考点）方式、AUTO（自动）方式、EDIT（编辑）方式等；使零件程序的控制方式生效，如 SINGLE BLOCK（单程序段）、DRY RUN（空运行）、BLOCK SKIP（程序段跳转）、OPT STOP（选择停）等；使倍率开关生效。

④ 调试机床润滑。在使各进给轴移动前，必须使机床导轨的润滑正常，因此首先通过 PMC 程序调试定时润滑。采用定时器 TMR05，TIMER DATA T08 = 9984（单位：ms，约为 10s）。

⑤ 各进给轴的移动。在 JOG 方式下，按各轴移动键，各坐标轴应按机床参数指定的速度向正反方向移动，并受倍率开关的控制。

⑥ 各轴参考点的设置。在机床上进行零件的自动加工，必须建立起机床坐标系（MCS），所以参考点就是为了建立机床本身的坐标系而设置的基准位置。在进行回参考点操作后，机床可自动、准确地停在该点上，通常在这个位置上换刀以及进行工件坐标系（WCS）的设定。

在 FANUC 系统中，回参考点的步骤是这样的：

按下操作面板上的 HOME 键，并按手动进给按钮，使机床的移动部件沿参考点方向以快速进给速度移动，压上减速限位开关，回参考点减速信号触点断开后，进给速度立即减速，之后机床以一定的低速 FL 继续移动。随后在回参考点减速信号触点再次关闭以后，减速限位开关释放，且机床到达电气栅格位置上时，进给停止，送出回参考点完成信号 ZP1、ZP2、ZP3（各轴回参考点的方向可由参数独立设定）。一旦返回参考点结束，在没有切换至 JOG 方式时，手动进给按钮无效。为了防止机床冲出极限位置，通常在回参考点前，将各轴移动至中间行程位置。

相关的主要参数有以下几个：

P1425 = 500：回参考点低速 FL，单位为 mm/min；

P1420 = 15000：快速移动速度，单位为 mm/min；

P1850：参考点电气偏移量，单位为检测单位；

P1006.5 = 0：各轴回参考点的方向，为正向；

P1836 = 0：表示伺服位置误差为 128，单位为检测单位。

对于 Z 轴参考点的设置，应与刀库的位置配合调整。

⑦ 轴行程的设置。数控系统进行超程检测，是 CNC 的基本功能，称为软件限位。通过对 P1320、P1321 参数设定。

⑧ 主轴的调试。主轴控制单元（或称主轴放大器）接受来自 CNC 的译码指令，同时接受速度反馈实施速度闭环控制。它还通过 PLC 将主轴的各种实际工作状态报告 CNC，用以完成对主轴各项功能（包括主轴准停等）的控制。主轴电动机控制接口为主轴串行输出（与模拟输出相对，串行输出中输出到主轴的命令值为数字数据），同时使用外接位置编码器与 CNC 相连，用于检测主轴的位置。

⑨ 自动换刀的调试。自动换刀装置（ATC）是加工中心的重要设备，其可靠的运行是决定该加工中心加工质量和生产效率高低的关键。自动换刀动作前已述及。刀库存有 24 个刀位，换刀指令为 M06T××。CNC 执行至该程序段时，调用 O9001 子程序。换刀动作的实现，由 PMC 控制。设计 PMC 程序时，应充分考虑安全互锁。取刀时，采用捷径方式，即应使刀库可以正反转以最短的路径取刀。首先对其中的每个动作进行单个手动控制，由 FANUC 操作面板上的自定义按键操作，然后用 M 功能指令分别控制。捷径取刀可采用 FAPT LADDER 提供的 ROT 指令实现。

⑩ 其他辅助动作的调试。像润滑一样，机床的其他辅助动作，诸如冷却、排屑、照明等也可由 PMC 控制。

6.1.8 伺服参数的优化

调出伺服的调整画面，在该画面上检查位置误差、实际电流和实际速度。如位置环增益的调整，位置环增益是机床运动坐标自身性能优劣的直接表现，而并非可以任意放大。数控系统的位置伺服系统一般可分为位置环和速度环，即系统中包含有位置反馈与速度反馈两个反馈回路，如图 6-7 所示。

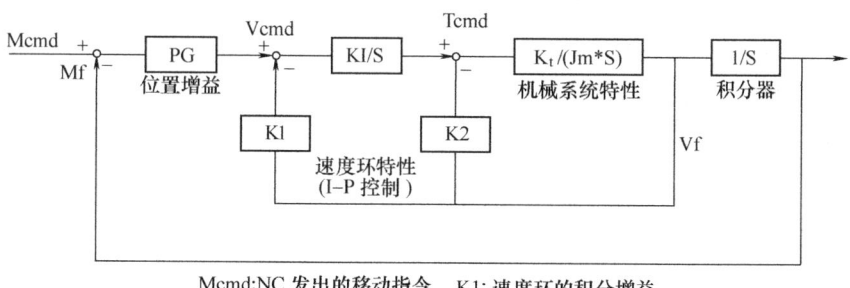

Mcmd:NC 发出的移动指令
Vcmd:速度指令
Tcmd:转矩指令
K1:速度环的积分增益
K2:速度环的比例增益

图 6-7 伺服系统控制框图

按下【SYSTEM】→【>】→【SV-TUV】，若无伺服设定画面显示，设定 3111 号参数 bit0 =1。设定好后，将 CNC 单元关机，然后再开机，伺服调整画面如图 6-8 所示。

伺服调整画面各项目对应的参数说明如下：

Func bit：功能位，在 P1808 中设定；

Loop gain：回路增益，在 P1825 中设定，当回路增益增加时，位置控制的响应将会得到改善，但回路增益过大，就会导致伺服系统抖动；

```
Servo set                                      01000N0000
X axis
Func bit           00000000      Alarm1    00000000
Loop gain          3000          Alarm2    3000
Tuning st          0             Alarm3    10000000
Set period         0             Alarm4    00000000
Int gain           113           Alarm5    00000000
Prop gain          -1015         Loop gain 3000
Filter             0             Pos error 5555
Veloc gain         100           Current(%) 5
                                 Speed(rpm) 1000
```

图 6-8 伺服调整画面

Tuning st：调整开始位，用于自动调整功能；

Set period：设定周期，用于自动调整功能；

Int gain：积分增益，在 P2043 中设定；

Prop gain：比例增益，在 P2044 中设定；

Filter：滤波增益，在 P2067 中设定；

Veloc gain：速度增益，在 P2021 中设定，负载的惯量比按百分数显示，无负载的电动机显示值为 100%；

Alarm1：诊断号，对应诊断号 200；

Alarm2：诊断号，对应诊断号 201；

Alarm3：诊断号，对应诊断号 202，可查看有关串行脉冲编码器的报警；

Alarm4：诊断号，对应诊断号 203；

Alarm5：诊断号，对应诊断号 204。

诊断号 200：

OVL	LV	OVC	HCA	HVA	DCA	FBA	OFA

OVL：发生过载报警（详细内容显示在诊断号 201 上）。

LV：伺服放大器电压不足的报警。

OVC：在数字伺服内部，检查出过流报警。

HCA：检测出伺服放大器电流异常报警。

HVA：检测出伺服放大器过电压报警。

DCA：伺服放大器再生放电电路报警。

FBA：发生断线时报警。

OFA：数字伺服内部发生溢出报警。

诊断号 201：

ALD			EXP				

当诊断号 200 的 OVL 为 1 时
ALD：1：电机过热；0：伺服放大器过热。
当诊断号 200 的 FBA 为 1 时：

ALD	EXP	报 警 内 容
1	0	内装编码器断线
1	1	分离式编码器断线
0	0	脉冲编码器断线

诊断号 203：

					PRM				

PRM：数字伺服侧检测到报警，参数设定值不正确。

诊断号 204：

	OFS	MCC	LDA	PMS				

OFS：数字伺服电流值的 A/D 转换异常。
MCC：伺服电磁接触器的接点熔断。
LDA：LED 表明串行编码器异常。
PMS：由于反馈电缆异常导致的反馈脉冲错误。
Loop gain：回路增益，伺服闭环增益的实际值显示；
Pos error：位置误差诊断，在 P3000 中查看，显示位置误差的实际值。位置误差 = 进给率（mm/min）（最小增量单位）×60×回路增益×0.01（mm）；
Current（%）：电流值的百分比显示实际的电流值；
Speed（rpm）：当前速度（rpm）显示实际速度。
以上各项根据 FANUC 伺服电动机参数手册进行调整。

6.1.9 螺距误差补偿与反向间隙补偿

作为半闭环控制，位置检测器不在坐标轴最终运动部件上，也就是说还有部分传动环节在位置闭环控制之外，需要对丝杆螺距的误差进行补偿。反向间隙用于补偿机床的失动量，用激光干涉仪测量。

① 设定下列参数
P3620：位于参考点（每个轴）的螺距误差补偿的位置号，A1=60，A2=210，A3=310；
P3621：（每个轴）螺距误差补偿的最小位置号，A1=0，A2=100，A3=200；
P3622：（每个轴）螺距误差补偿的最大位置号，A1=61，A2=211，A3=311；
P3623：（每个轴）螺距误差补偿放大率，A1=1，A2=1，A3=1；
P3621：（每个轴）螺距误差补偿的位置间隔，单位：μm，A1=20000，A2=20000，A3=20000。

② 按功能键 SYSTEM 找到螺距误差设定页面，从 0～1023 共有 1024 个补偿位置可

使用。

③ 根据激光干涉仪系统测出的数据，在相应的参数号后输入补偿数据。

④ 坐标轴的失动量是该坐标轴进给传动链上驱动部件（如伺服电动机）的反向死区，各机械运动传动副的反向间隙和弹性变形等误差的综合反映。此误差越大，则定位精度和重复定位精度也越差。

P1851：（每个轴）反向间隙补偿值，A1 = 48，A2 = 44，A3 = 17。

6.2 通电试车

按机床说明书要求，给机床加润滑油；加满润滑油油箱，润滑点灌注规定的油液和油脂；清洗液压油箱及过滤器，灌入规定标号的液压油。液压油事先要经过过滤，接通外界输入的气源。

机床通电操作可以是一次各部件全面供电，或各部件分别供电，都正确无误后再对整机供电。分别供电比较安全，但时间较长。在整机通电前，断开至 CNC 单元、伺服单元的电源插头。这是一项安全措施，以防止不正确的电源进入并造成数控系统的损坏。

6.2.1 各控制回路的调试

① 用电器的工作。对照图纸，分别使各用电器正常工作，如照明回路。

② CNC 的起动/停止。以上各种电源电压正确之后，可以起动 CNC。起动与停止电路如图 6-9 所示。

CNC 起动后，CRT（或 LCD）上出现显示。

③ 紧停回路。按下 FANUC 机床操作面板上的紧停按钮，机床立刻停止运动，保证机床的安全。

一般情况下，超程检测由 CNC 通过参数处理（称为软件限位），外部的限位开关是不必要的。然而，为了避免由于

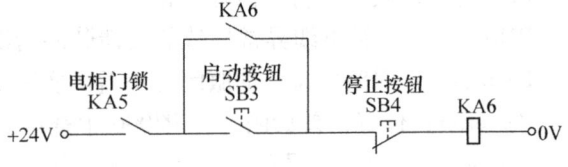

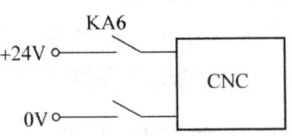

图 6-9 CNC 起动/停止控制回路

伺服反馈系统发生故障而使机床移动超出软件限位值，为使机床能停下来，必须总是安装行程限位开关（称为硬件限位）。当开关被挡铁压上后，CNC 复位并进入紧停状态，伺服电动机和主轴电动机减速直至停止，机床立刻停止移动。机床紧停回路如图 6-10 所示。

通电后，首先观察有无报警故障，然后用手动方式陆续起动各部件。检查安全装置是否起作用，能否正常工作，能否达到额定的工作指标。例如起动液压系统时，先判断液压泵电动机转动方向是否正确、液压泵工作后液压管路中是否形成油压、各液压元件是否正常工作、有无异常噪声、各接头有无渗漏、液压系统的冷却装置能否正常工作等。总之，根据机床说明书资料粗略检查机床主要部件是否齐全，功能是否正常，机床各环节是否都能操作。

6.2.2 资料整理和数据备份

这一步骤看似与调试无关，却非常重要。当机床出现故障或数据丢失时，可以节省很多工作量，少走不必要的弯路，尽快恢复生产。

1. 利用存储卡存 CNC 的数据

利用 FANUC 0i 的 PCMCIA（Personal Computer Memory Card International Association）存储卡功能保存 CNC 的数据，如参数、加工程序、刀偏量等。需要恢复时，将数据重新送入，同时按下 CNC ON 键和 LCD 屏幕右下角最右两个软键，直到出现系统引导（boot system）页面，如图 6-11 所示，按照页面上的英文提示操作即可。

在数控系统的 Rash memory 中存有两组文件：系统文件（system file）和用户文件（user file）。由 FANUC 提供的 CNC 系统软件、伺服控制软件属于系统文件；PMC 顺序程序、P-CODE 宏程序和其他用户文件属于用户文件。在系统的 SRAM 区中存放机床参数、零件程序、刀具偏置量，由电池保持。经常做的是以上页面中显示的第五项：SRAM DATA BACKUP（SRAM 数据备份）。

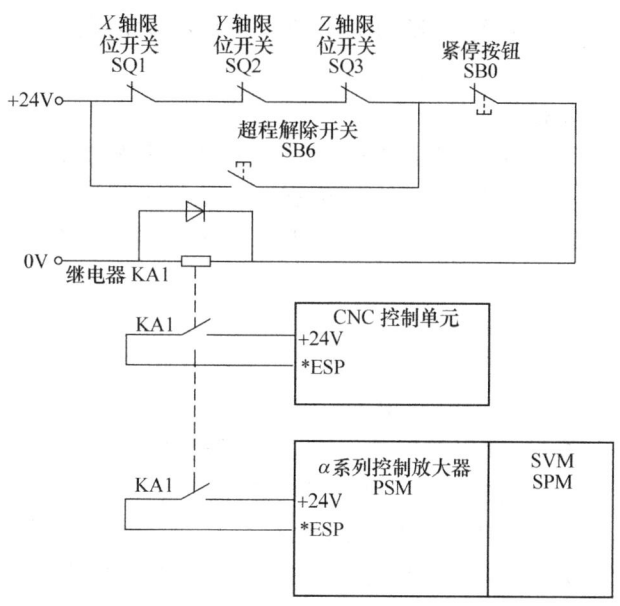

图 6-10 紧急停止控制回路

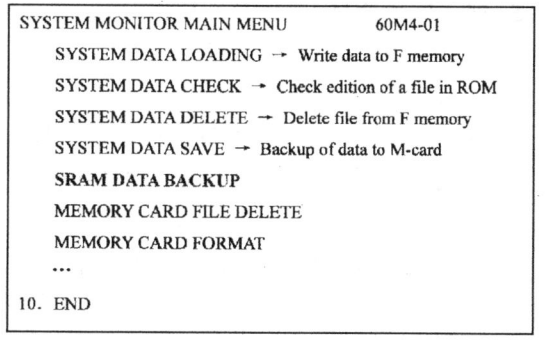

图 6-11 系统引导页面

2. 利用 PC 保存 CNC 的数据

利用 PC 保存 CNC 参数的步骤如下：

① 选择 EDIT（编辑）方式。

② 按【SYSTEM】键，再按【PARAM】软键，选择参数画面。

③ 按【OPRT】软键，再按连续菜单扩展键。

④ 启动计算机侧传输软件处于等待输入状态。

⑤ 系统侧按【PUNCH】软键，再按【EXEC】软键，开始输出参数。同时画面下部的状态显示上的"OUTPUT"闪烁，直到参数输出停止，按【RESET】键可停止参数的输出。

3. 利用 PC 恢复 CNC 的数据

利用 PC 恢复 CNC 参数的步骤如下：

① 进入急停状态。

② 按数次【SETTING】键，可显示设定画面。
③ 确认（参数写入=1）。
④ 按菜单扩展键。
⑤ 按【READ】软键，再按【EXEC】软键后，系统处于等待输入状态。
⑥ 计算机侧找到相应数据，启动传输软件，执行输出，系统就开始输入参数。同时画面下部的状态显示上的"INPUT"闪烁，直到参数输入停止，按【RESET】键可停止参数的输入。
⑦ 输入完参数后，关断一次电源，再打开。

4. 输出零件程序

① 选择 EDIT（编辑）方式。
② 按【PROG】键，再按【程序】键，显示程序内容。
③ 先按操作键，再按扩展键。
④ 用 MDI 输入要输出的程序号。要全部程序输出时，按键 0~9999。
⑤ 启动计算机侧传输软件处于等待输入状态。
⑥ 按【PUNCH】键，再按【EXEC】键后，开始输出程序。同时画面下部的状态显示上的"OUTPUT"闪烁，直到程序输出停止，按【RESET】键可停止程序的输出。

5. 输入零件程序

① 选择 EDIT（编辑）方式。
② 将程序保护开关置于 ON 位置。
③ 按【PROG】键，再按程序软键，选择程序内容显示画面。
④ 按【OPRT】软键，连续菜单扩展键。
⑤ 按【READ】软键，再按【EXEC】软键后，系统处于等待输入状态。
⑥ 计算机侧找到相应程序，启动传输软件，执行输出，系统就开始输入程序。同时画面下部的状态显示上的"INPUT"闪烁，直到程序输入停止，按【RESET】键可停止程序的输入。

6.2.3 使用外接 PC 进行数据的备份与恢复

使用外接 PC 进行数据备份与恢复，是一种非常普遍的做法。这种方法比前一种方法使用更多，在操作上也更为方便。

无论是数据的输入操作还是输出操作，都应遵循以下原则：永远是准备接收数据的一方先准备好，处于接收状态；发送与接收端的通信参数设定一致。

串行通信的参数主要包括：串口号、数据位长度、停止位、奇偶校验位和传输的波特率。

1. 机床侧参数设定

① 在 MDI（手动数据输入）方式下，依次按【SETTING OFFSET】键→【SETTING】，将参数开关 PWE 设置为 1。
② 在 MDI 面板上依次按【SYSTEM】键→按数次【>】键，直至屏幕下端出现【ALL I/O】菜单项。
③ 按【ALL I/O】键，进入 ALL I/O 参数设置页面（图 6-12），设置通信参数。

PUNCH CODE（数据输出时的代码）：为 ISO 代码；

UO CHANNEL（UO 通道选择）：选用 0 通道进行数据输入/输出；DEVICE NUM（设备代号）：设定为 0，选用 RS-232C 进行通信；BAUDRATE（波特率）：波特率为 4800，应与计算机端的波特率一致；STOP BIT（停止位）：停止位设为 2 位。

2. 计算机侧参数设定

计算机侧需设置 COM1 口进行通信，并将相关的通信参数重新设定、确认。各参数设定如下：

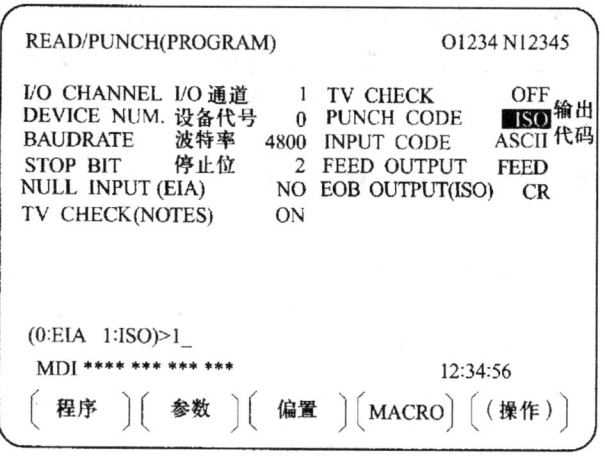

图 6-12 ALL I/O 通信参数设置页面

波特率：4800（机床侧最快可达 19200）；

数据位：8 位；

停止位：2 位；

奇偶校验：NONE；

流控制：Xon/Xoff。

3. 通信的操作方法

机床在通电前，将计算机 COM1 口与机床电柜侧的 RS-232C 接口用传输线连接好。注意：以上操作严禁带电操作，以免将接口烧坏。

（1）机床发送程序（数据备份）

① 计算机应先处于接收状态。在 PC 机上打开传输软件，选定存储路径和文件名，进入接收数据状态。

② 机床在 EDIT 方式下，操作进入 ALL I/O 画面，选择所要备份的文件（有程序、参数、间距、伺服参数、主轴参数等可供选择）。按下【操作】菜单，进入到操作画面，再按下【PUNCH】→【EXEC】键，屏幕右下角有"输出"字符在闪烁，说明机床正在进行输出操作。

③ 传输结束后闪烁的字符消失，计算机所捕获到的文件出现在计算机的编辑画面里。其他数据的输入操作与此类同，详细操作步骤可参见《操作说明书》里的相关章节。

（2）机床接收程序（数据恢复）

① NC 应先处在接收状态。机床释放急停校准机床，消除所有报警并打开程序保护开关。在机床操作面板上选择"EDIT"方式，通过 MDI 键盘，进入 ALL I/O 画面，选择所要备份的文件（有程序、参数、间距、伺服参数、主轴参数等可供选择）。按下【操作】软键，进入操作画面，再按下【READ】键→【EXEC】软键，等待 PC 将相应数据传入。此时屏幕右下角有"标头 SKP"在闪烁，说明机床处于接收状态。注意：如果恢复的数据为系统参数文件，则在恢复前需要打开参数写保护开关，即将 PWE 参数设置为"1"。

② 计算机由附件目录进入超级终端画面的传送栏，选择"发送文本文件"命令，选择需要传输的文件并点击，按"打开"键，执行文件的发送。

③ 机床屏幕右下角闪烁的"标头 SKP"变成"输入",传输结束后机床侧闪烁的字符也同时结束。操作完毕,务必将参数写保护开关 PWE 参数设置为 1101。

其他数据的输入操作与此类同,详细操作步骤可参见《操作说明书》里的相关章节。

6.3 SINUMERIK 802C 系统的调试

SINUMERIK 802C base line 数控系统开机调试基本步骤如下:
第一步:检查 CNC 引导情况;
第二步:PLC 调试;
第三步:设置技术数据;
第四步:设置通用机床数据;
第五步:设置坐标轴/机床专用的机床数据:坐标轴/主轴编码器匹配,坐标轴/主轴给定值设定;
第六步:测试坐标轴/主轴的空运行情况;
第七步:驱动优化调整;
第八步:调试完成,数据保护。

6.3.1 通电和系统引导

在通电前先目测检查机械结构安装是否正确,电路连接是否可靠,电源供应是否连续,屏蔽和接地线是否连接。确认上述各项正确后,打开电源开关,给系统通电。

CNC 调试开关 S3(硬件)用于支持系统的开机调试,可用螺丝刀调节开关位置,各位置的含义如表 6-9 所示。调试开关位置设置后再次通电时才生效,并在系统引导时显示。

表 6-9 调试开关位置含义

位 置	含 义
0	正常引导
1	用标准机床数据引导(软件版本、设定用户数据)
2	系统软件升级
3	用备份数据引导
4	PLC 停止
5	保留
6	给定
7	给定

除了使用 S3 完成 CNC 调试外,也可以在【诊断】→【开机】→【调试】→【调试开关】菜单下完成正常引导(相当于调试开关=0)、用标准机床数据引导(相当于调试开关=1)、用备份数据引导(相当于调试开关=3)等调试,而且软件调试开关的优先级高于硬件调试开关。

系统第一次开机时自动产生一个初始状态,所有的存储初始化,存储器中所存储的标准值作为初始值。

正常引导（调试开关＝0）时，如果用户数据已经存在而且引导没有出错，则系统在 JOG 运行方式下回参考点，黄灯闪烁。如果用户存储器中的数据有错，备份的用户数据从永久存储器装载到用户存储器中；当永久存储器中没有有效的用户数据存在时，即装载标准数据，出现有非正常引导状况将显示在屏幕上。

用标准机床数据引导（调试开关＝1）时，把存储在永久存储器中的标准机床数据装载到用户存储器中。

用备份的用户数据引导（调试开关＝3）时，把永久存储器中备份的用户数据装载到用户存储器中。

6.3.2 PLC 调试

PLC 是一个用于数控机床的可存储可编程的逻辑控制器，在 SINUMERIK 802SC base line 控制系统中没有独立硬件，其任务是控制机床相关功能的顺序。

PLC 循环执行用户程序，并按刷新处理映象（输入、输出、用户接口、定时器相同的指令顺序）→处理通信（操作面板、PLC 802 编程工具）→执行用户程序→处理报警→输出处理映象（输出、用户接口）相同顺序运行。

（1）PLC 的初始运行

在 SINUMERIK 802SC base line 工具盒的"PLC 802SC base line 库"中存储有用于控制器组装后的第一次控制功能测试的模拟程序，是 802SC base line 完整系统硬件的一部分。在没有数字输入和输出模块的情况下，模拟程序能使控制系统工作，处理所有定义的键和轴键盘的预定键。进给轴和主轴切换到模拟状态后，不执行实际轴运动，而将每个进给轴/主轴的使能信号置于禁止状态，使用户可利用该程序测试系统各部件的内部关系。

PLC 初始运行时置 MD20700 为零，按下【诊断】→【调试开关】→【PLC】键选择模拟，通过【诊断】→【维修信息】→【版本/PLC 应用】进行检查。

另外，控制系统带有一个通用的用户程序，可以通过设定 PLC 机床数据，选择加工类型（车床或铣床）。

（2）PLC 的起动方式

PLC 有两种起动方式，如表 6-10 所示。

表 6-10 PLC 起动菜单

调 试 开 关	操作面板调试菜单	PLC 程序选择	程序状态	记忆数据（备份）	PLC 用户接口相关的 MDI
正常通电位置 0	CNC 起动*正常通电	用户程序	运行	未变化	原有 PLC MDI 有效
用默认值通电位置 1	用默认值通电	用户程序	运行	消除	标准的 PLC MDI
用备份数据通电位置 3	用备份数据通电	用户程序	运行	保存数据	保存 PLC MDI
通电后 PLC 停位置 4		未变化	停止	未变化	原有 PLC MDI 有效

（续）

调试开关	操作面板调试菜单	PLC 程序选择	程序状态	记忆数据（备份）	PLC 用户接口相关的 MDI
	PLC 起动**再起动	来自 FLASH 存储器的用户程序	运行	未变化	原有 PLC MDI 有效
	再起动和排除故障方式	来自 FLASH 存储器的用户程序	停止	未变化	原有 PLC MDI 有效
	带模拟的再起动	模拟程序	运行	未变化	原有 PLC MDI 有效
	总复位	来自 FLASH 存储器的用户程序	运行	消除	原有 PLC MDI 有效
	总复位和排除故障方式	来自 FLASH 存储器的用户程序	停止	消除	原有 PLC MDI 有效

*表示按【诊断】→【调试】→【调试开关】→【CNC】键操作，**表示按【诊断】→【调试】→【调试开关】→【PLC】键操作。

无论控制系统处于工作还是通电状态，调试开关都可使 PLC 停止。无论是由软件还是由硬件调试开关设定的通电方式，都仅在下一次通电后才生效。硬件调试开关置于"PLC 停"（位置 4）会立即生效，而通过操作面板按键设定的通电方式的优先级高于硬件调试开关。

6.3.3 初始化调试

SINUMERIK 802SC 系统通电并自动装载标准机床数据的过程称为系统初始化。

（1）输入通用机床数据

通用机床数据的种类很多，在此仅讲解几个最重要的机床数据输入，机床数据和接口信号的详细说明可参阅调试说明书中的功能描述。

在输入机床数据之前，必须先输入一个保护级别 2 或 3 的密码，再进行输入操作。通用机床数据、轴数据、其他机床数据和显示机床数据可以通过按键选择并加以修改。机床数据在输入后立即被写到数据存储器中，而何时生效取决于机床数据的"生效性能"级别，所以必须要进行数据保护。表 6-11 所示为常见的机床数据。

表 6-11 常见的机床数据

序　号	说　明	默　认　值
10074	PLC 运行占用时间系统	2
11100	辅助功能组中辅助功能个数	1
11200	下次通电时装载标准机床数据	0H
11210	仅备份修改的机床数据	0FH
11310	手轮方向变换门槛值	2
11320	手轮每个刻度脉冲数（手轮号）：0~1	1

(续)

序 号	说 明	默 认 值
20210	TRC（刀尖半径补偿）补偿语句最大角	100
20700	不回参考点禁止 NC 起动	1
21000	圆弧终点监控常数	0.01
22000	辅助功能组（通道中辅助功能号）：0~49	1
22010	辅助功能类型（通道中辅助功能号）：0~49	
22030	辅助功能值（通道中辅助功能号）：0~49	0
22550	用于 H 功能的新刀具补偿	0
41110	JOG 方式进给率	0
41200	主轴速度	0
42000	起始角度	0
42100	空运转进给率	5000

（2）坐标轴调试

SINUMERIK 802 带有 3 个步进电动机进给轴（X，Y 和 Z），而伺服电动机驱动信号在插座 X7 的输出分配为：

X 轴（SW1，BS1，RF1.1，RF1.2）；

Y 轴（SW2，BS2，RF2.1，RF2.2）；

Z 轴（SW3，BS3，RF3.1，RF3.2）；

主轴（SW4，RF4.1，RF4.2）。

通过改变坐标轴机床参数 MD30130_CTRLOUT_TYPE 和 30240_ENC_TYPE 的值，可以使给定值输出和编码器输入在模拟和步进驱动之间进行转换。MD30130 CTRLOUT_TYPE 和 30240_ENC_TYPE 的值设置为 0 时，坐标轴模拟运行，实际值将回馈，在接口 X7 无给定值输出。若两机床参数值设置为 2，坐标轴正常工作，用于伺服电动机运转的给定值信号将从 X7 接口输出，可由伺服电动机带动实际轴运动。

（3）用于步进电动机坐标轴的机床数据默认值

表 6-12 中列出了各个机床数据的默认值（用于模拟运行）以及连接了步进电动机以后建议设定的给定值。这些机床数据设定以后，只需要对机床数据再进行很少的调整工作，步进电动机就处于可运行状态。

表 6-12 用于步进电动机坐标轴的机床数据默认值

序 号	说 明	默 认 值	设置或备注
30130	给定值输出类型（输出去向）：0	0	1
30240	实际值类型（实际位置值）（编码器号）0：模拟，2：外部编码器	0	2
31020	每转编码器线数（编码器号）	2048	每转编码器步数
31030	丝杠螺距	10	丝杠螺距
31050	齿轮箱传动比分母（控制参数号）：0~5	1	负载与齿轮箱解算比

(续)

序　号	说　明	默　认　值	设置或备注
31060	齿轮箱传动比分子（控制参数号）：0~5	1	负载与齿轮箱解算比（MD31060：MD31050）
32000	最大轴速率	10000	30000（最大轴速率）
32100	进给方向（非控制方向）	0	反方向移动
32110	实际值方向（控制方向）（编码器号）	0	反向测量系统
32200	伺服增益系数（控制参数组号）：0~5	1.0	1.0（控制器增益）
32250	额定输出电压	80%	MD32260中定义的速度达到8V给定值
32260	电动机额定转速（输出去向）：0	3000	电动机速度
34070	参考点定位速率	300	定位速率
34200	位置测量系统类型1：零脉冲（编码器给出）	1	零脉冲
36200	速度监控门槛值（控制参数组号）：0~5	11500	速度监控极限值
		0.013889	主轴速度监控极限值

为了解决监控问题，还需要设置以下机床数据，如表6-13所示。

表6-13　监控问题设置

序　号	说　明	默　认　值	设定值/备注
36000	粗准确定位	0.04	粗准确停止
36010	精准确定位	0.01	精准确停止
36020	精准确定位延时	1.0	定位迟延时间
36060	坐标轴/主轴最大停止速度	5.0	坐标轴停止速度门槛值
		0.013889	主轴停止速度门槛值

6.3.4　主轴调试

在SINUMERIK 802中，主轴功能是整个坐标轴功能的一个部分，主轴机床数据可以在坐标轴的机床数据中（自MD35000起）查找，在主轴调试时同样输入机床数据。

在SINUMERIK 802S base line中第四轴（SP）永远定义为主轴，在标准机床数据中包含对第四轴（SP）主轴进行调试。主轴给定值（110V电压模拟量）通过插座X7送出，主轴测量系统连到插座X6。

(1) 模拟/主轴运行

通过设定机床数据MD30130_CTRLOUT_TYPE值，可以把给定值输出在模拟和主轴运行之间进行转换。当MD30130和MD30240值设定为0时，用于对主轴进行测试，在内部主轴给定值作为实际值返回，不输出到插座X7。当MD30130设定为1或者MD30240设定为2时，主轴正常运行，给定值输出到插座X7，可以使主轴真正运行。

(2) 主轴运行方式

主轴具有控制运行（M3，M4，M5）、摆动运行（附齿轮换档）和定位运行（SPOS）

等3种方式，相应的主轴机床数据如表6-14所示。

表6-14 主轴机床数据

序 号	说 明	默 认 值
30130	设定值输出类型（输出方向）：0	0
30134	单极主轴设定	0
30200	编码器数量	1
30240	实际值类型（实际位置值）（编码器号）0：模拟，2：方波发生器，标准编码器（脉冲累加）	0
30350	模拟轴信号输出	0
31020	每转编码器线数（编码器号）	2048
31030	丝杠螺距	10mm
31040	编码器直接安装在机床主轴上（编码器号）	0
31050	齿轮箱分母（控制参数号）：0~5	1
31060	齿轮箱分子（控制参数号）：0~5	1
31070	减速箱解算器分母（编码器号）	1
31080	减速箱解算器分子（编码器号）	1
32100	进给方向（非控制方向）	1
32110	实际值符号（控制方向）（编码器号）	1
32200	伺服增益系数（控制参数组号）：0~5	1
32250	额定输出电压	80V
32260	电动机额定转速（输出去向）：0	3000r/min
32700	螺距补偿使能（编码器号）：0，1	0
33050	PLC滑移动距离	100000000
35010	主轴有几个齿轮级可以进行换档	0
35040	复位后主轴有效	0
35100	最大主轴速度	10000
35110	齿轮换档最大速度（齿轮级号）：0~5	500m/min
35120	齿轮换档最小速度（齿轮级号）：0~5	50m/min
35130	齿轮级最大速度（齿轮级号）：0~5	500m/min
35140	齿轮级最小速度（齿轮级号）：0~5	5m/min
35150	主轴速度误差	0.1m/min
35160	PLC限制主轴速度	1000m/min
35220	速度转折点	1.0
35230	速度衰减系数	0.0
35300	位置控制接通速度	500m/min
35350	定位时旋转方向	3
35400	主轴摆动速度	500m/min
35410	主轴摆动加速度	16m/s^2

(续)

序 号	说 明	默 认 值
35430	主轴摆动开始时方向	0
35440	主轴摆动时正转时间	1
35450	主轴摆动时反转时间	0.5
35510	主轴停止时进给率使能	0
36000for SPOSonly	粗准确定位	0.04μm
36010for SPOSonly	精准确定位	0.01μm
36020for SPOSonly	精准确定位延时	1s
36030for SPOSonly	零速度误差	0.2μm
36040for SPOSonly	零速度监控延时	0.4s
36050for SPOSonly	夹紧误差	0.5μm
36060for SPOSonly	坐标轴/主轴最大停止速度	0.0138m/min
36200	最大主轴监控速度（控制参数号）：0~5	3194m/min
36300	编码器极限频率	99.9Hz
36302	编码器再次接通时编码器极限频率（磁滞）	300000Hz
36310	零标记监控编码器号：0：零标记监控关，编码器开；1~99，零标记监控开，编码器硬件监控关	0
36610	出错状态时减速斜坡持续时间	0.05s
36620	伺服使能断开延时	0.1s
36700	自动漂移补偿	1
36710	自动漂移补偿漂移极限	1
36720	漂移基准值	0

主轴设定数据，43210 设定为 0 时，可编程的主轴速度极限值为 G25；43220 设定为 1000 时，可编程的主轴速度极限值为 G26；43230 设定为 100 时，可编程的主轴速度极限值为 G96。

6.3.5 调试完成后的工作

机床生产厂家在系统调试结束以后，在准备给最终用户发货之前必须完成以下工作：
（1）把用于保护级 2 的默认值"EVENING"更改为自己的密码
如果在调试过程中，机床厂使用了保护级 2 的密码"EVENING"，则必须对此进行修改。操作步骤为：按【修改口令】软键→输入新的密码，并按【确认】键→在机床厂资料中说明此密码。

（2）保护级复位

为了保护调试时所设定的数据，必须进行内部数据保护，调到保护级 7（最终用户），否则在进行数据保护时会把保护级 2 也一起保护起来。操作步骤为：按【关闭口令】软键→【复位保护级】。

（3）进行内部数据保护

按【数据存储】软键即可完成。

6.4 SINUMERIK 802CBL 系统参数的设置和调整

6.4.1 SINUMERIK 802CBL 系统口令

（1）系统的保护级别

SINUMERIK 802CBL 系统的"诊断"操作区中，可以显示和设定机床通用参数、各轴的控制参数等 NC 参数，机床调试开关的设定也在此操作区中进行。802CBL 系统参数通常分为两部分：一部分是机床参数，用"MD"作标志；另一部分则是设定参数，用"SD"作标志。每一个参数用名称和序号来标记，如 20700 号机床参数，用于设定不回参考点是否禁止起动 NC 自动循环，其参数标记为 MD20700_REFP_NC_START_LOCK。

SINUMERIK 802S/CBL 系统提供了完备的数据保护措施，在不同的保护级别下可以使用不同的数据区。系统数据的保护级别分为 0 级到 7 级，其中 0 为最高级，7 为最低级，如表 6-15 所示。系统参数的浏览和存取权限通过输入对应的口令字来设定，用户只能访问和修改当前保护级和更低保护级的有关数据。

表 6-15　SINUMERIK 802S/CBL 系统的保护级别

级　别	级 别 名 称	说　　　明
0	西门子级别	西门子内部保留
1	系统级别	系统保留
2	制造商级别	可以浏览并修改所有开放的机床参数
3	用户级别	可以浏览但不能修改机床参数
4~7	由 PLC 设定的级别	可以浏览并修改加工参数： □R 参数 □刀具参数（长度、半径、磨损等） □零点偏移 □设定设计（主轴点动速度等）

系统厂家设定的口令字缺省值为：

制造商口令（级别 2）：EVENING；

用户口令（级别 3）：CUSTOMER；

这些密码一般由相关人员修改。

若要显示机床参数，至少需激活保护级别 4 或更高级别，而要进行开机调试或输入修改参数,则要求保护级别 2。

(2) 口令字的输入和修改

首先在主页面上按【区域转换】键,显示操作区域主菜单,如图 6-13 所示。

然后,在主页面中按【诊断】键→【调试】软键→按【菜单扩展】键,屏幕上显示口令更改页面。

① 激活保护级别。若要激活某保护级别,按【口令设定】软键,在弹出的口令输入对话框中,输入对应的口令字,然后按【确认】键,即可进入相应的保护级别。

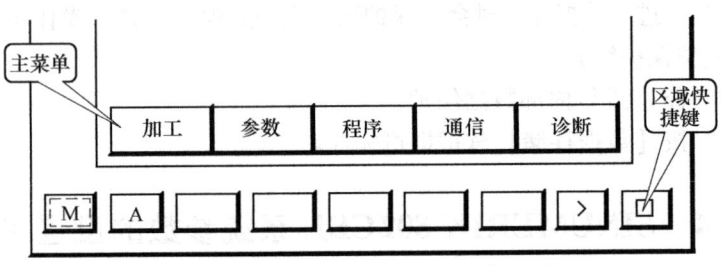

图 6-13 SINUMERIK 802CBL 主菜单页面

② 修改口令字。若要修改口令,则按【修改口令】软键,然后根据不同的存取权限,选择对应的口令字级别,输入新的口令字。按【确认】键后,系统会再次请求确认新输入的口令字。重新输入新的口令字后,按【确认】键结束口令字设定。

③ 关闭口令字。在显示或修改参数后,务必记住关闭口令字,以避免他人误修改调试开关,使系统按标准数据启动系统,从而导致系统初始化,机床不能正常工作。

关闭口令的具体步骤为:按【关闭口令】软键,然后再按系统操作面板上的【复位】键。

6.4.2 系统数据的显示和修改

在显示某级别的机床参数前,需先输入相应的口令字,然后按以下步骤操作:

1) 在主页面中按【诊断】键,进入诊断页面。

在诊断页面中,通过按【维修信息】键→【轴信息】,可以显示驱动轴动态信息,如"跟踪误差"、"伺服增益"等。在进行机床调试和维修中,根据这些信息可以进行进给轴的动态调试。

2) 在诊断页面中,按【机床数据】键,显示系统参数页面,进入系统参数区。

802C 系统的机床数据分成几个部分:"通用数据"用于设定机床所有物理轴共同特性的数据;"轴数据"显示或设定与机床各运行轴相关的机械和电气参数,如与机械匹配的数据、轴的运行速度、回参考点相关数据以及反向间隙补偿和螺距误差补偿参数等;"其他机床数据"则显示其他辅助数据。

3) 在系统参数区页面按【数据显示】软键,打开"显示机床数据"窗口,然后通过下述两种方法显示需要的数据。

① 通过光标键向前或向后翻页,以此显示所需要的参数。

② 按【搜索】软键,然后在弹出的窗口中输入参数号或参数名称,输入参数号还是参数名称,可通过按【数据号】或【数据名】软键选择。输入完毕,按【确认】键,则光标立即定位到所要查找的机床数据上。

4) 输入对应的参数值,则光标所在参数的值被修改,若机床参数生效标志为"cf"(新设定),则可按机床数据窗口页面中的【数据有效】软键将其激活;若参数生效标志为"po"(系统通电),则需将系统断电,然后再让其通电。

5) 在口令更改页面中,按【数据存储】软键,将修改后的系统参数永久保存。

6.4.3 参数设置

机床安装完首次通电后,需要设置一系列的参数,以最大限度地发挥 CNC 机床的功能。SINUMERIK 802CBL 系统需要依次设置下列参数:设置通用机床参数、坐标轴机床数据、PLC 机床数据、伺服驱动数据、其他机床数据,每一步都需按照数控系统说明书来调整。基本参数设置步骤如下:

1) 若驱动器首次通电,在 611U 控制模块的显示窗口上会显示 A1106(驱动器参数:功率模块型号),表示驱动器中无电动机数据,这时需要通过西门子专用工具软件 Simo-ComU 设定电动机参数。

2) 按表 6-16 设定坐标轴参数。

表 6-16 坐标轴参数

轴参数号	参 数 名	单 位	轴	输 入 值	参 数 定 义
30130	CTRLOUT_TYPE	—	X, Y, Z	1	模拟给定输出到轴控接口
30240	ENC_TYPE	—	X, Y, Z	2	TIL 编码器
34200	ENC_REF_MODE	—	X, Y, Z	1	电动机编码器参考点零脉冲

3) 按表 6-17 设定伺服电动机参数。

表 6-17 802C 伺服电动机参数

轴参数号	参 数 名	单 位	轴	输 入 值	参 数 定 义
31020	ENC_RESOL	IPR	X, Y, Z	3072	编码器每转脉冲数

4) 按表 6-18 设定传动系统的机械参数。

表 6-18 传动系统的机械参数

轴参数号	参 数 名	单位	轴	输 入 值	参 数 定 义
31030	LEADSCREW_PITCH	mm	X, Y, Z	5	丝杠螺距
31050	DRIVE_AX_RATIO_DENUM [0...5]	—	X, Y, Z	40	减速箱电动机端齿轮齿数
31060	DRIVE_AX_RATIO_NOMERA [0...5]	—	X, Y, Z	50	减速箱丝杠端齿轮齿数

5) 设定电动机的转速。机械参数设定后,可根据电动机以及机械参数设定电动机的各类运行速度,其参数见表 6-19。

表 6-19 设定电动机转速的参数

轴参数号	参 数 名	单位	轴	输 入 值	参 数 定 义
32000	MAX_AX_VELO	mm/min	X, Y, Z	4800	最大轴速度 G00
32010	JOG_VELO_RAPID	mm/min	X, Y, Z	4800	点动快速
32020	JOG_VELO	mm/min	X, Y, Z	3000	点动快速
32260	RATED_VELO	RPM	X, Y, Z	1200	电动机额定转速
36200	AX_VELO_LIMIT	mm/min	X, Y, Z	5280	坐标速度极限

参数设置根据调试情况可作适当调整,直到机电均运行良好。坐标的运动是由 PLC 控制的,PLC 判断检测外部信号,如果具备条件,就置位使能,各坐标轴就可以运行了。

6) 设置参考点参数。802CBL 系统的很多功能都建立在参考点的基础上,自动方式和 MDA(手动数据输入)方式只有在机床返回参考点后才能进行操作。反向间隙补偿和丝杠螺距误差补偿也只有在返回参考点后才生效。返回参考点相关参数见表 6-20。

表 6-20 返回参考点相关的参数

轴参数号	参数名	单位	轴	输入值	参数定义
34000	REFP_CAM_ACTIVE	—	X, Y, Z	1	减速开关生效
34010	REFP_CAM_DIR_IS_MINUS	—	X, Y, Z	0/1	减速开关方向:0—正;1—负
34020	REFP_VELO_SEARCH_CAN	mm/min	X, Y, Z	2000	寻找减速开关速度
34040	REFP_VELO_SEARCH_MARKER	mm/min	X, Y, Z	300	寻找零脉冲速度
34050	REFP_SEARCH_MARKER_REVERSE	—	X, Y, Z	0/1	零脉冲位置:0—开关外;1—开关内
34060	REFP_MAIN_MARKER_DIST	mm	X, Y, Z	200	寻找接近开关的最大距离
34070	REFP_VELO_POS	mm/min	X, Y, Z	200	参考点定位速度
34080	REFP_MOVE_DIST	mm	X, Y, Z	-2	零脉冲后的移动距离(带方向)
34100	REFP_SET_POS	mm	X, Y, Z	29.4	参考点位置值

SINUMERIK 802CBL 系统中,零脉冲信号可由接近开关或编码器产生。根据减速开关与零脉冲位置的不同,返回参考点过程可分两种情况,相应参数的设置也略有不同。

① 有减速开关,零脉冲信号在减速开关之前。此时,34050 号参数 MD:REFP_SEARCH_MARKER_REVERSE(反向寻找零脉冲信号)=0。返回参考点过程如图 6-14a 所示。

② 有减速开关,零脉冲信号在减速开关之后。此时,34050 号参数 MD:REFP_SEARCH_MARKER_REVERSE(反向寻找零脉冲信号)=1。返回参考点过程如图 6-14b 所示。

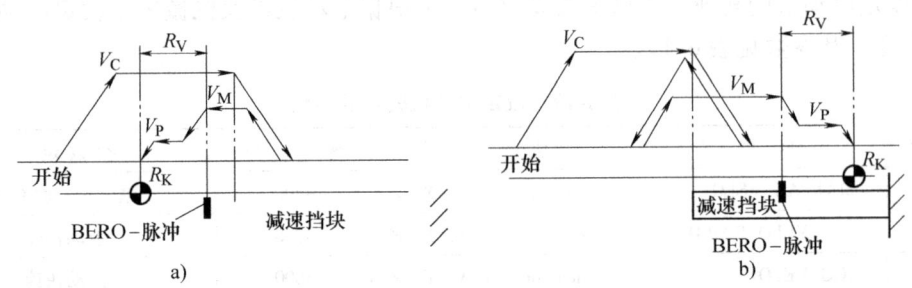

图 6-14 西门子 802CBL 系统返回参考点过程
a) 零脉冲信号在减速开关之前 b) 零脉冲信号在减速开关之后

其中　V_C——寻找减速挡块速度（MD：REFP_VELO_SEARCH_CAM）；
　　　V_M——寻找接近开关信号速度（MD：REFP_VELO_SEARCH_MARKER）；
　　　V_P——参考点定位速度（MD：REFP_VELO_POS）；
　　　R_V——参考点偏移（MD：REFP_MOVE_DIST + REFP_MOVE_DIST_CORR）；
　　　R_K——参考点坐标（MD：REFP_SET_POS [0]）。

按照实际返回参考点的过程，对照表 6-20 将返回参考点参数设置完毕，机床可以在 JOG 方式下通过按方向键对每个轴回参考点。第一次返回参考点时务必小心，避免碰撞。

7）设置软限位参数。为了增加安全性，除了硬限位外，还可设置软限位。参数 MD36100、MD36120 为一、二级负软限位；参数 MD36110、MD36130 为一、二级正软限位，如表 6-21 所示。这些可根据工作需要设置。软限位在返回参考点之后才生效。

表 6-21　软限位参数

轴参数号	参 数 名	单　位	轴	输 入 值	参 数 定 义
36100	POS_LIMIT_MINUS	mm	X, Y, Z	-1	轴负向软限位值
36110	POS_LIMIT_PLUS	mm	X, Y, Z	200	轴正向软限位值

8）反向间隙补偿设定。测试反向间隙，并进行反向间隙补偿，如表 6-22 所示。

表 6-22　反向间隙补偿

轴参数号	参 数 名	单　位	轴	输 入 值	参 数 定 义
32450	BACKLASH	mm	X, Y, Z	0.024	反向间隙

9）PLC 参数设置。802CBL 中已经集成适用于典型车床的 PLC 实用程序。根据机床的配置设定 PLC 参数，使系统的输入/输出与机床匹配。详见数控系统制造商提供的"PLC 应用程序说明"。

6.5　SINUMERIK 802CBL 系统数据备份与传输

6.5.1　系统的数据保护

(1) SINUMERIK 802CBL 的数据存储器

802CBL 系统配备了 32M 静态存储器 SRAM 与 16M 高速闪存 FLASH ROM 两种存储器。静态存储器区存放工作数据（可修改），高速闪存区存放固定数据，通常作为数据备份区，以及存放系统程序。

工作数据区内的数据内容有：机床数据、刀具数据、零点偏移、设定数据、螺距补偿、零件程序和固定循环。

备份数据区内的数据内容是系统在数据存储操作后，工作数据区的全部内容复制到备份数据区。

(2) 系统的启动方式

802CBL 有三种启动方式：

① 正常上电启动，即以静态存储器区的数据启动。正常上电启动时，系统检测静态存储器，当发现静态存储器掉电，如果做过内部数据备份，系统自动将备份数据装入工作数据区后启动；如果没有，系统会将出厂数据区的数据写入工作数据区后启动。

② 缺省值上电启动。以 SIEMENS 出厂数据启动，制造商的机床数据被覆盖。启动后，显示 04060 报警，表示系统目前已经装载了标准机床数据。

③ 按储存数据上电启动。以高速闪存 FLASH ROM 内的备份数据启动。启动时，备份数据写入静态存储器的工作数据区后启动，启动后显示 04062 报警，表示已经装载备份数据。

所有做过调整后的参数包括螺距补偿数据等都存储在静态存储区中。通过按存数据上电启动可恢复设定的参数。但选择按缺省值起动，机床将以系统制造商的初始值起动，可能会造成机床不能正常运行。

选择 NC 启动方式的步骤如下：

在"诊断"页面中，按【调试】键后进入调试开关窗口。选择【调试开关】可以显示"NC 启动方式选择"窗口。然后移动操作面板上的光标键，将光标定位在所选择的启动方式项上，按【确认】软键即可。

（3）数据保护

802CBL 的数据保护分为机内存储和机外存储两种。

机内存储即将静态存储器 SRAM 区已修改过的有用数据存放到高速闪存 FLASH ROM 区保存。

通常系统断电后，SRAM 区的数据由高能电容 C 上的电压进行保持，对于长期不通电的机床，SRAM 区的数据将丢失。当重新上电时，系统启动过程中自动调用备份数据区上一次存储的机床数据；若没有做过数据存储，则在启动过程中自动调用出厂数据。

机内存储即数据存储功能，是一种不需任何工具的方便快速的数据保护方法。

机外存储即将静态存储器 SRAM 区数据通过 RS-232 串行传输至计算机保存。机外存储可以将文本格式的机床数据、螺距补偿数据、刀具数据以及二进制格式的试车数据和 PLC 应用文件传送到 PC 机。

6.5.2 SINUMERIK 802CBL 数据保存

在参数修改完毕后，必须即时进行数据的备份。

1. 数据存储（机内存储）

① 按【区域转换】键，显示操作区域主菜单，如图 6-13 所示。

② 在主菜单中，按【诊断】功能菜单键，进入诊断操作区域。

③ 在"诊断"页面中，按【调试】功能菜单键，按【菜单扩展】键。

④ 屏幕上出现【数据存储】菜单键。

⑤ 按【数据存储】软键，然后按【确认】菜单键，系统进行数据备份，屏幕提示"别断电！"。操作完毕，机床数据、设定数据、加工程序、丝杠螺距补偿数据等被存储于永久存储器中。通过调试开关位置 3 或选择菜单项"按存储数据启动"可恢复数据。

进行数据保护的前提是：保护时没有加工程序在执行，即在数据保护期间不允许进行任何操作。

2. 数据传输（机外存储）

最可靠的数据保护措施是通过 RS-232 接口，将系统各种数据备份到外部计算机的磁盘中。在机床数据丢失或异常的情况下，将备份的系统"试车数据"重新输入系统，就可迅速恢复至正常时的数据。试车数据包括所有零件程序文件和所有固定循环文件机器数据、设定数据、刀具数据、R 参数、零点偏移和丝杠误差补偿，以及 PLC 应用程序及用户报警文本。

系统中存储的数据有文本和二进制两种格式。零件加工程序、固定循环程序为文本格式文件；试车数据和 PLC 程序则是二进制格式文件。在进行数据传输时，两者的通信参数略有不同。传输二进制文件时的数据位为 8 位，文本格式文件传输时的数据位为 7 位。

（1）机床侧通信参数的设定

依次按【区域转换】键→【通信】功能菜单键→【RS-232 设置】菜单键，进入通信接口参数设置画面。屏幕下方的【RS-232 文本】和【RS-232 二进制】软键用于切换传输不同格式数据文件的通信参数页面。选择【RS-232 二进制】软键，进入二进制文件的通信参数设置页面，设置参数。使用光标移动键进行参数选择，通过键盘上的【选择/转换】键确认参数的设定值。

（2）计算机（PC）侧通信参数的设定

在 WinPCIN 数据通信软件中设置。点击【RS-232 Config】键，进入 RS-232 参数设置页面，如图 6-15 所示。

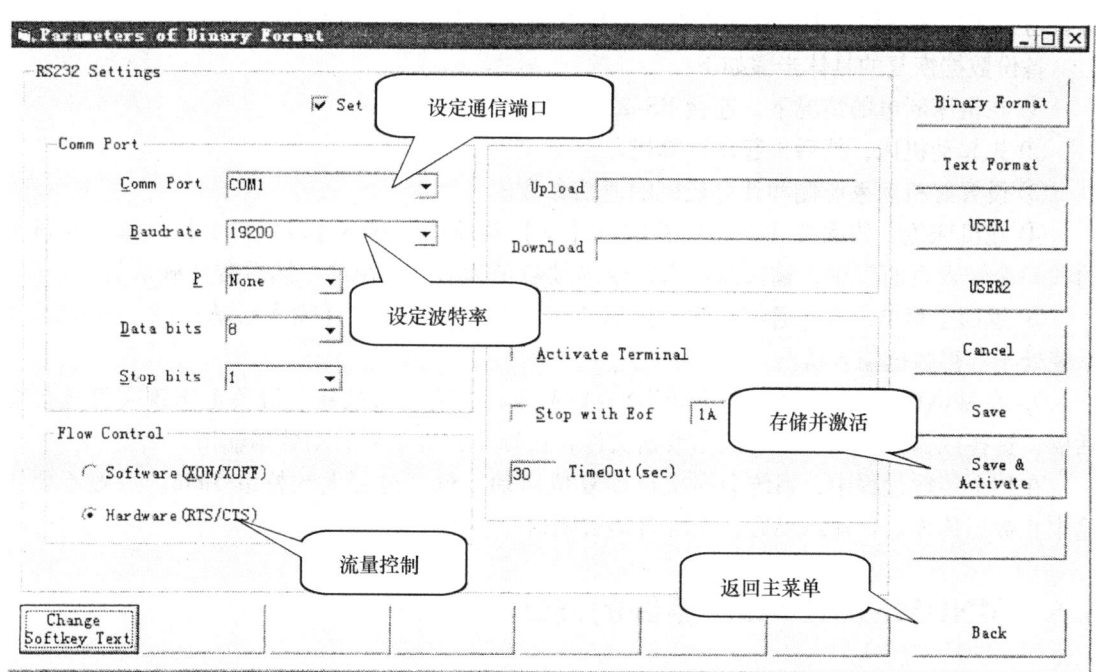

图 6-15　RS-232 接口参数设定画面

按图 6-16 依次设置参数。

（3）数据备份

操作步骤：

① 在机床断电的情况下，连接 RS-232 通信电缆。注意：RS-232 通信电缆不可以进行带电插拔，因为这样有可能损坏通信接口。

② 先起动机床，然后起动计算机。

③ 依次设置好机床侧和计算机侧的通信参数。

```
RS-232 设置 (RS-232 Settings)
通信端口 (Comm port)：COM1
波特率 (Baudrate)：9600
奇偶校验 (Parity)：None
数据位 (Data bits)：8
停止位 (Stop bits)：1
流量控制 (Flow control)：Hardware (RTS/CTS)
超时 (TimeOut)：30s
```

图 6-16　PC 侧 RS-232 设置参数

④ 在 WINPCIN 软件主菜单页面，按【Receive Data】（接收数据）键，在出现的对话框中，输入接受文件的名称，按回车后，计算机处于数据接受准备状态。

⑤ 在机床侧，按主菜单中的【通信】键，进入 802CBL 系统通信页面，通过光标移动键选择"试车数据"项，然后按【输出启动】菜单键启动数据的输出。

在输出时，802CBL 显示器和 WINPCIN 软件界面上会有字节数变化，表示数据正在传输进行中。若要中断该项操作，可以在 PC 侧按【Abort Transfer】（取消传输）按钮停止传输。

注意：试车数据备份需要在给出口令状态下进行。

（4）数据的恢复

恢复数据是指系统内的数据需要用存档的数据通过计算机或存储卡等传入系统。它与数据备份是相反的操作。为防止误操作，恢复系统参数需要输入口令。

备份数据恢复的具体步骤如下：

① 在机床断电的情况下，连接 RS-232 通信电缆。

② 先起动机床，然后再起动计算机。

③ 设置好机床系统侧和计算机侧的通信参数。

④ 在机床侧，依次按【诊断】软键→【>】菜单扩展键→【设定口令】软键，在显示的"口令输入页面"中，输入制造商口令（缺省值为 EVENING），然后按【确认】。

⑤ 返回主菜单，按【通信】键，选择"试车数据"项，按【输入启动】键，使 802CBL 系统处于等待数据输入状态。

⑥ 在 WINPCIN 软件中点击【SEND DATA】（数据输出）按钮，屏幕上出现文件选择对话框，选择或输入原先备份的试车数据文件，按回车并确认后启动数据输出。

在整个传输过程中，系统会多次自动复位启动，整个过程大约持续 5min。一般不要中途中止数据传输。传输结束后，系统自动关闭口令。

6.6　SINUMERIK 840D 系统的调试

6.6.1　开机准备

在正确完成所有机械的和电气的安装工作后，即可进行通电调试工作，而首先要做的就

第6章 典型数控系统的调试与参数调整

是开机准备工作，它可确保控制系统及其组件启动正常，并满足 EMC 检测条件。全部系统连线完成后需要做一些必要的检查，其主要内容如下。

1. 屏蔽

① 确保所使用的电缆符合西门子提供的接线图中的要求。

② 确保信号电缆屏蔽两端都与机架或机壳连通。

对于外部设备（如打印机、编程器等），标准的单端屏蔽的电缆也可以用，但一旦控制系统进行正常运行，则应不接这些外部设备为宜。如一定要接入，则连接电缆应两端屏蔽。

2. 几点注意事项

① EMC（Electro Magnetic Compatibility）检测条件。信号线与动力线尽可能分开远一些；从 NC 或 PLC 接出或接入的线缆应使用 SIEMENS 提供的电缆；信号线不要太靠近外部强的电磁场（如电动机和变压器）；HC/HV 脉冲回路电缆必须完全与其他所有电缆分开敷设；如果信号线无法与其他电缆分开，则应走屏蔽穿线管（金属）；信号线与信号线、信号线预辅助等电位端、等电位端和 PE 的距离应尽可能小。

② 防护 ESD（Electro magnetic Sensitive Device）组件检测条件。处理带静电模块时，应保证其正常接地；如避免不了接触电子模块，则请不要触摸模块上组件的针脚或其他导电部位；触摸组件必须保证人体通过放静电装置（腕带或胶鞋）与大地连接；模块应被放置在导电表面上（放静电包装材料如导电橡胶等）；模块不应靠近 VDU（显示器）、监视器或电视机（离屏幕距离勿小于 10cm）；模块不要与可充电的电绝缘材料接触（如塑料与纤维织物）。

3. 测量的前提条件

① 测量仪器接地。

② 绝缘仪器上的测量头预先放过电。

6.6.2 开机和起动

首先，应认识 NCU 正面与起动控制有关的元素：一个七段显示器及一个复位按钮 S1 两列状态显示灯及两个起动开关 S3 和 S4，如图 6-17 所示。

其次，系统到货时，会有一张 FLASH MEMORY 卡。在开机前需将此卡插进相应槽口内，见图 6-17。

最后，必须理解状态显示灯的含义和起动开关的设定意义，见表 6-23。

了解了上述内容，并确认 S3 和 S4 均设定为"0"，则此时就可以开机起动了。经过几十秒，当七段显示器显示"6"时，表明 NCK 上电正常；此时"+5V"和"SF"灯亮，表明系统正常；但驱动尚未使能。而"PR"灯亮时，表明 PLC 运行正常。

① PCU：PCU 的起动是通过 OP 显示来确认的，如果是 PCU20，在起动的最后，在屏幕的下面会显示一行信息："Wait For NCU Connection：×× Seconds"，如 PCU 与 NCU 通信成功，则 SINUMERIK 810D/840D 的基本显示会出现在屏幕上。而 PCU50，由于它是可以带硬盘的，在它的背后有一个七段显示器，起动成功后会显示一个"8"字。图 6-18 所示为 PCU 成功起动后屏幕显示的内容。

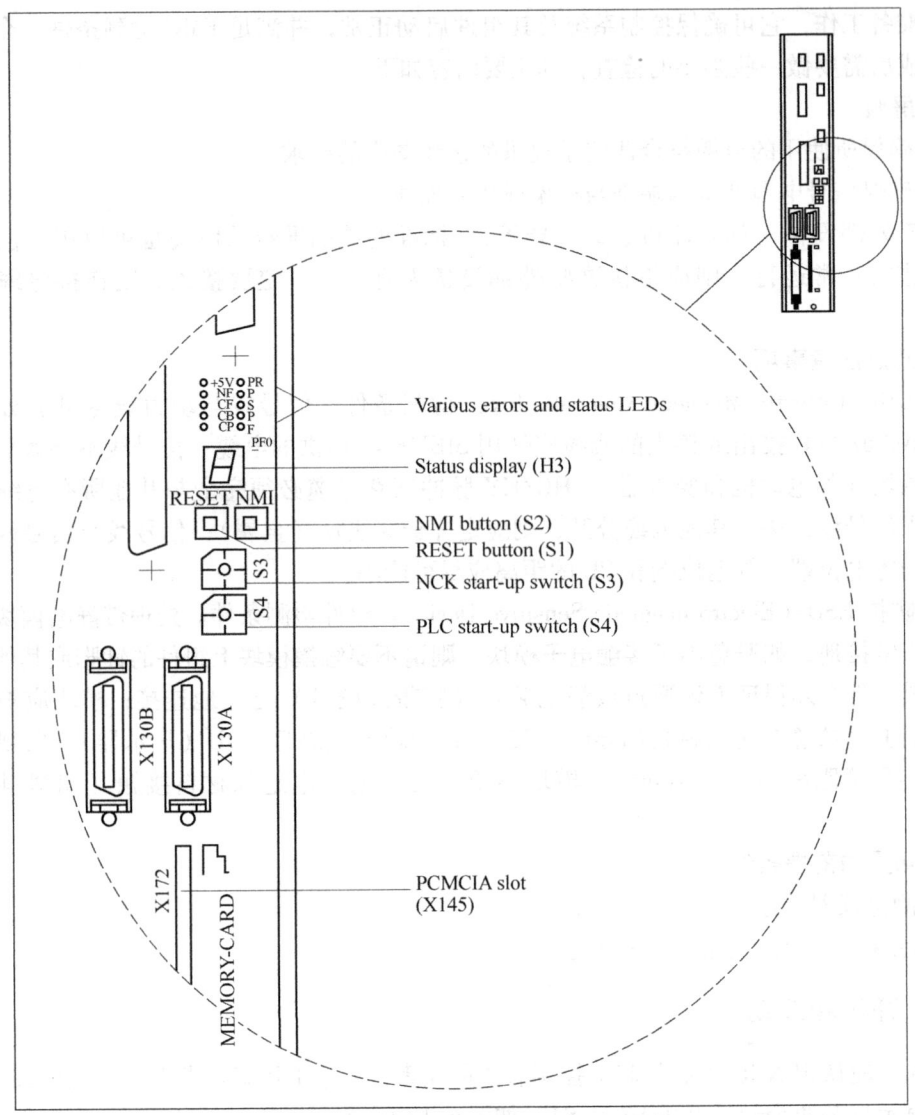

图 6-17 NCU 操作控制和显示元素

表 6-23 840D NCU 模块控制和显示元素

元 素	类 型	含 义	备 注
复位（S1）	按钮	触发一个硬件复位，控制和驱动复位后完整重启	
NMI（S2）	按钮	对处理器发出触发和 NMI 请求。NMI——非屏蔽中断	
S3	旋转开关	NCK 起动开关 位置 0：正常运行 位置 1：启动位置（默认值启动） 位置 2~7：预留	

(续)

元 素	类 型	含 义	备 注
S4	旋转开关	PLC 模式选择开关 位置 0：PLC 运行 位置 1：PLC 运行 P 位置 2：PLC 停止 位置 3：模块复位	
H1（左列） 显示灯	显示灯	+5V：电源电压在容差范围内时亮 NF：NCK 起动过程中，其监控器被触发时，此灯亮 CF：当 COM 监控器输出一个报警时，此灯亮 CB：通过 OPI 接口进行数据传输时，此灯亮 CP：通过 PC 的 MPI 接口进行数据传输时，此灯亮	绿灯 红灯 红灯 黄灯 黄灯
H2（右列） 显示灯	显示灯	PR：PLC 运行状态 PS：PLC 停止状态 PF：当 PLC 监控器输出一个报警时，此灯亮。所有四个灯都亮 PFO：PLC 强制状态 NCU571~573：未用，复位时短暂亮 NCU573.2：PLC DP 状态，在 CPU3152DP 上此灯有"BUSF"的标记 灯灭：DP 未配置或者 DP 配置了，但所有的从站未找到 灯闪：DP 配置了，但一个或一个以上的从站丢失 灯亮：错误（例如：总线近路无令牌通行）	绿灯 红灯 红灯 黄灯 黄灯
H3	7 段数码管	软件支持输出的测试和诊断信息 起动完成后，正常状态显示为"6"	

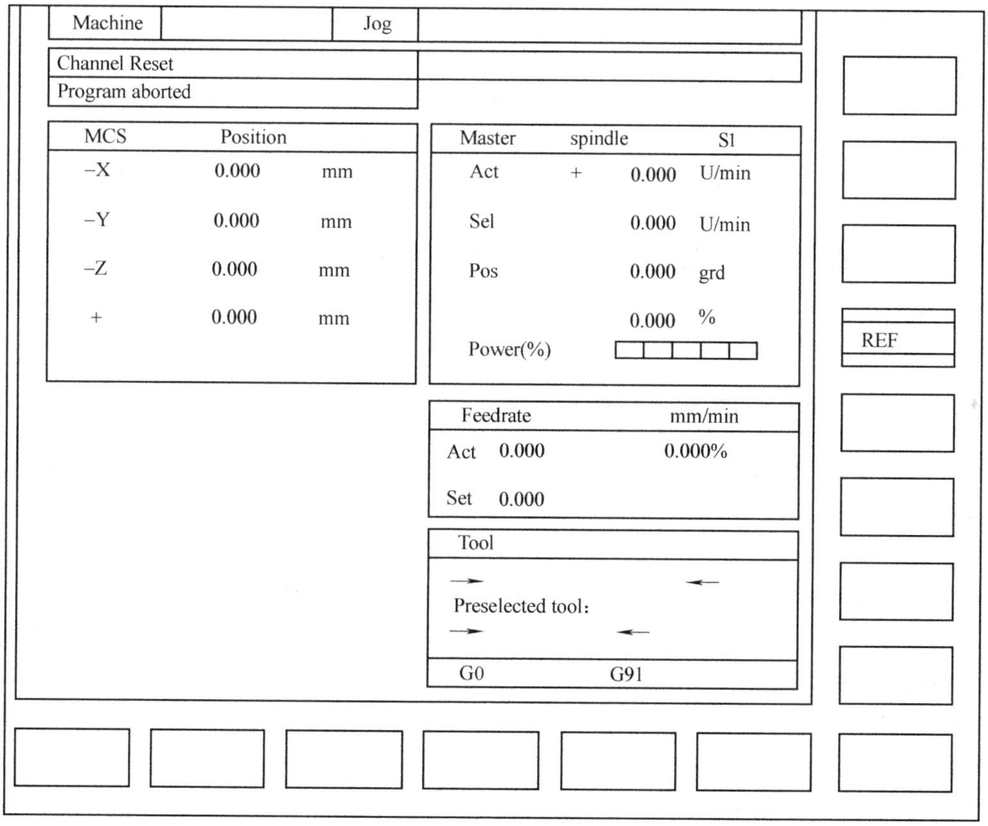

图 6-18 PCU 成功起动后屏幕显示内容

② MCP：在 PLC 起动过程中，MCP 上的所有灯是不停地闪烁的。一旦 PLC 成功起动，且基本程序装入，则只有在 OB1 中调用 FC19 或 FC25 后，MCP 上的灯才不再闪烁，此时 MCP 即可以使用。

③ DRIVE SYSTEM：只有 NC、PLC 和 PCU 都正常起动后，最后考虑启动驱动系统。首先必须完成驱动的配置，对于 PCU20，需借助于 SIMODRIVE 611D Start-up Tool 软件，而 PCU50 可直接在 OP010 上做。然后用 PLC 处理相应信号即可。

系统再次启动后，SF 灯应灭掉。

6.6.3　NC 和 PLC 总清

由于是第一次通电起动，所以有必要对系统作一次总清或总复位。

1. NC 总清

NC 总清的操作步骤如下：

① 将 NC 起动开关 S3 置 "1"。

② 起动 NC，如 NC 已起动，可按一下复位按钮 S1。

③ 待 NC 起动成功，七段显示器显示 "6" 时，将 S3 清 "0"；

至此，NC 总清执行完成。

NC 总清后，SRAM 内存中的内容被全部清掉，所有机器数据（Machine Data）被预置为默认值。

2. PLC 总清

PLC 总清的操作步骤如下：

① 将 PLC 起动开关 S4 置 "2"，PS 灯会亮。

② S4 置 "3" 并保持约 3s 直等到 PS 灯再次亮（PS 灯灭了又再亮）。

③ 在 3s 之内，对 S4 快速地执行下述操作："2"、"3"、"2"，PS 灯先闪，后又亮，PF 灯亮，有时 PF 灯不亮。

④ 等 PS 和 PF 灯亮了，将 S4 置 "0"，于是 PS 和 PF 灯灭，而 PR 灯亮。

PLC 总清执行完成后，PLC 程序可通过 STEP7 软件下传至系统。如 PLC 总清后屏幕上有报警，此时可作一次 NCK 复位（热起动）。

6.6.4　PLC 软件系统的安装与调试

SINUMERIK 840D 应用系统软件的安装与调试主要包括 PLC 软件的安装和机床数据的调试。我们以 TURBOMILL-1800 五联动叶片数控加工中心为例，详细介绍 SINUMERIK 840D 应用系统的安装与调试过程。

SINUMERIK 840D 数控系统内置了 CPU315-2DP 可编程控制器，使用的 PLC 编程工具是 STEP 7 编程软件，一套 PLC 机床控制程序，包括基本 PLC 部分和追加部分。基本部分是一套 SINUMERIK 840D 基本应用所必需的，一般由随系统提供的 SINUMERIK 840D Toolbox 软件生成；追加部分是根据机床控制规模和控制需求而增加的部分。基本 PLC 程序是基础，追加的部分是重点。

1. 基本 PLC 程序的生成

一般一套 SINUMERIK 840D 数控系统会随机提供 3 组 6 张（对高版本的可能有多张）

软盘，其中有一组 SINUMERIK 840D Toolbox 内软盘是生成 PLC 基本程序。它构成了本机床 PLC 程序的基本框架，按下列步骤生成基本 PLC 程序：

① 复制 A：\ S7V2.8x01 \ Gp8xod.exe 文件到 C：\ TURBOMILL-1800 \ PLC-BAS \ 下。

② 然后双击 C：TURBOMILL-1800 \ PLC-BAS \ Gp8xod.exe，随之会自动解压生成一个文件夹 C：\ TURBOMILL-1800 \ PLC-BAS \ Gp8xod53，53 是（软件版本 SW5.3）随着软件版本的升级而不断变化。

③ 运行 STEP7 编程软件：在目录 C：\ TURBOMILL-1800 \ PLC \ 下，新建一个项目（Project）VMC-75.S7P，建好后，在 File \ Open \ Library（在 Browse 下找到 C：\ TURBOMILL-1800 \ Gp8xod51 \ Gp8xod）打开 Gp8xod 中的 Bausieine（德文）意为块，将 Gp8xod 的 Bausieine 中的所有块复制到新建的 Project 下的 Block 中。

图 6-19 是新生成 PLC 程序结构图，从图中可以看出它有三类模块：组织块 OB（Organization Block）、功能块 FB（Function Block）和功能 FC（Function）。

① 组织块 OB，共有 OB0 ~ OB255 的 256 个组织块，是 PLC-CPU 直接扫描的程序块之一，在组织块 OB 块内编辑的 PLC 程序直接被扫描执行。组织块 OB 的另一个功能是调用其他的功能块 FB 和功能 FC。

② 功能块 FB，共有 FB0 ~ FB255 的 256 个功能块。PLC-CPU 不能直接扫描程序块 FB 的控制程序，通过组织块 OB 块内编辑的 PLC 程序来调用，只有组织块 OB 调用后，功能块 FB 的内容才被 PLC-CPU 扫描执行。功能块 FB 的主要功能是编辑机床 PLC 控制程序。功能块 FB 在 STEP5 和 STEP7 编程软件中都有。

③ 功能 FC，共有 FC0 ~ FC255 的 256 个功能。PLC-CPU 不能直接扫描功能 FC 的控制程序，通过组织块 OB 块内编辑的 PLC 程序来调用。只有组织块 OB 调用后，功能 FC 的程序才被 PLC-CPU 扫描执行。功能 FC 的主要功能是编辑机床 PLC 控制程序。功能 FC 在 STEP5 编程软件没有，只在 STEP7 中才有。

功能块 FB、功能 FC 只有在组织块 OB 中调用后才生效，完成其控制功能。PLC 程序的执行是先扫描 OB 块，再扫描 OB 块中被调用的 FB、FC 块。

组织块 OB1 是循环处理块，一般处理用户追加的功能块。

组织块 OB40 负责报警信号的处理。

组织块 OB100 负责 PLC 系统的再起动。

FB1 是 PLC 起动功能块，对 PLC 的起动运行起支持作用。

FB2/3/4 这三个功能块完成变量读取，为周边设备接口服务。

FC2 基本程序循环起动，支持 NCK 完成模式组、通道、坐标轴和主轴的控制。模式组为数控系统的工作方式组，可分为模态和管态两种模式。

FC10 完成错误及操作信息的处理。

FC13 完成手持单元 HHU 上液晶位置显示器的显示控制。

FC14 控制机床控制面板 MCP、手持单元 HHU。

FC0 ~ FC25 是系统功能，一般用户不能打开，不能修改，只能根据需要进行功能调用。用户私有的 PLC 程序，只能在上述基本程序的基础上增加功能块，一般在 FC40 ~ FC255 之内。

组织块 OB 内可以直接编写 STEP 7 指令语句，其中调用功能块是其主要功能之一。

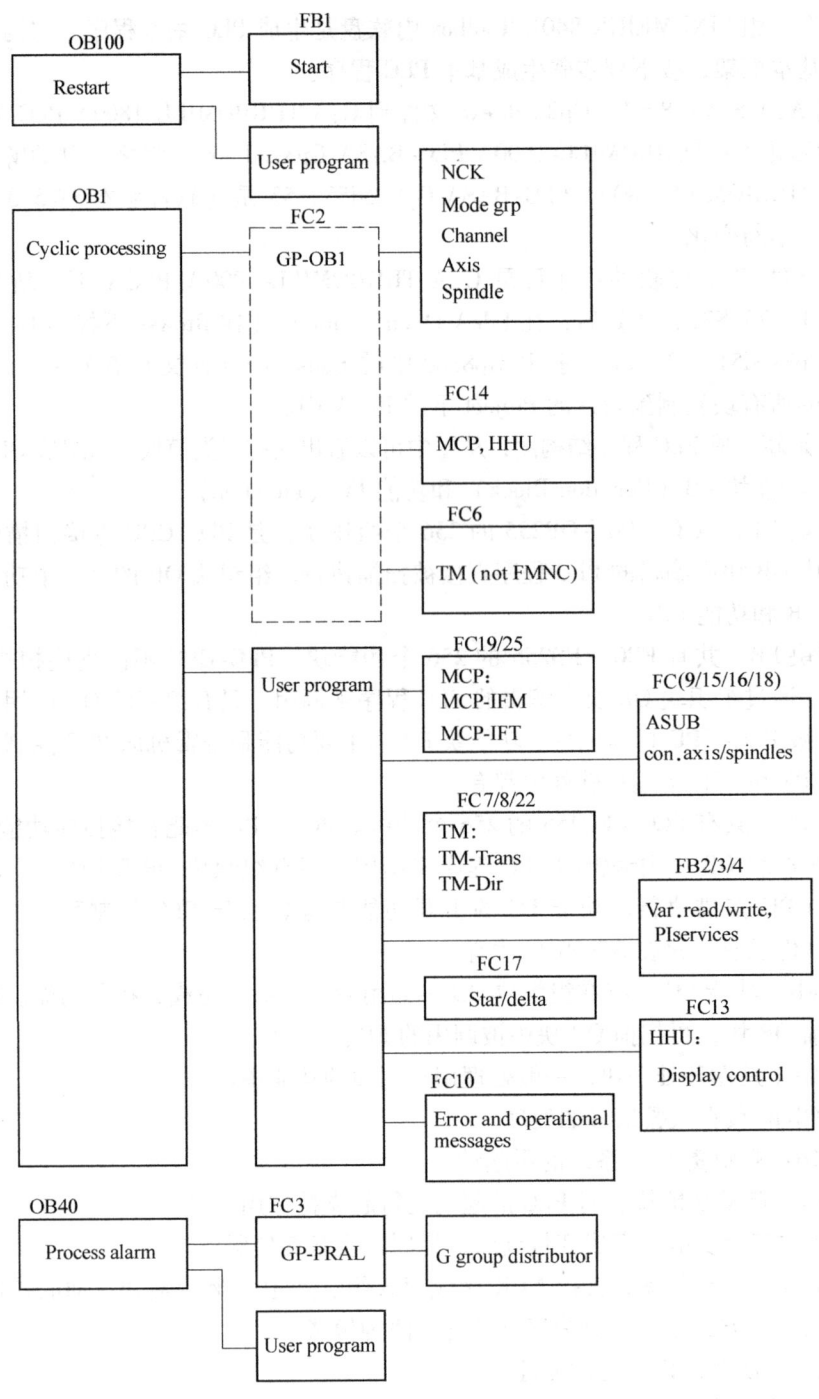

图 6-19 PLC 程序结构图

图 6-20 为 PLC 程序功能调用图，其最大嵌套调用深度为 8 层。

2. PLC 内存的清除

为了使数控系统及内置 PLC 能可靠、高效运行，一般需清除无用数据，释放出更多的存储空间，装载有用数据程序。

连接好编程器与 SINUMERIK 840D 之间的 MPI 通信电缆及 PC 适配器，清除 SINUMERIK 840D 的 PLC 存储区，其步骤如下：

① 将 NCU 上 S4 旋钮开关拧到"3"的位置上。按一下 NCU 上"Reset"复位按钮，等到中央控制单元 NCU（Numerical Control Unit）上的数码管显示为"6"。

② 然后将 NCU 上 S4 旋钮开关，由"3"拧到"2"，等若干秒后，再拧回到"3"，再停若干秒。

③ 将 NCU 上"S4"缓慢从"3"→"2"→"1"→"0"拧动，此时 NCU 上的两排 LED 中右边一排的红灯应灭掉，仅剩右上的一个绿灯亮，这样就完成了 PLC 内存清除。

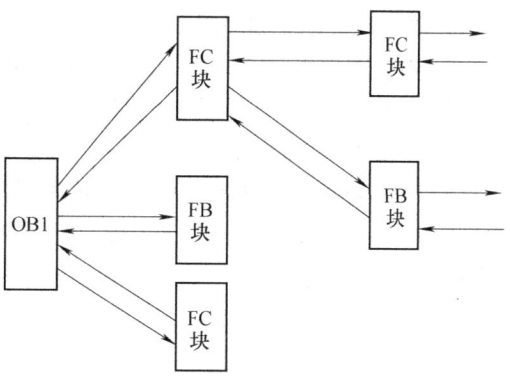

图 6-20　PLC 程序功能调用图

3. 基本 PLC 程序的下载

运行 STEP7 软件，打开目录 C:\ TLTRBOMILL-1800 \ PLC \ 下的 TURBOMILL-1800. S7P 项目管理文件，选择在线（Online）模式。将 NCU 上 S4 旋钮开关的位置拧到"2"的位置，将 TURBOMILL-1800. S7P 项目管理文件的块（Block）中的内容下载（Download）到 SINUMERIK 840D 中。下载成功后，将 NCU 上 S4 旋钮开关的位置拧到"0"的位置，并按一下复位，此时机床控制面板（MCP）上各按键指示灯 LED 不再闪动，这标志 SINUMERIK 840D 内置 PLC 起动成功。

4. 标准功能块的调用

西门子数控系统配有很多功能部件，为完成这些功能部件的标准应用而开发的 PLC 程序已预装在系统中，用户只需按所给定的调用格式调用，便可以完成其复杂的控制功能，我们把这类功能块叫做标准功能，一般是小标号的功能和功能块。如机床操作面板 MCP 按钮控制程序功能 FC19 就是其中之一。只有在 OB 块中调用后，机床操作面板 MCP 按钮功能才生效。

打开 C:\ TURBOMILL-1800 \ PLC \ 下的 TURBOMILL-1800. S7P 项目管理文件的 OB1，在组织块 OB1 中，调用标准功能块 FC19：

Call FC19

BAGNo: = B#16#1（第一方式组）

CHANNo: = B#16#1（第一通道，SINUMERIK 840D 共有 10 个通道，本机床仅用第一通道）

Spindle IFNo: = B#16#6（第 6 轴为主轴，SINUMERIK 840D 可以配 31 个主轴）

Feed Hold: = DB21. DBX6.0

Spindle Hold: = DB33. DBX4.3（进给/主轴使能状态输出）

将 PLC 程序存盘（Save），并下载（Download）到 PLC 中。

若正确，则 MCP 上有 LED 亮。如操作方式选择点动（JOG）、单段程序（Single Block）等，LED 指示灯会亮。

5. 附加功能块的加入

在 SINUMERIK 840D 中,除了进行标准功能调用外,还需要附加功能(块)。主要作用:完成液压、主轴、进给轴的控制及刀具的管理与控制。一般选用标号大于 40 的功能(块)FC(B),如 FC(B)40~FC(B)255 的功能(块)。

在 TURBOMILL-1800.S7P 项目管理程序的块(BLOCK)下,按鼠标左键,选择 Insert 插入一个块 FC70,用于液压控制;用同样方法插入 FC71、FC72、FC73、FC74、FC75、FC76、FC77,分别用于:

FC71 用于控制主轴 S;
FC72 用于控制进给轴 X;
FC73 用于控制进给轴 Y;
FC74 用于控制进给轴 Z;
FC75 用于控制进给轴 A;
FC76 用于控制进给轴 B;
FC77 用于控制进给刀库管理与控制。

打开 FC70 功能,并在 Network 1 中编入液压控制程序:
AI32.0(液压泵起动按钮)
OQ32.0
AN I32.1(液压泵停止按钮)
=Q32.0(液压泵起动输出)

打开功能 FC71,并在 Network 1 中编入主轴控制程序(主轴是第 6 号轴):
AQ32.0
AI32.2(主轴液压压力 OK)
AQ2.1(机床主轴上电 LED 指示灯)
=DB36.DBX1.5(主轴的第 1 位置测量系统生效,即电机内置编码器既作速度环的转速负反馈,又作位置环的位置检测)
=DB36.DBX2.1(主轴的控制使能生效)
=DB36.DBX21.7(主轴的脉冲使能生效)

打开 X 轴控制功能 FC72,并在 Network 1 中编入 X 轴进给轴控制程序:
AQ32.0
AI32.3(进给液压压力 OK)
AQ1.7(进给上电 LED 指示灯亮)
=DB31.DBX1.6(轴 1 的第 2 位置测量系统生效,即电机内置编码器只作速度环的转速负反馈,位置环的位置检测另有其他检测系统完成。一般来说:对于直线轴,用直线光作检测,对于旋转轴,用一和旋转轴同轴的旋转编码器作位置检测)
=DB31.DBX2.1(轴 1 的控制使能生效)
=DB31.DBX21.7(轴 1 的脉冲使能生效)

打开 Y 轴控制功能 FC73,并在 Network 1 中编入进给轴控制程序:
AQ32.0
AI32.3(进给液压压力 OK)

AQ1.7（进给上电 LED 指示灯亮）

= DB32.DBX1.6（第 2 轴的第 2 位置测量生效）

= DB32.DBX2.1（第 2 轴的控制使能生效）

= DB32.DBX21.7（第 2 轴的脉冲使能生效）

打开 Z 轴控制功能 FC74，并在 Network 1 中编入进给轴控制程序：

AQ32.0

AI32.3（进给液压压力 OK）

AQ1.7（进给上电 LED 指示灯亮）

= DB33.DBX1.6（第 3 轴的第 2 位置测量生效）

= DB33.DBX2.1（第 3 轴的控制使能生效）

= DB33.DBX21.7（第 3 轴的脉冲使能生效）

打开 A 轴控制功能 FC75，并在 Network 1 中编入进给轴控制程序：

AQ32.0

AI32.3（进给液压压力 OK）

AQ1.7（进给上电 LED 指示灯亮）

= DB34.DBX1.6（第 4 轴的第 2 位置测量生效）

= DB34.DBX2.1（第 4 轴的控制使能生效）

= DB34.DBX21.7（第 4 轴的脉冲使能生效）

打开 B 轴控制功能 FC76，并在 Network 1 中编入进给轴控制程序：

AQ32.0

AI32.3（进给液压压力 OK）

AQ1.7（进给上电 LED 指示灯亮）

= DB35.DBX1.6（第 5 轴的第 2 位置测量生效）

= DB35.DBX2.1（第 5 轴的控制使能生效）

= DB35.DBX21.7（第 5 轴的脉冲使能生效）

并在 OB1 中插入一个控制网络（Network），并编入：

CALL FC70

CALL FC71

CALL FC72

CALL FC73

CALL FC74

CALL FC75

CALL FC76

CALL FC77

将 PLC 程序存盘（Save），并下载（Download）到 PLC 中；只有调用后，前面编辑的 FC70～FC77 才会生效。

使用附加功能（块）时，是先在功能块栏插入附加功能，编好控制程序，下载后再在 OB1 或在 OB40 中调用，即先插入后调用。

存盘（Save），并下载（Download）到 SINUMERIK 840D 中，就可以控制五进给轴及主轴运转。

PLC 程序主体框架现已基本构成,如果还要编写其他辅助控制程序,可在另外的 FC××（××最好 >80,如 FC80、81 等）的功能块中编写,同样需要在组织块 OB1、OB20、OB40 中调用,并下载（Download）到 SINUMERIK 840D 中。

6.6.5 机床数据 MD（Machine Data）的调试

机床数据 MD 是机床控制参数。SINUMERIK 840D 的控制功能非常丰富,既可以控制数控车床,也可以控制镗铣床;既可以控制大转矩电动机,也可以控制小转矩电动机,这主要由相应的机床数据 MD 和 PLC 程序决定。下面介绍机床数据 MD 的安装与调试过程。

1. NCK 内存的清除与标准机床数据的装载

先将 S3 拧到"1"按"Reset"键,这样可装入标准 MD,然后再将 S3 拧到"0",保持正常工作状态。这时,系统已完成清内存,并将标准的机床数据装载到 NCK 内。标准机床数据是 SIEMENS 公司为用户搭建的一个简单的、小规模的机床数据平台。用户根据被控机床的特点,而在标准机床数据的基础上开发设置被控机床所需要的机床参数。

2. 用户机床参数的设置

SINUMERIK 840D 机床参数很多,从类型来分,有通用机床数据、特殊机床数据、主轴机床数据、进给轴机床数据等几类。

（1）进入机床参数设置菜单

按软功能键菜单选择:【Diagnose】→【Start up】→【Set password】,输入密码"SUNRISE"（SUNRISE 是 SINUMERIK 840D 出厂通用密码,对机床制造厂或最终用户可以修改设置该密码）,按软功能键【OK】。再按软功能键【Machine Data】,进入参数菜单。

（2）系统设定数据

按软功能键【General】进行系统设定数据的设置。这时用【Display Option】,取消过滤器（Filter）功能,使所有的机床数据都不被过滤。

系统设定数据主要包括 SINUMERIK 840D 数控系统的一些运行参数,如轴名、系统时钟周期、位置控制周期、换刀时间等系统参数。TURBOMILL-1800 叶片加工中心轴名设置:共有 X、Y、Z、A、B、C 共 6 个轴。其中,X、Y、Z 为 3 个直线轴;A、B 为 2 个旋转轴,A1 和 A22 为 A 轴的主从轴;C 轴是主轴的定向轴。在同一通道内,轴名不能重复。

MD 10000 [0] = X1
MD 10000 [1] = Y1
MD 10000 [2] = Z1
MD 10000 [3] = A1
MD 10000 [4] = B1
MD 10000 [5] = A22
MD 10000 [6] = C1

系统时钟周期、位置控制周期等系统参数一般在 4~8ms,与 NCU 的种类和软件版本有关。

第6章 典型数控系统的调试与参数调整

（3）设置通道特殊机床数据

按软功能键【Channel Specific】，进入通道机床数据 MD 的设置。通道特殊机床数据主要说明本设备所处的通道号，以及轴号与轴名的对应关系。

MD20000 号机床参数定义本机床使用的通道号：

MD20000 = 1 本机床使用第一通道

MD20070［i］号机床参数定义本机床使用的几何轴号：

MD20070［0］= 1（第 1 几何轴）

MD20070［1］= 2（第 2 几何轴）

MD20070［2］= 3（第 3 几何轴）

MD20070［3］= 4（第 4 几何轴）

MD20070［4］= 5（第 5 几何轴）

MD20070［5］= 6（第 6 几何轴）

MD20070［6］= 7（第 7 几何轴）

⋮

MD20080［i］号机床参数定义本机床编制机械零件加工程序使用的几何轴名，在同一通道内，轴名不能重复。

MD20080［0］= X

MD20080［1］= Y

MD20080［2］= Z

MD20080［3］= A

MD20080［4］= A22

MD20080［5］= B

MD20080［6］= C

⋮

（4）按垂直软功能键的【NCK-Reset】

上述参数，都是在数控系统复位后才生效，按下机床操作员面板 OP031 的垂直软功能【NCK-Reset】键，是 NCK 复位，参数生效。

（5）轴特殊机床参数的设置

按水平软功能键【Axis-specific】设置进给轴相关机床参数，主要包括驱动给定特性、动态特性、运动特性等，以 X 轴为例说明轴参数的设置。

MD30130 = 1：此参数设置坐标轴控制器输出类型："1" 为指令轴模式；"0" 为模拟轴模式。

MD30200 = 1：此参数设置坐标轴编码器个数："1" 为半闭环结构，1FT6 系列交流伺服电动机内置编码器既作速度反馈，也作位置反馈；如为 "2"，一般为全闭环结构，1FT6 系列交流伺服电动机内置编码器只作速度反馈，第 2 测量系统直线光作位置反馈。如果是旋转轴，那么和回转中心同轴安装的编码器，则可作为第 2 测量系统。

MD30240 = 1：此参数设置坐标轴实际值反馈口，设 "0" 为模拟轴。

MD31030 = 20：此参数设置坐标轴滚珠丝杠螺距大小。

MD32000 = 40 000：此参数设置坐标轴的最大工作速度，一般要小于可设的最大速度，如有一轴，电动机 2000r/min，丝杠螺距 20mm，电动机丝杠直接连接，则最大速度为 40 000mm/min，所以一般要处理好电动机转速、传动比、传动精度、丝杠螺距、坐标轴的最大工作速度的相互关系。

MD32010 = 5000：此参数设置坐标轴的点动（JOG）工作速度，如本坐标轴点动速度为 5000mm/min，一般要小于可设的最大速度。

MD32020 = 10 000：此参数设置坐标轴的点动快速（JOG RAPID）工作速度，一般要小于可设的最大速度。一般设置为点动速度的 2 倍，如本坐标轴点动快速速度为 100 000mm/min。

MD32260 = 2000：此参数设置坐标轴驱动电动机的额定转速，如本坐标轴驱动电动机额定转速为 2000r/min。

此外，有关回参考点的一些参数也是重要的。

MD34000 = 1："1"代表回参考点减速开关生效；若设置为"0"，代表回参考点减速开关未激活。

MD34010 = 0："0"代表回参考点减速开关的方向为负；若设置为"0"，代表回参考点减速开关的方向为正。

MD34020 = 10 000：代表寻找减速开关的速度为 10000mm/min。

MD34040 = 200：代表寻找零脉冲的速度为 200mm/min。

按垂直软功能键的【Axis +】或者【Axis −】，选择各轴参数设置页面；尽管 SINUMERIK840D 可控轴数有 31 个，只有通用数据定义的轴，才会在此时循环出现。

用同样方法，设置 Y、Z、A、B 轴特殊机床数据。

(6) 按垂直软功能键的【NCK-Reset】

在机床参数中，一些参数能立即生效，如一些动态参数；一些参数在按垂直软功能键复位【RESET】键后生效；一些参数则必须按垂直软功能键 NCK 复位【NCK-Reset】，系统重新启动后才能生效，如一些硬件配置参数。

(7) 利用 IBN-Tool 软件配置驱动及其参数

配置驱动系统既能在 MMC 103 人机通信 CPU 上完成，也能在程编器 PG（或 PC）上装上 IBN-Tool 软件后完成下列选择驱动模块和电动机的工作。下面以在 MMC 103 人机通信 CPU 上完成为例，说明轴驱动系统及其参数的配置过程。

再按水平软功能键【Driver Config】，进入驱动配置页面。表 6-24 是 TURBOMILL-1800 五联动叶片加工中心驱动模块布置表。

表 6-24 TURBOMILL-1800 五联动叶片加工中心驱动模块布置表

电源模块	SINUMERIK 840D NCU	主轴驱动模块	X 轴驱动模块	Y 轴驱动模块	Z 轴驱动模块	A 轴驱动模块	A 轴驱动模块	B 轴驱动模块

按水平软功能键【Insert Model】根据实际情况选 1Axis 或者 2Axis，我们这里全选择单轴模块，再按【Select Power Section】根据订货号选，表 6-25 是 TURBOMILL-1800 五联动叶片加工中心驱动模块配置表。按水平软功能键【Save】→【OK】→【NCK Reset】。

表 6-25　TURBOMILL-1800 叶片加工中心驱动配置表

轴　名	Location 驱动模块序号	Driver 机床轴号	Active 驱动器状态	Driver type 驱动器属性	Power Set 功率代码
S	1	6	Yes（激活）	MSD 主轴	Ha
X	2	0	Yes（激活）	FDD 进给	H19
Y	3	1	Yes（激活）	FDD 进给	H19
Z	4	2	Yes（激活）	FDD 进给	H17
A	5	3	Yes（激活）	FDD 进给	H17
A22	6	4	Yes（激活）	FDD 进给	H17
B	7	5	Yes（激活）	FDD 进给	H19

驱动配置未作时，主轴驱动 MSD（Main Spindle Driver）、进给驱动 FDD（Feed Driver）软功能键是浅灰色的，未被激活；驱动配置配完后，主轴驱动 MSD（Main Spindle Driver）、进给驱动 FDD（Feed Driver）软功能键变得清晰，被激活。选电动机：

按水平软功能键【FDD】→【Motor Controller】→【Motor Select】，按照电动机表牌选相应代号的电机。用垂直软功能键【Driver +】或者【Driver -】选下一坐标轴电动机参数设置，直到 X、Y、Z、A、A22、B 等进给坐标轴电动机参数设置完后，进入主轴电动机参数设置。

再按水平软功能键【MSD】→【Motor Controller】→【Motor Select】，按照电动机表牌选相应代号的电动机。7 个电动机全部选完后，按水平返回软功能键【Back】→【Boot File】→【Boot File/NCk rest】→【Save BootFile】→【Save All】。

垂直软功能键【NCK-Reset】上电成功后，611D 各模块上的红色 LED 灯均灭，7 个轴驱动配置成功。

(8) 主轴机床参数的设置

按水平软功能键【Start-up】→【Machine Date】→【Axis-Specific】，选择第 6 轴。

MD30300 = 1：第 6 轴为旋转轴。

MD30310 = 1：以 360° 为模。

MD30320 = 1：显示以 360° 为模。

MD35000 = 1：该轴为第 1 主轴。

垂直软功能键【NCK-Reset】上电成功后，还需对主轴的机械每挡的转速、总的转速范围等参数进行设置。

综上所述，PLC 程序及 SINUMERIK 840D 机床参数的设置，这两者是应用数控系统的主旋律，在系统应用调试中要统筹兼顾，不能把两者截然分开。

6.6.6　MMC 软件的安装

一般来讲，MMC 的系统软件是出厂时安装好的，系统启动时，可自动启动。但有时会有下面的情况发生：

① MMC 103 启动时，因内置几个不同 MMC 版本，需机床厂家手工安装相应 MMC 版本。

② MMC 100.2 未装系统软件，可用随系统到货的 tool box 中的 MMC 软盘安装。软盘一般是 4 张：2 张系统（System）盘；2 张应用（Application）的盘。安装时，先装系统盘，再装应用盘。系统盘第 1 张盘及应用盘第 1 张盘上都有一个用于安装的可执行文件：SYS-

INST. exe 和 APPINST. exe，依次执行这两个文件即可。

进行上述操作时，需让 MMC 进入 DOS 操作环境。而这可在 MMC 启动时（即 MMC 103 出现"Start Windows95"和 MMC100.2 出现版本信息时）按一下数字键"6"得到一个启动菜单（Start-up Menu），再选择 DOS 操作环境即可。而 MMC 100.2 将启动其内置的 PCIN 软件。PCU 的软件（HMI）的安装与此类似。

6.7 SINUMERIK 840D 的数据备份

在进行调试工作时，为了提高效率不做重复性工作，需对所调试数据适时地作备份。在机床出厂前，为该机床所有数据留档，也需对数据进行备份。

SINUMERIK 810D/840D 的数据分为三种：NCK 数据、PLC 数据和 MMC 数据，其中 MMC 100.2 仅包含前两种。

6.7.1 数据备份的方法

有两种数据备份的方法。
（1）系列备份（Series Start-up）
特点：
① 用于回装和启动同 SW 版本的系统。
② 包括数据全面，文件个数少。
③ 数据不允许修改，文件都用二进制格式（或称作 PC 格式）。
（2）分区备份
主要指 NCK 中各区域的数（MMC103 中的 NC_ACTIVE DATA 和 MMCIOOZ 中的 DATA）。
特点：
① 用于回装不同 SW 版本的系统。
② 文件个数多（一类数据，一个文件）。
③ 可以修改。大多数文件用"纸带格式"，即文本格式。
进行数据备份需要以下辅助工具：
① PCIN 软件。
② V. 24 电缆（6FX2002 1AA01-OBF0）。
③ PG 740（或更高型号）编程器或 PC 机。

6.7.2 系列备份

1. V.24 参数的设定

进行数据备份前，应首先确认接口数据设定。根据两种不同的备份方法，接口设定也只有两种：PC 格式与纸带格式（见表 6-26）。

表 6-26 中 840D V.24 参数设定操作步骤：
MMC100.2：
【Switch over】→【Service】→【V.24】或【PG/PC】(垂直菜单)→【Setting】切换选项。
MMC 103：

【Switch over】→【Service】→【V.24】或【PG/PC】(垂直菜单)→【Interface】切换选项。

表 6-26 SINUMERIK 840D V.24 参数设定

PC 格式		纸带格式	
设备	RTS CTS	设备	RTS CTS
波特率	9600	波特率	9600
停止位	1	停止位	1
奇偶	None	奇偶	None
数据位	8	数据位	8
XON	11	XON	11
XOFF	13	XOFF	13
传输结束	1a	传输结束	1a
XON 后开始	N	XON 后开始	N
确认覆盖	N	确认覆盖	N
CRLF 为段结束	N	CRLF 为段结束	Y
遇 EOF 结束	N	遇 EOF 结束	Y
测 DRS 信号	N	测 DRS 信号	N
前后引导	N	前后引导	N
磁带格式	N	磁带格式	Y

2. MMC 100.2 的数据备份

对 MMC 100.2 作数据备份，一般是将数据传至外部计算机内，具体操作步骤如下：

① 连接 PG/PC 至 MMC 的接口 X6。

② 在 MMC 上操作：【Switch over】(如已在主菜单，则无此步)→【Service】→【V.24】或【PG/PC】(垂直菜单)→【Setting】进行 V.24 参数设定并存储设定或激活（Active）（此步将 V.24 设定为 PC 格式）。

③ PG/PC 上：启动 PCIN 软件，选择【Data in】并给文件起名，同时确定目录；按"Enter"键使计算机处于等待状态（在此之前，PCIN 的 INI 中已设定为 PC 格式），如表 6-27 所示。

表 6-27 PCIN 参数设定

纸带格式	PC（二进制）格式
COM NUMBER 1 BAUDRATE 9600 1 STOPBITS 8 DATA BITS XON/XOFF SET UP END-w-M30 OFF ETX ON EXT:1A hex TIMEOUT 1S BINFILE OFF TURBOMO DE OFF DON'T CHECK DSR NC SEA 850/880 WIRELAYOUT	COM NUMBER BAUDRATE 9600 1 STOPBITS 8 DATA BITS XON/XOFF SET UP END-w-M30 OFF ETX OFF TIMEOUT 1S BINFILE ON TURBOMO DE OFF DON'T CHECK DSR NC SEA 850/880 WIRELAYOUT

④ 在 MMC 设定完 V.24 参数后，返回；接着【Data out】→移光标至【Start-up Data】→（黄色键位于 NC 键盘上），移动光标，选择【NCK】或【PLC】。

⑤ 在 MMC 上按【Start】软件键（垂直菜单上）。

⑥ 在传输时，会有字节数变化以表示正在传输进行中。可以用【Stop】软件键停止传输，传输完成后可用【log】查看记录。

3. MMC103 的数据备份

由于 MMC103 可带软驱、硬盘、NC 卡等，它的数据备份更加灵活，可选择不同的存储目标。具体操作步骤如下：

① 在主菜单中选择【Service】操作区。

② 按扩展键【▷】→【Series Start】选择存档内容 NCK、PLC、MMC，并定义存档文件名。

③ 从垂直菜单中，选择一个作为存储目标：

V.24→指通过 V.24 电缆传至外部计算机（PC）；

PG→编程器（PG）；

Disk→MMC 所带的软驱中的软盘；

Archive→硬盘；

NC Card→NC 卡；

选择其中 V.24 和 PG 时，应按【Interface】软件键，设定接口 V.24 参数。

④ 若选择备份数据到硬盘。则：【Archive】（垂直菜单）【Start】。

6.7.3 分区备份

对于 MMC100.2，与系列备份不同的是：第一步 V.24 参数设定为纸带格式，第二步数据源不再是【Start-up Data】而是【Data】，其余各步操作均相同。具体操作如下：

① 连 PG/PC 到 MMC。

②【Service】→【V.24PG/PC】（垂直菜单）→【Setting】（设定 V.24 为纸带格式）。

③ 启动 PCIN【Data In】定目录，起文件名。

④ MMC 上【Data out】→移光标至【Data】→【Input】，选择某一种要备份的数据。

⑤ MMC【Start】（垂直菜单）。

对于 MMC 103，与系列备份不同的是第二步无需按扩展键，而直接按【Data out】具体步骤为：

①【Service】。

②【Data out】。

③ 从垂直菜单选存储目标。

④【Interface】设定接口参数为纸带格式。

⑤【Start】（垂直菜单）。

⑥ 确定目录，起文件名→【OK】（垂直菜单），成功后在相应的目录中会找到备份的文件。

6.8 数据的恢复

恢复数据是指系统内的数据需要用存档的数据通过计算机或软驱等传入系统，它与数据备份是相反的操作。

6.8.1 MMC100.2 的操作步骤

① 连接 PG/PC 到系统 MMC 100.2。
② "Service"。
③ "Data In"。
④ "V.24 PG/PC"（垂直菜单）。
⑤ "Settings" 设定 V.24 参数，完成后返回。
⑥ "Start"（垂直菜单）。

6.8.2 MMC103 的操作步骤

从硬盘上恢复数据：
① "Service"。
② 扩展键 "}"。
③ "Series Start-up"。
④ "Read Start-up Archive"（垂直菜单）。
⑤ 找到存档文件，并选中 "OK"。
⑥ "Start"（垂直菜单）。

无论是数据备份还是数据恢复，都是在进行数据的传送。传送的原则是：
① 永远是准备接收数据的一方先准备好，处于接收状态。
② 两端参数设定一致（见表 6-26 和表 6-28）。

表 6-28　机器数据和设定数据分类表

区　域	说　明	区　域	说　明
从 1000 到 1799	驱动用机床数据	从 39000 到 39999	预留
从 9000 到 9999	操作面板用机床数据	从 41000 到 41999	通用设定数据
从 10000 到 18999	通用机床数据	从 42000 到 42999	通道类设定数据
从 19000 到 19999	预留	从 43000 到 43999	轴类设定数据
从 20000 到 28999	通道类机床数据	从 51000 到 61999	编译循环用通道类机床数据
从 29000 到 29999	预留	从 62000 到 62999	编译循环用通道类机床数据
从 30000 到 38999	轴类机床数据	从 63000 到 63999	编译循环用轴类机床数据

6.9　螺距误差补偿

机床在出厂前需进行螺距误差补偿（LEC），螺距误差补偿是按轴进行的，与其有关的轴参数只有两个：

MD38000——最大补偿点数。0：禁止。可以写补偿值。
MD32700——螺距误差使能。1：使能。补偿文件写保护。

另外，螺距误差补偿是在该轴返回参考点后才生效的。

6.9.1 螺距误差补偿的方法

螺距误差补偿的方法有以下两种。一种方法是：系统自动生成补偿文件→将补偿文件传入计算机→在 PC 上编辑并输入补偿值→将补偿文件再传入系统。另一种方法是：系统自动生成补偿文件→将补偿文件格式改为加工程序→通过 OP 单元将补偿值输进该程序→运行该零件程序，即可将补偿值写入系统。

6.9.2 螺距误差补偿的操作步骤

① 修改 MD38000：由于该参数系统初始值为 0，故应根据需要先设此参数。修改此参数，会引起 NCK 内存重新分配，并且会丢失数据。因此，应先备份好数据（包括零件程序 R 参数，刀具参数，尤其是驱动数据）。

② 用 PCIN 将补偿数据作为文件，传至计算机中，并利用计算机编辑该文件，输入补偿值。

③ 设 MD32700 = 0，将修改过的补偿文件用 PCIN 送入系统或作为零件程序执行一次。

④ 设 MD32700 = 1，NCK Reset，轴回参考点后，新补偿值应生效。

（主菜单→【Diagnostics】→【service. Display】→【service. Axis】可以看到）

可以修改每轴的补偿点数，如果改变 MD38000，系统会在下一次通电时重新对内存进行分配。

建议在修改该参数之前，备份已存在的零件加工程序、R 参数、刀具参数及驱动数据。

举例：

补偿轴：Z

补偿间隔：100mm

补偿起始位置：100mm

补偿终止位置：1200mm

丝杠螺距误差补偿如图 6-21 所示。

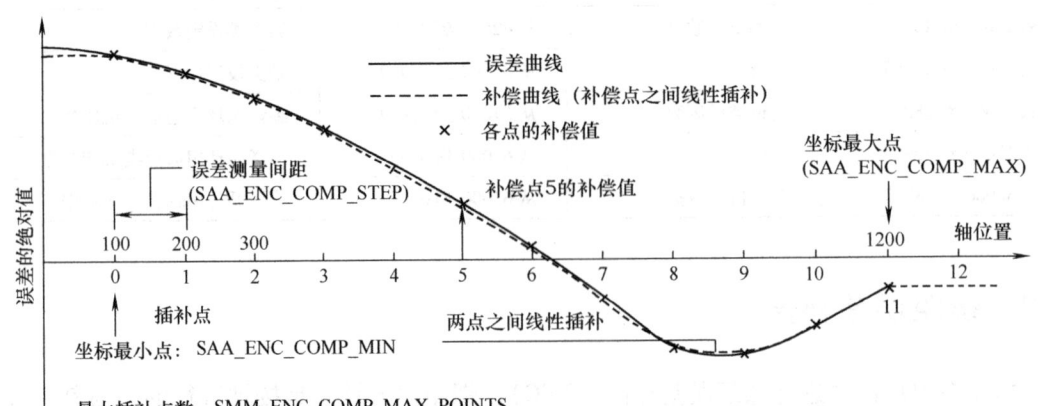

图 6-21 丝杠螺距误差补偿

第 7 章 数控机床的整机安装、调试与验收

7.1 数控机床的安装

数控机床的安装调试是指机床由制造厂经运输商运送到用户，安装到车间工作场地后，经过检查、调试直到机床能正常运转，投入使用等一系列的工作过程。对于小型数控机床，这项工作比较简单，而对于大中型数控机床来说，由于机床厂发货时已将机床解体成几个部分，运送到用户后要进行重新组装和重新调试，工作较为复杂。

7.1.1 数控机床安装前的技术准备

这里所说安装数控机床的技术要求主要是对环境、地基、电压、气压及接地等的技术要求，是安装数控机床的前提条件。安装任何一台数控机床都要满足这些前提条件，否则在使用数控机床的过程中就要出现一些问题，使数控机床故障明显增加，加工精度受到影响。因此，安装数控机床的技术要求一定要引起足够的重视。

1. 环境要求

安装数控机床时，无论是在大厂房还是在房间内，无论是安装单台还是安装多台，都要有足够的面积和空间；不能阳光直射，并且还要求安装数控机床的附近不能有任何热源；要有足够的采光，环境温度和湿度还要符合所安装数控机床给定的技术要求。

对于普通精度的数控机床，一般对环境温度或室温没有特殊要求，但是在一天的工作时间范围内，室内的环境温度波动不能过大。因为环境温度较大的波动会影响数控机床的各种精度，也会给数控机床的热稳定性带来不良影响，同时对被加工零件的精度也直接或间接地带来影响。

精密数控机床对室内的环境温度有一定的要求，一般为 20℃±2℃，并且要求安装在具有中央空调的房间内。要注意：用单独的空调设备，如挂式空调、柜式空调及分体式空调等是不允许在精密数控机床房间使用的，因为它会使机床局部受热或受冷，给机床的使用带来更大的影响。

对于高精度或超精密的数控机床，特别是一些高精度或超精密的数控坐标镗床和数控坐标磨床来说，对室内的环境温度会有更高的要求。一般为 20℃±1℃，甚至还有要求为 20℃±0.5℃ 的数控机床，并且对室内的设备数量、人员流动等都有特殊的要求。因为室内设备多了会增加热源，使数控机床自身的热稳定时间延长或间断变化。过多的人员流动也会使空气温度产生波动，使超精密机床出现微小的热胀冷缩变化，会使加工零件的精度受到影响，同时还会使数控机床的机械运动部件摩擦加快。

在要求环境温度的同时，一般安装数控机床的房间对使用环境的相对湿度也有比较严格的要求，一般要求数控机床的室内相对湿度应控制在 75% 以内。在 JB/T 8832—2001 《机床数控系统通用技术条件》中，对相对湿度的要求是 30%~95%（无冷凝水）。一些

进口的精密数控机床对室内相对湿度的要求比这还要高一些。因为如果室内的相对湿度较大，会使电气元件、检测元件受潮而出现锈斑或锈蚀现象，从而使数控机床不能正常工作。

因此，在安装数控机床时，特别是安装高精度或超精密的数控机床时，一定要按数控机床的说明、要求，严格控制室内的环境温度和环境的相对湿度，给数控机床的使用提供良好的前提条件。

2. 地基要求

通常，机床在运到用户之前就要按双方签订的合同要求，由数控机床生产厂家将用户订购的数控机床地基图提供给用户。它将作为用户安装数控机床的技术条件之一，让用户把地基准备好。

数控机床分为大型和小型，普通型和精密型等种类。一般小型数控机床不需再准备特殊的地基，所建厂房的通用地基就可以直接使用，而大型或精密型的数控机床则需要按要求制作地基。

目前小型数控机床就位后可以直接使用，而大型或精密型的数控机床需要安装地脚螺钉才能投入使用。因此，要提前将螺钉孔制作好，以便使数控机床到位后固定地脚螺钉。这样的地基结构，在许多数控机床上广为使用。图7-1所示就是某数控机床的地基和地脚螺钉位置图。

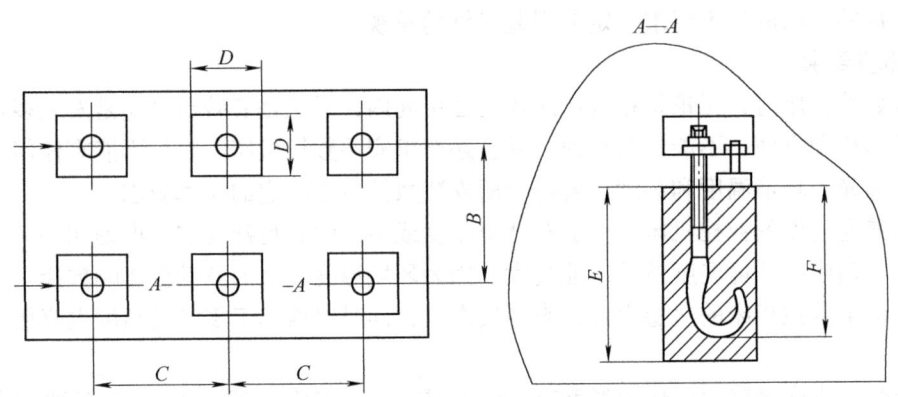

图7-1 数控机床地基和地脚螺钉位置图

图7-1所示为装有6个地脚螺钉的数控机床地基图，分别对6个地脚螺钉孔的长×宽×深（L×D×E）和螺钉的深度有具体要求，同时对这6个地脚螺钉孔的位置也有具体要求。

目前，有许多数控机床对地基没有特殊要求，不需要预埋地脚螺钉，用减振垫铁作为数控机床的支承点。也就是说，数控机床的床身不需要与地面紧固，只把机床放在减振垫铁上即可。调整机床水平时，只要调整减振垫铁的高低就可以了。图7-2所示是某数控机床用减振垫铁的地基图。

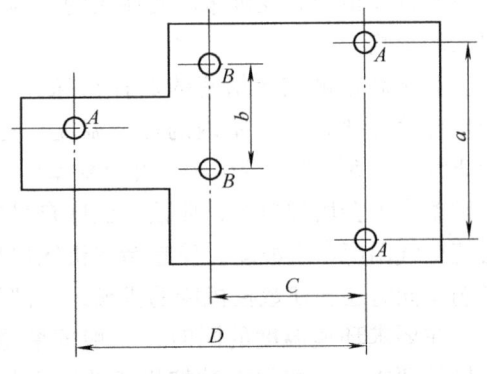

图7-2 数控机床用减振垫铁地基图

图中共有 5 个支承点。其中 3 个 A 为主要支承点，2 个 B 为辅助支承点。数控机床只要放在这 5 个支承点上，就不需要用地脚螺钉紧固。调整机床水平时，只要先调整 3 个 A 点的减振垫铁，使机床处于要求的水平状态后，再调整 2 个 B 点的减振垫铁与机床底面牢靠接触就可以了。当然，这种不需要地脚螺钉的数控机床床身和需要地脚螺钉的数控机床床身在设计上是不同的。

另外，还有一些数控机床，特别是一些进口的数控车床、车削中心、立式加工中心及卧式加工中心等对机床调整水平也没有特殊的要求，只要基本水平即可，不需要用水平仪来测量。但是，在安装这类数控机床时，对地基面的平面度有一定要求，即在制作地基地面、地面抹平时，安装数控机床的位置在每平方米 1~2mm 的误差，或者安装整体机床地面的平面度在一定的要求范围内就可以了。当然，这些类型大都属于普通精度的数控机床。

3. 电压要求

这里所说的电压要求，是指向要被安装数控机床输入的总电源的电压要求。

我国供电制式是交流 380V 三相或交流 220V 单相，供电频率为 50Hz。而有些国家的供电制式和供电频率与我国的不同，如有的供电制式是交流 200V，供电频率采用 60Hz。因此，这些国家在制造数控机床时，电源电压的要求应与之相适应，也有为了满足不同用户的需要，在数控机床电源输入电压的前端配有电源变压器，变压器上设有多个插头供用户选择使用，同时又设 50/60Hz 频率转换开关。在订购数控机床时，就要了解清楚所订数控机床对电压和频率的要求。变压器可以随数控机床订购，也可以单独订购。不管采取哪种订购方式，必须做到数控机床安装以前或安装的同时就要准备好。

数控机床一般对电源电压的波动范围都有规定，我国 JB/T 8832—2001《机床数控系统通用技术条件》中，对电压的波动规定在 ±(10%~15%) 范围内。有些高精度的数控机床，特别是一些欧美国家生产的高精度数控机床，要求电源电压的波动为 ±(5%~10%)。目前，我国的电网电压供电质量不太好，电压波动比较大，电气干扰也比较严重。为了正确使用好数控机床，降低数控机床的故障率，在安装数控机床以前就要配备好相应的稳压电源（或称稳压器）。

4. 接地要求

众所周知，数控装置与外部 MDI/CRT 单元、强电柜、机床操作面板、进给伺服电动机的动力线与反馈信号线、主轴驱动电动机的动力线与反馈信号线以及手摇脉冲发生器等最后都要进行地线连接。数控机床的地线连接十分重要，良好的接地不仅对设备和人身的安全十分重要，同时能减少电气干扰，保证数控机床的正常运行。

一般厂房都具备接地装置，在数控机床安装以前，要认真检查这些接地装置。有些数控机床，特别是一些精密或超精密的数控机床对机床的外部接地还有特殊要求，需要单独接地。一般地线都采用辐射式接地法，即将数控机床所有需要接地的电缆都连接到公共接地上，公共接地点再与大地相连。同时，数控柜与强电柜之间应有足够粗的保护接地电缆，截面积要在 $5.5~14mm^2$；而总的公共接地点必须与大地接触良好，一般要求接地电阻在 $4~7\Omega$；一些高精度的数控机床对接地电阻还有更高的要求，如小于 3Ω 等。图 7-3 为数控机床一点接地法示意图。

因此，数控机床在安装以前必须检查或准备好外部接地装置，并保证具有良好的接地电阻，这样才能在保证人身和设备的安全的同时，也能保证数控机床的正常运行，使数控机床有良好的抗干扰能力。

5. 气源要求

大多数数控机床都要使用压缩空气，通常它们要求使用压缩空气的压力为 4~6bar，也有的数控机床要求 5~8bar，而许多工厂具有集中供应压缩空气的设备或压缩空气站，按照国家标准，压缩空气的压力为 4~6bar（少数也有 8~10bar）。如果购买的数控机床所要求压缩空气的压力超出了用户所提供的压力范围，或者用户没有集中供应压缩空气的系统，那么在安装数控机床以前还要准备好必要的单独提供压缩空气的空气压缩机。

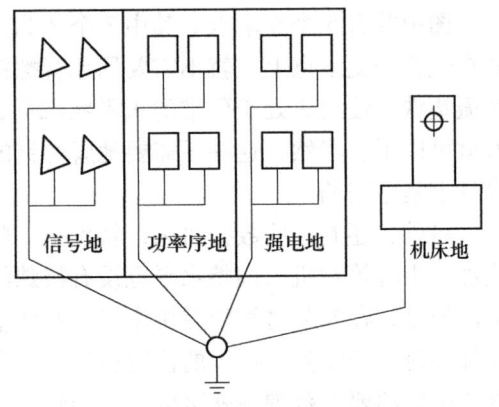

图 7-3 数控机床一点接地法示意图

在选购空气压缩机时，一定要按照厂家或机床说明书中提供的技术参数或技术数据进行选购，要注意所需压缩空气的压力、流量必须满足要求，否则数控机床就不能正常工作。

不管采用什么方式给数控机床提供气源，在输入到数控机床的前端，需安装一套气源净化装置，来保证除湿、除油及过滤达到机床说明书的技术要求。假如没有安装这套装置，只是靠机床上的装置来除湿、除油及过滤是肯定达不到要求的，那么未过滤的水、油及污物就会进入到数控机床的气动系统中去，会造成严重的后果。

6. 液压油、润滑油、切削液及防冻液的准备

数控机床在安装以前，就应当按照说明书的要求将液压油、润滑油、切削液及防冻液按型号、牌号及数量准备好，并放置在现场。在数控机床安装完毕后，就应当将各种润滑油、液压油加入到机床中，切削液、防冻液也应当按要求加好。

如果这些工作不提前做好准备，待数控机床安装完成，准备通电试机或要开始调试数控机床时才去准备，势必影响工作的顺利进行。

根据安装数控机床的技术要求，对环境温度和湿度、地基、电压、接地及气源等都要按要求做好，同时做好液压油、润滑油、切削液及防冻液的准备工作，这样数控机床的安装和调试工作就会顺利展开。

数控机床安装前的技术准备如图 7-4 所示。

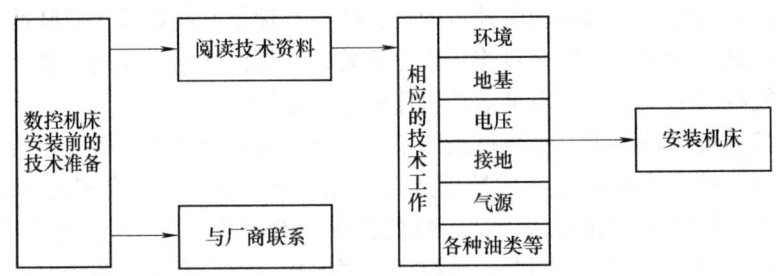

图 7-4 数控机床安装前的技术准备框图

7.1.2 机床的安装连接

数控机床的安装是数控机床调试前的重要工作，这项工作要认真、仔细地去做。安装工作完成了,调试工作才能进行,否则调试工作将不能顺利进行。

1. 开箱

开箱要取得生产厂商的同意,如果厂商在现场更好,一旦发现运输过程的问题即可及时解决。对于进口数控机床,必须按照规定通知商检部门到达现场,经同意后才能开箱,同时商检部门对开箱的全过程进行监管,开箱后商检部门要检查设备的外观质量,对以后的设备验收也实施监控,若出现外在或内在的质量问题,商检部门将与外商交涉协商解决。

在开箱之前,要将包装箱运至所要安装机床的附近,以避免在拆箱后搬运较长的距离而引起较长时间振动和灰尘、污物的侵入。当室外温度与室内温度相差较大时,应当使机床温度逐步过渡到室温,避免由于温度的突变造成空气中的水汽凝聚,以致在数控机床的内部零部件或电路板上引起锈蚀。

在拆箱时,一般应先拆去顶盖,然后再拆 4 个侧板。在拆卸包装箱时,一定要注意不要让包装箱板碰坏机床,特别是机床的电动机、电器柜、CRT 显示器和操作面板等。

顶盖和 4 个侧板拆除后,要检查机床的运输情况,如发现问题要及时与生产厂商或有关部门联系。如果没有问题,可拆除包装机床的密封罩,取出机床资料、说明书及装箱清单。

拆卸机床与包装底座的连接螺钉等,用吊车吊运机床和各部件。一般的数控机床不准用滚棒滚运,以免滚运中的振动丧失精度和损坏机床。

2. 检查外观

机床包装箱及包装密封罩被打开以后,要认真、彻底地检查数控机床的全部外观,包括各部件及附件。如果发现碰伤、损坏以及被盗等现象,要及时与厂商或有关部门联系。如果是进口数控机床,除商检部门与外商联系外,还要与在国内的办事处或代表处取得联系。

很多中、大型数控机床一般是由两个或两个以上的包装箱分开包装机床的附件、部件和备件等。附件一般有切削液装置、排屑器、液压装置等;部件一般有刀库、工作台及托盘;更大的设备还会将床身解体分开包装。不管有多少包装箱,包装箱打开后都必须认真检查其外观。

3. 按装箱单查对机床附件、备件、工具及资料说明书

拿到装箱单后,按照清单认真查对各附件、备件、工具、刀具及有关资料和说明书等。通常在查对装箱单时,厂商要有代表在场。如果是进口设备,厂商代表、商检部门人员都要在场,以便出现问题及时登记、处理并解决。

4. 安装的技术要求

1)垫铁的型号、规格和布置位置应符合设备技术文件的规定。当无规定时,应符合下列要求:①每一地脚螺栓近旁,应至少有一组垫铁;②垫铁组在能放稳和不影响灌浆的条件下,宜靠近地脚螺栓和底座主要受力部位的下方;③相邻两个垫铁组之间的距离不宜大于 800mm;④机床底座接缝处的两侧,应各垫一组垫铁;⑤每一垫铁组的块数不应超过三块。

2)每一垫铁组应放置整齐、平稳且接触良好。

3)机床调平后,垫铁组伸入机床底座底面的长度应超过地脚螺栓的中心,垫铁端面应露出机床底面的外缘,平垫铁宜露出 10~30mm,斜垫铁宜露出 10~50mm,螺栓调整垫铁应留有再调整的余量。

4)调平机床时应使机床处于自由状态,不应采用紧固地脚螺栓局部加压等方法,强制机床变形使之达到精度要求。对于床身长度大于 8m 的机床,达到"自然调平"的要求有困难时，可先经过"自然调平"，然后采用机床技术要求允许的方法强制达到相关的精度要求。

5）组装机床的部件和组件应符合下列要求：①组装的程序、方法和技术要求应符合设备技术文件的规定，出厂时已装配好的零件、部件，不宜再拆装；②组装的环境应清洁，精度要求高的部件和组件的组装环境应符合设备技术文件的规定；③零件、部件应清洗洁净，其加工面不得被磕碰、划伤和产生锈蚀；④机床的移动、转动部件组装后，其运动应平稳、灵活、轻便、无阻滞现象，变位机构应准确可靠地移到规定位置；⑤组装重要和特别重要的固定结合面，应符合机床技术规范中的相关检验要求。

5. 机床就位

通常是由厂商的服务人员进行，用户配合来完成这项工作。

将机床放置在减振垫铁或固定垫铁上，如果需要固定，则将地脚螺钉穿入机床底座上的各支承指定位置，然后在螺钉地孔中灌入水泥，等待水泥完全干透。

机床与减振垫铁或固定垫铁安装好以后，可以对机床进行清洗，清除油封。如果是小型机床或没有分解包装的机床，可对机床主机在没通电的情况下粗找水平，这样做是为防止机床变形。

6. 机床连接

机床部分的连接主要做如下几项工作：

① 拆卸为防止在吊装和运输过程当中的位移、碰撞等安装的固定板、隔板、压板等。

② 去除安装连接面、导轨、主轴内锥面和端面、机械手、刀库、工作台表面及各运动面和金属外露表面的防锈油，并做好机床控制柜、电器柜、操作面板、CRT显示器及各部件、附件的外表清洁工作。

③ 对于大型或较大型数控机床，按照装配图将各部件如立柱、长床身、工作台、机械手及刀库等组装成整机，其中包括数控柜、电器柜的安装。在安装时注意，一定要让机床使用原用的各类销、螺钉、定位块及连接板等，以免出现差错。

④ 连接液压系统、气动系统、切削液系统和排屑装置上的各外部管路，并注意各输入和输出管路不要接错，同时要注意在连接过程中的清洁工作和管接头的紧固。

⑤ 安装各防护罩和防护板。

⑥ 固定好操作台，如果是能移动的操作台，在连接时要保证移动自如、可靠。

7. 数控柜、强电柜的外部和内部电缆连接

（1）外部电缆连接

外部电缆连接是指数控装置与操作台上的 MDI/CRT 的连接，与强电柜、机床操作面板、各坐标的伺服电动机、主轴驱动电动机、坐标测速电动机、主轴测速电动机、坐标位置检测如光栅尺和编码器的连接。还有可移动操作装置、电子手轮（手摇脉冲发生器）、液压系统、气动系统、切削液系统、排屑器、制冷装置及中心润滑系统等的电缆连接。

在连接这些电缆时，一定要注意电缆端部的接线标号，不要接错。在接信号地、强电地及机床地时，要严格按照如前所述的方法进行接地。

（2）内部电缆连接

内部电缆连接主要是指数控柜内部的电源模块、坐标伺服模块及主轴驱动模块等的各电缆插头要与对应的插座安装好。在许多数控机床上，这部分工作在出厂前都已连接好，并在

厂内调完数控机床后不需将这些插头拔下。而有些数控机床在厂家调完后为了防止吊装、运输过程中的损坏，将插头拔掉。

（3）数控系统电源线的连接

数控系统电源线的连接是指数控柜电源变压器输入电缆的连接和伺服变压器绕组插头的连接。对于进口的数控系统或数控机床，更要注意电源变压器输入电缆的连接和伺服变压器绕组插头的连接。因为许多国家与我国的供电制式不同，国外数控机床生产厂家为了适应各国不同的供电情况，不论是数控系统的电源变压器，还是伺服系统的变压器都有多个插头。这就要求必须按照我国供电的具体情况进行正确连接，否则将会出现故障和不必要的损失。

图7-5所示为某卧式可交换工作台加工中心的连接框图。

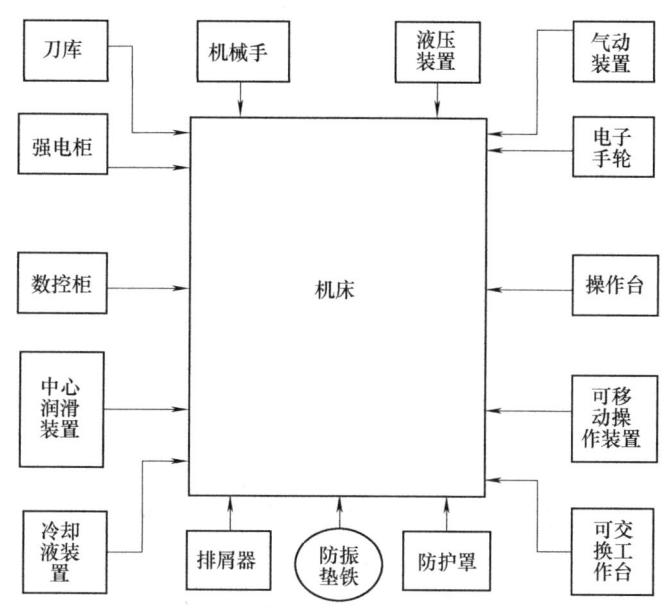

图7-5 某卧式可交换工作台加工中心的连接框图

7.1.3 数控机床的抗干扰

造成数控系统故障而又不易发现的一个重要原因是干扰。随着电子元件的表面贴装化和大规模集成电路的发展，CNC体积已越来越小。随着小型化发展，CNC单元在电气柜中多被安装在产生噪声元件较近的地方，所以应该注意干扰对CNC稳定性的影响。干扰是影响数控机床正常运行的一个重要因素。常见的干扰有电磁波干扰、供电线路干扰和信号传输干扰等。

1. 电磁波干扰

工厂中电火花高频电源等都会产生强烈的电磁波，这种高频辐射能量通过空间的传播，被附近的数控系统所接收，如果能量足够，就会干扰数控机床的正常工作。

2. 供电线路干扰

数控系统对输入电压的允许范围都有要求，过电压或欠电压都会引起电源电压监控报警，从而造成停机。动力电网的另一种干扰是由大电感负载所引起的，电感在断电时要把存储的能量释放出来，在电网中形成高峰尖脉冲，它的产生是随机的。由于这种电感负载产生的干扰脉冲频域宽，特别是高频窄脉冲，峰值高、能量大、干扰严重，但变化迅速，不会引起电源监控的反应，如果通过供电线路窜入数控系统而引起错误信息，将会导致CPU停止运行，系统数据丢失。

3. 信号传输干扰

数控机床电气控制的信号在传递过程中若受到外界干扰，常会产生常模干扰（又称差模干扰、串模干扰）和共模干扰。图7-6所示为差模干扰的等效电路及电压波形。差模干扰的表现形式有：

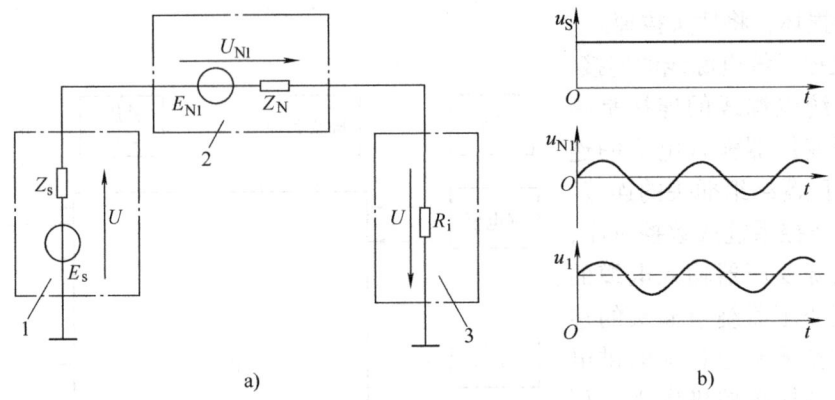

图 7-6 差模干扰图
a) 等效电路　b) 输入端的电压波形
1—有用信号源　2—差模干扰源　3—测量装置

① 通过泄漏电阻的干扰。最常见的现象是元件支架、检测元件、接线柱、印制电路以及电容绝缘不良，使噪声源以通过这些漏电阻作用于有关电路而造成干扰。

② 通过共阻抗耦合的干扰。最常见的例子是通过接地线阻抗的共阻耦合干扰。

③ 经电源配电回路引入的干扰。干扰电压对双输入信号的干扰大小相等、相位相同时称为共模干扰，图 7-7 所示为共模干扰等效电路。

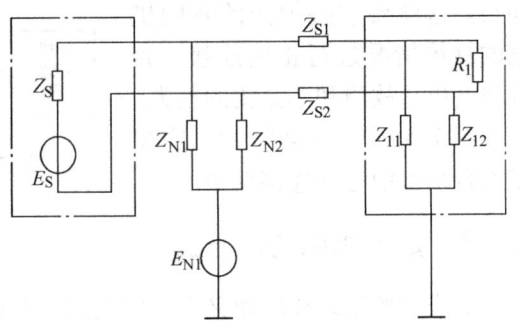

图 7-7 共模干扰等效电路

一般数控系统接收装置的共模抑制比一般较高，所以 U_{N1} 对系统的影响不大。但当接收装置的两个输入端出现很难避免的不平衡时，共模电压的一部分将转换为差模干扰电压。

4. 抗干扰的措施

1）减少供电线路干扰。数控机床要远离中频、高频电气设备，采用独立的动力线供电，避免和起动频繁的大功率设备、电火花设备使用同一条供电干线。在电网电压变化较大的地区，数控机床要使用稳压器。动力线和信号线要分离，信号线采用双绞线以减少电磁耦合的干扰。变频器中的控制线路接线要远离电源线至少 100mm 以上，两者不可以放在同一导线槽内，控制电路配线和主电路配线相交时要成直角，控制电路的配线应采用屏蔽双绞线，如图 7-8 所示。

2）采用滤波、屏蔽和交流稳压器，如图 7-9 所

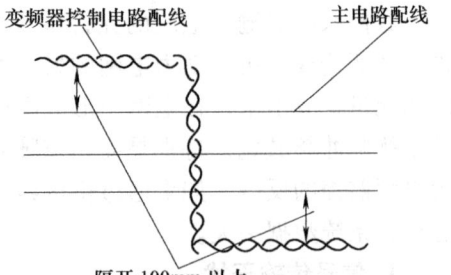

图 7-8 变频器控制电路与主电路配线

示。它由低通滤波器电感和电容组成,对低频交流电的阻抗很小,而对高频干扰信号具有很强的抑制作用。交流稳压器的作用是阻止浪涌电压和尖脉冲电压通过。滤波器加屏蔽外壳,并使之接地良好。滤波器进线和出线采用屏蔽线,防止感应和辐射混合。电源变压器采用双屏蔽形式,一次绕组和二次绕组分别加屏蔽层,并且分别接地,一次绕组屏蔽

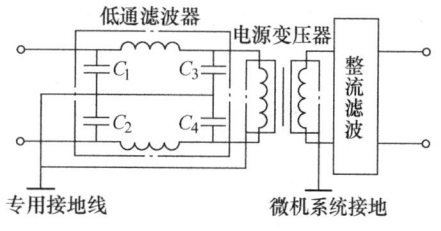

图7-9 滤波、屏蔽和交流稳压器

层接专用地线,二次绕组屏蔽层接数控机床的数控系统地,这样可阻断高频干扰信号经变压器传播到数控机床的数控系统,另外可以消除静电感。

3) 采用分散的直流供电方式。为了提高数控机床的数控系统直流电源的供电可靠性,可以各模板分别设置直流稳定电源,各自独立供电,消除相互之间通过电源产生的干扰。另外,信号线不能与交流电源并行敷设,尽量远离交流电流和大功率电动机设备,减少机床电气控制中的干扰。

4) 压敏电阻保护。压敏电阻又称浪涌吸收器,是一种非线性过电压保护元件,对干扰电路的瞬变、尖峰等噪声起一定的抑制作用。压敏电阻漏电流很小,放电能力大,可通过数千安电流,且能重复使用。

图7-10所示的机床伺服驱动装置的电源引入压敏电阻的保护电路。交流接触器和交流电动机频繁起停时,其电磁感应现象会在机床的电路中产生浪涌或尖峰等噪声,干扰数控系统和伺服系统的正常工作。在这些电路上加阻容吸收回路,会改变电感元件的线路阻抗,使交流接触器线圈两端和交流电动机各相的电压在起停时平稳,抑制电器产生的干扰噪声,如图7-11所示。交流接触器的阻容吸收回路,其电阻一般为220Ω,电容一般为0.2μF/380V;交流电动机各相之间的阻容吸收回路,电阻一般为300Ω,电容一般为0.47μF/380V。需要注意,变频器输出端与电动机之间的连线中不可加入阻容吸收回路,否则会损坏变频器。

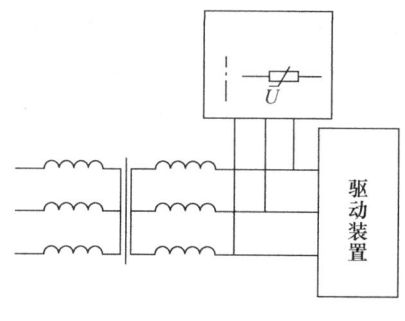

图7-10 压敏电阻保护

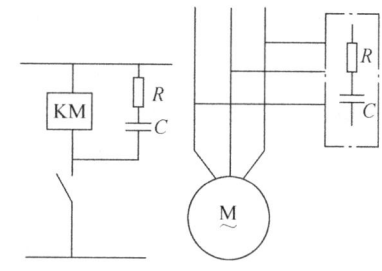

图7-11 交流负载的阻容保护

有些交流接触器配备有标准的阻容吸收器件,如TE公司的D2系列接触器的LA4线圈抑制模块,可直接插入接触器规定的部位,如图7-12a所示。图7-12b所示为用于三相负载阻容吸收的三相灭弧器,另外可采用续流二极管保护。图7-13所示为数控机床电气控制中的直流电器、直流电磁阀续流二极管保护的电路。直流电感元件在断电时,线圈中将产生较大的感应电动势,在电感元件两端并联一个续流二极管,释放线圈断电时产生的感应电动势,可减少线圈感应电动势对控制电路的干扰噪声。有些厂家已将续流二极管并接在直流继

电器线圈两端，如 FUJI 中间继电器 DC24VHH53P-FL，给使用安装带来了方便。

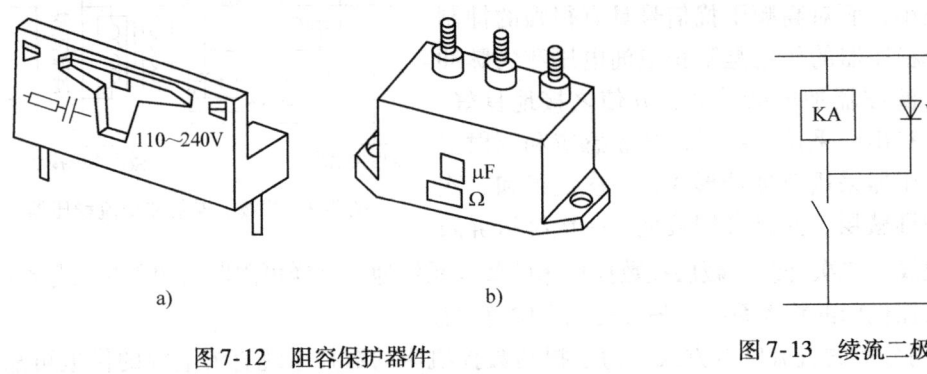

图 7-12　阻容保护器件
a）线圈抑制模块　b）三相灭弧器

图 7-13　续流二极管保护

5）屏蔽技术。利用金属材料制成容器，将需要防护的电路或线路包在其中，可以防止电场和磁场的耦合干扰，此方法称为屏蔽。屏蔽可以分为静电屏蔽、电磁屏蔽和低频屏蔽等几种。通常使用的铜质网状屏蔽电缆能起到电磁屏蔽和静电屏蔽的作用，将屏蔽线穿在铁质蛇皮管或普通铁管内，达到电磁屏蔽和低频屏蔽的目的；仪器的铁皮外壳接地能同时起到静电屏蔽和电磁屏蔽的作用。

为了抑制噪声，电缆、变压器等的屏蔽层需接地，相应的地线称为屏蔽地线。在低阻抗网络中，利用低电阻导体可以降低干扰作用，故低阻抗网络常用做电气设备内部高频信号的基准电平（如机壳或接地板）。公共基准电位的连接应使用单独点尽可能靠近 PE 端子直接接地，或连接它自己的外部（无噪声）大地导体端子。设备中标有屏蔽接地符号的端子一般作为屏蔽地。

采用屏蔽电缆时，应用要点如下：

① 对于低频电路（$f<1\text{MHz}$），电路通常是单端接地，屏蔽电缆的屏蔽层也应单端接地；单端接地对电场起到主动屏蔽的作用，也能起到被动屏蔽作用，但对磁场没有屏蔽作用。

② 当电缆长度 $L<0.15\text{km}$ 时，则要求单点接地。无论是单芯或是多芯屏蔽电缆，在电源和负载电路中，一端为接地点，另一端与地绝缘，其中接地点就是屏蔽层的接地。一般均在输出端接地，不存在接地环路，屏蔽效果好，这是电缆层屏蔽最佳的接地形式，也可在输入端接地，如图 7-14 和图 7-15 所示。

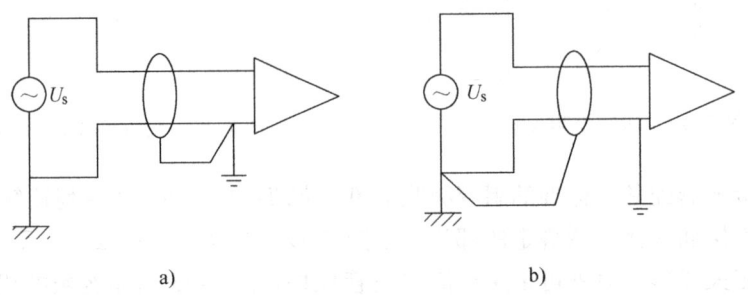

图 7-14　低频电路的屏蔽层接地方法
a）输入端接地　b）输出端接地

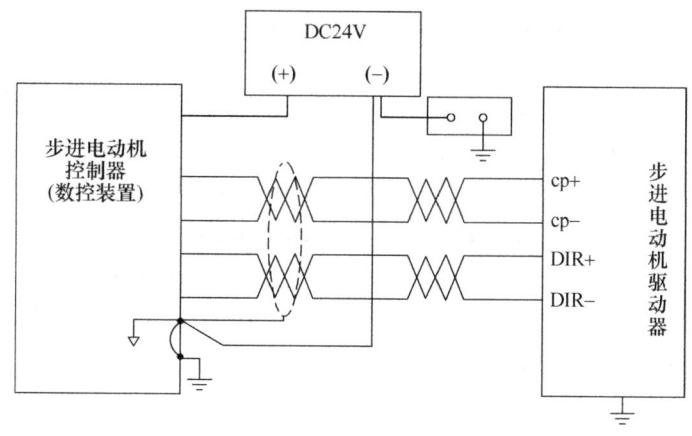

图 7-15　屏蔽层单端接地示例

③ 对于高频电路（$f>1\mathrm{MHz}$），电路通常是双端接地，屏蔽电缆的屏蔽层也应双端接地；双端接地能对电场产生屏蔽，对高频磁场也能产生屏蔽作用。屏蔽电缆的屏蔽层应在电缆两端接地，如图 7-16 和图 7-17 所示。

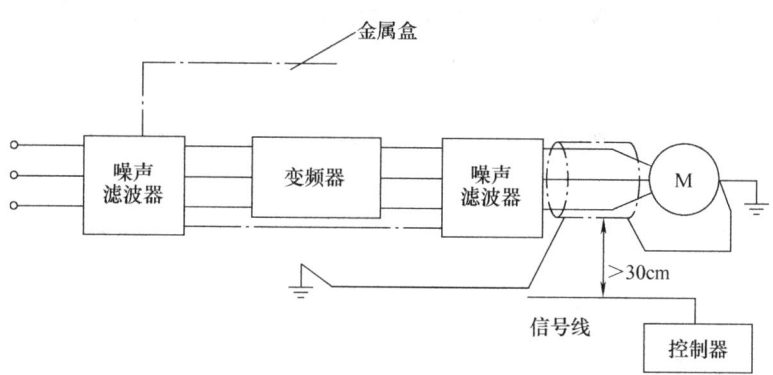

图 7-16　变频器电动机电缆屏蔽层双端接地

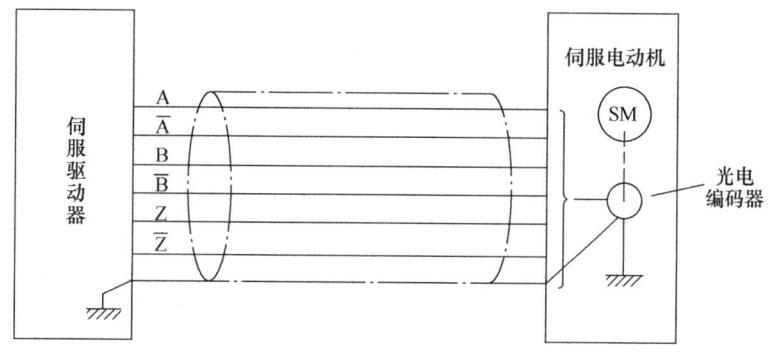

图 7-17　编码器电缆双端接地

④ 当电缆的长度 $L>0.15\mathrm{km}$ 时，则采用多点接地。一般屏蔽层按 0.05km 或 0.1km 的间隔接地，至少应该在屏蔽层两端接地，以降低地线阻抗，减少地电位引起的干扰电压。

⑤ 数控系统中数控装置与伺服驱动器、变频器间的信号传输线一般推荐采用屏蔽双绞线，且屏蔽层采用双端接地方式。

⑥ 当输入信号电缆的屏蔽层不能在机壳内接地，只能在机壳的入口处接地时，屏蔽层上的外加干扰信号直接在机壳入口处入地，避免屏蔽层上的外加干扰信号带到设备内部的信号电路上。

⑦ 对于高输入或高输出阻抗电路，尤其是在高静电环境中，可能需要使用双层屏蔽的电缆，这时内屏蔽层可以在信号源端接地，外屏蔽层则在负载端接地。

⑧ 在实现屏蔽层接地时，应尽量避免产生所谓"猪尾巴"效应（即屏蔽层接头处未整理，呈毛团状），多芯电缆屏蔽层一般用电缆金属夹钳接地。

7.2 数控机床调试前的检查工作

7.2.1 机床内部部件的紧固和外部连接电缆检查

内部部件的检查首先应检查输入单元、电源单元、MDI/CRT 单元上电源按钮、纸带阅读机单元、输入变压器、伺服电源变压器各接线端子等处的螺钉是否紧固，检查需有盖罩的接线端子座是否已安装盖罩，然后检查所有连接器插头的紧固螺钉是否拧紧，针型插座与扁平电缆以及针型插座与电源插头是否锁紧。数控装置的结构布局有的是笼式结构，有的是主从结构形式，无论何种形式都应检查固定印制电路板的紧固螺钉是否拧紧，大板和小板之间的连接螺钉是否拧紧，以及检查印制电路板各块 ROM、RAM 片是否插入到位。需要指出的是，虽然这种检查非常琐碎而麻烦，但必须仔细进行，因为由于连接器插接不良造成系统故障的事很常见。

外部连接是指数控装置与外部 MDI/CRT 单元、强电柜、操作面板、进给用伺服电动机的动力线与反馈信号线、主轴电动机的动力线与反馈信号线的连接以及与手摇脉冲发生器的连接。检查时按连接手册中的规定核查，并应检查各插头、插座是否正确牢固地连接。对于剥去外皮的电缆，应用金属卡子紧固在接地板上。地线的处理通常采用一点接地型，即将数控装置的信号、强电、机械等接地连接到公共接地点。总的公共接地点必须与大地接触良好，一般要求对大地的电阻值为 $4\sim7\Omega$。在数控柜与强电柜之间应有足够粗（$5.5\sim14\mathrm{mm}^2$）的保护接地电缆，另外还应检查伺服单元和强电柜之间以及伺服变压器和强电柜之间是否连有保护接地线。

在连接变压器原边的电源输入电缆时，应注意切断数控柜电源开关，并检查电源变压器及伺服变压器的电压插头连接是否正确（尤其是进口数控柜或数控机床）。然后拆下动力线（断开与速度控制单元之间的连接），并将速度控制单元设定为电动机断线不报警状态（在许多伺服单元中均可通过短路棒设定来实现），这样即使接通数控柜电源也不会引起数控系统报警。

7.2.2 机床数控系统性能的全面检查和确认

1. 设定确认

数控系统内设有许多用短路棒短路的设定点，需要进行适当设定以适应各种型号机床的不同要求。对于购买的整机,数控装置在出厂时就已设定好,只需确认已有的设定状态。而对于单独购买的数控装置,因为生产时是按标准方式设定的,不一定适合实际要求,故必须根据配套设备的要求自行设定。设定确认工作应按照随机附有的维修说明书的要求进行,确认控制部分印制电路板即主板、ROM 板、连接单元、附加轴控制板以及旋转变压器/感应同步器控制板的设定。这些设定与机床返回参考点的方法、速度反馈用检测元件、检测增益调节、分度精度调节等有关。无论直流伺服控制单元还是交流伺服控制单元,都有多达二十个设定点,用于选择反馈元件、回路增益以及是否产生各种报警等。此外,主轴伺服单元也有设定点,用于选择主轴电动机电流极限、主轴转速范围等。

2. 输入电源电压、频率及相序的确认和检查

目前所用的各种数控装置所用电源有多种,常见的有三相 200V、50Hz 或 220V、60Hz,使用时必须采用变压器将 AC380V 变为额定的电压。变压器容量应满足控制单元和伺服系统(随伺服电动机的容量而异)的电能消耗;电源电压的波动范围应在 -15% ~ +10% 以内,否则应外加交流稳压器。此外,还应确认伺服变压器原边中间插头的相序是否正确,电源变压器副边插头的相序是否正确(按 R→S→T 或 A→B→C 的顺序)。对采用晶闸管控制电路的电源,当相序不正确时,接通电源后可能使速度控制单元的保险丝烧断,故必须预先予以检查。检查相序的方法一是用相序表测量,二是用双线示波器观察 R-S 和 T-S 间的波形。用相序表检查时,当相序接法正确时,相序表按顺时针方向旋转,见图 7-18a;如果相序接法不对,相序表将逆时针旋转,这时可将接线 R、S、T 中任意两根线对调重新接好相序即可。用双线示波器来检测二相之间的波形,如图 7-18b 所示,当二相在相位上相差 120°时,证明相序是正确的。

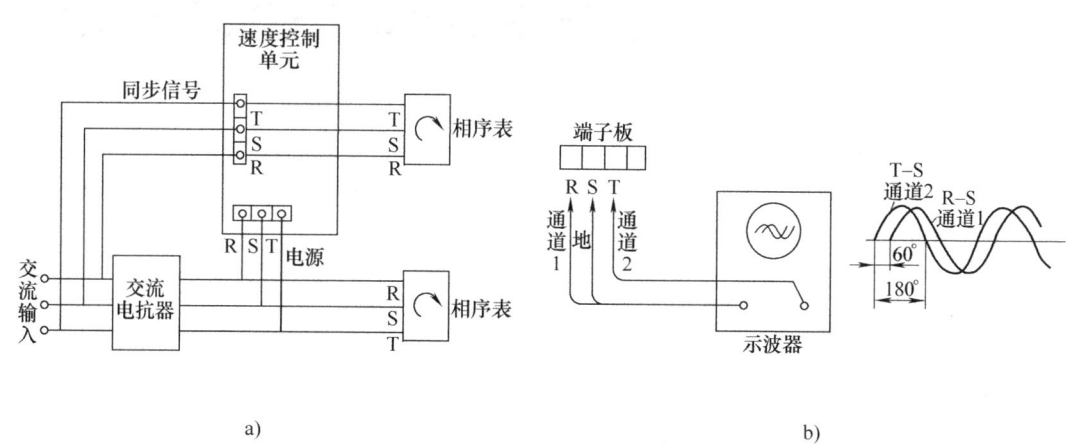

图 7-18 相序测量
a) 相序表法 b) 示波器法

在我国的供电制式中,频率为 50Hz;而在欧美一些国家,包括日本在内,其供电频率为 60Hz。因此,他们不但要满足本国的用户,还要满足世界上其他国家用户的需求,通常在电路板上设有 50/60Hz 频率转换开关。我们所购置的数控机床在通电前一定要检查频率转换开关是否已置于"50Hz"的位置上。

3. 确认直流电压输出端是否对地短路

这里所指的直流电压是指数控装置内直流电源单元输出的 +5V、+24V、±15V 等输出端电压，只需用万用表测量其对地的阻值即可确认。在 CNC 系统通电前，必须认真检查这些电源的输出端是否有对地短路现象。如果检查出有短路现象，应查清原因、排除故障，再准备通电，否则会烧坏直流稳压单元。

4. 接通数控柜电源检查各输出电压

首先检查数控柜的各风扇是否旋转，以表明电源是否接入数控柜。然后检测主印制电路板的检测端子，确认各直流电压是否都在允许波动的范围内。一般来说，+5V、+15V 和 −15V 三种电压允许波动 ±5%，而 ±24V 允许波动 ±10%，如果超出范围则需进行调整。对于进给用的直流伺服单元或交流伺服单元，以及主轴控制用的直流或交流伺服单元，也要确认直流电压波动，其波动允许范围一般在 ±(5~10)% 之间。

5. 纸带阅读机光电放大器输出波形的调整

纸带阅读机通常在出厂前已调好，使用时不必进行调整，但如果发现读带信息出错，则需对波形进行检查，必要时需重新调整。不同的纸带阅读机品种，其调整方法也稍有差异，现以 BF-3 数控装置用纸带阅读机的调整方法为例予以说明，其他纸带阅读机可根据相同的原则参考调整。具体的方法是：用有孔和无孔交错排列的 40cm 长的测试纸带，将其两端粘接在一起，形成环形，这条纸带应选黑色，以便调整准确，如图 7-19 所示。把环形带装入纸带阅读机，将开关置于手动方式，纸带将连续运行。此时用示波器测量光电放大器印制电路板的检查端子 CHPS（或 S 端）和 CHG（或地）之间的波形，并调整 RV1（或 SP）使波形的 ON 和 OFF 之间的时间比为 6:4，然后用示波器测量光电放大器的检测端子 CH1~CH8 的波形，并找出其中导通时间最短（高电平宽度最窄）的波形与 CHPS 的波形进行比较，并调整 RV2，使两波形符合图 7-20 所示的形状。

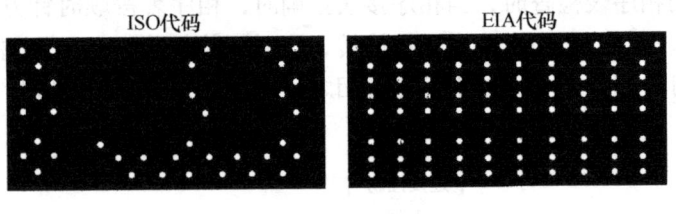

图 7-19 测试纸带

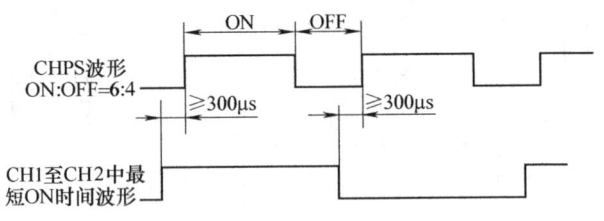

图 7-20 纸带阅读机波形

6. 确认数控系统与机床侧的接口

目前数控系统一般有自诊断功能，并由 CRT 显示数控系统与机床接口及数控装置内部的状态。带有可编程序控制器时，有从 NC 到 PC、PC 到 NC、PC 到 MT（机床）、MT 到 PC 的各种信号。各信号的含义及相互逻辑关系随各 PC 的梯形图而异，应参照随机床提供的梯形图说明书（内含诊断地址表），通过自诊断显示来确认数控系统与机床之间的接口信号状态是否正确。

7. 确认数控系统各种参数的设定

设定系统参数（包括 PC 参数）的目的是：当数控装置与机床相连接时使机床具有最佳的工作性能。即使是同一型号的数控装置，其参数设定也随机床而异，随机附带的参数表是机床的重要技术资料，应妥善保存，不得遗失，否则在机床保养和维修中将会给恢复机床的工作性能带来很大困难。显示参数的方法随各类数控装置而异，但多数都可通过按 MDI/CRT 单元的"PARAM"键来显示已存入系统存储器的参数，显示的参数内容应与机床安装调整完成后的参数表一致。有些主轴伺服系统采用数字式伺服系统选择电动机电流极限和主轴转速等设定，而不是用短路棒来设定，此时也必须根据随机说明书一一进行确认。最后关断数控系统电源，连接电动机的动力线，并将速度控制单元设定为电动机断线，这时会产生报警的状态。

8. 检查机床状态

系统工作正常时应无任何报警，但为了预防意外，应在接通电源的同时做好随时按急停按钮的准备。伺服电动机的反馈线反接或断线均会出现机床暴走现象，这时需立即切断电源，检查线路连接是否正确。在正常情况下，电动机首次通电瞬时可能会有微小转动，但系统的自动漂移补偿功能会使电动机轴立即返回并定位。此后即使电源再次断开、接通，电动机轴也不会转动。可以通过多次接通、断开电源或按下急停按钮的操作来确认电动机是否不转。

9. 用手动进给检查各轴的运转情况

首先用手动进给连续移动机床各轴运动部件，通过 DPL 或 CRT 显示值检查机床部件移动方向是否正确。如不正确，应将电动机动力线、检测信号线反接。然后检查坐标轴运动的距离是否正确，如通过 MDI 操作输入移动指令，检查坐标轴的移动是否符合指令。否则，应检查有关指令、反馈参数以及位置控制环增益等参数设定是否正确。此外，还要用手动进给低速移动机床有关部件，并使移动轴碰到超程开关使其动作，用以检查超程限位是否有效，机床是否准确停止，以及数控装置是否在超程时发出报警。最后，用点动或手动快速移动机床有关部件，观察在最大进给速度时是否发生误差过大报警。

10. 返回机床基准点

机床的基准点是再次进行加工的程序基准位置，直接影响到加工精度，因此必须检查有无基准点功能及每次返回基准点的位置是否完全一致。

11. 确认数控装置功能是否符合订货要求

可用适合于该铣床且简单明了的测试纸带（如具有直线、圆弧移动指令、控制轴联动、固定循环等应该具备的功能纸带）上机运行检查。数控装置的功能通常都包括基本功能和选择功能，这些功能一般以软件形式提供，只能在安装调整之后，数控装置处于无报警的正常状态时通过 CRT 显示，或使机床运行并对照订货要求检查确认。

7.2.3 机床机械部分与辅助系统的检查

1. 机械部分的检查

对于加工中心，首先要检查各坐标轴的传动链，导轨端部刮削器盖板的螺钉有无松动，联轴器各锁紧螺钉是否松动，齿形同步带及带轮是否可靠，松紧是否合适。然后检查机床各坐标轴返回参考点的各减速撞块固定螺钉是否牢靠，还要检查刀库上各刀位锁紧机构的螺钉、机械手卡爪及各限位块、可交换工作台外部托板机构、机床的工作室门、各防护罩、防护板等是否安全可靠。对于数控车床，还要检查刀塔、尾座上的紧固螺钉是否可靠。

2. 液压系统的检查

液压箱彻底清理干净后,要按机床说明书中液压油的牌号加注液压油,要检查液压油位置是否合乎要求,液压装置中的各集成元件是否牢靠,各液压电磁阀上的插头插座位置是否正确(按标记号检查)。压力表一定要进行首次校验,并有校验标记。此外,还要检查外部过滤装置等。

3. 气动系统的检查

气动压力表一定要进行首次校验,并有校验标记。对三联装置即过滤器、调压阀及喷雾润滑三部分进行检查,是否需要清洗过滤器,并按机床说明书上的要求加注喷雾润滑油,气动装置上的各气动元件和各电磁阀上的插头插座位置是否正确(按标记号检查)。

4. 中心润滑系统的检查

中心润滑系统主要用于数控机床各坐标的滚珠丝杠副、导轨、轴承及各运动面、滑动面的润滑。因此在检查这部分时,必须将油箱清洗干净后,按机床说明书规定的润滑油牌号加注到中心润滑油箱所标注的上限位置。中心润滑系统的压力表同样要进行首次校验标记,并标注下次校验鉴定日期。同时,还要检查中心润滑装置本身是否固定牢靠,以免在起动润滑时产生振动。

5. 制冷系统的检查

制冷系统主要用于主轴冷却、液压油循环冷却,有的数控机床也用于电气柜冷却。过去的数控机床也有用水冷的,有的制冷系统中还加入不冻液。在数控机床通电前通常要检查不冻液的液位是否合适,电动机、压缩机及排风扇等是否安装牢靠,各开关、插头及接线是否正确。这里要注意,不冻液对人体是有害的,在加注时最好不要用手直接接触。

6. 切削液系统和排屑装置的检查

通常,切削液装置和排屑装置是联合在一起安装的,因为它们在工作时是密不可分的。切削液通过冷却管喷出后,从排屑器底部经过过滤返回到切削液装置的容积箱内,再由切削液泵打到管路中。在一些数控机床中,特别是有些电主轴的数控机床,切削液还要经过制冷装置被冷却降温后,再经精过滤器进入电主轴内部,对电主轴进行冷却后再返回切削液箱。

因此,在数控机床通电前对切削液系统和排屑装置要进行认真的检查。对切削液装置上的高压泵电动机、低压泵排屑装置的电动机相序用前面所述方法进行检查纠正;检查压力表(同样要进行首次校验)接头,各管接头是否安装好;检查各电磁换向阀插头,各开关位置是否正确;过滤器是否安装牢靠;排屑装置与切削液箱的连接是否正确;排屑装置与机床接触部位的高低调整得是否合适;排屑链的松紧是否合适;排屑装置上开关按钮的位置是否正确等。如果有主轴内冷,还要检查用于主轴内冷的过滤装置上的各部件是否安装得正确、牢靠;加注切削液后,各部分装置的液位是否合适,有无泄漏现象等。

上述检查工作做完以后,就可以进行下一步的通电检查了。

7.2.4 接通电源后的检查

1. 强电柜电源的检查

在通电以后,首先要检查强电柜内电源变压器的输入端和输出端(初级和次级)的电压是否符合技术要求,各相电压输入和输出是否平衡。如果发现异常,必须立刻断电,故障排除后再通电进行下一步的工作。

2. 数控柜内电源的检查

为了确保安全,在接通电源之前,可先将电动机动力线断开,这样在系统工作时不会引起机床运动。但在做此工作以前,先要阅读数控机床说明书和电路图,根据说明书的介绍对速度控制单元做一些必要性的设定,目的是不至于因断开电动机的动力线而造成数控机床报警。

接通电源以后,检查各输出电源是否正确。首先,检查数控柜中的各排风扇是否旋转,这也是判断电源是否接通的最简单、最直观的方法之一。然后,检查各模块单元及印制电路板上的电压是否正常,各种直流电压是否在允许的范围内或波动范围之内。

一般来说,+24V 电压允许误差是 ±10% 左右,即 (21.6~26.4)V;±15V 电压的误差不超过 ±10%,即 ±(13.5~16.5)V;对于 +5V 电源要求较高,误差不能超过 ±5%,即在 ±(4.75~5.25)V,因为 +5V 电压是供给逻辑电路的,如果波动太大,会直接影响系统工作的稳定性。如果发现上述电压有问题,或不在要求的范围内,应立即断电,故障排除后再进行下一步工作。

3. 各熔断器的检查

各熔断器是主线路及每一块电路板或电路单元的保险装置。当外电压过高或负载端发生意外短路时,熔丝即刻熔断而使电源切断,起到保护作用。所以,通电前要用万用表测量各熔断器是否接通、型号是否正确,通电以后还要检查熔断器是否工作正常。

4. 液压系统、气动系统的检查

检查通电后的液压系统、气动系统的压力是否正常,各元件管接头有无漏油、漏气现象,还要特别注意主轴拉刀机构、变速机构的液压缸、机械手、刀库、主轴卡紧,尾座动作等的液压缸和电磁阀有无漏油现象。如果漏油,应立即断电修理或者更换,故障排除后才能进行下一步工作。

5. CNC 系统通电

CNC 系统的电源接通以后,需等待几秒钟观察 CRT 显示,直到出现正常画面为止。如果出现 ALARM(报警)显示,应根据报警内容采取措施。若需要关机,应切断电源,分析并寻找故障,将其排除后再通电进行下一步工作。

此时,应注意报警内容可能不止一个,要将每个故障都要排除后才能正常工作。否则,下一步工作将无法进行。

图 7-21 所示为数控机床接通电源后几项必要的检查工作。

数控机床调试前的检查工作到此可以告一段落。当然,在进行这些工作时,要根据数控机床各自的特点、技术要求进行具体分析并区别对待。检查工作可能有些差异,这都要视具体情况增加检查的部位。

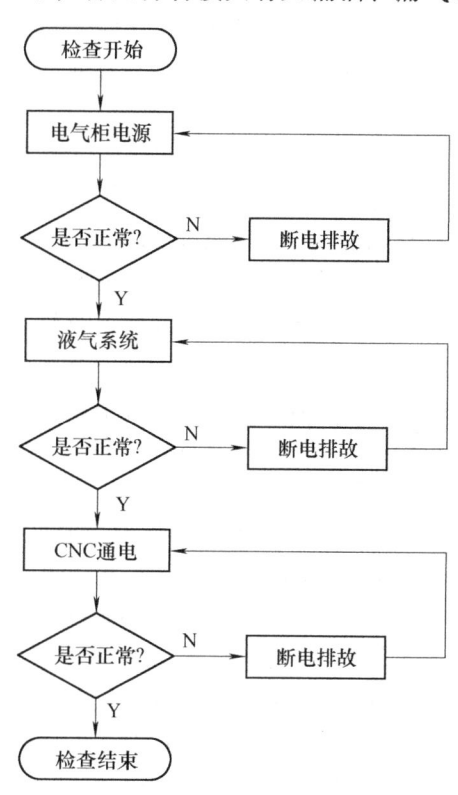

图 7-21 接通电源后主要检查工作流程图

下一步工作即进行数控机床的调试，首先应当进行数控机床 CNC 系统的功能检查和调试工作。

7.3 CNC 系统的功能检查和调试

CNC 系统的功能检查和调试应是对数控机床整机调试工作的第一步。当开始对 CNC 系统功能检查和调试时，首先 CNC 系统应在通电后正常工作，并且 CRT 显示器正常显示。此时，数控机床的其他部分可以先不通电或不加使能，也就是说，对 CNC 系统的功能检查和调试首先是单独脱开数控机床进行的，在检查和调试工作进行完后，才能进行其他项目的调试工作。

下面以 BEIJING-FANUC0i-A 系统的调试为例进行分析。

7.3.1 CRT 显示内容检查和功能调试

在 CRT 显示的内容和操作面板中有软键和功能键。在操作功能键之后再操作软键，就可以详细地看到 CRT 所显示的内容。那么，先检查这些功能键的工作是否正常，在操作软键之后，CRT 的显示画面应翻转或跳转。

1. 利用功能键和软键对功能检查调试的内容

（1）位置（POS）功能

在这个功能下，应显示绝对坐标值、相对坐标值，还有当前各坐标的实际位置值和电子手轮在中断条件下或是接通条件下的显示。可以对电子手轮在接通和断开两种状态下进行调试，看手轮的工作和显示的状态是否符合。同时，还要显示监控画面，即对操作指令进行监控。

（2）程序（PROG）功能在存储（MEM）方式时

在对程序功能 MEM 方式检查时，需要先手工操作编入一段较简单的零件加工程序，并进行存储来对程序功能进行调试。

在这个功能下，CRT 应显示程序内容、程序检查、当前正在执行的程序段、下一个程序段和程序再开始，以及文件目录和调度管理功能设定。

在程序内容和程序检查中，要显示加工零件程序的序号、程序内容和需要检索的程序序号等。同时，在程序检查内容中，还要显示绝对坐标和相对坐标在本程序的状态如何。在文件目录的内容中，要有选择的文件号等。在调度管理功能设定的功能内容中，要有调度管理数据以及输入指令等。

（3）程序（PROG）功能在编辑（EDIT）方式时

在对程序功能 EDIT 方式下，调试人员可在光标的移动下进行加工零件的程序编辑工作。在这个功能状态下，将随着程序的编辑显示程序内容、程序一览表及软盘一览表。

编辑程序完成后，将在程序内容中显示程序的序号、地址，以及光标移动、插入、替换、替换前、替换后等的状态。

（4）程序（PROG）功能在手动输入数据（MDI）方式时

程序功能在 MDI 方式下，调试人员可用手动方式进行输入数据的工作。

在这个功能状态下，CRT 可显示程序内容、程序输入、当前程序段、下一个程序段和程序开始等。

在程序输入的内容中，可显示 MDI 方式下的操作、起动、程序的地址及程序的上下检索等。

(5) 程序 (PROG) 功能在手动 (HNDL)、点动 (JOG) 和返回参考点 (REF) 方式时

不管是在 MDI 方式，还是 HNDL、JOG、REF 方式，数控机床的功能还未加上，因此在检查调试这些方式时，先只看 CRT 的显示是否正确、内容是否都具备。

在 HNDL、JOG 和 REF 方式时，CRT 可显示程序内容、当前程序段、下一个程序段和程序再开始。

(6) 程序 (PROG) 功能在所有方式下都通用

也就是说，在这种功能状态下，如前所述的 MEM 方式、EDIT 方式、MDI 方式以及 HNDL、JOG、REF 方式都通用。

那么，在这个状态下显示的内容主要有程序内容、程序一览表及软盘一览表等。

相应的程序序号、地址、上下检索、光标的移动、插入、替换以及所对应的操作内容也都包括在内。

(7) 位置补偿设定 (OFFSET SETTING) 功能

位置补偿实际上就是对加工零件用的刀具进行偏置补偿，即对刀时需要的刀具半径和长度补偿，或者在加工过程中，由于刀具磨损而进行的刀具半径和长度补偿。

由于数控车床上的刀具与铣床、加工中心等的刀具补偿是不同的，因此这个功能要分为 T 系和 M 系。根据系统用在什么类型的数控机床上来确定是用 T 系（数控车床）还是 M 系（数控铣床）。

T 系的位置补偿功能在 CRT 上主要显示刀具补偿、位置设定、工件坐标系、宏程序变量、图案数据输入、软操作面板和刀具寿命设定。

这里具体显示的内容应当有刀具号、坐标轴的名称、正负数值、数值的输入、刀具号的检索及坐标轴数值的测量等。

在对刀具偏置补偿值设定进行调试时，不管是对什么类型的数控机床，都可以任意选择一两个刀具号输入进去，再假设刀具半径的补偿值和刀具长度的补偿值并输入进去，然后检查相应的 CRT 显示并进行比较。检查调试完成后，要注意及时清除掉假设的刀具半径和刀具长度的补偿值，以免后面联机调试时出现刀具补偿或其他错误。

(8) 系统 (SYSTEM) 功能

这里的系统功能主要显示机床的参数、故障诊断、PMC 程序、系统构成、螺距误差补偿、坐标伺服参数、主轴驱动参数及波形诊断等。

对于机床参数，应当对照参数手册进行检测，尽管在制造厂进行调试时都已确定好，但一般在用户现场进行调试验收时，对主要的机床参数都要认真检查，以免出现错误。用户的维修人员对这些数控机床参数也要有一定的了解。

PMC 程序是厂商编制好的，一般用户不需修改。

从螺距误差补偿可以看到，厂家在调试机床时，是否对各直线坐标进行了螺距补偿以及补偿的数量。螺距误差补偿主要是用来修正数控机床的定位精度和重复定位精度的。在用户最终验收时，一般还要检查数控机床各坐标轴的位置精度。如果在检测中发现定位精度和重复定位精度出现超差，那么还可以用螺距补偿进行修正。

对于坐标伺服参数和主轴驱动参数，要认真对照用户手册中所提供的数据看其是否正确。如果有误，要按照正确的操作方法进行修改数据和内容或输入数据和内容。

波形诊断主要是提供本 CNC 系统中某些点的自诊断波形，可对照维修手册来确认是否正确。

(9) 信息（MESSAGE）功能

信息功能的主要内容有 CNC 系统的故障报警、信息以及报警历史等。

如果 CNC 系统没有故障，故障报警将没有任何显示；如果出现一个或多个故障，将按故障出现的先后次序在此栏里排列显示出来。随着故障的排除，故障内容将自动消除。故障报警显示报警号和具体报警内容，在手册中也可以根据报警号找出更具体一些的内容。

通常在首次给 CNC 系统通电调试时，会有故障发生，那么在检测这项功能时只要看是否报警就可以认定了。

报警历史主要是记录在过去到当前一段时间内所发生过的所有 CNC 系统的故障，内容包括故障报警号、故障内容及故障发生的时间。这个报警历史的记录存储不是无穷大的，当记录的故障内容超出规定存储量时，先发生的故障报警记录将自动溢出，新出现的故障报警将自动记录。

(10) 帮助（HELP）功能

帮助功能的主要内容有报警内容显示的操作和选择，操作方法的操作和选择，以及参数目录等。

这部分功能实际上是提供如何选择所知道的报警内容，以及 CNC 系统的操作方法选择。参数目录将帮助我们做好系统功能检查和调试工作。

(11) 用户图形（CUSTOM GRAPH）功能

这里的用户图形功能主要指刀具轨迹图形，它也是按数控机床的类型分为 T 系和 M 系。

刀具轨迹图形分两类：一类是将加工程序输入到 CNC 系统中以后，将自动生成刀具轨迹，此时可进行静态模拟图形，来大致检查加工程序是否正确；另一类是在加工零件的过程中进行即时动态模拟图形，可监控数控机床加工零件的全过程。

在调试这项功能时，可先编制一个较简单的零件加工程序，并输入到 CNC 系统中，然后看静态模拟图形是否符合程序要求。

在功能键的软键状态下的 CRT 显示内容检查和功能调试工作，归纳起来如图 7-22 的框图所示。

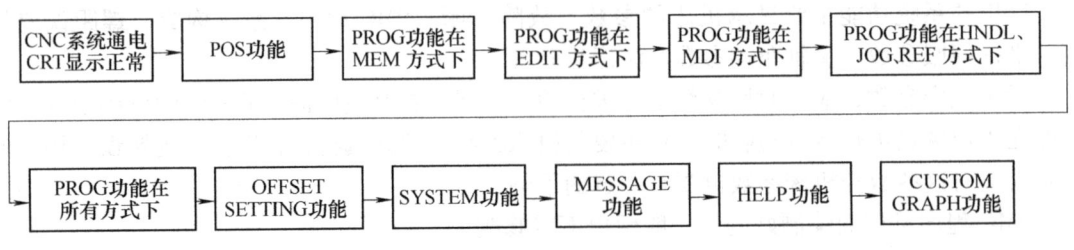

图 7-22 在功能键的软键状态下的 CRT 显示内容检查和功能调试

2. 软件装载和模块设定的检查

(1) 软件装载

BEIJING-FANUC0i-A 系统中的软件主要有 CNC 控制软件、宏程序执行器软件、数字伺服软件和 PMC 控制软件。

一般情况下这四种软件厂家在出厂前都已安装好，但有时进行调试时需将 CNC 控制软件进行装载。CNC 控制软件输送到 DRAM 中以后，CRT 显示上会出现装载基础软件到位"DRAM（LOADING BASIC TO DRAM）"的闪烁字符。

如果出现 CNC 控制软件没有输入到 DRAM 中，检查 ROM 中的数据有异常，此时模块或主板可能出现故障，需排除后重新装载。

(2) 模块设定的检查

在 CNC 系统中，如果某印制电路板中出现硬件故障，或者某印制电路板安装错误，CRT 将显示所安装的印制板模块号。在调试这个功能时，应当检查各模块设定的内容。

(3) 软件构成

CRT 显示的软件构成主要是 CNC 控制软件、数字伺服软件、宏程序库和 PMC 梯形图。

3. 系统构成功能的检查

CNC 系统具有系统构成显示功能，这样就可以知道安装印制电路板的种类和软件种类。

CRT 将显示印制电路板的槽号、模块号以及带 CPU 模块的软件系列和带 CPU 模块的软件版号。

CRT 显示的软件构成主要是软件系列、软件版别、软件种类和软件构成。显示的模块构成主要是印制电路板的槽号、印制电路板的种类、模块或硬件的种类等。

4. 报警履历功能的检查

按照报警顺序，CNC 系统中的存储器只可以存储 50 条报警，满 50 条以后，按报警顺序的先后依次自动消失。

履历报警可以通过正确操作进行清除。当在报警参数中设定"1"时，发生外部报警或用户宏程序报警时，报警履历中不仅可显示出报警号，还可以显示出报警信息，同时对这些报警号和报警信息进行存储。当在报警参数中设定"0"时，发生外部报警或用户宏程序报警时，这些报警将不被存储，只是在发生故障时显示外部报警或用户宏程序报警。

5. 外部操作信息历史功能的检查

这项功能就是可以将外部操作信息作为历史存储起来，同时还可以在外部操作信息历史显示上看到存储的历史内容。

CRT 主要显示外部操作信息历史的年、月、日、小时、分、秒和外部操作信息历史号等内容。当参数 MMC 设定为"1"时，通过操作可将外部操作信息的历史内容删除掉。当参数 MSO、MSI 改变以后，所有外部操作信息的历史内容都将被清除。

外部操作信息最多可指定 255 个字符，但可根据参数的组合来限制外部操作历史保存字符的字数，同时还可以选择历史事件的个数。

当设定好外部操作信息历史功能参数后，需要切断电源然后再重新开机，这个参数的设定才起作用。

6. 操作履历功能的检查

操作履历功能主要是指当数控机床出现故障或报警时，操作人员都操作了哪些键及输入的信号将连同报警的历史同时在 CRT 上显示出来。

(1) 参数设定的检查

在参数表中按照规定在某一项设定"0"或"1",来确定操作历史是否显示,操作历史是否取样及操作历史功能是否有效等。同时,还要在参数设定中检查一下每个设定的时间间隔是否都把时标记录在操作履历上。

(2) 操作历史功能的检查

操作历史功能的主要内容有 MDI 方式下的功能、输入1、输出信号功能,数控机床报警功能,年、月、日、时、分、秒功能。同时,还有以操作历史为对象的输入、输出信号。在 CRT 显示上可以看到以历史存储为内容的输入、输出信号一览表。表中如果有"×",则表示内容以外的信号;如果有"0",则为存储中内容的信号。

7. 诊断功能的检查

诊断功能的主要内容有发出指令而不执行的原因、循环起动信号灯关断的原因、报警状态、串行编码器报警内容、分离型串行脉冲编码器报警内容、伺服参数异常报警的详细情况、位置偏差量、参数点偏差功能、加减速有效时的位置偏差,参数为"0"的原因、感应同步方式绝对位置检测器、串行主轴、刚性攻丝、开放式 CNC、小直径深孔钻削循环及简易同步控制等。

诊断功能的内容比较多,在调试这部分内容时,应仔细对照说明书来检查诊断部位的内容是否都具备。

8. CNC 状态显示功能的检查

在状态显示功能中主要有方式选择状态、自动运转状态、辅助功能状态、紧急停止或复位状态、报警状态、时间显示,以及程序编辑状态或运转中状态等。

方式选择状态功能的主要内容 MEM（自动方式）、MDI（手动数据输入）、EDIT（程序编辑方式）、RMT（运程方式）、JOG（手动连续进给）、REF（回参考点）、INC（增量进给方式）、HND（手动手轮进给方式）、JOG（手动连续进给示教方式）和 THND（手轮示教方式）。

自动运转状态功能的主要内容有 STRT（自动运转起动状态）、HOLD（自动运转暂停状态）、STOP（自动运转停止状态）、MTN（根据程序进行轴移动的状态）、DWL（执行程序中的暂停指令的状态）以及其他状态。

辅助功能状态的主要内容有 FIN（辅助功能执行中的状态）和其他状态。

紧急停止或复位状态功能的主要内容有 EMG（紧急停止状态）和 RESET（CNC 系统复位状态）。

报警状态功能的主要内容有 ALM（检测出现报警的状态）和 BAT（电池电压）以及其他状态。

时间状态功能主要显示时、分、秒。

程序编辑状态或运转中状态功能的主要内容有数据输入、数据输出、数据检索、进行插入及变更等编辑的状态,数据输入时标记跳跃的状态,预读控制方式中的状态和不进行编辑的状态等。

9. 波形诊断功能的检查

波形诊断功能主要有单触发型和存储型两种。单触发型是用数控机床信号的上升沿或下降沿来触发数据采样,这样就给坐标伺服电动机、主轴驱动电动机的调整带来了方便。它可以提供各坐标轴的伺服电动机的误差、脉冲分配、转矩的大小和速度、电流以及热模拟数据。还可以提供各坐标轴的合成速度，主轴驱动电动机的速度、负载表值，主轴换算位置偏差量之差。同时，还可以利用信号地址来确定数控机床信号处于何种状态。

存储型波形诊断功能主要是利用数控机床信号的上升沿或下降沿来结束信号的采样，这样就很容易判断什么地方出现故障。它也可以提供各坐标轴伺服电动机的误差、脉冲分配、转矩的大小和速度、电流以及热模拟数据。

(1) 参数设定功能的检查

主要检查设定使用波形诊断功能的参数和关断再接通电源的功能，包括检查数据形式、数据单位和数据范围等。

(2) 波形诊断参数功能的检查

在单触发型波形诊断参数功能的内容中要具备显示开始条件、采样周期、触发器和数据号，以及数据单位、信号地址等。

按"0"键后，开始采集数据，将采集周期内采集的数据描绘成波形。按"1"键后，在触发信号的第一个上升沿开始采集数据，在采集周期内采集完后，就将采集到的数据描绘成波形。按"2"键后，在触发信号下降沿开始采集数据，在取样周期内采集完后，将采集到的数据描绘成波形。在采样周期内设定采集数据的时间、设定范围和单位。在触发器中设定 PMC 的地址和位，在数据号中按说明书规定的数据范围进行设定，信号地址为 PMC 的地址和信号。

(3) 波形诊断数据功能的检查

按照维修说明书进行操作，可显示出波形诊断图形，并可以启动操作软键描绘数据，将波形向右侧或左侧移动，将波形时间轴和高度分别扩大 2 倍，将波形时间轴和高度分别缩小 1/2，还可将两个通道的零点移动到上方或下方。

10. 操作监控功能的检查

操作监控功能主要是对各坐标伺服轴和主轴的负载及速度进行监控。

通过操作可以看到操作监控是"0"还是"1"，（即是否使用操作监控）。还可以看到监控画面的速度表为"0"时，将显示主轴电动机速度；为"1"时，将显示主轴速度。还可以显示出第一、第二、第三及第四个坐标伺服电动机负载表的轴号。

11. 操作功能的检查

(1) 复位功能的检查

复位功能的主要内容有加工零件数复位、OT 报警复位及 100 号以内报警复位。

(2) MDI 输入功能的检查

MDI 输入功能的主要内容有输入参数、输入偏置量、输入设定数据、PMC 参数输入计数器、数据表、PMC 参数输入计时器、保持型继电器及刀具长度测量。

(3) 与 FANUC 文件盒的输入、输出功能的检查

与 FANUC 文件盒的输入、输出功能的主要内容有文件开始、文件删除及文件校对。

(4) 从 FANUC 文件盒输入功能的检查

从 FANUC 文件盒输入功能的主要内容有参数输入、PMC 参数输入、偏置量输入、程序存储及宏变量输入。

(5) 输出到 FANUC 文件盒功能的检查

输出到 FANUC 文件盒功能的主要内容有参数输出、PMC 参数输出、偏移量输出、所有程序输出、单程序输出及宏变量输出。

(6) 检索功能的检查

检索功能的主要内容有程序号检索、顺序号检索、地址代码检索、地址检索、偏置号检索、诊断号检索及参数号检索。

(7) 编辑功能的检查

编辑功能的主要内容有显示存储容量、删除全部程序、删除单个程序、删除多个程序段、删除单个程序段、删除字、修改字及插入字。

(8) 核对功能的检查

核对功能的主要内容为存储器核对。

(9) 重放功能的检查

重放功能的主要内容为 NC 数据的输入。

(10) 清除功能的检查

清除功能的主要内容有存储器内容清除、参数和偏置量清除、程序清除、编辑程序时断电及 PMC 保持型存储器。注意 FROM 中的梯形图不能清除。

(11) 手动操作功能的检查

手动操作功能的主要内容有手动返回参考点、手动连续进给、增量进给及手动手轮进给。

(12) 显示功能的检查

显示功能的主要内容有程序存储器的容量、指令值显示功能、当前位置显示功能、报警显示功能、报警历史显示功能及画面清除功能等。

(13) 图形功能的检查

图形功能的主要内容有参数设定和描绘刀具轨迹。

(14) 帮助功能的检查

帮助功能的主要内容有初始菜单显示功能、详细报警显示功能、操作方法显示功能及参数目录显示功能。

(15) 自诊断功能的检查

自诊断功能的主要内容为自诊断显示。

(16) 其他功能的检查

其他功能主要有系统监控显示功能、从存储卡中读文件、FLASH ROM 中文件一览表详细画面显示功能和文件的删除、将 SRAM 的内容一次输出到存储卡、由存储卡一次输入功能、删除存储卡文件功能、存储卡格式化功能及退出系统监控功能等。

7.3.2 数控机床 CNC 系统通电后的硬件检查和调试

对 CRT 显示内容检查和功能调试完成以后，在不断电的情况下对各硬件部位进行检查和调试。下面仍以 BEIJING-FANUC0i-A 系统为例进行分析。

1. 硬件的基本配置

硬件主要分为两大单元，一个是主板单元，另一个是 I/O 板单元。主板单元由主 CPU、存储器、PMC 控制、I/O 控制、伺服控制、主轴控制、存储卡以及 LED 显示等电路组成。

其中存储器中主要包括系统软件、宏程序、梯形图程序、零件加工程序和参数等。I/O 板单元由电源板、阅读穿孔机接口、MDI 控制、显示控制以及手摇脉冲发生器控制和 RS-232 标准接口等电路组成。

主板单元由多个模块组成，主要有 PMC 控制模块、存储器和主轴模块、FROM 和 SRAM 模块及伺服模块等。

2. 主板单元发光二极管 LED 的工作状态

主板单元的 LED 显示表示主板单元的工作状态，从 LED 的显示上可以直观地看到 CNC 系统中主板单元的工作是处于正常状态还是故障状态。因此，当 CNC 系统通电以后，必须检查主板单元 LED 的显示是否正常。

当电源接通以后，软件装载到 DRAM 中，如有错误，CPU 处于停止工作状态时，全部 LED 都会显示。在等待系统内各处理器的 ID 设定完成后，FANUCBUS 初始化完成，PMC 初始化完成，系统内各电路板的硬件配置信息设定完成，PMC 梯形图程序的初始化执行完成，等待数字伺服的初始化。初始化设定完成及正常运行中等情况下，四个发光二极管将都有相应的显示。要认真对照说明书来检查这些发光二极管显示的排列组合是否符合要求，特别是当 CNC 系统通电工作正常后 LED 显示的位置或状态。

当主板单元出现故障时，报警状态显示三种情况，即主 CPU 板上的电池报警、伺服报警及其他系统方面的报警。如果报警状态 LED 显示了某种状态，应立即停机并按照说明书指出的报警状态的含义排除故障。故障排除后 LED 显示正常了，才能进行下一步的检查和调试工作。

3. I/O 单元的开关设定和 LED 的工作状态

在 I/O 板上有一个用"8、4、2、1"码组合的设定开关。当开关全部打开时，将显示启动菜单，可由 PC 控制 BOOT 或 IPL 的操作。当"1"打开、其余关断时，是计算机和 CNC 系统一对一连接时使用，它表示不显示启动菜单。因此，不可由 PC 控制 BOOT 或 IPL 的操作。当"2"打开、其余关断时，只有 CNC 系统和计算机分别起动时使用，也就是即使不连接 PC 或计算机不通电，CNC 系统也可以起动，起动菜单不显示，这种状态只是维修时使用，在数控机床正常工作时，不允许有这种设定。

I/O 单元的 LED 显示表示 I/O 单元的工作状态，它是"4、3、2、1"码的排列。当电源接通后全部显示；当高速串行总线板在初始化中显示"4、3、2"；当 PC 正执行 BOOT 操作时显示"4、3、1"；当 PC 显示 CNC 系统画面时显示"4、3"；当起动正常、系统处于正常操作状态时显示"4"；当智能终端因过热出现温度报警时显示"3、2"；当通信中断时显示"3、1"；当 CNC 系统公共 RAM 出现奇偶报警时显示"3"；当通信错误时显示"2、1"；当智能终端出现建议报警时显示"2"。

在对 I/O 单元上的开关设定和 LED 的状态与说明书对照全部正确后，才说明 I/O 单元是正常工作的，否则必须要找出原因排除故障后才能进行工作。

除了主板单元和 I/O 单元外，另外还要有电源单元、主轴放大单元和伺服放大单元。同样，对这三个单元上的状态显示，按照说明书上的要求进行检查和调试。

4. 液晶显示器 LCD 的调整

在调试液晶显示器时，如果发现显示频繁闪烁，可将液晶显示器后部的 TM1 开关扳到另一侧，即可消除闪烁。如果需要调整液晶显示器的水平位置，可以调整显示器后部的

SW1 电位器，将其调到最佳状态。调整时注意：除 SW1 外，其余电位器不要调整，以免出现异常。

7.3.3 数字伺服系统的检查和调试

FANUC0i-A 系统采用数字伺服系统，根据数字伺服系统的特点，在调试数控机床时，对数字伺服要做以下检查和调试工作。

1. 检查和调试伺服系统参数的初始化设定

数控机床在急停状态下接通电源，按照维修书上的操作方法找到显示设定伺服调整参数的画面，"0"表示不显示伺服调整画面，"1"表示伺服调试画面。设定好以后，先切断电源，几秒钟以后再次接通，以上设定的参数就开始起作用。

按照操作方法进行参数初始设定时，PRMCAL 位自动变成"1"；DGPRM 位为"0"时，表示进行数字伺服参数的初始化设定；为"1"时，表示不进行数字伺服参数的初始化设定；PLCO1 位为"0"时，使用 PRM2023 和 2024 的值乘以 10 倍。

在检查和调整伺服电动机号参数时，按照 α 系列伺服放大器说明书对照或输入有关参数。

根据电动机的种类，按照说明书要求在 AMR 功能中设定相应的"0"或"1"（8 位），再确定 CMR 的参数。

此时，先短时间关断电源，再打开电源时，上述参数的设定开始起作用。

根据串行脉冲编码器或串行 α 脉冲编码器来确定进给齿轮的参数。伺服电动机的旋转方向参数（即顺时针方向、逆时针方向）、速度脉冲数、位置脉冲数的参数及参考计数器参数也同时检查或设定好。

这样，数字伺服系统参数的初始化就检查或调试完成了。

2. 伺服调整的显示

伺服调整的显示内容主要有功能位、回路增益、调整开始位、设定周期、积分增益、比例增益、滤波器、速度增益、报警1～报警5、位置偏差量、实际电流和实际速度等。实际电流即显示额定电流的百分比。实际速度即显示电动机的实际转速。

报警1从#7～#0 的内容分别是过载报警、低电压报警、过电流报警、异常电流报警、过电压报警、放电电路报警及断线报警和溢出报警。报警2的内容主要是放大器过热报警、电机过热报警、内装脉冲编码器硬件断线报警、分离型脉冲编码器硬件断线报警和脉冲编码器软件断线报警。报警3从#6～#0 的内容分别是串行脉冲编码器的硬件异常报警，电池电压不足报警，串行编码器或反馈电缆异常、反馈信号的计数器错误报警，串行编码器技术错误报警，电池的电压已为 0V 报警，串行脉冲编码器异常、内部程序段停止报警和串行脉冲编码器不良或反馈电缆有问题报警。报警4从#7～#5 的内容分别是串行编码器通信异常、通信没有应答报警，串行编码器通信异常、传输的数据出错报警和数字伺服检测的参数不正确报警。报警5从#6～#3 的内容分别是：数字伺服电流值的 AID 转换异常报警、伺服放大器的电磁开关触电熔断报警、α 脉冲编码器的 LED 异常报警以及由于 α 脉冲编码器或反馈电缆异常而使反馈脉冲不正确报警。

3. 返回参考点位置参数的调整

数控机床的各坐标轴都有返回参考点功能，坐标轴返回参考点一般采用两种方法，即挡块方式返回坐标参考点和无挡块方式返回坐标参考点。当了解到调试数控机床各坐标轴返回参考点采用何种方式后,即可对参数进行检查或调试。

(1) 挡块式返回参考点位置的调整

所谓挡块式返回参考点,就是在坐标运行的可移动部件上安装减速挡块和参考点挡块,在固定部件上安装减速行程开关和参考点行程开关。坐标返回参考点的速度和到参考点位置的控制如图 7-23 所示。

同样,当控制数控机床的某个坐标需要返回参考点时,在减速行程开关碰到减速行程挡块以前,坐标是以 G00 快速运行的,当减速行程挡块运行到减速行程开关以后开始减速运行直到参考点为止。在一些数控机床上采用减速挡块、减速行程开关和参考点挡块、参考点开关两套元件,而另一些数控机床只需要一套元件来实现减速和到参考点位置。不论采用几套元件,对于闭环伺服系统来说,要与光栅尺或感应同步尺上所设定的坐标参考点配合使用;对于半闭环伺服系统来

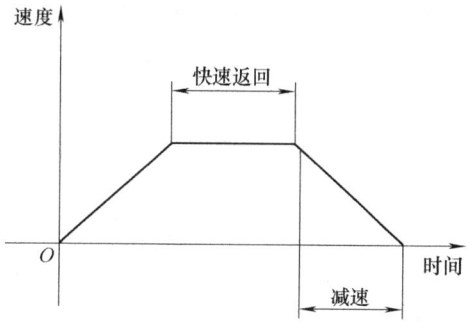

图 7-23 坐标返回参考点的速度和到参考点位置的控制

说,要与脉冲编码器上所设定的坐标参考点配合使用。因此,坐标返回参考点也有个参数设置问题。

对于光栅尺闭环伺服检测系统,光栅尺上等距离的固定点都可以设定为参考点,但是参考点的位置必须是接近挡块位置的。一般来说,当所用光栅尺有多个参考标志时,可以用整数除距离,把所得的值作为参考计数器容量来设定。

(2) 无挡块方式返回坐标参考点的设定

所谓无挡块方式返回坐标参考点,就是在坐标运行的可移动部件和固定部件上不安装挡块和行程开关,而是用绝对位置检测器来设定坐标的参考点位置。如果在调试数控机床、使用数控机床及维修数控机床时需要重新设定参考点位置,可按说明书指定的方法进行设定。

在 FANUC0i-A 系统中具体操作为:手动把坐标轴移动到所要设定的参考点附近,然后操作返回参考点开关,按进给轴方向选择信号按钮中的"+"、"-",移动到下一个光栅尺的栅格位置后停止,将此位置设定为该坐标的参考点。在设定参考点参数时,按操作要求找到相应的画面和参考位,在 DLZ 位置上如果设为"0"表示返回参考点位置;如果设为"1"则表示采用无挡块或返回参考点。再找到相应的参考位,在 ZMI 位置上如果设为"0",表示返回参考点间隙初始方向为正;如果设为"1",则表示返回参考点间隙初始方向为负,即返回参考点时的坐标移动方向就确定了。

7.3.4 交流主轴驱动系统的检查和调试

FANUC0i-A 数控系统控制交流主轴驱动有两种形式:一种为串行接口,另一种为模拟接口。

1. 串行接口交流驱动主轴的调试

串行接口交流驱动主轴主要通过 PMC 控制与主轴有关的 S 指令、M 指令、主轴倍率、变速齿轮选择及主轴定向等功能。

在主轴参数设定画面中可以看到齿轮比参数、主轴最高转速参数、电动机最高转速参数

和主轴为 C 轴时最高转速参数。

主轴调整画面中的运行方式主要有一般运行、定向、同步控制、刚性攻丝、C 轴轮廓控制和主轴定位控制等。

在参数显示中，由于运行方式不同，参数显示和项目也不同。按照运行方式分类，各部分的主要内容如下：

① 一般运行：比例增益、积分增益、电动机电压及再生电源。

② 定向：比例增益、积分增益、回路增益、电动机电压、ORAR 增益（%）及参考点偏移。

③ 同步控制：比例增益、积分增益、回路增益、电动机电压、加减速常数（%）及参考点偏移。

④ 刚性攻丝：比例增益、积分增益、回路增益、电动机电压、ZRN 增益及参考点偏移。

⑤ C 轴轮廓控制：比例增益、积分增益、回路增益、电动机电压、ZRN 增益（%）及参考点偏移。

⑥ 主轴定位控制：比例增益、积分增益、回路增益、电动机电压、ZRN 增益（%）及参考点偏移。

同样，在监视器显示中，运行方式不同，监视器显示的项目也不同。按照运行方式分类，各部分的主要内容如下：

① 一般运行：电动机速度、主轴速度。

② 定向：电动机速度、主轴速度及位置偏差 S1。

③ 同步控制：电动机速度、主轴速度、位置偏差 S1、位置偏差 S2 及同步偏差。

④ 刚性攻丝：电动机速度、主轴速度、位置偏差 S1 及同步偏差。

⑤ C 轴轮廓控制：电动机速度、主轴速度及位置偏差 S1。

⑥ 主轴定位控制：电动机速度、主轴速度及位置偏差 S1。

主轴报警可报出 48 个故障，供调试和维修时使用。另外，还有控制输入、输出信号。

上述六种运行方式都有对应的参数号，可以随时对照检查。在电动机的标准参数中，当按照操作方式打开画面以后，对照检查所调试数控机床的交流主轴驱动电动机的型号是否与显示的相同，如果有错误应马上纠正，否则连机调试时会出现故障。

2. 模拟接口交流驱动主轴的调试

模拟接口交流驱动主轴同样主要通过 PMC 控制与主轴有关的 S 指令、M 指令、主轴倍率、变速齿轮选择及主轴定向等功能。

在进行 D/A 转换器的偏移调整时，指令主轴转速为零，用数字万用表将主轴放大器电路板上的检查端子 DA2 调为 0mV，就可对 M 系或 T 系的 D/A 转换器偏移进行调整。

在进行 D/A 转换器增益的调整时，指令齿轮 1 的主轴为最高转速，用数字万用表把主轴放大器电路板上的检查端子 DA2 调为 10.0V，就可对 M 系或 T 系进行参数值的调整。

数控机床 CNC 系统的功能检查和调整是数控机床整体检查和调试工作的主要组成部分，只有 CNC 系统中的功能符合用户订货的要求时，才能进行下一步的调试工作。

一般情况下，数控机床交到用户手中时，这方面的工作是由厂商的服务人员来完成的。但是作为数控机床的维修人员，一定要直接参与数控机床的调试工作，这对今后的正确使用和维修工作会带来极大帮助。

图 7-24 所示是 CNC 系统功能检查和调试的主要内容。

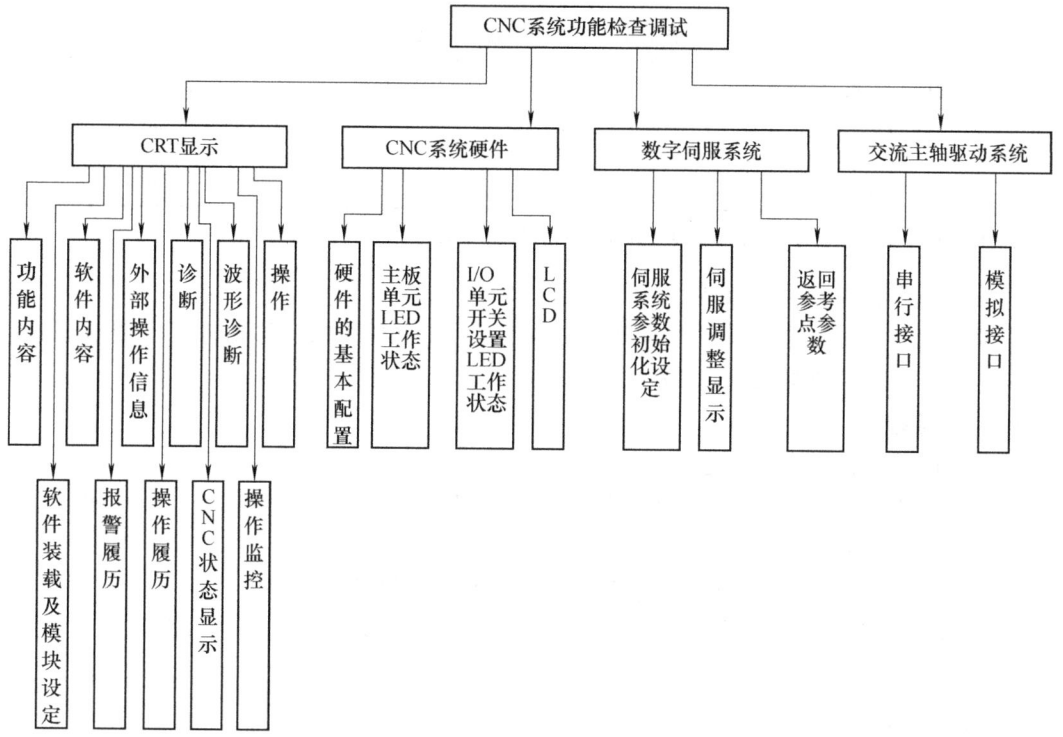

图 7-24 CNC 系统功能检查和调试的主要内容

7.4 数控机床的空运行功能检验与调试

在机床完成安装的相关工作,并完成了就位安装的相关验收工作后,机床可以进行功能验收和调试,为后续的几何精度和工作精度的验收和调试进行前期的准备工作。通常而言,只有完成了功能验收和空运行后,才能进行几何精度和工作精度的验收、调试工作。

7.4.1 数控机床空运行与功能检验的一般要求

空运行检验是在无负荷状态下运转机床,检验各机构的运转状态,温度变化,功率消耗,操纵机构动作的灵活性、平稳性、可靠性及安全性试验。

机床的主运动机构应从最低速度起依次运转,每级速度的运转时间不得少于 2min。用交换齿轮、带传动变速和无级变速的机床,可作低、中、高速运转。在最高速度时应运转足够的时间(不得少于 1h),使主轴轴承(或滑枕)达到稳定温度。

进给机构应作依次变换进给量(或进给速度)的空运行试验。对于正常生产的产品检验时,可仅作低、中、高进给量(或进给速度)试验。有快速移动的机构,应做快速移动的试验。在空运行过程中,还应该做以下的具体检验:

1. 温升检验

在主轴轴承达到稳定温度时,检验主轴轴承的温度和温升,其值均不得超过表 7-1 主轴轴承温度和温升的规定。

表 7-1 主轴轴承温度和温升

轴承形式	温度/℃	温升/℃
滑动轴承	60	30
滚动轴承	70	40

注：机床经过一定时间的运转后，其温度上升幅度不超过 5℃/h 时，一般可认为已达到稳定温度。

2. 主运动和进给运动的检验

检验主运动速度和进给速度（进给量）的正确性，并检查快速移动速度（或时间）。在所有速度下，机床工作机构均应平稳、可靠。

3. 动作检验

机床动作试验包括以下内容：

① 用一个适当速度检验主运动和进给运动的起动、停止（包括制动、反转和点动等）动作是否灵活、可靠。

② 检验自动机构（包括自动循环机构）的调整和动作是否灵活、可靠。

③ 反复变换主运动和进给运动的速度，检查变速机构是否灵活、可靠以及指示的准确性。

④ 检验转位、定位、分度机构动作是否灵活、可靠。

⑤ 检验调整机构、夹紧机构、读数指示装置和其他附属装置是否灵活、可靠。

⑥ 检验装卸工件、刀具、量具和附件是否灵活、可靠。

⑦ 与机床连接的随机附件应在该机床上试运转，检查其相互关系是否符合设计要求。

⑧ 检验其他操纵机构是否灵活、可靠。

⑨ 检验有刻度装置的手轮反向空程量及手轮、手柄的操纵力。空程量应符合有关标准的规定。操纵力应符合表 7-2（手轮、手柄的操纵力）的要求。

表 7-2 手轮、手柄的操纵力

机床重量/t		≤2	>2~5	>5~10	≥10
使用频繁程度	经常使用	操纵力/N	40	60	80	120
	不经常使用		60	100	120	160

4. 安全防护装置和保险装置的检验

按 GB 15760—2004《金属切削机床安全防护通用技术条件》等标准的规定，检验安全防护装置和保险装置是否齐备、可靠。

5. 噪声检验

机床运动时不应有不正常的尖叫声和冲击声。在空运行条件下，对于精度等级为Ⅲ级和Ⅲ级以上的机床，噪声声压级不得超过 75dB；对于其他精度等级的机床，噪声声压级不应超过 85dB。

6. 液压、气动、冷却、润滑系统的检验

一般应有观察供油情况的装置和指示油位的油标，润滑系统应能保证润滑良好。机床的冷却系统应能保证冷却充分、可靠。机床的液压、气动、冷却和润滑系统及其他部位均不得漏油、漏水、漏气。切削液不得混入液压系统和润滑系统。

7. 整机连续空运行试验时间控制

对于自动、半自动和数控机床，应进行连续空运行试验，整个运行过程中不发生故障，连续运行时间应符合表7-3整机连续空运行时间表的规定。试验时，自动循环应包括所有功能和全部工作范围，各次自动循环之间休止时间不得超过1min。

表7-3 整机连续空运转时间表

机床自动控制形式	机械控制	电液控制	数字控制	
			一般数控机床	加工中心
时间/h	4	8	16	32

8. 检验场地应符合有关标准要求

检验场地应符合的标准要求，通常包含以下条件：
① 环境温度：15～35℃。
② 相对湿度：45%～75%。
③ 大气压力：86～106kPa。
④ 工作电压保持为额定值的 -15%～+10%范围。

7.4.2 数控卧式车床空运行及功能检验

对于最大车削直径200～1000mm，最大车削长度至5000mm的数控卧式车床，通常按以下的要求进行空运行和功能检验。

1. 手动功能检验

用按键、开关或人工操纵对机床进行功能试验，试验其动作的灵活性、平稳性和可靠性。

① 任选一种主轴转速和动力刀具主轴转速，起动主轴和动力刀架机构进行正转、反转、停止（包括制动）的连续试验，连续操作不少于7次。

② 主轴和动力刀具主轴做低、中、高转速变换试验，转速的指令值与显示值（或实测值）之差不得大于5%。

③ 任选一种进给量，将起动进给和停止动作连续操纵，在Z轴、X轴、C轴的全部行程上做工作进给和快速进给试验，Z轴、X轴快速行程应大于全行程的1/2。正、反方向连续操作不少于7次，并测量快速进给速度及加、减速特性。测试伺服电动机电流的波动，其允许差值由制造厂规定。

④ 在Z轴、X轴、C轴的全部行程上，做低、中、高进给量变换检验。

⑤ 用手摇脉冲发生器或单步移动溜板、滑板、C轴的进给检验。

⑥ 用手动或机动使尾座和尾座主轴在其全部行程上做移动检验。

⑦ 有锁紧机构的运动部件，在其全部行程的任意位置上做锁紧试验，倾斜和垂直导轨的滑板在切断动力后不应下落。

⑧ 回转刀架进行各种转位夹紧检验。

⑨ 液压、润滑、冷却系统做密封、润滑、冷却性能试验，要求调整方便、动作灵活、

润滑良好、冷却充分、各系统不得渗漏。

⑩ 排屑、运屑装置检验。

⑪ 有自动装夹换刀机构的机床，应进行自动装夹换刀检验。

⑫ 有分度定位机构的 C 轴应进行分度定位检验。

⑬ 数字控制装置的各种指示灯、程序读入装置、通风系统等功能检验。

⑭ 卡盘的夹紧、松开，检验其灵活性及可靠性。

⑮ 机床的安全、保险、防护装置功能检验。

⑯ 在主轴最高转数下，测量制动时间，取 7 次平均值。

⑰ 自动监测、自动对刀、自动测量、自动上下料装置等辅助功能检验。

2. 控制功能验收

用 CNC 控制指令进行机床的功能检验，检验其动作的灵活性和功能可靠性。

① 主轴进行正转、反转、停止及变换主轴转速检验（无级变速机构做低、中、高速检验，有级变速机构做各级转速检验）。

② 进给机构做低、中、高进给量及快速进给变换检验。

③ C 轴、X 轴和 Z 轴联动检验。

④ 回转刀架进行各种转位夹紧试验，选定一个工位测定相邻刀位和回转 180°的转位时间，连续 7 次，取其平均值。

⑤ 试验进给坐标的超程、手动数据输入、坐标位置显示、回基准点、程序序号指示和检索、程序停止、程序结束、程序消除、单步进给、直线插补、圆弧插补、直线切削循环、锥度切削循环、螺纹切削循环、圆弧切削循环、刀具位置补偿、螺距补偿、间隙插补及其他说明书规定的面板及程序功能的可靠性和动作的灵活性。

3. 温升检验

测量主轴高速和中速空运行时主轴轴承、润滑油和其他主要热源的温升及其变化规律，检验应连续运转 180min。为保证机床在冷态下开始试验，试验前 16h 内不得工作，试验不得中途停车。试验前应检查润滑油的数量和牌号，确保符合使用说明书的规定。

温度测量应在主轴轴承（前、中、后）处及主轴箱体、电动机壳和液压油箱等产生热量的地方。

主轴连续运转，每隔 15min 测量一次。最后用被测部位温度值绘成时间-温升曲线图（见图 7-25），以连续运转 180min 的温升值作为考核数据。

在实际的检验过程中，应该注意以下几点：

① 温度测点应选择尽量靠近被测部件的位置。主轴轴承温度应以测温工艺孔为测点。在无测温工艺孔的机床上，可在主轴前、后法

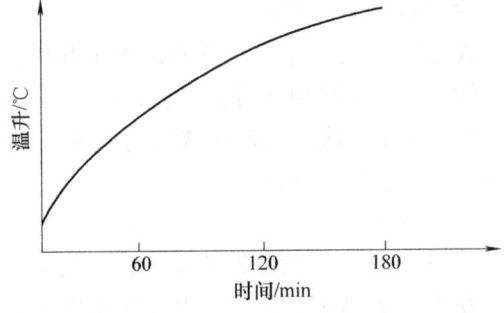

图 7-25 时间-温升曲线图

兰盘的紧固螺钉孔内装热电耦，螺孔内灌注润滑脂，孔口用橡皮泥或胶布封住。

② 室温测点应设在机床中心高处离机床 500mm 的任意空间位置，油箱测温点应尽量靠近吸油口的地方。

7.4.3 数控车床的整机调试与负荷试验

1. 数控车床的空运转调试

如有一台卧式数控车床,最大车削直径为 $\phi 400\text{mm}$,最大车削长度为 600mm,主轴的速为 25～5000r/min 无级调速,即主轴的最低转速为 25r/min,最高转速为 5000r/min。

(1) 温升的调试

将数控车床的主轴从最低速开始运转,经过中速、高速,可以划分为如表 7-4 所示的区域,进行卧式数控车床的主轴温升调试。

表 7-4 卧式数控车床主轴温升调试

主轴转速/(r/min)	25	75	125	225	375	525	675	825
温升时间/min	30	5	5	10	5	5	5	5
主轴转速/(r/min)	1000	1250	1500	1750	2000	2250	2500	2750
温升时间/min	10	5	5	5	5	3	3	3
主轴转速/(r/min)	3000	3250	3500	3750	4000	4250	4500	5000
温升时间/min	3	5	5	5	5	5	10	60

按照 JB/T 4368.3—96 的标准规定,主轴的最高转速运行时间不能少于 1h,如果是有级变速,从低到高每级速度的运转时间不少于 2min。在这里把主轴的无级调速,在 25～5000r/min 内划分为 24 个档次。最低转速由于是主轴刚开始运转,故转 30min;然后逐步提高转速到 5000r/min,此时主轴运行 60min。

在主轴运行过程中,可以从 CRT 的显示监控主轴的温度和温升情况。如果在 CRT 显示中监控的同时,或无此功能时,可以用激光测温计对主轴进行直观测温,也可以与 CRT 显示的温度值进行比较,就可以较准确地测出主轴运转时的温度和升温情况。

对于卧式数控车床来说,主轴轴承的温度不能超过 70℃,温升不能超过 35℃,否则主轴轴承的自身质量、主轴轴承的精度选择及主轴轴承的装配质量会存在问题。

(2) 主轴转速和各坐标轴进给速度的调试

按照国家机械行业标准,数控卧式车床的技术条件 JB/T 4368.3—96 中规定:主轴转速的实际偏差不应超过指令值的 ±5%;各坐标轴的进给运动,包括 C 坐标轴旋转运动也不能超过指令值的 15%。以主轴转速 S=1000r/min 和坐标进给速度 F=500m/min 为例,偏差值规定的范围如图 7-26 所示。

如图所示,假设主轴的转速给定 S=1000r/min,这可以是在 MDI 方式下给定,也可以是程序中给定,那么主轴的转速范围应当是 S=950～1000r/min,或者是 S=1000～1050r/min 也为正常转速值。对于坐标进给速度,假设给定 F=5m/min,同样可以是 MDI 方式下给定,也可以是程序中给定,各坐标轴进给速度范围应当是 F=4.75～5m/min,或者 F=5～5.25m/min 也属于正常值。

为了保证数控车床的加工精度,主轴的转速和各坐标轴的进给速度是直接影响切削速度的重要参数。因此,在调试数控车床的主轴转速和各坐标轴的进给速度时,要引起足够的重视,可以用调整参数的方法进行一定范围内的修正。

(3) 数控车床主机各部分动作的调试

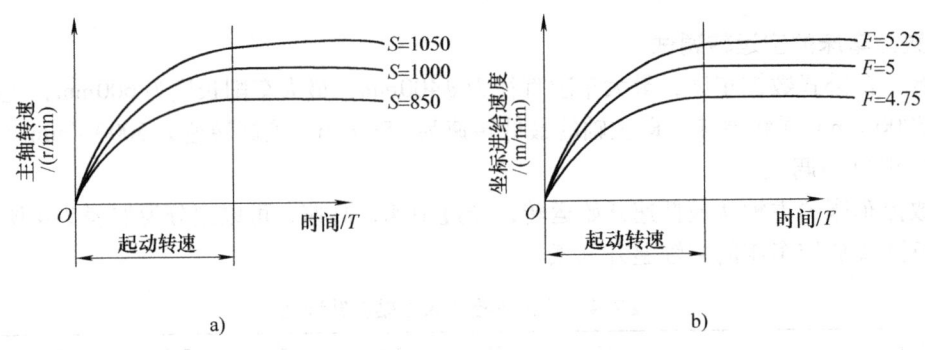

图 7-26 数控车床主轴转速和坐标进给速度允许的偏差值
a) 主轴转速偏差值 b) 坐标进给速度偏差值

可以用手动直接操纵按钮、开关在主轴低转速、中转速及高转速中各选择一种转速，然后起动主轴，并分别对主轴的低转速、中转速及高转速进行正转、反转和停止以及增速、减速，并进行 7 次以上的动作。再用控制指令 M 功能和 S 功能重复上述动作，看主轴的这些动作是否灵活、可靠。这是对主轴的正转、反转和制动的各动作进行试验和调试。

对 X 坐标轴、Z 坐标轴和 C 坐标轴用手动直接操作按钮、开关，低速、中速和快速进给的全行程内各进行 7 次以上的起动、停止和正方向、反方向以及增速、减速的连续运动和切换。然后再用控制指令 G 功能和 F 值重复低速和中速运行的动作，用 G00 指令重复快速运行的动作，对 C 轴还要进行分度定位的动作。此时，坐标伺服电动机、速度检测装置、位置检测装置、机械各传动装置及润滑系统等都应工作正常。

X、Z、C 三个坐标轴在 CNC 系统的控制下进行联动，包括直线轨迹的联动，圆弧或曲线轨迹的联动。在圆弧或曲线轨迹的联动中，还应进行顺时针圆弧或曲线的联动和逆时针圆弧或曲线的联动。用这些动作来确认坐标的联动、直线插补、圆弧插补和过象限等是否具备了技术上的要求。

对回转刀架分别进行顺时针和逆时针旋转找刀位的动作。如果是 12 个刀位，那么依次从 1 号刀位找到 12 号刀位，或者从 12 号刀位反方向找到 1 号进行选刀位动作。然后，再进行顺时针和逆时针跳 1 个刀位进行选刀动作，即 1、3、5、7、9、11 号刀位或者 11、9、7、5、3、1 号刀位。最后，再进行顺时针、逆时针的任意选刀位动作。进行这些动作的同时还要注意刀盘的锁紧和放松动作。

在回转刀架进行找刀动作时，需要用手动操纵按钮或开关和用 CNC 系统给定 T 指令进行控制两种方法分别进行。这时，回转刀架的电动机和机械传动机构、定位机构及锁紧机构等都应处于正常工作状态，不允许出现任何故障和异常现象。

对于 CNC 系统控制的沿 Z 坐标轴导轨移动的尾座和尾座中套筒顶尖的运动，先用手动开关或按钮操纵尾座运动，然后用脚踏开关操纵尾座中的套筒进行运动。注意进行尾座和套筒运动时，应当是全行程的，并且是反复多次进行动作。

在有些数控车床上，尾座在 Z 坐标轴上轨迹的运动是用手动来完成的，锁紧机构也是靠手动来完成的。此时，只需要进行脚踏操纵尾座套筒的全行程动作就可以了。

用手摇脉冲发生器（或称手轮），配合操作面板上的转换开关对 X 坐标轴、Z 坐标轴和 C 坐标轴进行连续或单步运行动作，再配合操作面板上的倍率转换开关对这三个坐标轴进行运行动作，此时不允许有失步和跳步现象。

用手动操纵各按钮和开关来反复对排屑装置或排屑器进行正反转、起动及停止，排屑器的动作应当平稳、灵活、可靠。如果发现传动链有碰排屑器内壁现象，就应当及时调整排屑链在合适的位置，调整机构一般都设置在排屑器中排屑出口附近的两侧。

如果数控车床是斜床身导轨，有的斜床身导轨斜角为 45°，有的斜床身导轨斜角为 30°。不管斜床身的斜率是多少，X 坐标轴在斜床身上的横向运动在任意一点停止时都应是被锁定的，不应出现下滑现象，特别是在断电情况下不应出现下滑。这可以通过关断电源或按下急停按钮开关，再打开电源或抬起急停按钮开关来观察和测量 X 坐标轴的位置是否有变化。如果出现下滑现象，即使是很少的下滑现象，都可认为是 X 坐标轴伺服电动机的制动装置出现问题，需要调整或更换。

在上述数控车床空运转调试的工作中，除了进行温升调试、主轴转速和各坐标轴进给速度调试，以及数控车床主机各主要部分动作的调试以外，还需要进一步细化调试内容，其中包括程序动作调试、进给和插补动作调试、切削循环动作调试、补偿动作调试、超程保护、手动数据输入、坐标位置显示和回基准点等动作的调试。

图 7-27 所示为进一步细化调试的一些基本内容。在对数控车床的这部分调试工作中，可能有部分内容没有被列进去，读者可根据调试数控车床的具体情况进行增减。

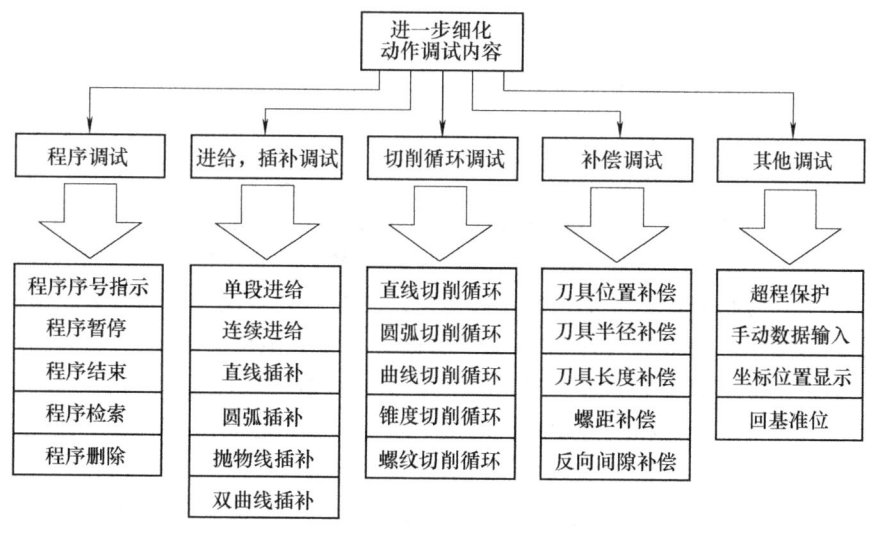

图 7-27 数控车床细化调试内容示意图

图 7-27 中的螺距补偿指的是各直线坐标滚珠丝杠副的螺距在某一点上超出了定位精度所要求的范围，而通过 CNC 系统进行的螺距补偿。反向间隙补偿指的是各直线坐标滚珠丝杠副的反向间隙，另外还有齿轮的反向误差所规定的范围通过 CNC 系统进行反向间隙补偿。

（4）数控车床主传动系统空运转功率的调试

在数控车床空运转调试中还应包括齿轮传动的主传动系统空运转的功率调试、单纯的齿形带传动的主传动系统空运转的功率调试及电主轴传动系统空运转的功率调试。例如，某台数控车床的主轴转速范围是 25～5000r/min 无级调速，它所要求的是在主轴达到 5000r/min 时，即在 100% 转速时功率为 9kW；而主轴在 2000r/min 时，即在主轴最高转速的 40% 时，要求的功率为 14kW。又如，某国产数控车床的主轴转速范围是 25～5000r/min 无级调速，它所要求的是在主轴达到 625r/min 以上时，即在主轴最高转速的 12.5% 以上时为 11kW 的恒功率。因此，在调试数控车床主传动系统空运转功率时，要对照说明书中所提供的主轴转速和主轴功率之间的关系，并看实际功率参数是否与设计的功率参数相符合。

(5) 数控车床整机连续空运转模拟切削的调试

一般数控机床的生产厂商都会给用户提供一个具有数控机床全部功能，并模拟切削加工的数控机床整机空运转程序。当然，数控车床也带有这样一个空运转模拟切削的调试程序。作为用户，也可以根据自身的特殊情况和需要，要求厂商或自己编制一个数控车床的空运转模拟切削调试程序，对所购置的数控车床进行整机连续空运转模拟切削调试。

在我国标准 JB/T 4368.3—96 中规定，卧式数控车床整机连续空运转模拟切削的时间为 48h，模拟空运转程序的一次循环在 15min 以内，每次重复循环程序的时间间隔不能大于 1min。这样，数控车床在连续空运转模拟切削的 48h 中，不应出现任何故障。

对主轴转速从低到高、从高到低，各坐标的进给运行从低到高、从高到低，刀架的每个刀位换刀，尾座及尾座套筒的全行程动作，各坐标轴的全行程动作，排屑器的正转、反转、停止，切削液的开关及主轴卡盘的夹紧与放松等全部进行调试和试验，这是数控车床调试过程中不可缺少的工作。

2. 数控车床的负荷试验

数控车床的负荷试验是数控车床调试中的一项重要工作，实际上是看所购置数控车床的加工能力是否能满足用户所提出的数控车床应当承受动负荷方面的技术要求。

数控车床的最大切削抗力、切削时的抗振性和数控车床主传动系统的最大转矩、主传动系统的最大功率等，都是对数控车床进行负荷试验时的重要内容。

在进行最大切削抗力和主传动系统的最大转矩试验时，切削试件的材料用 45 号中碳钢，刀具的材料、类型和切削用量及切削试件的尺寸等要参照厂商所提供说明书的规定进行。最大切削抗力按主分力和刀具角度来确定。主传动系统的最大转矩可用功率表、电流表、电压表及转速表进行测量。许多数控车床的操作面板上都装有电流表、电压表、转速表或功率表，在数控车床正常的加工中随时都进行监控。还有些数控车床 CNC 系统中的自适应控制也具备了监控最大切削抗力和主传动系统的最大转矩，如果在切削时超出了数控车床对抗力和转矩的要求，数控车床会报警来对操作人员进行提示。

在进行数控车床的抗振性切削试验时，要按照 JB/T 4368.3—96 标准中提供的实验条件、刀具几何角度、刀具材料、试件材料、尺寸、切削用量及极限切削模度进行试验，并且不应发生颤振现象。

7.4.4 加工中心的空运行及功能检验

1. 加工中心的空运行检验

① 机床主运动机构应从最低转速起，依次运转，每级速度的运行时间不得少于 2min。无级变速的机床，可做低、中、高速运行。在最高速度运行时，时间不得少于 1h，使主轴轴承达到稳定温度，并在靠近主轴定心轴承处测量温度和温升，其温度不应超过 60℃，温

升不应超过30℃。在各级速度运行时运行应平稳，工作机构应正常、可靠。

② 对直线坐标、回转坐标上的运动部件，分别用低、中、高进给速度和快速进行空运行检验其运动的平衡、可靠。高速无振动，低速无明显爬行现象。

③ 在空运行条件下，有级传动的各级主轴转速和进给量的实际偏差，不应超过标牌指示值 $-2\% \sim +6\%$；无级变速传动的主轴转速和进给量的实际偏差，不应超过标牌指示值的 $\pm 10\%$。

④ 机床主传动系统的空运行功率（不包括主电动机空载功率）不应超过设计文件的规定。

2. 手动功能检验

用手动或数控手动方式操作机床各部件进行试验。

① 对主轴连续进行不少于 5 次的锁刀、松刀和吹气的动作试验，动作应灵活、可靠、准确。

② 用中速连续对主轴进行 10 次的正反转的起动、停止（包括制动）和定向操作试验，动作应灵活、可靠。

③ 无级变速的主轴至少应在低、中、高的转速范围内，有级变速的主轴应在各级转速进行变速操作试验，动作应灵活、可靠。

④ 对各直线坐标、回转坐标上的运动部件，用中等进给速度连续进行各 10 次的正向、负向起动、停止的操作试验，并选择适当的增量进给进行正向、负向的操作试验，动作应灵活、可靠、准确。

⑤ 对进给系统在低、中、高进给速度和快速范围内，进行不少于 10 种的变速操作试验，动作应灵活、可靠。

⑥ 对分度回转工作台或数控回转工作台连续进行 10 次的分度、定位试验，动作应灵活、可靠、准确。

⑦ 对托板连续进行 3 次的交换试验，动作应灵活、可靠。

⑧ 对刀库、机械手以任选方式进行换刀试验。刀库上刀具配置应包括设计规定的最大重量、最大长度和最大直径的刀具；换刀动作应灵活、可靠、准确；机械手的承载重量和换刀时间应符合设计规定。

⑨ 对机床数字控制的各种指示灯、控制按钮、纸带阅读机、数据输入/输出设备和风扇等进行空运行试验，动作应灵活、可靠。

⑩ 对机床的安全、保险、防护装置进行必要的试验，功能必须可靠，动作应灵活、准确。

⑪ 对机床的液压、润滑、冷却系统进行试验，应密封可靠，冷却充分，润滑良好，动作灵活、可靠，各系统不得渗漏。

⑫ 对机床的各附属装置进行试验，工作应灵活、可靠。

3. 数控功能试验

用数控程序操作机床各部件进行试验。

① 用中速连续对主轴进行 10 次的正反转起动、停止（包括制动）和定向的操作试验，动作应灵活、可靠。

② 无级变速的主轴至少在低、中、高转速范围内，有级变速的主轴在各级转速进行变

速操作试验，动作应灵活、可靠。

③ 对各直线坐标、回转坐标上的运动部件，用中等进给速度连续进行正、负向的起动、停止和增量进给方式的操作试验，动作应灵活、可靠、准确。

④ 对进给系统至少进行低、中、高进给速度和快速的变速操作试验，动作应灵活、可靠。

⑤ 对分度回转工作台或数控回转工作台连续进行10次分度、定位试验，动作应灵活，运行应平稳、可靠、准确。

⑥ 对各种托板进行5次交换试验，动作应灵活、可靠。

⑦ 对刀库总容量中包括最大重量刀具在内的每把刀具，以任选方式进行不少于3次的自动换刀试验，动作应灵活、可靠。

⑧ 对机床所具备的坐标联动、坐标选择、机械锁定、定位、直线及圆弧等各种插补，螺距、间隙、刀具等各种补偿，程序的暂停、急停等各种指令，有关部件、刀具的夹紧、松开，以及液压、冷却、气动润滑系统的起动、停止等功能逐一进行试验，其功能应可靠，动作应灵活、准确。

4. 机床的连续空运行试验

① 连续空运行试验应在完成加工中心的空运行检验和手动功能检验之后，精度检验之前进行。

② 连续空运行试验应用包括机床各种主要功能在内的数控程序，操作机床各部件进行连续空运行，时间应不少于48h。

③ 连续空运行的整个过程中，机床运行应正常、平稳、可靠，不应发生故障，否则必须重新进行运行。

④ 连续空运行程序中应包括下列内容：主轴速度应包括低、中、高在内的5种以上正转、反转停止和定位。其中高速运行时间一般不少于每个循环程序所用时间的10%；进给速度应把各坐标上的运动部件包括低、中、高速度和快速的正向、负向组合在一起，在接近全程范围内运行，并可选任意点进行定位。运行中不允许使用倍率开关，高速进给和快速运行时间不少于每个循环程序所用时间的10%；刀库中各刀位上的刀具不少于2次的自动交换；分度回转工作台或数控回转工作台的自动分度、定位不少于2个循环；各种托板不少于5次的自动交换；各联动坐标的联动运行；各循环程序间的暂停时间不应超过0.5min。

对于机床最小设定单位检验，有直线坐标最小设定单位检验和回转坐标最小设定单位检验两种，应分别进行试验。检验某一坐标最小设定单位时，其他运动部件原则上置于行程的中间位置。检验时可在使用螺距补偿和间隙补偿条件下进行。

5. 直线坐标最小设定单位检验

（1）检验方法

如图7-28所示为直线坐标最小设定单位检验图。先以快速使直线坐标上的运动部件向正（或负）向移动一定距离，停止后，向同方向给出数个最小设定单位的指令，再停止，以此位置为基准位置，每次给出1个，共给出20个最小设定单位的指令，向同方向移动测量各个指令的停止位置。从上述的最终位置，继续向同方向给出数个最小设定单位指令，停止后，向负（或正）向给出数个最小设定单位的指令，约返回到上述最终的测量位置，这些正向和负向的数个最小设定单位指令的停止位置均不作测量。然后从上述的最终位置开始,每次给出 1 个,共给出 20 个最小设定单位的指令,继续向负(或正)向移动,测量各指令的停止位置,至少在行程的中间及靠近两端的 3 个位置上分别进行试验。各直线坐标均应进行试验。

(2) 误差计算

误差分为最小设定单位误差和最小设定单位相对误差。分别按式 (7-1) 和式 (7-2) 进行计算,以 3 个位置上最大误差值作为该项的误差。

最小设定单位误差:

$$S_a = |L_i - m|_{max} \quad (7-1)$$

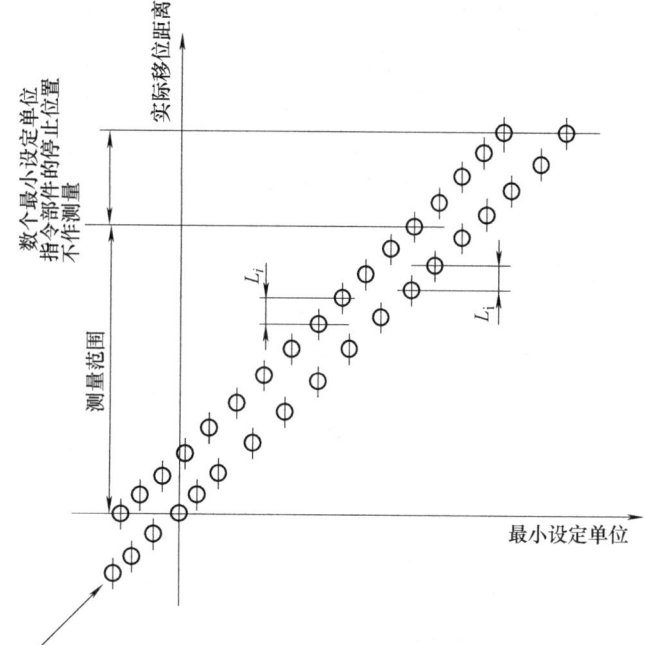

图 7-28 直线坐标最小设定单位检验图

式中 S_a——最小设定单位误差 (mm);

L_i——第 i 个最小设定单位指令的实际位移 (mm);

m——第 i 个最小设定单位指令的理论位移 (mm)。

注:实际位移的方向如与给出的方向相反,其位移应为负值。

S_a 根据机床的具体情况由制造企业的企业标准中规定。最小设定单位相对误差:

$$S_b = \frac{\left|\sum_{i=1}^{20} L_i - 20m\right|}{20m} \times 100\% \quad (7-2)$$

式中 S_b——最小设定单位误差 (mm);

$\sum_{i=1}^{20} L_i$——20 个最小设定单位指令的实际位移的总和 (mm);

S_b——不应大于 25%。

6. 回转坐标最小设定单位检验

(1) 检验方法

先以快速使回转坐标上的运动部件向正(或负)向转动一定角度,停止后,向同方向给出数个最小设定单位的指令,再停止,以此位置作为基准位置,每次给出 1 个,共给出 20 个最小设定单位的指令,向同一方向转动,测量各个指令的停止位置。从上述的最终位置,继续向同方向给出数个最小设定单位指令,停止后,向负(或正)向给出数个最小设定单位的指令,约返回到上述的最终测量位置,这些正向和负向的数个最小设定单位指令停止的位置不作测量。然后从上述的最终位置开始,每次给出 1 个,共给出 20 个最小设定单位的指令,继续向负(或正)向转动,测量各指令的停止位置,图 7-29 所示为回转坐标最小设定单位检验图。至少应在回转范围内的任意 3 个位置上进行试验,各回转坐标均进行检验。

(2) 误差计算

误差分为最小设定单位角位移误差和最小设定单位角位移相对误差，分别按式（7-3）和式（7-4）进行计算，误差以 3 个位置上最大误差值作为该项的误差。

最小设定单位角位移误差：

$$\omega_a = |\theta_i - m_0|_{\max} \quad (7\text{-}3)$$

式中　ω_a——最小设定单位角位移误差（″）；

　　　θ_i——一个最小设定单位指令的实际角位移（″）；

　　　m_0——一个最小设定单位指令的理论角位移（″）。

注意：实际角位移的方向如与给出的方向相反，其角位移应为负值。

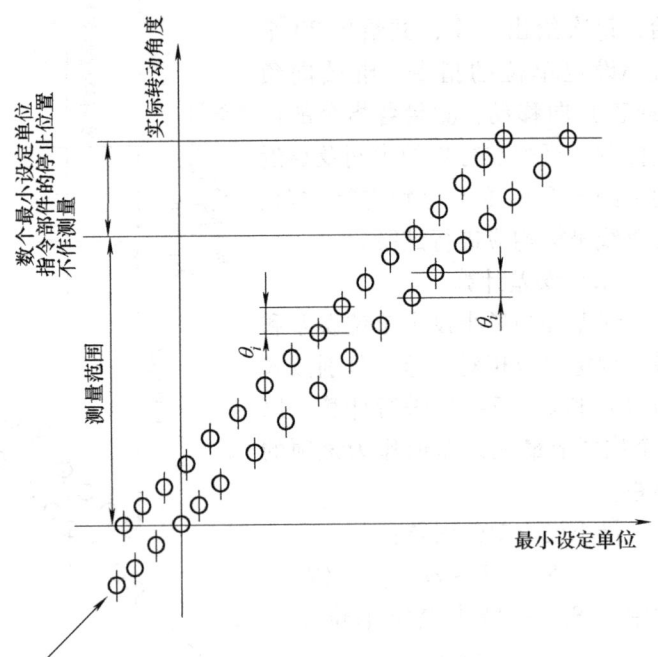

图 7-29　回转坐标最小设定单位检验图

ω_a 应根据机床的具体情况，由制造厂在企业标准中规定。

最小设定单位角位移相对误差：

$$\omega_b = \frac{\left|\sum_{i=1}^{20}\theta_i - 20m_0\right|_{\max}}{20m_0} \times 100\% \quad (7\text{-}4)$$

式中　ω_b——最小设定单位角位移相对误差（″）。

　　　$\sum_{i=1}^{20}\theta_i$——20 个最小设定单位指令的实际角位移总和（″）。

ω_b 不应大于 25%。

对于机床原点返回检验，有直线坐标原点返回检验和回转坐标原点返回检验两种，应分别进行检验。检验某一坐标时，其他运动部件原则上应置于行程的中间位置。检验时，可在使用螺距补偿和间隙补偿的条件下进行。

7. 直线坐标原点返回检验

（1）检验方法

直线坐标上的运动部件，从行程上的任意点，按相同的移动方向，以快速进行 5 次返回原点 P_0 的试验。测量每次实际位置 P_{i0} 与原点理论

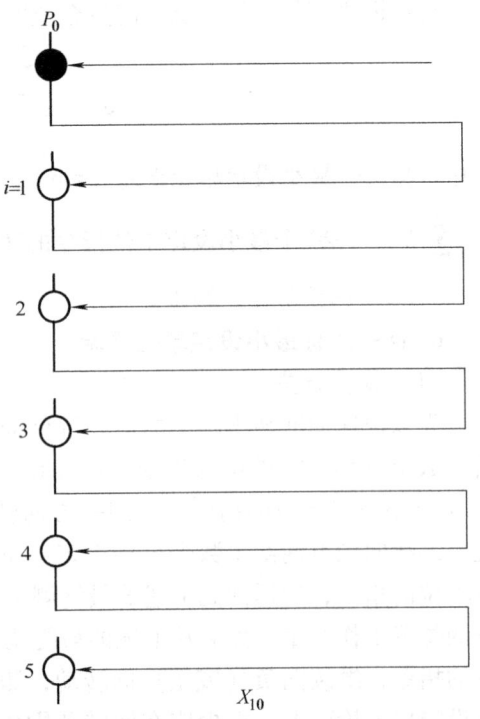

图 7-30　直线坐标原点返回检验图

位置 P_0 的偏差 X_i（$i=1$，2，…，5），见图 7-30 直线坐标原点返回检验图。至少在行程的中间及靠近两端的 3 个位置上分别进行试验，各直线坐标均应进行试验。

（2）误差计算

误差以 3 个位置的最大误差值作为该项的误差。

原点返回误差：

$$R_0 = 4S_0 \tag{7-5}$$

式中　R_0——原点返回误差（mm）；

S_0——原点返回时标准偏差（mm）。

参照 ISO230-2 中公式计算 S_0：

$$S_0 = \sqrt{\frac{1}{n-1}\sum_{i=1}^{n}\left(X_{i0} - \overline{X_0}\right)^2}$$

$$\overline{X_0} = \frac{1}{n} = \sum_{i=1}^{n} X_{i0}$$

R_0 根据机床具体情况，由制造厂在企业标准中规定。

8. 回转坐标原点返回检验

（1）检验方法

回转坐标上的运动部件，从行程上的任意点，按相同的转动方向，以快速转动方式进行 5 次返回原点 P_0 的试验。测量每次实际位置 P_{i0} 与原点理论位置 P_0 的偏差 θ_i（$i=1$，2，…，5），见图 7-31 回转坐标原点返回检验图。至少应在回转范围内的任意 3 个位置进行试验，各回转坐标均应进行检验。

（2）误差计算：

误差以 3 个位置上的最大误差值作为该项的误差。

原点返回误差：

$$R_{0\theta} = 4S_{0\theta} \tag{7-6}$$

式中　$R_{0\theta}$——原点返回误差（″）；

$S_{0\theta}$——原点返回时的标准偏差（″）。

$$S_{0\theta} = \sqrt{\frac{1}{n-1}\sum_{i=1}^{n}\left(X_{i\theta} - \overline{X_0}\right)^2}$$

$$\overline{\theta}_0 = \frac{1}{n} = \sum_{i=1}^{n} \theta_{i0}$$

$R_{0\theta}$ 根据机床具体情况，由制造厂在企业标准中规定。

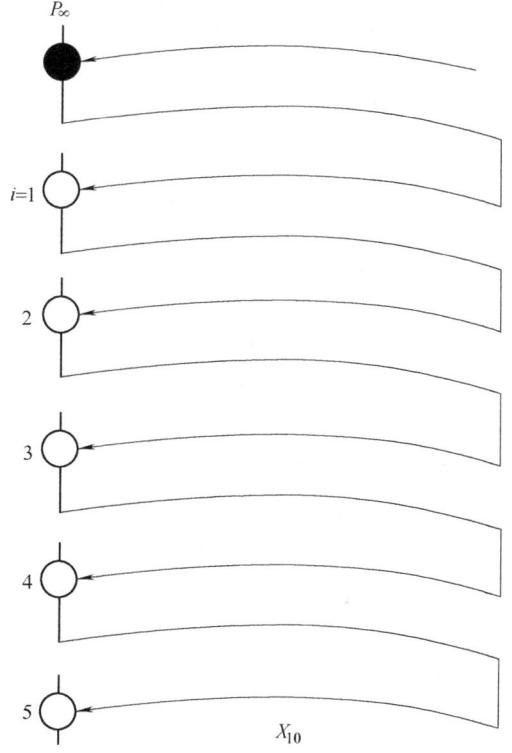

图 7-31　回转坐标原点返回检验图

对于其他的检验项目可以参照 GB 9061—1988《金属切削机床通用技术条件》、JB/T 4368.3—1996《数控卧式车床技术条件》、JB/T 8801—1998《加工中心技术条件》以及其他形式的机床的相关技术规范进行，特别是在采购协议中提到的特殊要求进行一一检测。特别要注意的是关于软件补偿,要厂家提供丝杠螺距补偿表以及反向间隙补偿值。也就是说,零配件差、精度不好的数控机床,可以通过补偿来达到精度,但是机床经过长期使用,精度就会下降。通常而言,高精度的数控机床补偿值只有几个 μm,如果精度差,补偿值超过 20μm,机床应该返工重新装配。对于后续的精度检查同样是这样。

7.4.5 卧式加工中心的整机调试与负荷试验

1. 卧式加工中心的空运转调试

如一台四轴四联动卧式加工中心,主轴的转速为 80～8000r/min 无级调速,即主轴的最低转速为 80r/min,最高转速为 8000r/min,主轴为 15kW 交流驱动电动机。X、Y、Z 三个直线坐标的最高进给速度为 10 000mm/min,快速移动为 20 000mm/min,回转坐标 B 轴最高转速为 15r/min,三个直线坐标的交流伺服电动机的功率均为 1kW,B 坐标的交流伺服电动机的功率为 0.6kW。刀库容量为 60 把刀具,加工中心具有 500mm×500mm 可交换双工作台。

(1) 温升的调试

将加工中心的主轴从低速度开始运转,经过中速、高速,可以划分为如表 7-5 所示的区域,进行卧式加工中心的主轴温升调试。

表 7-5 卧式加工中心主轴温升调试

主轴转速/(r/min)	80	160	240	320	400	500	600	700
温升时间/min	30	5	5	5	5	10	5	5
主轴转速/(r/min)	800	900	1000	1500	2000	2500	3000	3500
温升时间/min	5	5	5	10	3	3	3	3
主轴转速/(r/min)	4000	4500	5000	5500	6000	6500	7000	8000
温升时间/min	3	3	3	5	5	5	10	60

在 JB/T 4368.3—96 的标准中规定,加工中心主轴的最高转速运行时间不能少于 1h,如果是有级变速,从低到高每级速度的运转时间不得少于 2min。把主轴的无级调速在 80～8000r/min 内化为 24 个档次。由于是主轴刚开始运转,故其为最低转速且需要转 30min,然后逐步提高,按照主轴转速增高的幅度,预定的主轴运转时间有所变化,到达最高转速 8000r/min,主轴运行 60min,使主轴轴承达到稳定的温度。

与数控车床一样,主轴在运行过程中,可以从 CRT 显示中监控其轴承的温度和温升情况。如果在 CRT 显示中监控的同时,或无此功能时,可以用激光测温计在靠近主轴定心轴承处测量温度和温升,也可以与 CRT 显示的温度值进行比较,就可以较准确地测出主轴运转时的温度和温升情况。

卧式加工中心主轴轴承的温度不能超过 60℃,温升不能超过 30℃,否则主轴轴承的自身质量、主轴轴承的精度选择及主轴轴承的装配质量可能存在问题。

(2) 主轴转速和各坐标轴进给速度的调试

卧式加工中心主轴无级调速时的转速实际偏差,不应超过指令值的 ±10%,各坐标轴的进给运动,包括旋转坐标的运动也不能超过指令值的 ±10%。以主轴转速为 S=4000r/min 和坐标进给速度 F=5000mm/min 为例,偏差值规定的范围如图 7-32 所示。

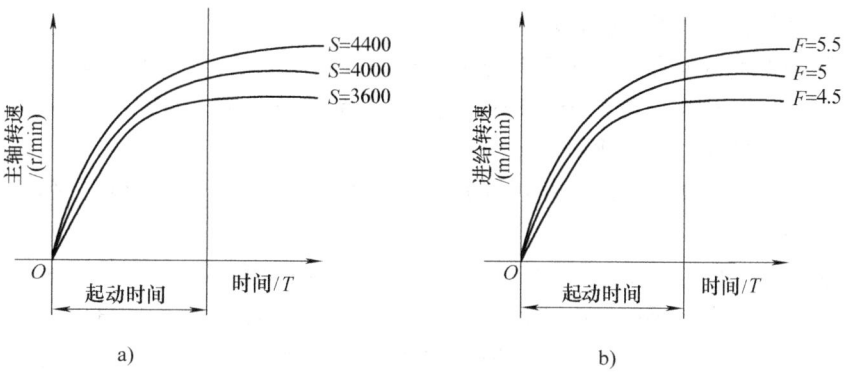

图 7-32 加工中心主轴转速和坐标进给速度允许的偏差值
a) 主轴转速偏差值 b) 坐标进给速度偏差值

如图所示,假设加工中心主轴转速给定 S = 4000r/min,可以是 MDI 方式下给定,也可以是程序中给定,那么主轴的转速范围应当是 S = 3600 ~ 4000r/min,或者是 S = 4000 ~ 4400r/min 为正常转速值。对于坐标进给速度,假设给定 F = 5m/min,同样可以是在 MDI 方式下给定,也可以是在程序中给定,各坐标轴的进给速度范围应当是 F = 4.5 ~ 5m/min,或者是 F = 5 ~ 5.5m/min 为正常值。

注意,加工中心主轴转速和坐标进给速度的偏差值要比数控车床主轴转速和坐标进给速度的偏差值小一些。原因是车削运动,特别是 X 坐标轴的车削运动和主轴转速直接影响切削速度的变化,此时工件直径是迅速变化的,而 X 坐标的进给速度也应随之变化,这样才能保证恒定的切削速度。加工中心由于工件不像数控车床那样的工件运动,因此,切削速度影响不大。另外,数控车床的性质决定了其主轴转速范围没有加工中心主轴的转速范围宽。

(3) 卧式加工中心主机各部分动作的调试

可以用手动直接操纵按钮、开关,或在 MDI 方式下操纵卧式加工中心各部分进行动作调试,同时还要用程序进行各部分的动作调试。

对主轴的拉刀机构进行 5 次以上的拉刀、松刀和主轴的清洁吹气动作。在主轴低转速、中转速及高转速中各选择几种转速进行变速,并在中速范围内对主轴进行至少 10 次的正转、反转、起动、停止或制动以及主轴的定向动作。观察主轴的这些动作是否灵活、可靠、准确,不应出现任何故障和异常现象。

对 X 坐标轴、Y 坐标轴、Z 坐标轴和旋转坐标轴进行至少 10 次的正向、负向的起动、停止、增量进给、加减速进给、分度及定位等,即利用有关的 M 指令、G 指令和 F 值进行这些动作。对可交换工作台的托板进行 3 次以上的交换,不应出现任何故障和异常现象。

在机械手主轴和刀库之间以 MDI 方式和程序控制方式进行反复换刀时,刀库的换位、刀库的刀座和机械手要能承受设计要求的最大重量,同时还要按设计的最大刀具直径尺寸和刀具长度尺寸装上刀具。要观察机械手的抓刀、换刀动作,刀库的运行刀位动作及主轴的拉刀动作等是否匹配得很好,各部分动作是否灵活、可靠、准确,是否有干涉现象,换刀时间是否符合技术要求。

X、Y、Z 三个直线坐标与工作台的旋转坐标在 CNC 系统的控制下进行联动,包括直线轨迹的联动、圆弧或曲线轨迹的联动。用这些动作来确认坐标的联动、直线插补、圆弧插补和过象限等是否具备了技术上的要求。

用手摇脉冲发生器配合操作面板上的转换开关对 X 坐标轴、Y 坐标轴以及各旋转坐标轴进行连续或单步运行动作，再配合操作面板上的倍率转换开关，对这些坐标轴进行运行动作，此时不允许有任何失步和跳步现象。

用手动操纵各按钮和开关来反复对排屑装置或排屑器进行正转、反转、起动及停止，排屑器的动作应当平稳、灵活、可靠。

在上述卧式加工中心的空运转调试工作中，除了进行温升调试，主轴转速和各坐标轴进给速度调试，刀库、机械手以及卧式加工中心主机各主要部分动作的调试以外，和数控车床一样，还需要进一步细化调试内容。同样可按如图 7-27 所示的内容进行细化，并可根据卧式加工中心的特点再增加一些内容。

2. 卧式加工中心的负荷试验

对于卧式加工中心来说，负荷试验也是调试中不可缺少的一项重要工作。

在进行数控机床承载工件最大重量的运转试验时，首先要按照说明书中给定的工作台所承受的最大载荷将对应的重物放在工作台上，要注意载荷在工作台上要均匀分布。然后给定进给速度的 F 值，并以最低和最高的速度运行，并要做到各坐标的满行程运行。用低速运行时，每次各坐标移动的距离必须大于 20mm；用高速运行和 G00 运行时，往复不能少于 5 次。在进行该试验时，数控机床各坐标的运行应当平稳、可靠且无爬行。

在进行主传动系统最大转矩试验时，先确定试件的材料为灰口铸铁或中碳钢，刀具选用端铣刀或硬质合金镗刀。在主轴恒转矩调速范围内，选择一个适当的主轴速度进行铣削或镗削方式试验。在切削过程中，多次改变进给速度和切削深度。试验中主传动系统应能达到说明书中所规定的最大转矩，同时各传动部件、变速机构等工作应正常、可靠。

卧式加工中心的最大切削抗力试验可与最大转矩试验同时进行。在用端铣刀和镗刀加工灰口铸铁或中碳钢切削时，要看最大的切削抗力是否能达到说明书中所规定的技术指标，过载保护装置工作是否正常、可靠。

最后，用端铣刀进行铣削，并多次改变进给速度和切削深度，要使主电动机达到额定功率或说明书中给定的最大功率。在进行试验时，机床各部件工作应当正常、可靠，没有明显的颤振现象。

7.5 数控机床的检测验收

在机床完成空运行及相关功能检测后，数控机床的安装调试过程就进入了精度检验环节。这个环节是用户和设备提供方最关心的环节，也是设备检测验收中最常见和最重要的环节。对于一般的数控机床的用户，其验收工作要根据机床厂出厂检验合格证书上规定的验收条件及实际能提供的检验手段来部分或全部地制定机床合格证上的各项技术指标。如果各项数据都符合要求，用户应将此数据列入该设备的进厂原始技术档案中，以作为日后维修时的技术指标依据。

因而，数控机床的检测验收工作是一项比较复杂的工作，同时对试验检测手段及技术的要求也较高。一般需要使用各种高精度仪器，对机床的机、电、液、气等各部分的综合性能和单项性能进行检测，包括机床的静、动刚度和热变形等一系列试验，最后作出对该机床的综合评价。数控机床的检测验收工作主要包括以下几个方面。

7.5.1 机床外观检查

机床外观的要求，一般可按照通用机床有关标准，但是数控机床是价格昂贵的高技术设备，对外观的要求更高。并且，对各级防护罩、油漆质量、机床照明、切屑处理、电线、气管和油管的走线的固定及防护等都应有进一步的要求，对数控柜、操作控制面板的外观也要仔细检查。通过检查可以及早发现问题，分清责任，避免不必要的损失。

在对数控机床进行详细检查验收之前，还应对数控柜的外观进行检查验收，包括下述几个方面：

（1）外表检查

用肉眼检查数控柜中 MDI/CRT 单元、位置显示单元、直流稳压单元、各印制电路板（包括伺服单元）等是否有破损、污染，连接电缆捆绑处是否有破损，如果是，屏蔽线还应检查屏蔽层是否有剥落现象。

（2）数控柜内部紧固情况检查

① 螺钉紧固检查。检查输入变压器，伺服用电源变压器，输入单元，电源单元等有接线端子处的螺钉是否已全部拧紧；凡是需要盖罩的接线端子座（该处电压较高）是否都有盖罩。

② 连接器紧固检查。数控柜内所有连接器，扁平电缆插座等都有紧固螺钉紧固，以保证它们连接牢固，接触良好。

③ 印制电路板的紧固检查。在数控柜的结构布局方面，有的是笼型结构，一块块印制电路板都插在笼子里面；有的是主从结构，即一块大板（也称之主板）上面插了若干块小板（附加选择板）。但无论是哪一种形式，都应检查固定印制电路板的紧固螺钉是否拧紧（包括大板与小板之间的连接螺钉）。还应检查印制电路板上各个 EPROM 和 RAM 等是否插入到位。

（3）伺服电动机外表检查

特别是对带有脉冲编码器的伺服电动机的外壳应认真检查，尤其是后端盖处，如发现有磕碰现象，应将电动机后盖打开，取下脉冲编码器外壳，检查光码盘是否碎裂。

7.5.2 几何精度检验

数控机床的几何精度综合反映了机床主要零部件组装后线和面的形状误差、位置或位移误差。根据国家标准 GB/T 17421.1—1998《机床检验通则第 1 部分：在无负荷或精加工条件下机床的几何精度》的说明，几何精度有如下几类：

1. 直线度

① 一条线在一个平面或空间内的直线度，如数控卧式车床床身导轨的直线度。
② 部件的直线度，如数控升降台铣床工作台纵向基准 T 形槽的直线度。
③ 运动的直线度，如立式加工中心 X 轴轴线运动的直线度。

长度测量方法有：平尺和指示器法、钢丝和显微镜法、准直望远镜法和激光干涉仪法。
角度测量方法有：精密水平仪法、自准直仪法和激光干涉仪法。

2. 平面度（如立式加工中心工作台面的平面度）

测量方法有：平板法、平板和指示器法、平尺法、精密水平仪法和光学法。

3. 平行度、等距度、重合度

① 线和面的平行度，如数控卧式车床顶尖轴线对主刀架溜板移动的平行度。

② 运动的平行度，如立式加工中心工作台面和 X 轴轴线间的平行度。

③ 等距度，如立式加工中心定位孔与工作台回转轴线的等距度。

④ 同轴度或重合度，如数控卧式车床工具孔轴线与主轴轴线的重合度。

测量方法有：平尺和指示器法、精密水平仪法、指示器和检验棒法。

4. 垂直度

① 直线和平面的垂直度，如立式加工中心主轴轴线和 X 轴轴线运动间的垂直度。

② 运动的垂直度，如立式加工中心 Z 轴轴线和 X 轴轴线运动间的垂直度。

测量方法有：平尺和指示器法，角尺和指示器法，光学法（如自准直仪、光学角尺、放射器）。

5. 旋转

① 径向跳动，如数控卧式车床主轴轴端的卡盘定位锥面的径向跳动，或主轴定位孔的径向跳动。

② 周期性轴向窜动，如数控卧式车床主轴的周期性轴向窜动。

③ 端面跳动，如数控卧式车床主轴的卡盘定位端面的跳动。

测量方法有：指示器法、检验棒和指示器法、钢球和指示器法。

有一些几何精度项目是互相联系的，例如在立式加工中心的检测中，如发现 Y 轴和 Z 轴方向移动的相互垂直度误差较大，则可以适当地调整立柱底部床身的地脚垫铁，使立柱适当地前倾或后仰，从而减少这项误差。但这样也会改变主轴回转轴心线对工作台面垂直度误差。因此，对数控机床的各项几何精度检测工作应在精调后一气呵成，不允许检测一项调整一项，分别进行，否则会造成由于调整后一项几何精度而把已检测合格的前一项精度调成不合格。

机床的几何精度在机床处于冷态和热态时是不同的，检测时应按国家标准的规定，即在机床稍有预热的状态下进行。所以通电以后，机床各移动坐标往复运动几次，主轴按中等的转速回转几分钟之后才能进行检测。普通立式加工中心几何精度检测内容如下：

① 工作台面的平面度。

② 各坐标方向移动的相互垂直度。

③ X 坐标方向移动时工作台面的平行度。

④ Y 坐标方向移动时工作台面的平行度。

⑤ X 坐标方向移动时工作台面 T 形槽侧面的平行度。

⑥ 主轴轴向窜动。

⑦ 主轴孔的径向圆跳动。

⑧ 主轴箱沿坐标方向移动时主轴轴线的平行度。

⑨ 主轴回转轴心线对工作台面的垂直度。

⑩ 主轴在 Z 坐标方向移动的直线度。

从上述 10 项精度要求中可以看出：第一类精度要求是对机床各运动的大部件如床身、

立柱、溜板、主轴箱等运动的直线度、平行度、垂直度的要求；第二类是对执行切削运动主要部件主轴的自身回转精度及直线运动精度（切削运动中的进刀）的要求。因此，这些几何精度综合反映了该机床的几何精度和代表切削运动的部件主轴的几何精度。工作台面及台面上T形槽相对机械坐标系的几何精度要求是：反映数控机床加工的工件坐标系对机械坐标系的几何关系，因为工作台面及定位基准T形槽都是反映工件定位或工件夹具的定位基准，加工工件用的工件坐标系往往都以此为基准。

在检测工作中要注意尽可能消除检验工具和检测方法的误差，例如检测主轴回转精度时，检验心棒自身的振摆和弯曲等误差；在表架上安装千分表和测微仪时，由于表架刚度带来的误差；在卧式机床上使用回转测微仪对重力的影响；在测量头抬头和低头位置的测量数据误差等。

7.5.3 定位精度检验

1. 检测内容

数控机床的定位精度有其特殊的意义，它是表明所测量的机床各运动部件在数控装置控制下运动所能达到的精度。因此，根据实测的定位精度的数值，可以判断出这台机床以后自动加工中所能达到的最好的工件加工精度。定位精度主要检查内容有：

① 直线运动定位精度（包括 X、Y、Z、U、P、W 轴）。
② 直线运动重复定位精度。
③ 直线运动轴机械原点的返回精度。
④ 直线运动失动量的测定。
⑤ 回转运动的定位精度（转台 A、B、C 轴）。
⑥ 回转运动的重复定位精度。
⑦ 回转原点的返回精度。
⑧ 回转轴运动的失动量的测定。

测量直线运动的检测工具有：测微仪和成组块规、标准长度刻线尺和光学读数显微镜及双频激光干涉仪等。标准长度测量以双频激光干涉仪为准。回转运动检测工具有：360齿精确分度的标准转台或角度多面体、高精度圆光栅及平行光管等。

应当指出，现有定位精度的检测是以快速定位测量的，对某些进给系统刚度不太好的数控机床，采用不同进给速度定位时，会得到不同的定位精度值。

另外，定位精度的测定结果与环境温度和该坐标轴的工作状态有关，目前大部分数控机床采用半闭环系统，位置检测元件大多安装在驱动电动机上，对滚珠丝杠的热伸长还没有有效的识别措施。因此，当测量定位精度时，快速往返数次之后，在1m行程内产生0.01～0.02mm的误差是不奇怪的。这是由于丝杠快速移动数次之后，表面温度有可能上升0.5～1℃，从而使丝杠产生热伸长所致。这种热伸长产生的误差，有些机床便采用预拉伸（预紧）的方法来减少影响。每个坐标轴的重复定位精度是反映该轴的最基本精度指标，它反映了该轴运动精度的稳定性，不能设想精度差的机床能稳定地用于生产。

目前，由于数控系统功能越来越多，对每个坐标运动精度的系统误差如螺距积累误差、反向间隙误差等都可以进行系统补偿，只有随机误差没法补偿，而重复定位精度正是反映了进给驱动机构的综合随机误差，它无法用数控系统补偿来修正，当发现它超差时，只有对进给传动链进行精调修正。因此，如果允许对机床进行选择，则应选择重复定位精度高的机床为好。

2. 检验标准

数控机床定位精度，是指机床各坐标轴在数控装置控制下运动所达到的位置精度。数控机床的定位精度主要检测单轴定位精度、单轴重复定位精度和两轴以上联动加工出试件的圆度，如表7-6所示。

表7-6 数控机床定位精度特征项目

精度项目	普通型数控机床	精密型数控机床
单轴定位精度/mm	0.02/全长	0.005/全长
单轴重复定位精度/mm	0.008	<0.003
铣削圆精度/(圆度)	0.03~0.04/ϕ200 圆	0.015/ϕ200 圆

单轴定位精度和重复定位精度综合反映该轴的各运动部件的综合精度。单轴定位精度指在该轴行程内任意一个点定位时的误差范围，直接反映机床的加工精度能力；重复定位精度反映了该轴在行程内任意定位点的定位稳定性，是衡量该轴能否稳定可靠工作的基本指标。

铣削圆柱面精度或铣削空间螺旋槽（螺纹）是综合评价该机床有关数控轴伺服跟随运动特性和数控系统插补功能的指标，评价方法是测量所加工的圆柱面的圆度。也可采用铣削斜方形四边加工法判断两个数控轴的直线插补运动精度。把精加工立铣刀安装到机床主轴上，铣削放置在工作台上的圆形试件，然后把加工完成的试件放到圆度仪上，检测其加工表面的圆度。如果铣削圆柱面上有明显铣刀振纹，则反映该机床插补速度不稳定；如果铣削的圆度有明显椭圆误差，则反映插补运动的两个数控轴的系统增益不匹配；在圆形表面上任意数控轴运动换向的点位上，如果有停刀点痕迹，则说明该轴正、反向间隙没有调整好。

目前，世界各国对单轴定位精度和重复定位精度的规定、定义、测量方法和数据处理等均有所不同，数控机床定位精度检验常用标准主要有美国标准（NAS）、德国标准（VDI）、日本标准（JIS）、国际标准化组织标准（ISO）和中国国家标准（GB）。

在这些标准中规定最低的是日本JIS标准，采用其规定的测量方法检测的定位精度与按其他标准检测的结果相比往往相差一倍以上。其他几种标准尽管在处理数据上有所区别，但都按误差统计规律来分析、测量定位精度。即按标准检测出来的数控机床某一数控轴行程中某一个定位点误差，应当反映该点以后机床长期使用过程中成千上万次在此定位的误差。而在检测时只能测量有限次数，一般测量5~7次。为了真实反映这个定位点周围一组随机分散的点群定位误差分布范围，常采用误差统计规律数据处理方法，即用整个行程内一系列定位点的定位误差包络线构成全程定位精度范围。1998年以前，ISO标准推荐采用±3σ离散差处理办法，即求解散差3σ的值，其定位精度曲线如图7-33所示。

采用此方法测量HTG1600龙门式加工中心机床上X坐标精度，对其中给定的一个定位点，从正、反两个方向趋近该定位点，重复定位七次，每一次实测数据为+4μm、+2μm、+1μm、0、-1μm、-2μm、-4μm。按ISO标准3σ离散差处理办法规定，求得定位点的离散差平均值为$\Delta X_n = 0$，其离散差3σ约为7.9μm，该点定位误差分布情况如图7-34所示。

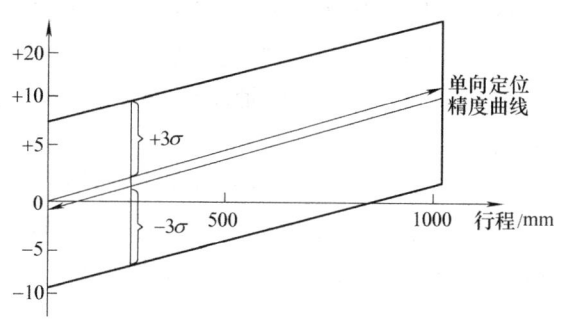

图 7-33 定位精度曲线

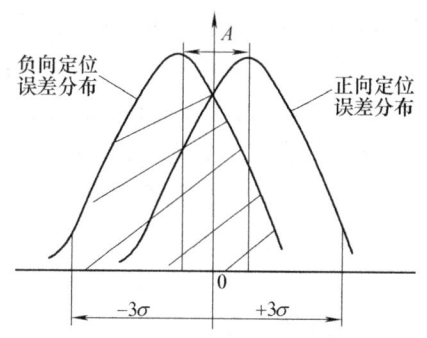

图 7-34 定位误差分布范围

根据 3σ 原理，在该定位点上从正、反方向反复定位时，将有 99.96% 的可能性在 $\pm 3\sigma = 15.8\mu m$ 范围以内。如果采用德国 VDI 标准内规定 5σ 办法，所求得的重复定位精度为 $15.8\mu m$。按 1998 年以后 ISO 标准推荐采用的 $\pm 4\sigma$ 离散差处理办法，上述测量结果得到重复定位精度为 $10.5\mu m$，但该方法反映了 95% 左右定位点范围。按日本 JIS 标准处理上述测量结果，得到的重复定位精度为 $14\mu m$。

当前，数控机床定位精度和重复定位精度的测量一般采用激光测距仪测量。首先编制一个测量运动程序，让机床运动部件每间隔 50~100mm 移动一个点，往复运动 5~7 次，由和测距仪相连的计算机应用软件处理出各标准的检测结果。

根据机床定位精度可以估算出该机床加工时可能达到的精度，如在单轴方向上移动加工两个孔的孔距精度约为单轴在该段定位误差的 1~2 倍，具体误差值与工艺因素密切相关。

有些批量生产典型零件的用户还提出了数控机床工艺能力系数的考核，通常要求 CPK > 1.1~1.33，即要求机床精度相对零件精度的允许误差要有足够精度储备，这样才能满足批量生产加工精度稳定性要求。

7.5.4 切削精度检验

机床切削精度检查实质是对机床的几何精度与定位精度在切削条件下的一项综合考核。

一般说来，进行切削精度检查的加工，可以是单项加工或加工一个标准的综合性试件。国内多以单项加工为主。对于加工中心，主要单项精度有：

① 镗孔精度。
② 端面铣刀铣削平面的精度（X-Y 平面）。
③ 镗孔的孔距精度和孔径分散度。
④ 直线铣削精度。
⑤ 斜线铣削精度。
⑥ 圆弧铣削精度。
⑦ 对于卧式机床，还有箱体掉头镗孔同轴度。
⑧ 水平转台回转 90°，铣四方加工精度。

对于特殊的高效机床，还要做单位时间内金属切削量的试验等。切削加工试验材料除特殊要求之外，一般都用一级铸铁，使用硬质合金刀具，按标准的切削用量切削。

单项切削精度检验包括直线切削精度、平面切削精度、圆弧圆度、圆柱度等。卧式加中心切削精度通常检验镗孔的圆度和圆柱度，端铣刀铣削平面的平面度和阶梯差，端铣刀铣削侧面精度的垂直度和平行度，X 轴方向、Y 轴方向和对角线方向的镗孔孔距精度，镗孔孔径偏差，立铣刀铣削四周面的直线度、平行度、厚度差和垂直度，两轴联动铣削的直线度、平行度和垂直度，立铣刀铣削圆弧时的圆度等项目。

综合试件检验包括根据单项切削精度检验的内容，设计一个具有包括大部分单项切削内容的工件进行试切削来确定机床的切削精度。通常采用带有中国机床工具工业协会 CMTBA 的标志"圆形-菱形-方形"铸铁或铝合金标准试件，并用高精度圆度仪及高精度三坐标测量机完成试件的精度检验。

"圆形-菱形-方形"试件的大多数切削运动是在 X-Y 平面上进行的，存在沿 X-Z 和 Y-Z 平面上的精度大部分没有测定的缺陷。因此，ISO 230 和 ANSI B5.54 提出了采用球杆仪和双频激光干涉仪完成数控车床和加工中心综合检测的方法。

常用的数控机床切削精度检测验收内容如表 7-7 所示。

表 7-7 数控机床切削精度检测验收内容

序号	检测内容		检测方法	公差/mm
1	镗孔精度	圆度		0.01
		圆柱度		0.01/100
2	端铣刀平面精度	平面度		0.01
		阶梯度		0.01
3	端铣刀侧面精度	垂直度		0.02/300
		平行度		0.02/300
4	镗孔孔距精度	X 轴方向		0.02
		Y 轴方向		
		对角线方向		
		孔径偏差		0.01

（续）

序 号	检测内容		检测方法	公差/mm
5	立铣刀铣削四周面精度	直线度		0.01/300
		平行度		0.02/300
		垂直度		0.02/300
6	两轴联动铣削直线精度	直线度		0.015/300
		平行度		0.03/300
		垂直度		0.03/300
7	立铣刀铣削圆弧精度	圆度		0.02

7.5.5 机床性能及 NC 功能试验

数控机床性能试验一般有十几项内容。现以一台立式加工中心为例，说明一些主要的项目。

1) 主轴系统的性能。①用手动方式选择主轴高、中、低三档速度，连续进行 5 次正转和反转的起动和停止动作，试验主轴动作的灵活性及可靠性；②用数据输入方式，主轴从最低一级转速开始运转，逐级提到最高允许速度，实测各级转速，允许为设定值的 ±10%，同时观察机床的振动。主轴在长时间高速运转之后（一般为 2h），允许温升 15℃；③主轴准停装置连续操作 5 次，试验动作的可靠性和灵活性。

2) 进给系统的性能。①分析对各坐标进行手动操作，试验正、反方向的低、中、高速进给和快速移动的起动、停止、点动等动作的平稳性和可靠性；②用数据输入方式或 MDI 方式测定 G00 和 G01 下各种进给速度，允许误差为 ±5%。

3) 自动换刀系统。①检查自动换刀系统的可靠性和灵活性，包括手动操作和自动运行时刀库满负载条件下的（装满各种刀柄）运动平稳性，机械手抓取最大允许的质量刀柄的可靠性，刀库内刀号选择的准确性等；②测定自动交换刀具时间。

4) 机床噪声。机床试运转的总噪声不得超过标准规定（80dB）。数控机床由于大量采用电调速装置，主轴箱中的齿轮往往不是最大噪声源，而主轴电动机的冷却风扇和液压系统液压泵的噪声可能是最大的噪声源。

5) 电气装置。在试运转前后分别进行一次绝缘检查，检查接地线质量并确认绝缘的可靠性等。

6) 数字控制装置。检查数控柜的各种指示灯、操作面板、电柜冷却风扇和密封性等动作及功能是否正常可靠。

7) 安全装置。检查对操作者安全性和机床保护功能的可靠性，如各种安全防护罩，机床各运动坐标行程极限保护自动停止功能，各种电流、电压、过载保护，主轴电动机过热，过负荷时紧急停止功能等。

8) 气、液装置。检查压缩空气和液压管路的密封，调压性能，液压油箱的正常工作情况。

9) 润滑装置。检查定时定量润滑装置的可靠性，检查润滑油路有无渗漏，分配到各润滑点的油是否相同。

10) 附属装置。检查机床各附属装置的机能的工作可靠性。如切削液装置能否正常工作、排屑器的工作质量、冷却防护罩有无泄漏、APC交换工作台工作是否正常、试验带重载的工作台面自动交换、配置接触式测头的测量装置能否正常工作、有无相应测量程序等。

11) 数控系统使用功能的检查。按照该机床配备的数控系统说明书，用手动或编程序自动检查的方法，检查数控系统主要使用的功能，如定位、直线插补、圆弧插补、暂停、自动加减速、坐标选择、平面选择、刀具位置补偿、刀具直线补偿、拐角功能选择、固定循环、行程停止、选择停机、程序结束、切削液起动和停止、单程序段、原点偏置、跳读程序段、程序暂停、进给速度超调、进给保持、紧急停止、程序号显示及检索、位置显示、镜像功能、螺距误差补偿、间隙补偿及用户宏程序等的准确及可靠性。

12) 连续无载荷运转。作为综合检查整台机床自动实现各种功能可靠性的最好办法，是让机床长时间连续运行 8h、16h 或 24h 等，一般数控机床在出厂前都经过 80h 自动连续运行。到用户验收时，不一定再要求经过那么长时间的检验，但进行一次 8~16h 的自动连续运行还是必要的。这可以考核该机床是否已比较稳定（一般自动化机床 8h 连续运行不出故障表明可靠性已达到一定水平），而且也是使机床用户对这一台机床建立信心的最好办法。在连续运行中，必须事先编好一个动作功能比较齐全的程序，它包括：

① 主轴转动要包括标称的最低、中间及最高转速在内的五种以上速度的正转、反转及停止等运行。

② 各坐标运动要包括标称的最低、中间和最高进给速度及快速移动，进给移动范围应接近全行程，快速移动距离应在各坐标轴全行程的 1/2 以上。

③ 一般自动加工所用的一些功能与代码要尽量用到。

④ 自动换刀应至少交换刀库中 2/3 以上的刀号，而且都要装上中等以上重量的刀柄进行实际交换。

⑤ 必须使用特殊功能：如测量功能、APC 交换和用户宏程序等。

用以上这些程序连续运行，检查机床各项动作的平稳性、可靠性，并且要强调在规定时间内不允许出故障，否则要在修理后重新规定开始时间考核。另外，不允许分段进行累积到规定运行时间。

第8章 数控机床的维护与保养

8.1 数控机床的维护管理

数控机床是一种高效率、高精度的加工设备，也是具有一定柔性的生产设备，在制造领域发挥了强大的技术优势。但是，由于数控机床的整个加工过程都是数控系统按照编制的程序完成的，如果在稳定性、可靠性和准确性方面出现问题，排除故障的过程一般不太容易。

因此，使用数控机床不仅要严格遵守操作规程，而且必须重视数控机床的维护管理工作，要不断提高数控机床操作人员的业务素质。作为操作技术人员，也应对数控机床的结构和控制有一定的了解，对简单故障会进行及时处理。这不仅有助于正确使用数控机床，发挥数控机床的性能，而且能提高数控机床的使用效率，并防止故障的进一步扩大。

数控机床的使用寿命和效率高低，不仅取决于机床本身的精度和性能，很大程度上也取决于它的正确使用及维护。正确的使用和精心的维护能防止设备非正常磨损，可使设备保持良好的技术状态，避免突发故障；可以延长机床使用寿命，防止恶性事故的发生，从而保障安全运行。也就是说，机床的正确使用与精心维护是贯彻设备管理以预防为主的重要环节。

8.1.1 数控设备维护管理的基本要求

下面给出了数控设备维护的基本要求，这些都是数控设备在使用中必须达到的。维修人员可以根据这些要求，有针对性地对数控设备进行维护。

① 完整性。数控机床的零部件齐全；工具、附件、工件放置整齐；线路、管道完整。
② 洁净性。数控机床内外清洁、无黄斑、无油污、无锈蚀；各滑动面、丝杠、齿条、齿轮等处无油垢、无碰伤；各部位不漏油、不漏水、不漏气、不漏电；切削垃圾清扫干净。
③ 灵活性。为保证部件灵活性，必须按数控机床润滑标准，定时定量加油、换油；油质要符合要求；油壶、油枪、油杯、油嘴齐全；油毡、油线清洁，油标明亮，油路畅通。
④ 安全性。严格实行定人定机和交接班制度；操作者必须熟悉数控机床结构，遵守操作维护规程，合理使用，精心维护，监测异常，不出事故；各种安全防护装置齐全可靠，控制系统正常，接地良好，无事故隐患。

8.1.2 数控设备维护管理的主要内容

（1）保持良好的润滑状态

要定期检查、清洗自动润滑系统，及时添加或更换油液油脂，使主轴、丝杠和导轨等各运动部位始终保持良好的润滑状态，以减缓机械磨损速度。

（2）机械精度的检查调整

保持各运动部件之间的形状和位置偏差在允许范围内，其中包括对换刀系统、工作台交换系统、丝杠反向间隙等的检查与调整。

(3) 对直流电动机的检查

对直流电动机炭刷的检查、清扫和更换,以及对各插接件有无松动的检查等。

(4) 机床和环境清洁卫生

如果数控机床的使用环境不好,会直接影响到机床的正常运行。如果纸带阅读机感光元件受粉尘污染,就有可能产生读数错误;电路板太脏,可能产生短路故障;油水过滤器、空气过滤网太脏,会出现压力不足、散热不好并造成故障。必须定期进行维护保养工作。

(5) 要制定机床日常维修保养制度

设备主管人员要定期检查制度的执行情况,以确保机床始终处于良好的运行状况,减少和避免恶性事故的发生。

(6) 选择合理的维修方式

设备维修方式可以分为事后维修、预防维修、改善维修、预知维修或状态维修等。如果从修理费用、停产损失、维修组织和维修效果等方面衡量,每一种维修方式都有它的优点和不足。选择最佳的维修方式,可用最少的费用取得最好的修理效果。

(7) 建立专业维修组织和维修协作

有些企业的数控机床一旦出现故障,就去请国外的专家上门维修,不但加重了企业负担,还延误了生产。因此,有一定数量数控机床的企业应建立专业化的维修机构,如数控设备维修站或维修中心。这些机构应由具有机电一体化知识及较高素质的人员负责,维修人员应由电气工程师、机械工程师、机修钳工、电工和数控机床操作人员组成。企业领导应提供业务培训的条件,保持维修人员队伍的稳定,并对维修站、维修中心配备必要的技术手册、工具器具及测试仪器。

目前,国内拥有的数控机床千差万别,它们的硬件、软件配置互不相同,数控系统几乎包括了世界上所有类型,这就给维修带来了很大的困难。建立维修协作网,特别尽量与使用同类数控机床的单位建立友好联系,在资料的收集、备件的调试、维修经验的交流、人员的相互支援上互通有无、取长补短、大力协作,对数控机床的使用和维修能起到很好的推动作用。

(8) 备件国产化

维修数控机床如向国外购买备件,有供应不及时、价格贵、渠道不畅通等缺点。因此除建立一些备件服务中心外,使用备件的国产化是非常重要的举措。

8.1.3 对维修人员的素质要求

1. 专业知识面广

① 掌握计算机原理、电子技术、电工原理、自动控制与电力拖动、检测技术、机械传动及机械加工方面的知识。

② 掌握数字控制、伺服驱动及 PLC 的工作原理。

③ 掌握检测系统的工作原理。

④ 能编写简单的数控加工程序。

⑤ 能运用各种方法编写 PLC 的程序。

2. 具有专业外语的阅读能力

① 能读懂数控系统的操作面板、CRT 显示的外文信息。

② 能读懂外文的随机手册。

③ 能读懂外文的技术资料。
④ 能熟练的运用外文报警提示。
3. 有较强的动手能力和实验能力
① 对数控系统进行操作。
② 能查看报警信息。
③ 能检查、修改参数。
④ 能调用自诊断功能，进行 PLC 接口检查。
⑤ 会使用维修的工具、仪器、仪表。
⑥ 会操作数控机床。

8.1.4 数控设备维护管理常用的仪器、仪表、工具及功能测试

1. 常用测量仪器、仪表

（1）万用表

数控装置的维修涉及弱电和强电领域，需要配备指针式和数字式万用表。指针式万用表用于测量强电回路，判断二极管、三极管、晶闸管、电解电容等元器件的好坏，测量集成电路引脚的静态电阻值。数字万用表可用于大部分电气参数的准确测量，判别电气元件的功能好坏。它还有一个蜂鸣器档，可测量电路的通断，判断印制电路的走向。

（2）示波器

示波器用于检测信号的动态波形，如脉冲编码器、测速机、光栅的输出波形，伺服驱动、主轴驱动单元的各级输入、输出波形等；其次还可以用于检测开关电源、显示器的垂直或水平振荡及扫描电路的波形等。数控系统维修的示波器通常选用频带宽为 10~100MHz 的双通道示波器。

（3）逻辑测试笔和脉冲信号笔

这两种笔形仪器体积小、价格低，对以数字电路为主体的数控系统的现场故障检查十分适用、方便。一般使用 TTL 和 CMOS 逻辑电平通用型。

逻辑测试笔可测试电路是处于高电平还是处于低电平，又或者是不高不低的浮空电平，判断脉冲的极性是正脉冲还是负脉冲，输出的脉冲是连续的还是单个的，还可以大概估计脉冲的占空比和频率范围。

脉冲信号笔则可以发出单脉冲或连续脉冲、正脉冲或负脉冲信号，它和逻辑测试笔配合使用，能对电路的输入和输出的逻辑关系进行测试。

（4）PLC 编程器

很多数控系统的 PLC 控制器必须使用专用的编程器才能对其进行编程、调试、监控和检查。这类编程器型号不少，如 SIEMENS 的 PG750、PG70、PG685，OMRON 的 GPC01~GPC04、PRO-13~PRO-27 等。这些编程器可以对 PLC 程序进行编辑和修改，监视输入和输出状态及定时器、移位寄存器的变化值。在运行状态下修改定时器和计数器的设置值，可强制内部输出，对定时器、计数器和移位寄存器进行置位和复位等。带有图形功能的编辑器还可以显示 PLC 梯形图。

（5）短路追踪仪

短路是电器维修中经常碰到的故障现象，如果使用万用表寻找短路点往往很费劲。如遇

到电路中某个元器件击穿短路，由于在两条连线之间可能并接有多个元器件，用万用表测量出哪一个元器件短路比较困难。再如对于变压器绕组局部轻微短路的故障，一般万用表测量也无能为力，而采用短路故障追踪仪则可以快速地找出印制电路板上的任何短路点，如焊锡短路、总线短路、电源短路、多层线路板短路、芯片及电解电容内部短路、非完全短路等。

创能-2000 型短路追踪仪是一种比较常见的仪器。它采用微电阻测量、微电压测量和电流流向追踪三种方式寻找短路点。三种方式可单独使用，也可以互相验证，共同确定一个短路点。

（6）逻辑分析仪

对复杂的大规模集成电路的测试及对微处理器和微型计算机系统的测试主要使用逻辑分析仪，它是研究测试数字电路的重要工具。由于它以荧光屏显示的方式给出测试结果，所以也称为逻辑示波器。

逻辑分析仪是专门用于测量和显示多路数字信号的测试仪器，通常分 8、16、64 个通道，即可同时显示 8 个、16 个或 64 个逻辑方波信号。与通用示波器不同的是，逻辑分析仪显示各被测点的逻辑电平、二进制编码或存储器的内容。通过仿真头可仿真多种常用的如 INTEL80 系列 CPU 系统，进行数据、地址、状态值的预置或跟踪检查。逻辑分析仪能够用表格形式、波形形式或图形形式显示具有多个变量的数字系统的状态，也能用汇编形式显示数字系统的软件，从而实现对数字系统硬件和软件的测试。

逻辑分析仪有多种型号，常见的有 BA-1610、BA-1605、CA-1110 型等，一般可采用 16 个通道，频率为 50MHz 或 100MHz 的型号。

（7）IC 测试仪

IC 测试仪可离线快速测试集成电路的好坏，在数控系统进行片级维修时是必要的仪器。它按测试的中、小规模数字芯片，大规模数字芯片和模拟芯片分类。国内常用的有中国台湾河洛公司生产的 PRUFER-20 型手持式常用数字芯片测试仪，可测试 TTL74、CMOS40、CMOS45、DRAM41、DRAM44 等系列，引脚在 20 个以内的数字芯片。

（8）在线测试仪

这是一种使用通用微型计算机技术的新型数字集成电路在线测试仪器。它的主要特点是能够对焊接在电路板上的芯片直接进行功能、状态和外部特性测试，确认其逻辑功能是否有效。它所针对的是每个器件的型号及该型号器件应具备的全部逻辑功能，而不管这个器件应用在何种电路中。因此，它可以检查各种电路板，而且不需要图纸资料，为缺乏图纸而使维修工作无法进行的数控维修人员提供了一种有效的手段。

2. 常用工具

维修数控设备除了上述必要的测量仪表、仪器之外，一些维修工具也是必不可少的，主要有以下几种：

① 电烙铁。

② 吸锡器。

③ 螺丝刀。

④ 钳类工具。

⑤ 扳手。

⑥ 化学用品（如松香、纯酒精、清洁触点用喷剂、润滑油等）。

⑦ 其他（如剪刀、镊子、刷子、吸尘器、清洗盘、带鳄鱼钳的连接线等）。

3. 功能测试

维修用的在线测试仪的原理，常用的有两种。一种是使用反驱动原理，在被测集成电路的输入脚上强行瞬时注入强大的电流，使被测集成电路处于规定的工作状态，采集集成电路输出电平，与存储于电脑测试程序中的正常电平值比较，从而确定被测集成电路的性能是否正常。用这一原理的在线测试仪有 SHLUMBERGER 公司生产的 5635 型和国产的 TL4040 型等。反驱动作用的时间较短，一般限制在 25ms 以内，故不会对器件产生不利的影响。5635 型有智能驱动功能，可以根据被测集成电路的性能自动控制反驱动电流强度，机内存有 3000 多种集成电路的测试程序，是一种功能较强的通用在线测试仪。另一种是使用符合比较的测试原理，用电子开关切换、比较被测集成电路和标准集成电路的输出状态，用符合逻辑判断被测集成电路的好坏。标准集成电路实质是与被测集成电路同型号的好的集成电路，通过专用测试装置与被测集成电路处于并联状态。基于这一原理的在线测试仪有 FLUKE 公司的 900 型在线测试仪等。目前国内使用较多的 IC 在线测试仪有 BW4040EX 型和 TL4040 型，两者性能接近，具有以下主要测试功能。

（1）常用中小规模数字芯片在线功能测试（ICFT）

可测 TTL74/75、CMOS4000、DRAM/SRAM 等芯片。

（2）芯片引脚状态及连接情况测试

可自动测出地线脚、V_{CC} 浮空脚及相连脚，并可存盘记录。当芯片损坏后，相应引脚的状态往往会发生变化，如击穿造成信号脚与电源短路而使引脚连线关系发生变化，因此只要和原先正常时所存的记录相比较，就会发现故障所在。当在线功能测试隔离失效时，这种测试可进一步提高查找故障的命中率。

（3）VI 特性测试

由测试仪产生一个扫描电压，加到被测的芯片引脚（或电路焊接点）上，同时记录其电流变化，从而获得被测点的动态响应阻抗曲线。通常 90% 芯片的损坏原因都是端口损坏，端口一旦损坏必然改变它的 VI 曲线，因此只要和正常时所存的 VI 特性记录相比较，就可找出故障。这种测试对任何芯片及分离元件都是有效的，特别是对模拟器件来说，损坏后往往造成端口特性阻抗发生明显变化，因此更容易判别器件的好坏。

（4）LSI 分析测试

LSI 分析测试指的是对 40 脚以下、双列直插式封装的大规模集成电路如 8255、8031、Z80 等芯片的分析测试。由于 LSI 芯片功能十分复杂，又有多种使用方式，因此采用专用语言来描述其功能，并分成许多子测试，每个子测试只测试一项功能。

目前，上述在线测试系统还不能保证被测电路在任何情况下与相连的电路都隔离成功，如 74373、244、245 等总线芯片，由于其输出挂在总线上，存在着总线竞争，还有板上振荡电路影响、异步连接等，造成在线测试的测量结果不是 100% 正确。通常，通过在线测试的 IC 一定是好的，测试通不过的不一定是坏的。经验表明，采用在线功能测试确定损坏的中下规模芯片的准确率约为 70%。对一些在线测试失败的芯片，还需要进一步检查，以确定其是否真正损坏。如将该集成电路从印制电路板上拆下，再用在线测试仪离线测试，以确定是否损坏。

以上介绍的几种数字集成芯片离线或在线测试仪器。由于仅检测芯片的功能是否失效，不进行一些电参数,比如频率响应、延迟时间、扇出系数、温度漂移等的测试,所以这些参数变化引起的故障就无法检测出来。

8.1.5 机床标准实施细则

(1) 精度、性能满足生产工艺要求

① 精密、稀有机床按规定的出厂标准,检查主要精度项目;其传动精度、加工精度、定位精度均应稳定可靠,满足生产工艺要求。

② 机修、工具车间的粗加工、半精加工的金属切削机床及生产车间专用于维修的金属切削机床,除满足生产工艺要求外,应检查其主要精度项目。

③ 根据机床精密程度、加工对象、产品要求精度、使用部门及修理条件、机床服役期限、大修次数等划分机床精度级别,确定检查项目。对服役期限较长、大修两次以上及原制造质量较低难于恢复精度的机床,可酌情降低精度标准。

④ 检查机床单项指标完好时,对精度、性能满足生产工艺要求的规定,可按各类机床规定的加工范围,结合产品工艺规程的技术要求进行切削加工试验,应能满足产品质量要求的表面粗糙度及形位公差,并能保证机床性能稳定。

(2) 各传动系统应运转正常,变速齐全

① 机床运转时(包括液压传动)无异常冲击、振动、噪声和爬行现象。

② 主传动和进给运动变速齐全,运转正常、平稳、无异声。

③ 液压系统各元件动作灵敏可靠,系统压力符合要求。

④ 主轴承在最高转速下运转 30min 后检查温度,滑动轴承温度不超过 60℃,滚动轴承温度不超过 70℃。

⑤ 通用机床改为专用机床使用时,在满足工艺要求的前提下零件仍算完好。

(3) 各操作系统灵敏可靠

① 操作、变速手柄动作灵敏,定位可靠,无捆绑与附加重物现象。

② 传动手轮所需操纵力和反向空行程量,均应符合通用技术规程。

③ 制动、连锁、锁紧和保险装置齐全,灵敏可靠。

(4) 润滑系统装置齐全,功效良好

① 润滑系统、液压元件、滤油器、油嘴、油杯、油管等完好无损、清洁、畅通。

② 油标、油窗清晰醒目,能显示出油位或润滑油滴入情况。

(5) 电气系统装置齐全、元件完整、动作灵敏、可靠

① 配电箱内清洁,线路整齐,标志明显,连接可靠。

② 电器元件完整无损,定位可靠,接触良好,动作灵敏。

③ 外部导线有完整保护装置,出入线口蛇皮管无脱落破损。

④ 各种按钮、开关及显示信号作用可靠,仪表转动灵活,误差在允差范围内。

(6) 滑动部位运转正常,工作台面无严重拉、研、碰伤

各滑动部位及工作台面无明显的拉、研、碰伤,其拉、研、碰伤超过下列标准之一者为不完好机床。

① 精密机床:拉伤深 0.3mm,宽 0.7mm,累计长度 100mm;研伤面积大于 50mm^2;碰伤印痕深 1mm,面积 15mm^2,每一表面伤痕超过三处,或一处面积大于 30mm^2。

② 一般机床：拉伤深0.5mm，宽1.5mm，累计长度20mm；研伤面积大于50mm²；碰伤印痕深1mm、面积20mm²，每一表面伤痕超过三处，或一处面积大于50mm²。

凡拉、研、碰伤处经修复符合要求后，可列为合格；对非严重拉、研、碰伤处，应采取措施进行修复。

(7) 机床内外清洁，无黄斑，无油垢，无锈蚀

① 机床各导轨、丝杠、滑动接触面清洁，无油垢积尘，罩壳内及机身外表无积垢蚀、无黄斑。

② 润滑油箱、油池及液压油箱内清洁，油质符合要求。

(8) 基本无漏油、漏水、漏气现象

① 机床80%以上的结合面不漏油，全部漏油点在1min内漏油不超过3滴。

② 各冷却系统无直线状漏水。

③ 气动装置备阀及接头无明显漏气。

④ 由于机床先天性的渗漏而难于整改者，应采取措施，使油液不滴到地面和不流入切削液池内为好。

(9) 零部件完整，随机附件基本齐全，保管妥善

① 随机附件齐全，保管妥善，无锈蚀、损伤。

② 机床上手柄、手球、螺钉、盖板等无短缺，标牌完整清洁。

(10) 安全防护装置齐全可靠

① 各种安全防护装置如传动带、齿轮、砂轮的罩壳、保险销、防尘罩等配备齐全，固定可靠。

② 接地装置可靠，其他电气保护装置完好。

8.1.6 数控机床运行使用中的注意事项

(1) 使用中的注意事项

① 要重视工作环境，数控机床必须在无阳光直射有防振装置并远离有振动、环境适宜的地方，附近不应有焊机、高频设备等工作的干扰，避免环境温度对设备精度的影响，必要时应采取适当措施加以调整，要经常保持机床的清洁。

② 操作人员不仅要有资格证，在上岗操作前还要由技术人员按所用机床进行专题操作培训，使操作工熟悉说明书及机床结构、性能、特点，弄清和掌握操作盘上的仪表、开关、旋钮及各按钮的功能和指示的作用，严禁盲目操作和误操作。

③ 数控机床用的电源电压应保持稳定，其波动范围应在10%～15%之间，否则应增设交流稳压器。因电源不良会造成系统不能正常工作，甚至引起系统内电子部件的损坏。

④ 数控机床所需压缩空气的压力应符合标准，并保持清洁。管路严禁使用未镀锌铁管，防止铁锈堵塞过滤器。要定期检查和维护气、液分离器，严禁水分进入气路。最好在机床气压系统外增置气、液分离过滤装置，增加保护环节。

⑤ 润滑装置要清洁，油路要畅通，各部位润滑应良好，所加油液必须符合规定的质量标准，并经过滤。过滤器应定期清洗或更换，滤芯必须经检验合格才能使用，尤其对有气垫导轨和光栅尺通气清洁的精密数控机床更为重要。

⑥ 电气系统的控制柜和强电柜的门应尽量少开。因机加工车间空气中含有油雾，飘浮

灰尘和金属粉尘，如落在数控装置内堆积在印制电路板或控制元件上，容易引起元件间绝缘电阻下降，导致元器件及印制电路板的损坏。

⑦ 经常清理数控装置的散热通风系统，使数控系统能可靠地工作。数控装置的工作温度一般应小于等于60℃，每天应检查数控柜上各个排风扇的工作是否正常，风道过滤器有无被灰尘堵塞。

⑧ 数控系统的RAM（存储器）后备电池的电压由数控系统自行诊断，低于工作电压将自动报警提示。此电池用于断电后维持数控系统RAM的参数和程序等数据，机床在使用中如果出现电池报警时，需要求维修人员及时更换电池，以防RAM内数据丢失。

⑨ 正确选用优质刀具不仅能充分发挥机床加工效能，也能避免不应发生的故障，刀具的锥柄、直径尺寸及定位槽等都应达到技术要求，否则换刀动作将无法顺利进行。

⑩ 在加工工件前须先对各坐标进行检测，复查程序。在加工程序模拟试验正常后再加工。

⑪ 操作工在设备回到"机床参考点"、"工件零点"操作前，必须确定各坐标轴的运动方向无障碍物，以防碰撞。

⑫ 数控机床的光栅尺属精密测量装置，不得碰撞和随意拆动。

⑬ 数控机床的各类参数和基本设定程序的安全储存直接影响机床正常工作和性能发挥，操作工人不得随意修改，如操作不当造成故障，应及时向维修人员说明情况以便寻找故障线索，进行处理。

⑭ 数控机床机械结构简化，密封可靠，自诊功能日益完善，在日常维护中除清洁外部及规定的润滑部位外，不得拆卸其他部位清洗。

⑮ 数控机床较长时间不用时要注意防潮，停机两个月以上时，必须给数控系统供电，以保证有关参数不致丢失。

（2）数控机床安全生产要求

① 严禁取掉或挪动数控机床上的维护标记及警告标记。

② 不得随意拆卸回转工作台，严禁用手动换刀方式互换刀库中刀具的位置。

③ 加工前应仔细核对工件坐标系原点以及加工轨迹是否与夹具、工件、机床干涉，新程序经校核后方能执行。

④ 刀库门、防护挡板和防护罩应齐全，且灵活可靠。机床运行时严禁开电气柜门，环境温度较高时不得采取破坏电气柜门连锁开关的方式强行散热。

⑤ 切屑排除机构应运转正常，严禁用手和压缩空气清理切屑。

⑥ 床身上不能摆放杂物，设备周围应保持整洁。

⑦ 安装数控加工中心刀具时，应使主轴锥孔保持干净。关机后主轴应处于无刀状态。

⑧ 维修、维护数控机床时，严禁开动机床。发生故障后，必须查明并排除机床故障，然后再重新起动机床。

⑨ 加工过程中应注意机床显示状态，对异常情况应及时处理，尤其应注意报警、急停超程等安全操作。

⑩ 清理机床前，先将各坐标轴停在中间位置，按要求依序关闭电源，再清扫机床。

8.1.7 机械部件及辅助装置的维护

数控机床的机械结构较传统机床简单，但精度却提高了，对维护也提出了更高要求。同时，由于数控机床还有刀库及换刀机械手、液压和气动系统等，使得机械部件维护的面更广，工作量更大。数控机床机械部件的维护与传统机床不同的内容有以下几点。

(1) 主传动链的维护

① 熟悉数控机床主传动链的结构、性能和主轴调整方法，严禁超性能使用。出现不正常现象时，应立即停机排除故障。

② 使用带传动的主轴系统，需定期调整主轴驱动带的松紧程度，防止因带打滑造成的丢转现象。

③ 注意观察主轴箱温度，检查主轴润滑恒温油箱，调节温度范围，防止各种杂质进油箱，及时补充油量。每年更换一次润滑油，并清洗过滤器。

④ 经常检查压缩空气气压，调整到标准要求值，足够的气压才能使主轴锥孔中的切屑和灰尘清理干净，保持主轴与刀柄连接部位的清洁。主轴中刀具夹紧装置长时间使用后，会产生间隙，影响刀具的夹紧，需及时调整液压缸活塞的位移量。

⑤ 对采用液压系统平衡主轴箱重量的结构，需定期观察液压系统的压力，油压低于要求值时，要及时调整。

⑥ 使用液压拨叉变速的主传动系统，必须在主轴停车后变速。

⑦ 每年对主轴润滑恒温油箱中的润滑油更换一次，并清洗过滤器。

⑧ 每年清理润滑油池底一次，并更换液压泵滤油器。

⑨ 每天检查主轴润滑恒温油箱，使其油量充足，工作正常。

⑩ 防止各种杂质进入润滑油箱，保持油液清洁。

⑪ 经常检查轴端及各处密封，防止润滑油液的泄漏。

(2) 滚珠丝杠螺母副的维护

① 定期检查、调整丝杠螺母副的轴向间隙，保证反向传动精度和轴向刚度。

② 定期检查丝杠支承与床身的连接是否有松动以及支承轴承是否损坏。如有以上问题，要及时紧固松动部位，更换支承轴承。

③ 采用润滑脂润滑的滚珠丝杠，每半年清洗一次丝杠上的旧润滑脂，换上新的润滑脂。用润滑油润滑的滚珠丝杠，每次机床工作前加油一次。

④ 注意避免硬质灰尘或切屑进入丝杠防护罩，或者是工作中碰击防护罩，防护装置一有损坏要及时更换。

(3) 刀库及换刀机械手的维护

① 用手动方式往刀库上装刀时，要确保装到位、装牢靠，检查刀座上的锁紧是否可靠。

② 严禁把超重、超长的刀具装入刀库，防止在机械手换刀时掉刀或刀具与工件、夹具等发生碰撞。

③ 采用顺序选刀方式须注意刀具放置在刀库上的顺序是否正确。其他选刀方式也要注意换刀具号是否与所需刀具一致，防止换错刀具导致事故发生。

④ 注意保持刀具刀柄和刀套的清洁。

⑤ 经常检查刀库的回零位置是否正确，检查机床主轴回换刀点位置是否到位，并及时调整。否则不能完成换刀动作。

⑥ 开机时，应先使刀库和机械手空运行，检查各部分工作是否正常，特别是各行程开关和电磁阀能否正常动作。检查机械手液压系统的压力是否正常，刀具在机械手上锁紧是否

可靠，发现不正常及时处理。

（4）液压系统的维护

① 定期对油箱内的油液进行取样化验，检查油液质量，定期过滤或更换油液。

② 定期检查冷却器和加热器的工作性能，控制液压系统中油液的温度在标准要求内。

③ 定期检查更换密封件，防止液压系统泄漏。

④ 防止液压系统振动与噪声。

⑤ 定期检查清洗或更换液压件、滤芯，定期检查清洗油箱和管路。

⑥ 严格执行日常点检制度，检查系统的泄漏、噪声、振动、压力、温度等是否正常，将故障排除在萌芽状态。

（5）导轨副的维护

① 定期调整压板的间隙。

② 定期调整镶条间隙。

③ 定期对导轨进行预紧。

④ 定期对导轨润滑。

⑤ 定期检查导轨的防护。定期清洗密封件。

（6）气动系统的维护

① 选用合适的过滤器，清除压缩空气中的杂质和水分。

② 注意检查系统中油雾器的供油量，保证空气中含有适量的润滑油来润滑气动元件，防止生锈、磨损造成空气泄漏和元件动作失灵。

③ 定期检查更换密封件，保持系统的密封性。

④ 注意调节工作压力，保证气动装置具有合适的工作压力和运动速度。

⑤ 定期检查、清洗或更换气动元件、滤芯。

8.1.8 位置检测元件的维护

位置检测元件的维护如表 8-1 所示。

表 8-1 位置检测元件的维护

检测元件		维 护
光栅	防污	① 切削液在使用过程中会产生轻微结晶，这种结晶在扫描头上形成一层薄膜，且透光性差，不易清除，故在选用切削液时要慎重 ② 加工过程中，切削液的压力不要太大，流量不要过大，以免形成大量的水雾进入光栅 ③ 光栅最好通入低压压缩空气（105Pa 左右），以免扫描头运动时形成的负压把污物吸入光栅。压缩空气必须净化，滤芯应保持清洁并定期更换 ④ 光栅上的污物可以用脱脂棉蘸无水酒精轻轻擦除
	防振	光栅拆装时要用静力，不能用硬物敲击，以免引起光学元件的损坏
光电脉冲编码器	防污	污染容易造成信号丢失
	防振	振动容易使编码器内的紧固件松动脱落，造成内部电源短路
	防止连接松动	① 连接松动会影响位置控制精度 ② 连接松动还会引起进给运动的不稳定，影响交流伺服电动机的换向控制，从而引起机床的振动

(续)

检测元件	维 护
感应同步器	① 保持定尺和滑尺相对平行 ② 定尺固定螺栓不得超过尺面,调整间隙在 0.09～0.15mm 为宜 ③ 不要损坏定尺表面耐切削液涂层和滑尺表面带绝缘层的铝箔,否则会腐蚀厚度较小的电解铜箱 ④ 接线时要分清滑尺的 sin 绕组和 cos 绕组
旋转变压器	① 接线时应分清定子绕组和转子绕组 ② 炭刷磨损到一定程度后要更换
磁标尺	① 不能将磁性膜刮坏 ② 防止铁屑和油污落在磁性标尺和磁头上 ③ 要用脱脂棉蘸酒精轻轻地擦其表面 ④ 不能用力拆装和撞击磁性标尺和磁头,否则会使磁性减弱或使磁场紊乱 ⑤ 接线时要分清磁头上激磁绕组和输出绕组,前者绕在磁路截面尺寸较小的横臂上,后者绕在磁路截面尺寸较大的竖杆上

8.1.9 数控系统日常维护(见表 8-2)

数控系统日常维护如表 8-2 所示。

表 8-2 数控系统的日常维护

注意事项	说 明
机床电气柜的散热通风	① 通常安装于电柜门上的热交换器或轴流风扇,能对电控柜的内外进行空气循环,促使电控柜内的发热装置或元器件进行散热 ② 定期检查控制柜上的热交换器或轴流风扇的工作状况,定期清洗防尘装置,以免风道堵塞。否则会引起柜内温度过高而使系统不能可靠运行,甚至引起过热报警
尽量少开电气控制柜门	① 加工车间飘浮的灰尘、油雾和金属粉末落在电气柜上,容易造成元器件间绝缘下降,从而出现故障 ② 除了定期维护和维修外,平时应尽量少开电气控制柜门
每天检查数控柜电气柜	① 查看各电器柜的冷却风扇工作是否正常,风道过滤网有否堵塞 ② 如果工作不正常或过滤器灰尘过多,会引起柜内温度过高而使系统不能可靠工作,甚至引起过热报警 ③ 一般来说,每半年或每三个月应检查清理一次,具体应视车间环境状况而定
控制介质输入/输出装置的定期维护	① CNC 系统参数、零件程序等数据都可通过它输入到 CNC 系统的寄存器中 ② 如果有污物,将会使读入的信息出现错误 ③ 定期对关键部件进行清洁
定期检查和清扫直流伺服电动机	① 直流伺服电动机旋转时,电刷会与换向器摩擦而逐渐磨损 ② 电刷的过度磨损会影响电动机的工作性能,甚至损坏。应定期检查电刷 ③ NC 车床、NC 铣床和加工中心等机床,可每年检查一次 ④ 频繁起动、制动的 NC 机床(如 CNC 冲床等)应每两个月检查一次

(续)

注意事项	说　明
支持电池的定期更换	① 数控系统存储参数用的存储器采用 CMOS 器件，其存储的内容在数控系统断电期间靠支持电池供电保持 ② 在一般情况下，即使电池尚未消耗完，也应每年更换一次（注意：是在通电的情况下更换），以确保系统能正常工作 ③ 电池的更换应在 CNC 系统通电状态下进行
备用印制线路板的定期通电	对于已经购置的备用印制线路板，应定期装到 CNC 系统上通电运行。实践证明，印制线路板长期不用易出故障
数控系统长期不用时的保养	① 数控系统处在长期闲置的情况下，要经常给系统通电。在机床锁住不动的情况下让系统空运行 ② 空气湿度较大的梅雨季节尤其要注意。在空气湿度较大的地区，经常通电是降低故障的一个有效措施 ③ 数控机床闲置不用达半年以上，应将电刷从直流电动机中取出，以免由于化学作用使换向器表面腐蚀，引起换向性能变坏，甚至损坏整台电动机

8.1.10　不定期与定期点检

不同的数控机床，数控机床的不同部位，点检的要求也是不一样的。现仅以下面的液压、气压部位、铣削中心及车削中心等的点检说明。

1. 液压系统的点检

① 各液压阀、液压缸及管子接头处是否有外漏。
② 液压泵或液压马达运转时是否有异常噪声等现象。
③ 液压缸移动时工作是否正常平稳。
④ 液压系统的各测压点压力是否在规定的范围内，压力是否稳定。
⑤ 油液的温度是否在允许的范围内。
⑥ 液压系统工作时有无高频振动。
⑦ 电气控制或撞块（凸轮）控制的换向阀工作是否灵敏可靠。
⑧ 油箱内油量是否在油标刻线范围内。
⑨ 行程开关或限位挡块的位置是否有变动。
⑩ 液压系统手动或自动工作循环时是否有异常现象。
⑪ 定期对油箱内的油液进行取样化验，检查油液质量，定期过滤或更换油液。
⑫ 定期检查蓄能器工作性能。
⑬ 定期检查冷却器和加热器的工作性能。
⑭ 定期检查和紧固重要部位的螺钉、螺母、接头和法兰螺钉。
⑮ 定期检查更换密封件。
⑯ 定期检查清洗或更换液压件。
⑰ 定期检查清洗或更换滤芯。

⑱ 定期检查清洗油箱和管道。

2. 气动系统的点检（见表8-3）

表8-3 气动元件的点检

元件名称	点检内容
气缸	① 活塞杆与端盖之间是否漏气 ② 活塞杆是否划伤、变形 ③ 管接头、配管是否松动、损伤 ④ 气缸动作时有无异常声音 ⑤ 缓冲效果是否合乎要求
电磁阀	① 电磁阀外壳温度是否过高 ② 电磁阀动作时，阀芯工作是否正常 ③ 气缸行程到末端时，通过检查阀的排气口是否有漏气来确诊电磁阀是否漏气 ④ 紧固螺栓与管接头是否松动 ⑤ 电压是否正常，电线有否损伤 ⑥ 通过检查排气口是否被油润湿，或排气是否会在白纸上留下油雾斑点来判断润滑是否正常
油雾器	① 油杯内油量是否足够，润滑油是否变色、混浊，油杯底部是否沉积有灰尘和水 ② 滴油量是否适当
管路系统	① 冷凝水的排放，一般应当在气动装置运行之前进行 ② 温度低于0℃时，为防止冷凝水冻结，气动装置运行结束后，就应开启放水阀门将冷凝水排出

3. 铣削中心的不定期点检（见表8-4）

表8-4 铣削中心的不定期点检一览表

序号	检查周期	检查部位	检查要求（内容）
1	每天	导轨润滑油箱	检查油量，及时添加润滑油，检查润滑油泵是否定时起动打油及停止
2	每天	主轴润滑恒温油箱	工作是否正常、油量是否充足，温度范围是合适
3	每天	机床液压系统	油箱液压泵有无异常噪声，工作油面高度是否合适，压力表指示是否正常，管路及各接头有无泄漏
4	每天	压缩空气气源压力	气动控制系统压力是否在正常范围之内
5	每天	气源自动分水滤气器，自动空气干燥器	及时清理分水器中滤出的水分，保证自动空气干燥器工作正常
6	每天	气液转换器和增压器油面	油量不够时要及时补足
7	每天	X、Y、Z轴导轨面	清除切屑和脏物，检查导轨面有无划伤损坏，润滑油是否充足
8	每天	CNC输入/输出单元	如光电阅读机的清洁，机械润滑是否良好
9	每天	各防护装置	导轨、机床防护罩等是否齐全有效
10	每天	电气柜各散热通风装置	各电气柜中冷却风扇是否工作正常，风道过滤网有无堵塞；及时清洗过滤器

(续)

序号	检查周期	检查部位	检查要求（内容）
11	每周	各电气柜过滤网	清洗粘附的灰尘
12	不定期	切削油箱、水箱	随时检查液面高度，即时添加油（或水），太脏时要更换。清洗油箱（水箱）和过滤器
13	不定期	废油池	及时取走积存在废油池中的废油，以免溢出
14	不定期	排屑器	经常清理切屑，检查有无卡住等现象
15	半年	检查主轴驱动传送带	按机床说明书要求调整传送带的松紧程度
16	半年	各轴导轨上镶条、压紧滚轮	按机床说明书要求调整松紧状态
17	一年	检查或更换电动机炭刷	检查换向器表面，去除毛刺，吹净炭粉，磨损过短的炭刷及时更换
18	一年	液压油路	清洗溢流阀、减压阀、滤油器、油箱，过滤液压油或更换
19	一年	主轴润滑恒温油箱	清洗过滤器、油箱，更换润滑油
20	一年	润滑液压泵，过滤器	清洗润滑油池，更换过滤器
21	一年	滚珠丝杠	清洗丝杠上旧的润滑脂，涂上新油脂

表 8-4 只列出了一些基本的检查内容，不同类型的数控机床不定期点检的内容不尽相同，检查的周期也不一样，可根据机床的类型和开机率等情况提前或推迟，例如加减速频繁的转塔冲床炭刷的检查周期要更短些。液压油的更换周期最好是按油的质量情况决定是否需要更换，可采取定期对液压油进行化验，油液确实变质了再换，这样既可保证油的质量，又可避免由于机床利用率不高等原因，油质并无多大变化就换掉而造成的浪费。

4. 数控车削中心的日常检查（见表 8-5）

表 8-5 数控车削中心的日常检查

序 号	检查部位	检查内容	备 注
1	油箱	① 油量是否适当 ② 油液有无变质、污染	不足时补给
2	冷却泵	① 水位是否适当，是否变质污染 ② 水箱端部过滤网是否堵塞	不足时补给
3	导轨面	① 润滑油供给是否充足 ② 油擦板是否损坏	
4	压力表	① 油压是否符合要求 ② 气压是否符合要求	
5	传动带	① 带张紧力是否符合要求 ② 带表面有无损伤	

(续)

序号	检查部位	检查内容	备注
6	油气管路机床周围	① 是否漏油 ② 是否漏水	
7	电动机、齿轮箱	① 有无异常声音振动 ② 有无异常发热	
8	运动部件	① 有无异常声音振动 ② 动作是否正常，运动是否平滑	
9	操作面板	① 操作开关手柄的功能是否正常 ② CRT画面上有无报警信号	
10	安全装置	机能是否正常	
11	冷却风扇	各部位冷却风扇运转	
12	外部配线、电缆	是否有断线及表层破裂老化	
13	清洁	卡盘、刀架、导轨面上的铁屑是否清扫干净	工作后进行
14	润滑卡盘	按要求从卡盘爪外周的润滑嘴处向内供油	每周一次
15	润滑油排油管	在排油管处排出废油	每周一次

5. 数控车削中心的定期检查（见表 8-6）

表 8-6 数控车削中心的定期检查

检查部位		检查内容	检查周期
液压系统	液压油箱	检查液压油，清洗过滤器和磁分离器	6个月
		检查漏油情况	6个月
润滑系统	润滑泵装置及管路	清洗滤油网、更换清洗滤油器	一年
		检查润滑管路状态	6个月
冷却系统	过滤网	清洗顶盘处的过滤板及过滤网	适时
	水箱	更换冷却水，清扫冷却水箱	适时
气动系统	气动过滤器	清洗过滤器	一年
传动系统	传送带	外观检查，张紧力检查	6个月
	传送带轮	清洁传送带轮槽部	6个月
主轴电动机	声音振动发热、绝缘电阻	检查异常声音、振动、轴承温升	1个月
		检查测定绝缘电阻值是否合适	6个月
X/Z电动机	声音振动发热、电缆插座	检查异常声音、振动、轴承温升	1个月
		检查插座有无松动	6个月
其他电动机	声音振动发热	检查异常声音及轴承部位温升	1个月
液压卡盘	卡盘	分解、清洗除去卡盘内异物	6个月
	回转液压	检查有无漏油现象	3个月
电箱、操作盘	电气件、端子螺钉	检查电气件接点的磨损，接线端子有无松动，清洁内部	6个月

(续)

检查部位		检查内容	检查周期
安装在机械部件上的电气件	极限开关、传感器、电磁阀	检查紧固螺钉和端子螺钉有无松动及零件的灵敏度	6个月
X/Z轴	反向间隙	用百分表检查间隙状况	6个月
地基	床身水平	用水平仪检查床身水平并进行修正	一年

8.1.11 日常点检

1. 数控车床的日常点检要点

（1）接通电源前

① 检查切削液、液压油、润滑油的油量是否充足。

② 检查工具、检测仪器等是否已准备好。

③ 切屑槽内的切屑是否已处理干净。

（2）接通电源后

① 检查操作盘上的各指示灯是否正常，各按钮、开关是否处于正确位置。

② CRT 显示屏上是否有任何报警显示，若有问题应及时予以处理。

③ 液压装置的压力表是否指示在所要求的范围内。

④ 各控制箱的冷却风扇是否正常运转。

⑤ 刀具是否正确夹紧在刀夹上，刀夹与回转刀台是否可靠夹紧，刀具有无损坏。

⑥ 若机床带有导套、夹簧，应确认其调整是否合适。

（3）机床运转后

① 运转中，主轴、滑板处是否有异常噪声。

② 有无与平常不同的异常现象，如声音、温度、裂纹、气味等。

2. 加工中心的日常点检要点

① 从工作台、基座等处清除污物和灰尘；擦去机床表面上的润滑油、切削液和切屑；清除没有罩盖的滑动表面上的一切东西；擦净丝杠的暴露部位。

② 清理、检查所有限位开关、接近开关及其周围表面。

③ 检查各润滑油箱及主轴润滑油箱的油面，使其保持在合理的油面上。

④ 确认各刀具在其应有的位置上更换。

⑤ 确保空气滤杯内的水完全排出。

⑥ 检查液压泵的压力是否符合要求。

⑦ 检查机床主液压系统是否漏油。

⑧ 检查切削液软管及液面、清理管内及切削液槽内的切屑等脏物。

⑨ 确保操作面板上所有指示灯为正常显示。

⑩ 检查各坐标轴是否处在原点上。

⑪ 检查主轴端面、刀夹及其他配件是否有毛刺、破裂或损坏现象。

8.1.12 月检查要点

1. 数控车床的月检查要点

① 检查主轴的运转情况。主轴以最高转速一半左右的转速旋转 30min，用手触摸壳体部分，若感觉温和即为正常。以此了解主轴轴承的工作情况。

② 检查 X、Z 轴的滚珠丝杠。若有污垢，应清理干净；若表面干燥；应涂润滑脂。

③ 检查 X、Z 轴超程限位开关、各急停开关是否动作正常。可用手按压行程开关的滑动轮，若 CRT 上有超程报警显示，说明限位开关正常。顺便将各接近开关擦拭干净。

④ 检查刀台的回转头、中心锥齿轮的润滑状态是否良好，齿面是否有伤痕等。

⑤ 检查导套内孔状况，看是否有裂纹、毛刺，导套前面盖帽内是否积存切屑。

⑥ 检查切削液槽内是否积压切屑。

⑦ 检查液压装置，如压力表状态、液压管路是否有损坏，各管接头是否有松动或漏油现象等。

⑧ 检查润滑油装置，如润滑泵的排油量是否合乎要求，润滑油管路是否损坏，管接头是否松动、漏油等。

2. 加工中心的月检查要点

① 清理电气控制箱内部，使其保持干净。

② 校准工作台及床身基准的水平，必要时调整垫铁，拧紧螺母。

③ 清洗空气滤网，必要时予以更换。

④ 检查液压装置、管路及接头，确保无松动、无磨损。

⑤ 清理导轨滑动面上的刮垢板。

⑥ 检查各电磁阀、行程开关、接近开关，确保它们能正确工作。

⑦ 检查液压箱内的滤油器，必要时予以清洗。

⑧ 检查各电缆及接线端子是否接触良好。

⑨ 确保各连锁装置、时间继电器、继电器能正确工作，必要时予以修理或更换。

⑩ 确保数控装置能正确工作。

8.1.13 半年检查要点

1. 数控车床的半年检查要点

（1）主轴检查项目

① 主轴孔的跳动。将千分表探头嵌入卡盘套筒的内壁，然后轻轻地将主轴旋转一周，指针的摆动量小于出厂时精度检查表的允许值即可。

② 主轴传动用 V 带的张力及磨损情况。

③ 编码盘用同步带的张力及磨损情况。

（2）检查刀台

主要看换刀时其换位动作的平顺性。以刀台夹紧、松开时无冲击为好。

（3）检查导套装置

主轴以最高转速的一半运转 30min，用手触摸壳体部分无异常发热、壳体部分无异常噪声。此外用手沿轴向拉导套，检查其间隙是否过大。

(4) 加工装置检查内容

① 检查主轴分度用齿轮系的间隙。以规定的分度位置沿回转方向摇动主轴，以检查其间隙。若间隙过大应进行调整。

② 检查刀具主轴驱动电动机侧的齿轮润滑状态。若表面干燥应涂敷润滑脂。

(5) 润滑泵的检查

检查润滑泵装置浮子开关的动作状况。可从润滑泵装置中抽出润滑油，看浮子落至警戒线以下时，是否有报警指示以判断浮子开关的好坏。

(6) 伺服电动机的检查

检查直流伺服系统的直流电动机。若换向器表面脏，应用白布沾酒精予以清洗；若表面粗糙，用细金相砂纸予以修整；若电刷长度为 10mm 以下时，予以更换。

(7) 接插件的检查

检查各插头、插座、电缆、各继电器的触点是否接触良好。检查各印制电路板是否干净。检查主电源变压器、各电动机的绝缘电阻应在 1MΩ 以上。

(8) 断电检查

检查断电后保存机床参数、工作程序用的后备电池的电压值，看情况予以更换。

2. 加工中心的半年检查要点

① 清理电气控制箱内部，使其保持干净。

② 更换液压装置内的液压油及润滑装置内的润滑油。

③ 检查各电动机轴承是否有噪声，必要时予以更换。

④ 检查机床的各有关精度。

⑤ 外观检查所有各电气部件及继电器等是否可靠工作。

⑥ 测量各进给轴的反向间隙，必要时予以调整或进行补偿。

⑦ 检查各伺服电动机的电刷及换向器的表面，必要时予以修整或更换。

⑧ 检查一个试验程序的完整运转情况。

8.1.14 数控机床的可视化管理

数控机床的可视化管理，即通过人的视觉感官对数控机床的各项管理、维护等工作做到"一目了然"。各种图板的设计，数控机床上可做的各种标识、符号，以及对数控机床和有关人员所做的各种规范、规定、标准等都可以用可视化进行管理。

(1) 各种图板的设计

这里所说的各种图板，是数控机床在各项管理工作，各项维修、维护和保养过程中以各种图板的形式展现出来的。这样做的目的，一是可以增加对数控机床管理和维修的透明度；二是可以监督对数控机床各项管理、维修工作的合理性；三是可以督促数控机床的相关人员相互之间的竞争意识；四是可以了解数控机床目前的状态。

可以把数控机床的利用率，数控机床的故障率，数控机床的监控状态，数控机床的日点检结果，数控机床的维修、维护、保养情况，数控机床的事故发生率，机、电故障情况，人员配置情况，以及数控机床全员生产维修（TPM）的工作情况、数控机床的完好率等用图板的形式设计出各种图、表展示出来。图表的形式可以设计成静态监控，也可以设计成动态监控。不管是什么样式的图、表，都必须与计算机的辅助管理结合起来，以求图、表可视化管理的科学性、合理性。

可视化的图表设计也要做到"少而精"。图表不能过多，内容要丰富精练，能够表达出要表达的主题；可操作性要强，能够反映出静态和动态不同的数据和指标。

(2) 数控机床上的各种标识

设计数控机床上的各种标识、记号的目的也是为了达到可视化管理。

例如，液压系统、气动系统、中心润滑系统、切削液系统等的输入、输出管路可以用箭头和颜色标识出来。数控机床的各个电动机用支架加丝绸布条进行标识，机床工作后很快就可以看出电动机是否在工作，旋转方向是否正确。数控机床上的各种压力表所要求压力的读取范围也可以标识出来，工作时很快就可以检测出压力是否正确，有没有超出读数范围；液压箱、切削液箱、中心润滑油箱的油标也可以用彩条标识出上限位置和下限位置，随时提醒操作人员和维修人员是否该加油或加液了。电气上外露的主要输入、输出电缆也可以采用标识。各种手动阀门或开关也可以标识出旋向和打开的角度。

数控机床上的各种标识无疑会给操作、维修、保养，甚至管理带来极大便利。

(3) 各种规范、规定、标准的展示

各种规范、规定、标准的展示，也属于可视化管理的一项内容。

数控机床的维护、保养要有规范，数控机床的正确操作要有规定，有关数控机床的各种管理要有一个标准，甚至在数控机床的操作和维护保养中还可能有各种警示。当然，这一系列的规范、规定、标准、警示等不一定要一一展示出来。可视化管理要抓住重点，要把人们最容易忽视而又最容易造成大错的问题，用可视化管理的方法展示出来，时刻提醒操作人员、维修人员按照规范、规定或标准去做。

例如，可以把数控机床按照其性能分成类，编制出操作规程，维护、保养规范展示在数控机床附近。这种可视化管理是必不可少的，它可以避免许多违规操作和人为机床事故的发生，也可以时刻提醒操作人员、维修人员如何去维护、保养数控机床。

在各类数控机床的重要部位展示"警示牌"，也是一种可视化管理的方法。把最容易出现问题的地方或者是人们从许多教训中总结出来的经验，用警示的方法使之可视化，无疑会收到良好的效果。

8.2 数控机床强电控制系统的维护与保养

数控机床电气控制系统除了 CNC 装置（包括主轴驱动和进给驱动的伺服系统）外，还包括机床强电控制系统。机床强电控制系统主要是由普通交流电动机的驱动和机床电气逻辑控制装置 PLC 及操作盘等部分构成。这里简单介绍机床强电控制系统中普通继电接触器控制系统和 PLC 可编程序控制器的维护与保养。

8.2.1 普通继电接触器控制系统的维护与保养

数控机床除了 CNC 系统外，对于经济型数控机床则还有普通继电接触器控制系统。其维护与保养工作，则主要是如何采取措施防止强电柜中的接触器、继电器的强电磁干扰的问题。数控机床的强电柜中的接触器、继电器等电磁部件均是 CNC 系统的干扰源。由于交流接触器，交流电动机的频繁起动、停止时，其电磁感应现象会使 CNC 系统控制电路中产生尖峰或波涌等噪声，干扰系统的正常工作。因此，一定要对这些电磁干扰采取措施，予以消除。例如，对于交流接触器线圈，则在其两端或交流电动机的三相输入端并联RC网络来抑制这些电器产生的干扰噪声。此外，要注意防止接触器、继电器触头的氧化和触头的接触不良等。

8.2.2 PLC的维护与保养

PLC也是数控机床上重要的电气控制部分。数控机床强电控制系统除了对机床辅助运动和辅助动作控制外，还包括对保护开关、各种行程和极限开关的控制。在上述过程中，PLC可代替数控机床上强电控制系统中的大部分机床电气，从而实现对主轴、换刀、润滑、冷却、液压、气动等系统的逻辑控制。PLC与数控装置合为一体时则构成了内装式PLC，而位于数控装置以外时则构成了独立式PLC。由于PLC的结构组成与数控装置有相似之处，所以其维护与保养可参照数控装置的维护与保养。

8.2.3 预防性维护的主要内容

每台机床数控系统在运行一定时间之后，某些元器件或机械部件难免出现一些损坏或故障现象。对于这种高精度、高效益且又昂贵的设备，如何延长元器件的寿命和零部件的磨损周期，预防各种故障，特别是将恶性事故消灭在萌芽状态，从而提高系统的平均无故障工作时间和使用寿命，一个重要方面是要做好预防性维护。

数控系统的维护保养的具体内容，在随机的使用和维修手册中通常都作了规定，现就共同性的问题作如下介绍：

1）严格遵循操作规程。数控系统编程、操作和维修人员必须经过专门的技术培训，熟悉所用数控机床的机械、数控系统、强电设备、液压、气源等部分及使用环境、加工条件等；能按机床和系统使用说明书的要求正确、合理地使用。应尽量避免因操作不当引起的故障。通常，首次采用数控机床或由不熟练工人来操作时，在使用的第一年内，有三分之一以上的系统故障是由于操作不当引起的。应按操作规程要求进行日常维护工作。有些地方需要天天清理，有些部件需要定时加油和定期更换。

2）对纸带阅读机或磁盘阅读机的定期维护。纸带阅读机或磁盘阅读机是数控系统输入的重要装置，数控系统参数、用户宏程序和零件程序都要通过它输入到CNC内部。纸带阅读机读带部分有污物会使读入的纸带信息出现错误。所以操作者每天应对阅读头、纸带压板、纸带通道表面进行检查，用纱布蘸酒精擦净污物。对纸带阅读机的运动部分，如主动轮滚轴、导向滚轴、压紧滚轴等每周应定时清理，对导向滚轴、张紧臂滚轴等每半年一次加注润滑油。对于磁盘阅读机中磁盘驱动器内的磁头，应用专用清洗盘定期进行清洗。

3）防止数控装置过热。应定期清理数控装置的散热通风系统，经常检查数控装置上各冷却风扇工作是否正常。应视车间环境状况，每半年或一个季度检查清扫一次，具体方法如下：

① 拧下螺钉，拆下空气过滤器。

② 在轻轻振动过滤器的同时，用压缩空气由里向外吹掉空气过滤器内的灰尘。

③ 过滤器太脏时，可用中性清洁剂（清洁剂和水的配方为5:95）冲洗（但不可揉擦），然后置于阴凉处晾干即可。

由于环境温度过高,造成数控装置内温度达到55℃以上时,应及时加装空调装置。这在我国南方常会发生这种情况,安装空调装置之后,数控系统的可靠性有比较明显的提高。

4)经常监视数控系统的电网电压。通常,数控系统允许的电网电压范围在额定值的85%~110%,如果超出此范围,轻则使数控系统不能稳定工作,重则会造成重要电子部件损坏。因此,要经常注意电网电压的波动。对于电网质量比较恶劣的地区,应及时配置数控系统专用的交流稳压电源装置,这将使故障率有明显的降低。

5)定期检查和更换直流电动机电刷。目前一些老的数控机床上使用的大部分是直流电动机。这种电动机电刷的过度磨损会影响其性能甚至损坏。所以,必须定期检查电刷。数控车床、数控铣床、加工中心等,应每年检查一次,频繁加速机床(如冲床等),应每两个月检查一次,检查步骤如下:

① 要在数控系统处于断电状态、且电动机已经完全冷却的情况下进行检查。

② 取下橡胶刷帽,用旋具拧下刷盖取出电刷。

③ 测量电刷长度。如磨损到原长的一半左右时必须更换同型号的新电刷。

④ 仔细检查电刷的弧形接触面是否有深沟或裂缝,以及电刷弹簧上有无打火痕迹。如有上述现象必须用新电刷交换,并在一个月后再次检查。如还发生上述现象,则应考虑电动机的工作条件是否过分恶劣或电动机本身是否有问题。

⑤ 用不含金属粉末及水分的压缩空气导入电刷孔,吹净粘在刷孔壁上的电刷粉末。如果难以吹净,可用旋具尖轻轻清理,直至孔壁全部干净为止,但要注意不要碰到换向器表面。

⑥ 重新装上电刷,拧紧刷盖。如果更换了电刷,要使电动机空运行跑合一段时间,以使电刷表面与换向器表面吻合良好。

6)防止尘埃进入数控装置内。除了进行检修外,应尽量少开电气柜门。因为车间内空气中飘浮的灰尘和金属粉末落在印制电路板和电气接插件上,容易造成元件间绝缘电阻下降,从而出现故障甚至使元件损坏。有些数控机床的主轴控制系统安置在强电柜中,强电门关得不严,是使电器元件损坏、主轴控制失灵的一个原因。当夏天气温过高时,有些使用者干脆打开数控柜门,用电风扇往数控柜内吹风,以降低机内温度,使机床勉强工作。这种办法最终会导致系统加速损坏。电火花加工数控设备和火焰切割数控设备,周围金属粉尘大,更应注意防止外部尘埃进入数控柜内部。

一些已受外部尘埃、油雾污染的电路板和接插件可采用专用电子清洁剂喷洗。在清洁接插件时可对插孔喷射足够的液雾后,将原插头或插脚插入,再拔出,即可将脏物带出,可反复进行,直至内部清洁为止。接插部位插好后,多余的喷液会自然滴出,将其擦干即可。经过一段时间之后,自然干燥的喷液会在非接触表面形成绝缘层,使其绝缘良好。在清洗受污染的电路板时,可用清洁剂对电路板进行喷洗,喷完后,将电路板竖放,使尘污随多余的液体一起流出,待晾干之后即可使用。

7)存储器用电池定期检查和更换。通常,数控系统中部分CMOS存储器中的存储内容在断电时靠电池供电保持。电池一般采用锂电池或可充电的镍镉电池。当电池电压下降至一定值就会造成参数丢失。因此,要定期检查电池电压,当该电压下降至限定值或出现电池电压报警,应及时更换电池。更换电池时一般要在数控系统通电状态下进行,这样才不会造成存储参数丢失。一旦参数丢失,在调换新电池后,可重新将参数输入。

8) 数控系统长期不用时的维护。当数控机床长期闲置不用时，也应定期对数控系统进行维护保养。首先，应经常给数控系统通电，在机床锁住不动的情况下，让其空运行。在空气湿度较大的梅雨季节应该天天通电，利用电器元件本身发热驱走数控柜内的潮气，以保证电子部件的性能稳定可靠。实践证明，经常停置不用的机床，过了梅雨天后，一开机往往容易发生各种故障。如果数控机床闲置半年以上不用，应将直流伺服电动机的电刷取出来，以免由于化学腐蚀作用，使换向器表面腐蚀，换向性能变坏，甚至损坏整台电动机。

8.3 数控机床的安全操作规程

前面我们已经在数控机床的维护与保养的基本要求中强调了要严格遵循正确的操作规程。因为，严格遵循数控机床的安全操作规程，不仅是保障人身和设备安全的需要，也是保证数控机床能够正常工作、充分发挥其加工优势的需要。因此，在数控机床的使用和操作中必须严格遵循数控机床的安全操作规程。这里主要把生产实际中应用广泛的数控车床及车削加工中心、数控铣床及铣削加工中心和特种加工机床的安全操作规程加以强调。

8.3.1 数控车床及车削加工中心的安全操作规程

数控车床及车削加工中心主要用于加工回转体零件，其安全操作规程如下：

1. 遵守安全操作规程

工作前，必须穿戴好规定的劳保用品，并且严禁喝酒。工作中，要精神集中，细心操作，严格遵守安全操作规程。

2. 阅读机床使用说明书

开动机床前，要详细阅读机床的使用说明书，在未熟悉机床操作前，勿随意动机床。除去务必详细阅读机床的使用说明书以外，还要注意以下事项：

① 交接班记录。操作者每天工作前先看交接班记录，检查有无异常现象后，观察机床的自动润滑油箱油液是否充足，然后再手动操作加几次油。

② 电源。在接入电源时，应当先接通机床主电源，再接通 CNC 电源；但切断电源时按相反顺序操作。如果电源方面出现故障时，应当立即切断主电源。送电按按钮前，要注意观察机床周围是否有人在修理机床或电器设备，防止误伤他人。工作结束后，应切断主电源。

③ 检查。机床投入运行前，应按操作说明书叙述的操作步骤检查全部控制功能是否正常，如果有问题则排除后再工作。检查全部压力表所指示的压力值是否正常。

④ 紧急停止。如果遇到紧急情况，应当立即按停止按钮。

3. 数控车床及车削加工中心的一般安全操作规程

① 操作机床前，一定要穿戴好劳保用品，不要戴手套操作机床。

② 操作前必须熟知每个按钮的作用以及操作注意事项。

③ 使用机床时，应当注意机床各个部位警示牌上所警示的内容。

④ 机床周围的工具要摆放整齐，要便于拿放。

⑤ 加工前必须关上机床的防护门。

⑥ 刀具装夹完毕后，应当采用手动方式进行试切。

⑦ 机床运行过程中，不要清除切屑，要避免用手接触机床运动部件。

⑧ 清除切屑时，要使用工具，注意不要被切屑划伤。
⑨ 测量工件时，必须在机床停止状态下进行。
⑩ 工作结束后，应注意保持机床及控制设备的清洁，及时对机床进行维护保养。

4. 操作中特别注意事项

① 机床在通电状态时，操作者千万不要打开和接触机床上示有闪电符号的、装有强电装置的部位，以防被电击伤。

② 在维护电气装置时，必须首先切断电源。

③ 机床主轴运行过程中，务必关上机床的防护门，关门时务必注意手的安全，避免造成伤害。

④ 在打雷时，不要开机床。因为雷击时的瞬时高电压和大电流易冲击机床，造成模块烧坏或数据丢失改变，造成不必要的损失。所以应做到：打雷时不要开启机床；在数控车间房顶上应架设避雷网；每台数控机床接地良好，并保证接地电阻小于 4Ω。

5. 文明生产

做到文明生产，加工操作结束后，必须打扫干净工作场地，擦拭干净机床，并且切断系统电源后才能离开。

8.3.2 数控铣床及加工中心的安全操作规程

数控铣床及加工中心主要用于非回转体类零件的加工，在模具制造业中应用尤其广泛。其安全操作规程如下：

1）开机前，应当遵守以下操作规程：

① 穿戴好劳保用品，不要戴手套操作机床。

② 详细阅读机床的使用说明书，在未熟悉机床操作前，切勿随意动机床，以免发生安全事故。

③ 操作前必须熟知每个按钮的作用以及操作注意事项。

④ 注意机床各个部位警示牌上所警示的内容。

⑤ 按照机床说明书要求加装润滑油、液压油、切削液，接通外接气源。

⑥ 机床周围的工具要摆放整齐，要便于拿放。

⑦ 加工前必须关上机床的防护门。

2）在加工操作中，应当遵守以下操作规程：

① 文明生产，精力集中，杜绝酗酒和疲劳操作。

② 机床在通电状态时，操作者千万不要打开和接触机床上示有闪电符号的、装有强电装置的部位，以防被电击伤。

③ 注意检查工件和刀具是否装夹正确、可靠；在刀具装夹完毕后，应当采用手动方式进行试切。

④ 机床运行过程中，不要清除切屑，要避免用手接触机床运动部件。

⑤ 清除切屑时，要使用工具，注意不要被切屑划伤。

⑥ 测量工件时，必须在机床停止状态下进行。

⑦ 在打雷时，不要开机床。因为雷击时的瞬时高电压和大电流易冲击机床，造成模块烧坏或数据丢失改变，造成不必要的损失。

3）工作结束后，应当遵守以下操作规程：
① 如实填写好交接班记录，发现问题要及时反映。
② 要打扫干净工作场地，擦拭干净机床，应注意保持机床及控制设备的清洁。
③ 切断系统电源，关好门窗后才能离开。

8.3.3 特种加工机床的安全操作规程

生产中应用较为广泛的特种加工机床主要包括电火花成形加工机床和电火花线切割加工机床。因此，这里主要针对这两种特种加工机床的安全操作规程加以阐述。

1. 电火花成形加工机床的安全操作规程

① 开机前，要仔细阅读机床的使用说明书，在未熟悉机床操作前，切勿随意动机床，以免发生安全事故。
② 加工前注意检查放电间隙，即必须使接在不同极性上的工具和工件之间保持一定的距离以形成放电间隙，一般为 0.01~0.1mm 左右。
③ 工具电极的装夹与校正必须保证工具电极进给加工方向垂直于工作台平面。
④ 保证加在液体介质中的工件和工具电极上的脉冲电源输出的电压脉冲波形是单向的。
⑤ 要有足够的脉冲放电能量，以保证放电部位的金属熔化或气化。
⑥ 放电必须在具有一定绝缘性能的液体介质中进行。
⑦ 操作中要注意检查工作液系统过滤器的滤芯，如果出现堵塞时要及时更换，以确保工作液能自动保持一定的清洁度。
⑧ 对于采用易燃类型的工作液，使用中要注意防火。
⑨ 做到文明生产，加工操作结束后，必须打扫干净工作场地，擦拭干净机床，并且切断系统电源后才能离开。

2. 电火花线切割加工机床的安全操作规程

由于电火花线切割加工是在电火花成形加工基础上发展起来的，它是用线状电极（钼丝或铜丝）通过火花放电对工件进行切割。因此，电火花线切割加工机床的安全操作规程与电火花成形加工机床的安全操作规程大部分相同。此外，操作中还要注意：
① 在绕线时要保证电极丝有一定的预紧力，以减少加工时线电极的振动幅度，提高加工精度。
② 检查工作液系统中装有去离子树脂筒，以确保工作液能自动保持一定的电阻率。
③ 在放电加工时，必须使工作液充分地将电极丝包围起来，以防止因电极丝在通过大脉冲电流时产生的热而发生断丝现象。
④ 加强机床的机械装置的日常检查、防护和润滑。
⑤ 做到文明生产，加工操作结束后，必须打扫干净工作场地，擦拭干净机床，并且切断系统电源后才能离开。

8.4 数控机床的保养

数控机床的保养工作对数控机床的全过程维修和正常使用起着非常重要的作用。
保养的内容主要有清洗、除尘、防腐及调整等工作，为此应给操作工提供必要的技术文件（如操作规程、保养事项与指示图表等），配备必要的测量仪表与工具。数控机床上应安装防护、防潮、防腐、防尘、防振、降温装置与过载保护装置，为数控机床正常工作创造良好的工作条件。

为了加强保养，可以制定各种保养制度；根据不同的生产特点，可以对不同类别的数控机床规定适宜的保养制度。但是，无论制定何种保养制度，均应正确规定各种保养等级的工作范围和内容，尤其应区别"保养"与"修理"的界限。否则，将容易造成保养与修理的脱节或重复，或者由于范围过宽，内容过多，实际承担了属于修理范围的工作量，难以长期坚持，容易流于形式，而且带来定额管理与计划管理上的诸多不便。

一般来说，保养的主要任务在于为数控机床创造良好的工作条件。保养作业项目不多，简单易行。保养部位大多在数控机床外表，不必进行解体，可以在不停机、不影响运转的情况下完成，不必专门安排保养时间。每次保养作业所耗物资也很有限。

保养还是一种减少数控机床故障，延缓磨损的保护性措施，但通过保养作业并不能消除数控机床的磨耗损坏，不具有恢复数控机床原有效能的职能。

下面将数控机床的一、二、三级保养（即日保养、月保养和小修）的内容和要求分别进行介绍。

8.4.1 数控机床一级保养的内容和要求

为了说明数控机床保养的一些基本内容和要求，下面以加工中心和数控车床（车削中心）为例，说明一级保养的内容和要求。

1. 加工中心一级保养的内容和要求

一级保养就是每天的日常保养。日常保养包括为班前、班中和班后所做的保养工作。对于加工中心来说，其内容和具体要求如下。

（1）班前

① 检查各操作面板上的各个按钮、开关和指示灯。要求位置正确、可靠，并且指示灯无损。

② 检查机床接地线。要求完整、可靠。

③ 检查集中润滑系统、液压系统、切削液系统等的液位。要求符合规定或液位不少于标置范围内下限以上的三分之一。

④ 检查液压空气输入端压力。要求气路畅通，压力正常。

⑤ 检查液压系统、气动系统、集中润滑系统、切削液系统的各压力表。要求指示灵敏、准确，而且在定期校验时间范围内。

⑥ 机床主轴及各坐标运转及运行 15min 以上。要求各零件温升、润滑正常，无异常振动和噪声。

⑦ 检查刀库、机械手、可交换工作台、排屑装置等工作状况。要求各装置工作正常，无异常振动和噪声。

⑧ 检查各直线坐标、回转坐标、回基准点（或零点）状况，并校正工装或被加工零件基准。要求准确，并在技术要求范围内。

（2）班中

① 执行加工中心操作规程。要求严格遵守。

② 操作中发现异常，立即停机，相关人员进行检查或排除故障。要求处理及时，不带

故障运行,并严格遵守。

③ 主轴转速≥8000r/min 时,或在说明书指定的主轴转速范围内时,刀具及锥柄应按要求进行动平衡。要求严格执行。

(3) 班后

① 清理切屑,擦拭机床外表并在外露的滑动表面加注机油。要求清洁、防锈。

② 检查各操作面板上的各个按钮及开关是否在合理位置,检查工作台各坐标及各移动部件是否移动到合理位置上。要求严格遵守。

③ 切断电源、气源。要求严格遵守。

④ 清洁机床周围环境。要求严格按标准管理。

⑤ 在记录本上做好机床运行情况的交接班记录。要求严格遵守。

2. 数控车床(车削中心)一级保养的内容和要求

(1) 班前

① 检查各操作面板上的各按钮及开关、指示灯。要求位置正确、可靠,指示灯无损。

② 检查机床总接地线。要求完整、可靠。

③ 检查集中润滑系统、液压系统、切削液系统等的液位。要求符合规定或液位不少于标置范围内下限以上的三分之一。

④ 检查压缩空气输入端压力。要求气路畅通、压力正常。

⑤ 检查集中润滑系统、液压系统、切削液系统、气动系统等的压力表。要求指示灵敏、准确,且在定期校验时间范围内。

⑥ 机床主轴及各坐标运转及运行 15min 以上。要求各零部件温升、润滑正常,无异常振动和噪声。

⑦ 检查主轴卡盘和尾顶尖的液压夹紧力。要求安全、可靠。

⑧ 检查刀盘及各动力头、排屑装置等工作状况。要求运转正常、无异常振动和噪声。

⑨ 各坐标回基准点(或零点),并校正被加工零件基准。要求其准确,并在技术要求范围内。

(2) 班中

① 执行数控车床(车削中心)操作规程。要求严格遵守。

② 操作中发现异常,立即停机,相关人员进行检查或排除故障。要求处理及时,不带故障运行,并严格遵守。

(3) 班后

① 清理切屑、擦拭机床外表,并在外露的滑动表面加注润滑油。要求清洁、防锈。

② 检查各操作面板上的各按钮及开关是否在合理位置,刀塔、各坐标及尾座是否移动到合理位置上。要求严格遵守。

③ 切断电源、气源。要求严格遵守。

④ 清洁机床周围环境。要求严格按标准管理。

⑤ 在记录本上做好机床运行情况的交接班记录。要求严格遵守。

8.4.2 数控机床二级保养的内容和要求

下面同样以加工中心和数控车床(车削中心)为例,介绍二级保养的内容和要求。

1. 加工中心二级保养的内容和要求

二级保养就是每月一次的保养,一般在月底或月初进行。二级保养一般按照数控机床部位划分来进行。对于加工中心来说,二级保养的内容和要求如下。

首先要完成一级保养的内容。要求按一级保养内容去做。

(1) 工作台

① 台面及 T 形槽。要求清洁、无毛刺。

② 对于可交换工作台,检查托盘上下表面及定位销。要求清洁、无毛刺。

(2) 主轴装置

① 主轴锥孔。要求光滑、清洁。

② 主轴拉刀机构。要求安全、可靠。

(3) 各坐标进给传动装置

① 检查、清洁各坐标传动机构及导轨和毛毡或刮屑器。要求清洁无污、无毛刺。

② 检查各坐标限位开关、减速开关、零位开关及机械保险机构。要求清洁无污、安全、可靠。

③ 对于闭环系统,检查各坐标光栅尺表面或感应同步尺表面。要求清洁无污,压缩空气供给正常。

(4) 自动换刀装置

① 检查、清洗机械手、刀库各部位。要求清洁、可靠。

② 刀库上刀座、机械手上卡爪的锁紧机构。要求安全、可靠、清洁、无毛刺。

(5) 液压系统

① 清洗滤油器。要求清洁、无污。

② 检查油位。要求符合规定,或者液位不少于标置范围内下限以上的三分之二处。

③ 液压泵及油路。要求无泄漏,压力、流量符合技术要求。

④ 压力表。要求压力指示符合规定,指示灵敏、准确,并且在定期校验时间范围内。

(6) 气动系统

① 清洗过滤器。要求清洁无污。

② 检查气路、压力表。要求无泄漏,压力、流量符合技术要求,压力指示灯符合规定,指示灵敏、准确,并且在定期校验时间范围内。

(7) 中心润滑系统

① 液压泵、压力表。要求无泄漏,压力、流量符合技术要求,压力指示符合规定,指示灵敏、准确,并且在定期校验时间范围内。

② 油路及分油器。要求清洁无污、油路畅通、无泄漏,单向阀工作正常。

③ 检查清洗滤油器、油箱。要求清洁无污。

④ 油位。要求润滑油必须加至油标上限。

(8) 切削液系统

① 清洗切削液箱,必要时更换切削液。要求清洁无污、无泄漏,切削液不变质。

② 检查切削液泵、液路,清洗过滤器。要求无泄漏,压力、流量符合技术要求。

③ 清洗排屑器。要求清洁无污。

④ 检查排屑器上各按钮开关。要求位置正确、可靠,排屑器运行正常、可靠。

(9) 整机外观
① 全面擦拭机床表面及死角。要求漆见本色、铁见光泽。
② 清理电器柜内灰尘。要求清洁无污。
③ 清洗各排风系统及过滤网。要求清洁、可靠。
④ 清理、清洁机床周围环境。要求符合按定置管理及标准管理要求。

2. 数控车床（车削中心）二级保养的内容和要求

首先要完成一级保养的内容。要求按一级保养内容去做。
(1) 主轴箱
① 擦洗箱体，检查制动装置及主电动机传送带。要求清洁、安全、可靠，传送带松紧合适。
② 检查、清理主轴锥孔表面毛刺。要求光滑、清洁。
(2) 各坐标进给传动系统
① 清洗滚珠丝杠副，调整斜铁间隙。要求清洁、间隙适宜。
② 检查、清洁各坐标传动机构及导轨和毛毡或刮屑器。要求清洁无污、无毛刺。
③ 检查各坐标限位开关、减速开关、零位开关及机械保险机构。要求清洁无污、安全、可靠。
④ 对于闭环系统，检查各坐标光栅尺表面或者同步尺表面。要求清洁无污，压缩空气供给正常。
(3) 刀塔
① 检查、清洗刀盘各刀位槽和刀位孔及刀具锁紧机构。要求清洁、可靠。
② 检查刀盘上各动力头。要求工作正常、可靠。
③ 检查各定位机构。要求安全、可靠。
(4) 尾座
① 分解和清洗套筒、丝杠、丝母。要求清洁、无毛刺。
② 检查尾座的锁紧机构。要求安全、可靠。
③ 检查、调整尾顶尖与主轴的同轴度。要求符合技术规定。
(5) 液压系统
① 清洗滤油器。要求清洁无污。
② 检查油位。要求符合规定，或者液位不少于标置范围内下限以上的三分之一处。
③ 液压泵及油路。要求无泄漏，压力、流量符合技术要求。
④ 压力表。要求压力指示符合规定，指示灵敏、准确，并且在定期校验时间范围内。
(6) 气动系统
① 清洗过滤器。要求清洁无污。
② 检查气路、压力表。要求无泄漏，压力、流量符合技术要求，压力指示符合规定，指示灵敏、准确，并且在定期校验时间范围内。
(7) 中心润滑系统
① 检查液压泵、压力表。要求无泄漏，压力、流量符合技术要求，压力指示符合规定，指示灵敏、准确，并且在定期校验时间范围内。
② 油路及分油器。要求清洁无污、油路畅通、无泄漏，单向阀工作正常。

③ 检查清洗滤油器、油箱。要求清洁无污。
④ 油位。要求润滑油必须加至油标上限。
(8) 切削液系统
① 清洗切削液箱，必要时更换切削液。要求清洁无污、无泄漏，切削液不变质。
② 检查切削液泵、液路，清洗过滤器。要求无泄漏，压力、流量符合技术要求。
③ 清洗排屑器。要求清洁无污。
④ 检查排屑器上各按钮开关。要求位置正确、可靠，排屑器运行正常、可靠。
(9) 整机外观
① 全面擦拭机床表面及死角。要求漆见本色、铁见光泽。
② 清理电器柜内灰尘。要求清洁无污。
③ 清洗各排风系统及过滤网。要求清洁、可靠。
④ 清理、清洁机床周围环境。要求符合定置管理及标准管理要求。

8.4.3 数控机床三级保养的内容和要求

下面仍以加工中心和数控机床（车削中心）为例，介绍三级保养的内容和要求。

1. 加工中心三级保养的内容和要求

首先要完成二级保养的内容。要求按二级保养内容去做。
(1) 主轴系统
① 对于具有齿轮传动的主轴系统，检查、清洗箱体内各零部件，检查同步带。要求清洁无污，传动灵活、可靠，无异常噪声和振动。
② 检查、清洗主轴内锥孔表面，调整主轴间隙。要求内锥孔表面光滑无毛刺，并且间隙适宜。
③ 主轴电动机如果是直流电动机，清理炭灰并调整炭刷。要求清洁、可靠。
(2) 各坐标进给传动系统
① 如果伺服电动机与滚珠丝杠不是直连，应检查、清洗传动机构各零部件，检查同步带。要求清洁无污，传动灵活、可靠，无异常噪声和振动。
② 如果坐标伺服采用直流电动机，清理炭灰并调整炭刷。要求清洁、可靠。
(3) 自动换刀机构
① 检修自动换刀系统的传动、机械手和防护机构。要求清洁无损，功能协调、安全、可靠。
② 检查机械手换刀时刀具与主轴中心及与刀座中心的同轴度。要求清洁、无毛刺，定心准确无误。
(4) 液压系统
① 清洗液压油箱。要求清洁无污。
② 检修、清洗滤油器，需要时要更换滤油器芯。要求清洁无污。
③ 检修液压泵和各液压元件。要求灵活、可靠，无泄漏、无松动，压力、流量符合技术要求。
④ 检查油质，需要时进行更换。要求符合技术要求。
⑤ 检查压力表，需要时进行校验。要求合格，并有校验标记。

(5) 气动系统

① 检修、清洗过滤器，需要时更换过滤器芯。要求清洁无污。

② 检修各气动元件和气路。要求合格，并有校验标记。

(6) 中心润滑系统

① 检修液压泵、滤油器、油路、分油器、油标。要求清洁无污，油路畅通、无泄漏，压力、流量符合技术要求，润滑时间准确。

② 检查压力表，需要时进行校验。要求合格，并有校验标记。

(7) 切削液系统

① 检修切削液泵、各元件、管路，清洗过滤器，需要时更换过滤器芯。要求无泄漏，压力、流量符合技术要求。

② 检查压力表，需要时进行校验。要求合格，并有校验标记。

③ 检修和清洗排屑器、传动链、操作系统。要求清洁无污，各按钮和开关工作正常、可靠，排屑器运行正常、可靠。

(8) 整机外观

① 清理机床周围环境，机床附件摆放整齐。要求符合定置管理及标准管理要求。

② 检查各类标牌。要求齐全、清晰。

③ 检查各部件的紧固件、连接件、安全防护装置。要求齐全、可靠。

④ 试车：主轴和各坐标从低速到高速运行，主轴高速运行不少于 20min，刀库、机械手正常运行。要求运行正常，温度、噪声符合国家标准要求。

(9) 精度

① 检查主要几何精度。要求符合出厂允差标准。

② 检测各直线坐标和回转坐标的定位精度、重复定位精度以及反向误差。要求符合出厂允差标准。

2. 数控车床三级保养的内容和要求

首先要完成二级保养的内容。要求按二级保养内容去做。

(1) 主轴箱

① 对于具有齿轮传动的主轴装置，检查、清洗箱体内各零部件，检查同步带。要求清洁无污，传动灵活、可靠，并且无异常噪声和振动。

② 检查、调整主轴制动装置。要求灵活、可靠。

③ 检查、清洗主轴内锥孔表面，调整主轴间隙。要求内锥孔表面光滑无毛刺，并且间隙适宜。

④ 主轴电动机如果是直流电动机，清理炭灰并调整炭刷。要求清洁、可靠。

(2) 各坐标进给传动系统

① 如果伺服电动机与滚珠丝杠不是直连，应检查、清洗传动机构各零部件，检查同步带。要求清洁无污，传动灵活、可靠，无异常噪声和振动。

② 若坐标伺服采用直流电动机，清理炭灰并调整炭刷。要求清洁、可靠。

(3) 刀塔

① 检查刀塔电动机。要求转动灵活，符合要求。

② 检查定位机构。要求准确、可靠。

(4) 尾座

① 分解和清洗尾座,清除套筒锥孔表面毛刺。要求清洁、表面光滑。

② 检修尾座和套筒锁紧机构要求安全、可靠。

(5) 液压系统

① 清洗液压油箱。要求清洁无污。

② 检修、清洗滤油器,需要时更换滤油器芯。要求清洁无污。

③ 检修液压泵和各液压元件、要求灵活、可靠,无泄漏、无松动,压力、流量符合要求。

④ 检查液压卡盘和尾顶尖的压力范围、脚踏开关。要求压力调节准确,卡盘、顶尖活动灵活、可靠,脚踏开关工作正常、可靠。

⑤ 检查油质,需要时进行更换。要求符合技术要求。

⑥ 检查压力表,需要时进行校验。要求合格,并有校验标记。

(6) 气动系统

① 检查、清洗过滤器,需要时更换过滤器芯。要求清洁无损。

② 检修各气动元件和气路。要求灵活、可靠,无泄漏、无松动,压力、流量符合要求。

③ 检修压力表,需要时进行校验。要求合格,并有校验标记。

(7) 中心润滑系统

① 检修液压泵、滤油器、油路、分油器、油标。要求清洁无污,油路畅通、无泄漏,压力、流量符合要求,并且润滑时间准确。

② 检查压力表,需要时进行校验。要求合格,并有校验标记。

(8) 切削液系统

① 检修切削液泵、各元件、管路,清洗过滤器,需要时更换过滤器芯。要求无泄漏,压力、流量符合要求。

② 检查压力表,需要时进行校验。要求合格,并有校验标记。

③ 检修和清洗排屑器、传动链、操作系统。要求清洁无污,各按钮和开关工作正常、可靠,排屑器运行正常、可靠。

(9) 整机外观

① 清理机床周围环境,机床附件摆放整齐。要求符合定置管理及标准管理要求。

② 检查各类标牌。要求齐全、清晰。

③ 检查各部件紧固件、连接件、安全防护装置。要求齐全、可靠。

④ 试车:主轴和各坐标从低速到高速运行,主轴高速运行不少于20min,刀盘360°各刀位循环顺时针和逆时针运行、定位。要求运转正常,温度、噪声符合图像标准要求。

(10) 精度

① 检查主要几何精度。要求符合出厂允差标准。

② 检测各直线坐标及运动位置坐标的定位精度、重复定位精度和反向误差。要求符合出厂允差标准。

③ 检测刀盘的定位精度、重复定位精度。要求符合出厂允差标准。

参 考 文 献

[1] 汪恺. 机械制造基础标准应用手册（上、下）[M]. 北京：机械工业出版社，1997.
[2] 林宇，田建居. 现代数控机床 [M]. 北京：化学工业出版社，2003.
[3] 李葆文. 设备管理新思维新模式 [M]. 北京：机械工业出版社，2001.
[4] 申晓军. 数控机床维修与实践 [M]. 北京：中国劳动社会保障出版社，2007.
[5] 刘永福，马万斌. 机械动力设备保养规范 [M]. 西安：西北工业大学出版社，1995.
[6] 全国机床标准化委员会：数控机床卷（上、中、下）[M]. 北京：中国标准出版社，2004.
[7] 沙杰，等. 加工中心结构、调试与维护 [M]. 北京：机械工业出版社，2003.
[8] 晏初宏. 数控机床与机械结构 [M]. 北京：机械工业出版社，2005.
[9] 王钢. 数控机床调试、使用与维护 [M]. 北京：化学工业出版社，2006.
[10] 刘希金，等. 机床数控系统故障检测及维修 [M]. 北京：兵器工业出版社，1995.
[11] 熊军. 数控机床维修与调整 [M]. 北京：人民邮电出版社，2007.
[12] 徐创文，朱玉红. 数控技术及其应用 [M]. 兰州：兰州大学出版社，2002.
[13] 姚永美，等. 铣床结构与装配调整 [M]. 北京：机械工业出版社，1990.
[14] 徐创文. 机床电气控制及可编程序控制器 [M]. 兰州：兰州大学出版社，2001.
[15] 左文刚. 现代数控机床全过程维修 [M]. 北京：人民邮电出版社，2008.
[16] 陈子银，屈海军. 数控机床电气控制 [M]. 北京：北京理工大学出版社，2006.
[17] 韩鸿鸾. 数控机床的机械结构与维修 [M]. 济南：山东科学技术出版社，2005.
[18] 严峻. 数控机床常见故障快速处理86问 [M]. 北京：机械工业出版社，2009.
[19] 杨继昌. 数控技术基础 [M]. 北京：化学工业出版社，2005.
[20] 王爱玲. 数控机床故障诊断与维修 [M]. 北京：机械工业出版社，2006.
[21] 葛金印. 数控设备管理和维护技术基础 [M]. 北京：高等教育出版社，2008.
[22] 孙慧平. 数控机床调试安装技术 [M]. 北京：电子工业出版社，2008.
[23] 曹健. 数控机床维修与实训 [M]. 北京：国防工业出版社，2008.
[24] 刘瑞已. 现代数控机床 [M]. 西安：西安电子科技大学出版社，2006.
[25] 徐衡，等. 数控机床故障维修 [M]. 北京：化学工业出版社，2005.
[26] 富大伟. 数控系统 [M]. 北京：化学工业出版社，2005.
[27] 关美华. 数控技术原理及现代控制系统 [M]. 成都：西南交通大学出版社，2003.
[28] 邓三鹏. 数控机床结构及维修 [M]. 北京：国防工业出版社，2008.
[29] 袁锋. 数控机床 [M]. 北京：北京师范大学出版社，2006.